Analysis 1

Stefan Friedl

Analysis 1

Fokussiert und farbig

 Springer Spektrum

Stefan Friedl
Fakultät für Mathematik
Universität Regensburg
Regensburg, Deutschland

ISBN 978-3-662-67358-4   ISBN 978-3-662-67359-1   (eBook)
https://doi.org/10.1007/978-3-662-67359-1

Die Deutsche Nationalbibliothek verzeichnet diese Publikation in der Deutschen Nationalbibliografie; detaillierte bibliografische Daten sind im Internet über http://dnb.d-nb.de abrufbar.

Planung/Lektorat: Andreas Rüdinger
Springer Spektrum ist ein Imprint der eingetragenen Gesellschaft Springer-Verlag GmbH, DE und ist ein Teil von Springer Nature.
Die Anschrift der Gesellschaft ist: Heidelberger Platz 3, 14197 Berlin, Germany

Inhaltsverzeichnis

Einleitung

Als Schüler in der gymnasialen Oberstufe und als Student an der Universität Regensburg hatte ich das große Glück, dass mir mit Herrn Johann Zaspel und Herrn Prof. Dr. Klaus Jänich zwei herausragende Dozenten die Freude an der Analysis beigebracht haben. In meinen eigenen Lehrveranstaltungen an der Brandeis University, der Université du Québec à Montréal, der Universität zu Köln und der Universität Regensburg habe ich versucht, diese Freude auch der nächsten Generation zu vermitteln. Dies ist mir leider nicht immer, aber zuletzt hoffentlich immer öfter, gelungen. Das Buch ist das vorläufige Endergebnis eines längeren iterativen Prozesses den klassischen Analysis I Stoff klar, kohärent und halbwegs knapp zu vermitteln.

Dieses Buch enthält den üblichen Stoff einer Analysis I Vorlesung, welcher so ähnlich auch in vielen anderen Büchern gefunden werden kann. Herr Rüdinger vom Springer Verlag hat den Vorschlag gemacht, dieses Buch mit dem Untertitel „fokussiert und farbig" zu versehen.

Hierbei steht „fokussiert" dafür, dass dieses Buch versucht die wichtigsten Aussagen klar darzustellen, ohne in Spezialfällen und Spitzfindigkeiten zu versinken. Beispielsweise betrachte ich in dem Buch fast durchgehend nur Funktionen auf Intervallen. Ich habe in meinem ganzen Leben nie Häufungspunkte angetroffen, also sehe ich auch keinen rechten Grund, diese jetzt einzuführen.

Das Adjektiv „farbig" reflektiert die Tatsache, dass das Buch eben sehr farbig ist. Ich habe das Buch mit vielen farbigen Abbildungen versehen. Diese sollen den mathematischen Text nicht ersetzen, aber hoffentlich veranschaulichen diese Abbildungen die Definitionen und die Aussagen. Der Text ist oft auch mit Farbe versehen, in der Hoffnung, dass die logische Struktur klarer wird.

Ich möchte mich bedanken bei:

- Johann Zaspel, der mir in der 11. Klasse und im Leistungskurs Mathematik die Freude an der Analysis vermittelt hat, und welcher mir ein mathematisches Grundwissen vermittelt hat, von dem ich heute noch zehre. Ich hoffe, dass seine Art, Mathematik mit Freude und intellektueller Neugier zu unterrichten, auf mich abfärbt.
- Prof. Dr. Klaus Jänich, der mir in den Kursen Analysis I-III und der Funktionentheorie die universitäre Analysis vermittelt hat. Ein Merkmal dieser Kurse war, dass es Klaus Jänich immer wichtig war, zu vermitteln, wie die Ideen für die Beweise entstehen. Die Kunst, knapp und elegant formulieren, hat sich leider nicht auf mich übertragen.
- Bei allen Studentinnen und Studenten in meinen Analysis Kursen an der Brandeis University, der Université du Québec à Montréal, der Universität zu Köln und der Universität Regensburg. Meine Lehre hat viel profitiert von den Fragen und fragenden Gesichter meiner Studenten.
- Andreas Rüdinger und Bianca Alton von Springer für die vertrauensvolle und konstruktive Zusammenarbeit.
- Daniel Killermann, Tobias Hirsch und Andreas Eberl für Fehlermeldungen und produktive Diskussionen.
- Annika Fröhlich für das Korrekturlesen des ganzen Buches. Ohne dieses Korrekturlesen würden meine Schwächen in der Kommasetzung und in der deutschen Grammatik noch viel deutlicher zu Tage treten.
- Loring Göbner und Alexander Neumann für eine lange Liste an konstruktiven Vorschlägen zur Verbesserung des Buchs.

- Meinem Vater, Hermann Friedl, für unermüdliches Durchlesen von immer neuen „finalen" Versionen des Buchs. Seine vielfältigen inhaltlichen Kommentare haben die „finale" Version zum Glück immer wieder nach hinten geschoben.
- Mein ganz besonderer Dank gilt einem erfahrenen Kollegen an der Universität Regensburg, der namentlich nicht genannt werden möchte. Im Corona-Wintersemester 2020/21 haben wir jede Woche zu Beginn der Woche das Analysis I-Skript der Woche ausgiebig diskutiert. Zudem haben wir uns in den langen Monaten der Erstellung des Buchs regelmäßig getroffen und viele Aspekte durchgesprochen. Auf seine hartnäckige Art hat er es an vielen Stellen geschafft, mich von meinen eigenen hartnäckig vertretenen Fehlvorstellungen in der Lehre abzubringen.
- Bei jedem und jeder, der mir in Zukunft Fehlermeldungen und Verbesserungsvorschläge an `sfriedl@gmail` schickt.

Regensburg, den 17. Februar 2023.

Stefan Friedl

1. Der Körper der reellen Zahlen

In diesem ersten Kapitel führen wir die reellen Zahlen ein, welche wohl schon in der einen oder anderen Form aus der Schule bekannt sind. Um jedoch ganz genau zu beschreiben, was es mit den reellen Zahlen so auf sich hat, benötigen wir zuerst einige Vorbereitungen. Im ersten Abschnitt erinnern wir zuerst an einige Konventionen und Definitionen aus der Mengenlehre. Danach führen wir den Begriff eines „angeordneten Körpers" ein. Gegen Ende des Kapitels werden wir sehen, dass die reellen Zahlen ein besonders schönes Beispiel eines „angeordneten Körpers" sind.

1.1. Konventionen und Definitionen aus der Mengenlehre. Bevor wir uns dem Hauptthema des Kapitels zuwenden können, erinnern wir an einige Notationen und Definitionen, welche aus der Schule, vielleicht mit abgewandelter Sprache, bekannt sein sollten:

Notation. Wir schreiben

(1)	$\mathbb{N}$	$:=$	$\{1, 2, 3, \dots\}$	(Menge der natürlichen Zahlen)
(2)	$\mathbb{N}_0$	$:=$	$\{0, 1, 2, 3, \dots\}$	
(3)	$\mathbb{Z}$	$:=$	$\{\dots, -2, -1, 0, 1, 2, \dots\}$	(Menge der ganzen Zahlen)
(4)	$\mathbb{Q}$	$:=$	$\{\frac{a}{b} \mid a, b \in \mathbb{Z}, b \neq 0\}$	(Menge der rationalen Zahlen)

Das Symbol $:=$ bedeutet hierbei, dass wir die linke Seite, also die Symbole $\mathbb{N}$ usw. durch den Ausdruck rechts definieren.

Für Mengen verwenden wir folgende Schreibweisen:

Notation.

(1) $\varnothing$ bezeichnet die leere Menge, d.h. die Menge ohne Elemente.

(2) $a \in A$ bedeutet, dass a ein Element der Menge A ist.

(3) $A \subset B$ bedeutet, dass A eine Teilmenge von B ist, d.h. jedes Element von A ist schon in B enthalten.[1]

(4) Für eine Menge M und eine Teilmenge $X \subset M$ schreiben wir

$$M \setminus X := \{p \in M \mid p \notin X\}.$$

Mit anderen Worten: $M \setminus X$ ist das Komplement von X in M.

(5) Seien $A_1, \dots, A_k$ Mengen, dann schreiben wir

$$A_1 \times \cdots \times A_k := \{(a_1, \dots, a_k) \mid a_1 \in A_1, \dots, a_k \in A_k\}.$$

Beispielsweise ist $\quad \mathbb{Z} \times \mathbb{Z} \times \mathbb{Z} = \{(a_1, a_2, a_3) \mid a_1, a_2, a_3 \in \mathbb{Z}\}$

die Menge der Vektoren mit ganzzahligen Koordinaten.

Notation. Eine Abbildung $f : A \to B$ von einer Menge A zu einer Menge B ordnet jedem Element in $a \in A$ genau ein Element $f(a)$ in B zu. Abbildungen, vor allem zwischen Teilmengen der reellen Zahlen, werden oft auch als Funktion bezeichnet.

Beispiel.

(1) Mit

$$\begin{array}{ccc} \mathbb{N} & \to & \mathbb{Z} \\ n & \mapsto & n^4 + 5n + 2 \end{array}$$

beschreiben wir eine Abbildung. Hierbei bezeichnet die erste Zeile, dass wir eine Abbildung von $\mathbb{N}$ nach $\mathbb{Z}$ betrachten, während die zweite Zeile die Abbildungsvorschrift angibt. In diesem Fall wird dem Element $n \in \mathbb{N}$ das Element $n^4 + 5n + 2$ aus $\mathbb{Z}$ zugeordnet. Man beachte, dass die Notation $\mathbb{N} \to \mathbb{Z}$ nur bedeutet, dass die Abbildung Werte

---

[1] Wir erlauben hierbei auch den Fall, dass $A = B$.

© Der/die Autor(en), exklusiv lizenziert an
Springer-Verlag GmbH, DE, ein Teil von Springer Nature 2023
S. Friedl, *Analysis 1*, https://doi.org/10.1007/978-3-662-67359-1_2

in $\mathbb{Z}$ annimmt, die Notation besagt nicht, dass jeder Wert in $\mathbb{Z}$ angenommen wird. In unserem Fall nimmt die Abbildung beispielsweise keine negativen Werte an.

(2) Mit
$$\mathbb{N} \rightarrow \{A, B, \ldots, Z\}$$
$$n \mapsto \begin{cases} \text{der } n\text{-te Buchstabe des Alphabets,} & \text{wenn } n \leq 26, \\ Z, & \text{sonst} \end{cases}$$

beschreiben wir eine Abbildung von der Menge $\mathbb{N}$ der natürlichen Zahlen zur Menge $\{A, \ldots, Z\}$ der Buchstaben.

(3) Für jede Menge X gibt es die sogenannte Identitätsabbildung, welche gegeben ist durch
$$\mathrm{id}\colon X \rightarrow X$$
$$x \mapsto x.$$

Zum Abschluss des Abschnitt erinnern wir an folgende grundlegende Aussage aus der Logik:

Satz 1.1. (Prinzip der Kontraposition) Wenn A und B zwei Aussagen sind, dann ist die Aussage „aus A folgt B" äquivalent zur Aussage „aus nicht B folgt nicht-A". Oder anders ausgedrückt
$$A \implies B$$
ist äquivalent zu $\qquad$ Negation von $B \implies$ Negation von A.

Beispiel. Das Prinzip der Kontraposition betrifft jede logische Aussage, egal ob „aus dem Leben gegriffen", oder in der Mathematik. Beispielsweise ist

$$\text{es ist kalt} \implies \text{ich trage einen Schal}$$

äquivalent zu
$$\text{ich trage keinen Schal} \implies \text{es ist nicht kalt.}$$

Oder, wenn $f\colon \mathbb{Z} \to \mathbb{Z}$ eine beliebige Abbildung ist, dann ist für $x \in \mathbb{Z}$

$$x > 0 \implies f(x) \text{ ist gerade}$$

äquivalent zu
$$\underbrace{f(x) \text{ ist ungerade}}_{\substack{\text{Negation von} \\ f(x) \text{ is gerade}}} \implies \underbrace{f(x) \leq 0}_{\substack{\text{Negation von} \\ f(x) > 0}} .$$

1.2. Die Körperaxiome. In der Analysis I beschäftigen wir uns mit dem „Körper der reellen Zahlen". Hierbei müssen wir erst einmal den Begriff des „Körpers" einführen. Grob gesprochen besteht ein Körper aus einer Menge und zwei Rechenoperationen, welche die üblichen Regeln für die Addition und die Multiplikation erfüllen:

Definition. Ein Körper ist eine Menge K zusammen mit zwei Abbildungen:[2]

$$\begin{array}{ll} K \times K \rightarrow K & \text{„Addition"} \\ (a,b) \mapsto a+b \end{array} \quad \text{und} \quad \begin{array}{ll} K \times K \rightarrow K & \text{„Multiplikation"} \\ (a,b) \mapsto a \cdot b \end{array}$$

welche folgende Eigenschaften erfüllen:

(A1) Für alle $x, y, z \in K$ gilt
$$(x+y)+z = x+(y+z) \qquad \text{(Assoziativgesetz der Addition).}$$
(A2) Für alle $x, y \in K$ gilt
$$x+y = y+x \qquad \text{(Kommutativgesetz der Addition).}$$
(A3) Es existiert ein $N \in K$, so dass für alle $x \in K$ gilt:
$$x+N = x \qquad \text{(Existenz eines additiv neutralen Elements).}$$
(A4) Zu jedem $x \in K$ existiert ein $y \in K$, so dass
$$x+y = N \qquad \text{(Existenz von additiven Inversen).}$$

(M1)   Für alle $x, y, z \in K$ gilt
$$(x \cdot y) \cdot z \; = \; x \cdot (y \cdot z) \qquad \text{(Assoziativgesetz der Multiplikation)}.$$

(M2)   Für alle $x, y \in K$ gilt
$$x \cdot y \; = \; y \cdot x \qquad \text{(Kommutativgesetz der Multiplikation)}.$$

(M3)   Es existiert ein $E \in K$, so dass $N \neq E$, und so dass für alle $x \in K$ gilt:
$$x \cdot E \; = \; x \qquad \text{(Existenz eines multiplikativ neutralen Elements)}.$$

(M4)   Zu jedem $x \in K$ mit $x \neq N$ existiert ein $z \in K$, so dass
$$x \cdot z \; = \; E \qquad \text{(Existenz von multiplikativen Inversen)}.$$

(D)   Für alle $x, y, z \in K$ gilt
$$x \cdot (y + z) \; = \; x \cdot y + x \cdot z \quad \text{(Distributivgesetz)}.$$

Wir nennen die Eigenschaften (A1)–(A4) die Axiome der Addition und die Eigenschaften (M1)–(M4) die Axiome der Multiplikation. Die Eigenschaften (A1)–(A4), (M1)–(M4) sowie (D), welche zusammen einen Körper definieren, werden Körperaxiome genannt.

Beispiel.

(1) Die Eigenschaften kommen uns natürlich bekannt vor, beispielsweise erfüllt $K = \mathbb{Q}$ mit der üblichen Addition und Multiplikation alle Körperaxiome, wobei $N = 0$ und $E = 1$. Mit anderen Worten: $K = \mathbb{Q}$ ist ein Körper.

(2) Wenn wir $K = \mathbb{Z}$ mit der üblichen Addition und Multiplikation betrachten, dann gelten die Axiome der Addition mit $N = 0$, zudem gelten die Axiome (M1) bis (M3) mit $E = 1$ und das Distributivgesetz. Das Axiom (M4) gilt allerdings nicht, beispielsweise gibt es für $2 \in \mathbb{Z}$ kein $z \in \mathbb{Z}$, so dass $2 \cdot z = 1$.

(3) Es gibt auch viele Beispiele von Körpern: Wir betrachten die Menge $\mathbb{F}_2 = \{0, 1\}$, d.h. die Menge mit zwei Elementen $\{0, 1\}$. Wir definieren die Addition und Multiplikation mit folgenden Tabellen:

+	0	1
0	0	1
1	1	0

und

·	0	1
0	0	0
1	0	1

Beispielsweise ist $0 + 1 = 1$ und $0 \cdot 1 = 0$. Wir müssen nun zeigen, dass alle Körperaxiome gelten. Beispielsweise sind die Definitionen der Addition und der Multiplikation symmetrisch, also gelten die Kommutativgesetze (A2) und (M2). Es ist auch relativ elementar nachzuprüfen, dass mit $N = 0$ und $E = 1$ die Axiome (A3) und (A4) sowie (M3) und (M4) gelten. Es ist hingegen etwas umständlich nachzuweisen, dass die übrigen Körperaxiome ebenfalls erfüllt sind. Für das Assoziativgesetz (A1) muss man beispielsweise acht verschiedene Fälle verifizieren.

(4) Es gibt noch sehr viele weitere Beispiele von Körpern. Es sei beispielsweise K die Menge der rationalen Funktionen, d.h.

$$K \; = \; \left\{ \frac{p(x)}{q(x)} \;\middle|\; \begin{array}{l} p(x) \text{ und } q(x) \text{ sind Polynome in der Variable } x, \\ \text{wobei } q(x) \text{ nicht das Nullpolynom ist} \end{array} \right\}$$

mit der üblichen Addition und Multiplikation. Beispielsweise gilt in K, dass

$$\frac{1}{2+x} + \frac{2x^2 - 1}{3 + x^2} \; = \; \frac{3 + x^2 + (2 + x)(2x^2 - 1)}{(2 + x)(3 + x^2)} \; = \; \frac{2x^3 + 5x^2 - x + 1}{x^3 + 2x^2 + 3x + 6}.$$

Man kann mit etwas Geduld nachweisen, dass K ein Körper ist.

---

[2] Eine Abbildung $K \times K \to K$ ordnet jedem $(a, b) \in K \times K$, d.h. zwei Elementen a und b in K, ein Element in K zu. In diesem Fall bezeichnen wir das (a, b) zugeordnete Element mit $a + b$ beziehungsweise $a \cdot b$.

1.3. Folgerungen aus den Axiomen der Addition. In diesem Kapitel beweisen wir verschiedene Aussagen, welche aus den Körperaxiomen folgen. Die Aussagen sind für $K = \mathbb{Q}$ aus der Schule vertraut. Indem wir diese jetzt direkt aus den Körperaxiomen herleiten, erhalten wir diese Aussagen für alle Körper, beispielsweise für den Körper $\mathbb{F}_2$.

Satz 1.2. (Eindeutigkeit des additiv neutralen Elements) Es sei K ein Körper. Es existiert *genau ein* Element $k \in K$, so dass für alle $x \in K$ gilt:
$$x + k = x.$$

Beweis. [3]

> In Mathematik wollen wir jede Aussage beweisen. Was heißt das in diesem Fall? Wir müssen nur aus der Voraussetzung, zusammen mit elementarer Logik, die gewünschten Aussagen herleiten. In diesem Fall dürfen wir also nur verwenden, dass K ein „Körper" ist, d.h. wir dürfen nur die Axiome (A1)–(A4), (M1)–(M4) und (D) verwenden.

Die Aussage „es existiert genau ein Element mit einer Eigenschaft X" beinhaltet genau genommen zwei Aussagen auf einmal:

(1) Es gibt ein Element, welches die Eigenschaft X besitzt.
(2) Es gibt nicht mehr als ein Element, welches die Eigenschaft X besitzt. Mit anderen Worten: Wenn zwei Elemente k und k' die Eigenschaft X besitzen, dann muss $k = k'$ gelten.

Wir müssen nun also beide Aussagen beweisen:

(1) Wegen Axiom (A3) wissen wir, dass es mindestens ein Element $k \in K$ gibt, nämlich $k = N$, so dass für alle $x \in K$ gilt: $x + k = x$.
(2) Wir müssen nun noch zeigen, dass es nicht mehr als ein Element gibt, welches die Eigenschaft erfüllt. Es seien also k und k' zwei Elemente mit der genannten Eigenschaft, d.h. es gilt
  (a) $x + k = x$ für jedes $x \in K$,
  (b) $x + k' = x$ für jedes $x \in K$.
Wir müssen zeigen, dass $k = k'$. In der Tat gilt
$$k \; = \; k + k' \; = \; k' + k \; = \; k'.$$
folgt aus (b) angewandt auf $x = k$ Kommutativgesetz (A2)   folgt aus (a) angewandt auf $x = k'$ ∎

Definition. Es sei K ein Körper. Satz 1.2 besagt, dass es genau ein Element $k \in K$ gibt, so dass für alle $x \in K$ gilt: $x + k = x$. Wir schreiben „0" für dieses Element und nennen es die Null des Körpers.

Satz 1.3. (Kürzungsregel der Addition) Es sei K ein Körper, und es seien $x, y \in K$. Wenn es ein $a \in K$ gibt, so dass $x + a = y + a$, dann gilt $x = y$.

Beweis. Es sei K ein Körper, und es seien $x, y, a \in K$ mit $x + a = y + a$. Wir müssen zeigen, dass $x = y$.

> Der Beweisansatz ist erstmal ganz einfach: Wir fangen „links" mit x an und versuchen geschickt umzuformen, so dass man am Ende bei y landet. Der Gedanke ist nun, die Umformungen so vorzunehmen, dass wir unsere Voraussetzung $x + a = y + a$ einbringen können.

[3]Blauer, abgesetzter Text in einem Beweis ist nicht Teil des offiziellen Beweises, sondern der Versuch zu erklären, was die Problemstellung ist, und eventuell den Beweisansatz zu motivieren.

Wir führen also folgende Rechnung durch:

$$x \;\underset{\substack{\uparrow \\ \text{Eigenschaft der 0}}}{=}\; x + 0 \;\underset{\substack{\uparrow \\ \text{nach Axiom (A4) gibt es} \\ \text{ein } k \in K, \text{ so dass } a+k=0}}{=}\; x + (a + k) \;\underset{\substack{\uparrow \\ \text{Assoziativgesetz (A1)}}}{=}\; (x + a) + k \;\underset{\substack{\uparrow \\ \text{nach Voraussetzung} \\ \text{ist } x + a = y + a}}{=}\; (y + a) + k$$

$$\underset{\substack{\uparrow \\ \text{Assoziativgesetz (A1)}}}{=}\; y + (a + k) \;\underset{\substack{\uparrow \\ \text{Wahl von } k}}{=}\; y + 0 \;\underset{\substack{\uparrow \\ \text{Eigenschaft der 0}}}{=}\; y. \qquad \blacksquare$$

Satz 1.4. (Eindeutigkeit des additiven Inversen) Es sei K ein Körper, und es sei $x \in K$. Es existiert *genau* ein Element $y \in K$, so dass

$$x + y = 0.$$

Beweis. Es sei $x \in K$. Wegen Axiom (A4) wissen wir, dass es ein Element $y \in K$ mit $x + y = 0$ gibt. Wir müssen nun wiederum die Eindeutigkeit von y zeigen. Es seien also $y, y' \in K$ mit $x + y = 0$ und $x + y' = 0$ gegeben. Wir müssen zeigen, dass $y = y'$. Es gilt:

$$y + x \;\underset{\substack{\uparrow \\ \text{Kommutativgesetz (A2)}}}{=}\; x + y \;\underset{\substack{\uparrow \\ \text{nach Voraussetzung}}}{=}\; 0 \;\underset{\substack{\uparrow \\ }}{=}\; x + y' \;\underset{\substack{\uparrow \\ \text{Kommutativgesetz (A2)}}}{=}\; y' + x.$$

Es folgt nun aus der Kürzungsregel 1.3, dass $y = y'$. $\qquad \blacksquare$

Definition. Es sei K ein Körper.

(1) Es sei $x \in K$. Nach Satz 1.4 existiert genau ein Element in K, welches zu x addiert 0 ergibt. Wir bezeichnen dieses Element mit $-x$. Mit anderen Worten: $-x$ ist das einzige Element in K mit $x + (-x) = 0$.

(2) Für $x, y \in K$ schreiben wir $x - y := x + (-y)$.

Satz 1.5. Es sei K ein Körper. Es gelten folgende Aussagen:

(1) $\qquad\qquad\qquad\qquad\qquad -0 \;=\; 0.$

(2) $\qquad$ Für alle $x \in K$ gilt $\quad -(-x) \;=\; x.$

(3) $\qquad$ Für alle $x, y \in K$ gilt $\quad -(x + y) \;=\; -x - y.$

Beweis.

(1) Zur Erinnerung: Für a und b in K gilt $-a = b$ genau dann, wenn $a + b = 0$. Wenn wir also zeigen wollen, dass $-0 = 0$, dann müssen wir zeigen, dass $0 + 0 = 0$. Dies folgt jedoch sofort aus der Eigenschaft der 0.

(2) Es sei $x \in K$. Wir müssen zeigen, dass $-(-x) = x$. Wie in (1) müssen wir also zeigen, dass $(-x) + x = 0$. In der Tat gilt: $\quad (-x) + x \;\underset{\substack{\uparrow \\ \text{Kommutativgesetz (A2)}}}{=}\; x + (-x) \;\underset{\substack{\uparrow \\ \text{Definition von } -x}}{=}\; 0.$

(3) Diese Aussage wird in Übungsaufgabe 1.6 behandelt. $\qquad \blacksquare$

1.4. Folgerungen aus den Axiomen der Multiplikation. In diesem Abschnitt behandeln wir nun die Axiome der Multiplikation. Die Axiome der Multiplikation sind ganz ähnlich zu den Axiomen der Addition. Beispielsweise gelten sowohl für die Addition als auch für die Multiplikation das Assoziativgesetz, das Kommutativgesetz und die Existenz eines neutralen Elements. Das Multiplikationsaxiom (M4) hingegen ist nicht mehr ganz analog zum Axiom (A4): Bei der Multiplikation fordern wir die Existenz eines inversen Elements für alle Elemente *außer* der Null $0 \in K$. Die Analogie zwischen Addition und Multiplikation wird dann durch das Distributivgesetz völlig aufgebrochen.

Satz 1.6. (Eindeutigkeit des neutralen Elements der Multiplikation) Es sei K ein Körper. Es existiert genau ein Element $k \in K$, so dass für alle $x \in K$ gilt:

$$x \cdot k = x.$$

Beweis. Der Beweis verläuft ganz analog zum Beweis von Satz 1.2. Man muss nur die Axiome der Addition (A2) und (A3) durch die entsprechenden Axiome der Multiplikation (M2) und (M3) ersetzen. ∎

Definition. Es sei K ein Körper. Wir nennen das durch den obigen Satz eindeutig bestimmte Element die Eins des Körpers, welche wir mit „1" bezeichnen.

Satz 1.7. (Kürzungsregel der Multiplikation) Es sei K ein Körper und zudem seien $x, y \in K$. Wenn es ein $a \in K \setminus \{0\}$ gibt, so dass $x \cdot a = y \cdot a$, dann gilt $x = y$.

Beweis. Der Beweis ist ganz analog zum Beweis von Satz 1.3, wir müssen nur die Additionsaxiome (A1) und (A4) durch die Multiplikationsaxiome (M1) und (M4) ersetzen. ∎

Satz 1.8. (Eindeutigkeit des multiplikativ Inversen) Es sei K ein Körper, und es sei $x \in K$ mit $x \neq 0$. Es existiert *genau* ein Element $y \in K$, so dass

$$x \cdot y = 1.$$

Beweis. Der Satz wird ähnlich bewiesen wie Satz 1.4. ∎

Definition. Es sei K ein Körper. Für $x \neq 0$ in K bezeichnen wir mit x^{-1} das durch Satz 1.8 eindeutig bestimmte Element, welches $x \cdot x^{-1} = 1$ erfüllt.[4] Aus dem Kommutativgesetz (M2) folgt dann auch, dass $x^{-1} \cdot x = x \cdot x^{-1} = 1$.

Satz 1.9. Es sei K ein Körper. Es gelten folgende Aussagen:

(1) $$1^{-1} = 1.$$
(2) Für alle $x \in K \setminus \{0\}$ gilt $(x^{-1})^{-1} = x$.
(3) Für alle $x, y \in K \setminus \{0\}$ gilt $(x \cdot y)^{-1} = x^{-1} \cdot y^{-1}$.

Beweis. Der Beweis verläuft ganz analog zum Beweis von Satz 1.5. ∎

Satz 1.10. Es sei K ein Körper. Für alle $x \in K$ gilt $x \cdot 0 = 0$.

Beweis.

Obwohl wir den Satz natürlich so erwarten, ist er doch etwas überraschend: Die 0 wurde durch die Axiome der Addition definiert. Der Satz macht aber eine Aussage über das multiplikative Verhalten der 0. Das einzige Axiom, welches die Addition mit der Multiplikation verbindet, ist das Distributivgesetz. Wir werden dieses dementsprechend im Beweis verwenden.

---

[4]Hierbei ist „x^{-1}" im Moment nur eine Notation. Wir haben nicht eingeführt, was im Allgemeinen „x hoch irgendetwas" heißen soll.

Für $x \in K$ gilt:
$$0 + x \cdot 0 \;\underset{\text{Definition von 0}}{=}\; x \cdot 0 \;\underset{\text{Definition von 0}}{=}\; x \cdot (0 + 0) \;\underset{\text{Distributivgesetz (D)}}{=}\; x \cdot 0 + x \cdot 0.$$

Vergleichen wir nun die linke und die rechte Seite, so sehen wir, dass nun aus der Kürzungsregel 1.3 folgt, dass $0 = x \cdot 0$. ∎

Satz 1.11. Es sei K ein Körper, und es seien $x, y \in K$. Dann gilt:
$$x \cdot y = 0 \;\implies\; x = 0 \text{ oder}^5 \; y = 0.$$

Beweis. Es seien also $x, y \in K$ mit $x \cdot y = 0$. Wenn sowohl $x = 0$ als auch $y = 0$, dann sind wir fertig. Wenn $x \neq 0$, dann gilt
$$y \;=\; 1 \cdot y \;\underset{\text{da } x \neq 0}{=}\; (x^{-1} \cdot x) \cdot y \;\underset{\text{Assoziativität}}{=}\; x^{-1} \cdot (x \cdot y) \;\underset{\text{nach Voraussetzung}}{=}\; x^{-1} \cdot 0 \;\underset{\text{Satz 1.10}}{=}\; 0.$$

Der Fall $y = 0$ wird ganz analog behandelt. ∎

Wir beschließen das Kapitel mit folgendem Satz, in dem wiederum sowohl die Addition als auch die Multiplikation verwendet werden:

Satz 1.12. Es sei K ein Körper. Für alle $x, y \in K$ gilt

(1) $\qquad\qquad (-x) \cdot y \;=\; -(x \cdot y),$

(2) $\qquad\qquad (-1) \cdot y \;=\; -y,$

(3) $\qquad (-x) \cdot (-y) \;=\; x \cdot y.$

Beweis. Der Beweis der Aussagen (1) und (3) erfolgt in Übungsaufgabe 1.7. Aussage (2) folgt leicht mit $x = 1$ aus Aussage (1). ∎

1.5. Summen- und Produktnotation. Wir führen zuerst folgende Notation ein:

Definition. Es sei K ein Körper.

(1) Für $a_1, \ldots, a_s \in K$ definieren wir
$$a_1 + a_2 + \cdots + a_s \;:=\; (\ldots ((a_1 + a_2) + a_3) + \ldots) + a_s.$$

Aus dem Assoziativgesetz (A1) und dem Kommutativgesetz (A2) folgt, dass der Ausdruck $a_1 + \cdots + a_s$ nicht von der Reihenfolge der Klammerung und der Reihenfolge der Summanden abhängt. Wir setzen zudem
$$\sum_{i=1}^{s} a_i \;:=\; a_1 + \cdots + a_s \quad \text{und für } s = 0 \text{ definieren wir die „leere Sume"} \sum_{i=1}^{0} a_i := 0.$$

(2) Für $x, y \in K$ schreiben wir oft $\qquad\qquad xy \;:=\; x \cdot y.$

Wenn $y \neq 0$, dann schreiben wir $\qquad\qquad \dfrac{x}{y} \;:=\; x/y \;:=\; x \cdot y^{-1}.$

Für $a_1, \ldots, a_s \in K$ definieren wir
$$a_1 \cdot a_2 \cdot \ldots \cdot a_s \;:=\; (\ldots ((a_1 \cdot a_2) \cdot a_3) \cdot \ldots) \cdot a_s.$$

---

^{5}Es seien A und B zwei mathematische Aussagen. Wir arbeiten mit folgenden Formulierungen:

(1) Die Formulierung „es gilt A oder B" bedeutet: Es gilt mindestens eine der beiden Aussagen, es können aber auch A und B gleichzeitig gelten.

(2) Die Formulierung „es gilt entweder A oder B" bedeutet: Es gilt genau eine der beiden Aussagen.

Ganz analog zu oben folgt aus dem Assoziativgesetz (M1) und dem Kommutativgesetz (M2), dass $a_1 \cdot \ldots \cdot a_s$ nicht von der Reihenfolge der Klammerung und der Reihenfolge der Faktoren abhängt. Wir schreiben zudem

$$\prod_{i=1}^{s} a_i := a_1 \cdot \ldots \cdot a_s \quad \text{und für } s = 0 \text{ definieren wir das „leere Produkt"} \quad \prod_{i=1}^{0} a_i := 1.$$

Beispiel.

(a) Es gilt:
$$\sum_{k=1}^{4} k^2 = 1 + 2^2 + 3^2 + 4^2 = 30 \quad \text{und} \quad \prod_{m=1}^{3} (2m+1) = 3 \cdot 5 \cdot 7 = 105.$$

(b) Manchmal verwenden wir auch „Doppelsummen": Wenn K ein Körper ist, und wenn $\{x_{ij}\}_{i=1,\ldots,r,j=1,\ldots,s}$ Elemente von K sind, dann gilt

$$\sum_{i=1}^{r} \sum_{j=1}^{s} x_{ij} = \overbrace{\sum_{j=1}^{s} x_{1j}}^{\text{Summand für } i=1} + \overbrace{\sum_{j=1}^{s} x_{2j}}^{\text{Summand für } i=2} + \ldots + \overbrace{\sum_{j=1}^{s} x_{rj}}^{\text{Summand für } i=r}$$
$$= (x_{11} + \cdots + x_{1s}) + (x_{21} + \cdots + x_{2s}) + \cdots + (x_{r1} + \cdots + x_{rs}).$$

Folgender Satz wird immer wieder verwendet, ohne explizit erwähnt zu werden:

Satz 1.13. Es sei K ein Körper. Für $a_1, \ldots, a_r \in K$ und $b_1, \ldots, b_s \in K$ gilt

$$\left(\sum_{i=1}^{r} a_i \right) \cdot \left(\sum_{j=1}^{s} b_j \right) = \sum_{i=1}^{r} \sum_{j=1}^{s} a_i \cdot b_j.$$

Beweis. Die Gleichheit folgt aus mehrfacher Anwendung des Distributivgesetzes. ∎

Definition. Es sei K ein Körper. Für $x \in K$ und $n \in \mathbb{N}$ definieren wir

$$x^n := \underbrace{x \cdot \ldots \cdot x}_{n\text{-mal}}.$$

Zudem definieren wir $x^0 := 1$ und für $n \in \mathbb{N}$ und $x \neq 0$ definieren wir

$$x^{-n} := (x^n)^{-1}.$$

Wir bezeichnen x^n als x hoch n oder auch als n-te Potenz von x.

Der folgende Satz fasst einige elementare Eigenschaften von Potenzen zusammen:

Satz 1.14. (Potenzregeln) Es sei K ein Körper, es seien $x, y \in K$ mit $x, y \neq 0$, und es seien $m, n \in \mathbb{Z}$. Dann gilt

$$\begin{aligned}
(1) \qquad x^m \cdot x^n &= x^{m+n} \\
(2) \qquad (x^n)^m &= x^{m \cdot n} \\
(3) \qquad x^n \cdot y^n &= (x \cdot y)^n.
\end{aligned}$$

Beweisskizze. Die beiden ersten Aussagen folgen aus dem Assoziativgesetz (M1). Die dritte Aussage benötigt das Assoziativgesetz (M1) und auch das Kommutativgesetz (M2). ∎

Wir haben in den letzten Kapiteln gesehen, dass für Körper die „üblichen" Rechen- und Umformungsregeln gelten. Im Folgenden werden wir die verwendeten Körperaxiome nicht mehr explizit aufführen und wir werden die obigen Sätze nicht mehr explizit zitieren. Zudem verwenden wir ab sofort die üblichen Rechenregeln, ohne diese im Einzelnen herzuleiten.

Bemerkung. Zum Abschluss der Diskussion der Körperaxiome wollen wir noch kurz der Frage nachgehen, warum die Axiome so formuliert sind, wie sie sind. Beispielsweise hätten wir noch folgendes Axiom formulieren können

(A5) Für alle $x, y, z \in K$ gilt: $x + (y + z) = y + (x + z)$.

Man kann sich aber leicht davon überzeugen, dass (A5) schon aus dem Assoziativgesetz (A1) und dem Kommutativgesetz (A2) folgt. Das Ziel ist, einen Körper über möglichst wenige Axiome zu charakterisieren, und dann ist (A5) überflüssig, nachdem es schon aus (A1) und (A2) folgt. Jetzt stellt sich die Frage, ob man nicht vielleicht eines der anderen Axiome weglassen könnte. Wir haben gesehen, dass $\mathbb{Z}$ alle Axiome bis auf (M4) erfüllt. Nachdem (M4) jedoch nicht für $\mathbb{Z}$ gilt, kann (M4) nicht aus den anderen Axiomen folgen. Wir können Axiom (M4) also nicht weglassen.

Es ist eine amüsante Aufgabe, sich für jedes Axiom ein Beispiel zu überlegen, für welches alle anderen Axiome gelten, aber das gewählte Axiom nicht. Beispielsweise gibt es auf $\mathbb{R}^4$ eine Multiplikation, welche zusammen mit der üblichen Addition auf $\mathbb{R}^4$ alle Körperaxiome bis auf (M2) erfüllt. Diese Struktur nennt man die Quaternionenmultiplikation.

1.6. Angeordnete Körper. Wir wollen uns im Folgenden an die Eigenschaften der rationalen und reellen Zahlen herantasten. Die rationalen und reellen Zahlen, wie wir sie aus der Schule kennen, besitzen neben der Addition und Multiplikation auch noch eine weitere Struktur, nämlich man kann zwei reelle Zahlen x, y „vergleichen": Wir können davon reden, dass x „größer" oder „kleiner" als y ist. Dies führt uns zu folgender Definition:

Definition. Ein angeordneter Körper ist ein Körper K zusammen mit einer Relation „>", welche folgende Ordnungsaxiome erfüllt:

(O1)   Für alle $x, y \in K$ gilt *genau eine* der folgenden drei Aussagen:
$$x > y \quad \text{oder} \quad y > x \quad \text{oder} \quad x = y.$$
(O2)   Für alle $x, y, z \in K$ gilt: $x > y$ und $y > z \implies x > z$ (Transitivität).
(O3)   Für alle $x, y, a \in K$ gilt: $x > y \implies x + a > y + a$.
(O4)   Für alle $x, y, a \in K$ gilt: $x > y$ und $a > 0 \implies x \cdot a > y \cdot a$.

Beispiel.
(1) Es sei $K = \mathbb{Q}$ der Körper der rationalen Zahlen. Mit der üblichen Bedeutung von „>" ist $\mathbb{Q}$ ein angeordneter Körper.
(2) Hier ist ein etwas komplizierteres Beispiel eines angeordneten Körpers. Wie in Kapitel 1.2 sei K der Körper der rationalen Funktion, d.h.
$$K = \text{Menge der rationalen Funktionen} = \left\{ x^3, \; \frac{x}{x+1}, \; -2 + 7x^2, \; \frac{1}{x^2 + 7x^3}, \; \dots \right\}.$$
Für $f, g \in K$ definieren wir[6]
$$f > g \; :\Longleftrightarrow \; \text{Es existiert ein } \epsilon > 0, \text{ so dass } f(x) > g(x) \text{ für alle } 0 < x < \epsilon.$$
Beispielsweise gilt $\frac{x}{x+1} > x^3$, denn diese Ungleichung gilt für alle $0 < x < \frac{1}{2}$. Man kann nun zeigen, dass K mit dieser Ordnung $>$ in der Tat die Ordnungsaxiome (O1) bis (O4) erfüllt. Wir werden dieses Beispiel nicht weiter verfolgen.
(3) Es stellt sich nun die Frage, ob man nicht auch auf anderen Körpern eine Ordnung „>" einführen kann, welche die Axiome (O1) bis (O4) erfüllt. Beispielsweise stellt sich die Frage, ob dies für den Körper $\mathbb{F}_2 = \{0, 1\}$ möglich ist, welchen wir auf Seite 5 eingeführt haben. Wir werden diese Frage auf Seite 13 beantworten.

---

[6]Die Notation $:\Longleftrightarrow$ bedeutet hierbei, dass die linke Seite durch die rechte Seite definiert wird. Mit anderen Worten: Wir schreiben $f > g$ genau dann, wenn die Aussage auf der rechten Seite gilt.

Definition. Es sei K ein angeordneter Körper.

(1) Für $x, y \in K$ definieren wir:
$$\begin{aligned} x < y \quad &:\Longleftrightarrow \quad y > x, \\ x \geq y \quad &:\Longleftrightarrow \quad x > y \text{ oder } x = y, \\ x \leq y \quad &:\Longleftrightarrow \quad x < y \text{ oder } x = y. \end{aligned}$$

(2) Für $x \in K$ definieren wir:
$$\begin{aligned} x \text{ positiv} \quad &:\Longleftrightarrow \quad x > 0, \\ x \text{ negativ} \quad &:\Longleftrightarrow \quad x < 0. \end{aligned}$$

In den Folgen Sätzen fassen wir einige oft verwendete Eigenschaften von angeordneten Körpern zusammen. Viele der Aussagen werden Ihnen von der Erfahrung mit dem angeordneten Körper $\mathbb{Q}$ bekannt vorkommen.

Satz 1.15. Es sei K ein angeordneter Körper.

(1) Für alle $x \in K$ gilt: $\qquad x > 0 \iff -x < 0.$

(2) Für alle $x, y, a \in K$ gilt: $\quad x > y$ und $a < 0 \implies x \cdot a < y \cdot a.$

Bemerkung. Die Tatsache, dass sich bei Multiplikation mit einer negativen Zahl die Relation „$>$" in „$<$" umwandelt, gehört zu den größten Fehlerquellen der Analysis.

Beweis von Satz 1.15. Es sei K ein angeordneter Körper.

(1) Es sei $x \in K$. Dann gilt:

$$x > 0 \underset{\substack{\uparrow \\ \text{Ordnungsaxiom (O3)}}}{\iff} x + (-x) > 0 - x \underset{\substack{\uparrow \\ \text{Definition von } -x \text{ und } 0}}{\iff} 0 > -x \underset{\substack{\uparrow \\ \text{Definition von } < 0}}{\iff} -x < 0.$$

(2) Es seien also $x, y, a \in K$ mit $a < 0$. Dann gilt:

$$x > y \underset{\uparrow}{\Rightarrow} x \cdot (-a) > y \cdot (-a) \underset{\uparrow}{\Rightarrow} \overbrace{x \cdot (-a) + xa + ya}^{= y \cdot a} > \overbrace{y \cdot (-a) + xa + ya}^{= x \cdot a} \underset{\uparrow}{\Rightarrow} y \cdot a > x \cdot a.$$

es folgt aus (1), mit $x = -a$, dass $-a > 0$; die Ungleichung folgt nun aus (O4) $\qquad$ folgt aus (O3) $\qquad$ folgt durch Vereinfachen $\qquad\blacksquare$

Satz 1.16. Es sei K ein angeordneter Körper. Für jedes $x \in K$ mit $x \neq 0$ gilt
$$x^2 > 0.$$

Beweis. Nachdem $x \neq 0$, folgt aus Axiom (O1), dass entweder $x > 0$ oder $0 > x$. Wir beweisen jetzt den Satz für die beiden Fälle getrennt.
Wenn $x > 0$, dann gilt
$$x^2 = x \cdot x \underset{\substack{\uparrow \\ \text{folgt aus dem Ordnungsaxiom (O4), da } x > 0}}{>} 0 \cdot x \underset{\substack{\uparrow \\ \text{Satz 1.10}}}{=} 0.$$

Wenn hingegen $0 > x$, dann gilt
$$x^2 = x \cdot x \overset{\substack{\text{folgt aus Satz 1.12} \\ \downarrow}}{=} (-x) \cdot (-x) \underset{\uparrow}{>} 0.$$

aus Satz 1.15 folgt. dass $-x > 0$, also folgt die Ungleichung aus dem 1. Fall $\qquad\blacksquare$

Korollar 1.17. Es sei K ein angeordneter Körper. Für jedes $x \in K$ mit $x > 0$ gilt $\frac{1}{x} > 0$.

Beweis. Es sei $x \in K$ mit $x > 0$. Dann gilt:

$$\frac{1}{x} \;=\; \frac{1}{x} \cdot x \cdot \frac{1}{x} \;=\; x \cdot \left(\frac{1}{x}\right)^2 \;\underset{\uparrow}{>}\; 0 \cdot \left(\frac{1}{x}\right)^2 \;=\; 0.$$

da $x > 0$ und da nach Satz 1.16 gilt $\left(\frac{1}{x}\right)^2 > 0$,
erhalten wir die Ungleichung aus dem Ordnungsaxiom (O4) ∎

Korollar 1.18. In jedem angeordneten Körper gilt: $\quad 1 > 0$.

Beweis. Es ist $\qquad\qquad 1 \;=\; 1 \cdot 1 \;=\; 1^2 \;\underset{\uparrow}{>}\; 0.$

Satz 1.16 ∎

Satz 1.19. (Anordnungsregeln) Es sei K ein angeordneter Körper.

(1)   Für alle $a, b, c, d \in K$ gilt: $\qquad\qquad a > b$ und $c > d \implies a + c > b + d$.

(2)   Für alle $a, b \in K$ gilt: $\qquad\qquad\qquad a > b > 0 \implies \frac{1}{b} > \frac{1}{a} > 0$

(3)   Für alle $a, b, c, d \in K$ gilt: $\quad a > b > 0$ und $c > d > 0 \implies a \cdot c > b \cdot d$.

Beweis. Der Beweis des Satzes ist Übungsaufgabe 1.9. ∎

Beispiel. Es sei K ein angeordneter Körper. Korollar 1.18 besagt, dass $1 > 0$. Es folgt aus der Anordnungsregel 1.19 (1), angewandt auf $1 > 0$ und $1 > 0$, dass $1 + 1 > 0$. Insbesondere ist also $1 + 1 \neq 0$. In dem Körper $\mathbb{F}_2 = \{0, 1\}$ mit zwei Elementen gilt jedoch $1 + 1 = 0$. Wir sehen also, dass man auf $\mathbb{F}_2$ keine Ordnung „>" definieren kann, welche alle Ordnungsaxiome (O1) bis (O4) erfüllt.

Wir fahren mit einer Definition fort, welche schon aus der Schule geläufig ist.

Definition. Es sei K ein angeordneter Körper und $x \in K$. Wir definieren den Betrag von x als

$$|x| := \begin{cases} x, & \text{falls } x \geq 0, \\ -x, & \text{falls } x < 0. \end{cases}$$

Satz 1.20. (Betragsregeln) Es sei K ein angeordneter Körper. Für alle $x, y \in K$ gilt:

(1) $|x| \geq 0$
(2) $|x| = 0 \Leftrightarrow x = 0$
(3) $x \leq |x|$
(4) $|-x| = |x|$
(5) $|x \cdot y| = |x| \cdot |y|$
(6) $|x + y| \leq |x| + |y|$ (Dreiecksungleichung).

Beweis.

(1) Die Aussage folgt aus einer Fallunterscheidung und Satz 1.15 (1).
(2) Die Aussage folgt aus dem Ordnungsaxiom (O1).
(3) Die Aussage folgt aus einer Fallunterscheidung und Satz 1.15 (1).
(4) Die Aussage folgt aus einer Fallunterscheidung und Satz 1.15 (1).
(5) Wir schreiben $x = \sigma \cdot x_0$ mit $x_0 \geq 0$ und $\sigma \in \{\pm 1\}$, und wir schreiben $y = \tau \cdot y_0$ mit $y_0 \geq 0$ und $\tau \in \{\pm 1\}$. Dann ist

$$|x \cdot y| \;=\; |\underbrace{\sigma \cdot \tau}_{\in \{\pm 1\}} \cdot x_0 \cdot y_0| \;\underset{\uparrow}{=}\; |x_0 \cdot y_0| \;\underset{\uparrow}{=}\; x_0 \cdot y_0 \;\underset{\uparrow}{=}\; |x| \cdot |y|.$$

folgt aus (4)   aus $x_0 > 0$ & $y_0 > 0$ folgt aus (4)
und (O4) folgt $x_0 \cdot y_0 > 0$

14

(6) Per Definition des Betrags gilt $|x+y| = x+y$ oder $|x+y| = -(x+y)$. Die Ungleichung $|x+y| \leq |x| + |y|$ erhalten wir also aus folgenden Ungleichungen:

$$x + y \underset{\uparrow}{\leq} |x| + |y| \qquad \text{und} \qquad -(x+y) = -x - y \underset{\uparrow}{\leq} |x| + |y|.$$

dies folgt aus der Anordnungsregel 1.19 (1), denn nach (3) gilt $x \leq |x|$ und $y \leq |y|$

dies folgt aus der Anordnungsregel 1.19 (1), denn nach (3) und (4) gilt $-x \leq |x|$ und $-y \leq |y|$ ∎

Wir haben uns jetzt davon überzeugt, dass in einem angeordneten Körper die vertrauten Regeln für „>" gelten. Wie bei den Körperaxiomen werden wir daher im Folgenden auch die Ordnungsaxiome (O1) bis (O4) nicht mehr explizit angeben, und wir werden auch nicht mehr explizit auf die Sätze in diesem Abschnitt verweisen.

1.7. Das archimedische Axiom. In diesem Abschnitt führen wir ein 5. Ordnungsaxiom ein, welches auf den ersten Blick etwas eigenwillig erscheinen wird. Bevor wir dieses formulieren können müssen wir noch einen neuen Begriff einführen:

Definition. Es sei K ein Körper, $x \in K$ und $n \in \mathbb{N}$. Wir definieren[7]
$$n \cdot x := \underbrace{x + \cdots + x}_{n\text{-mal}}.$$

Beispiel. Für $1 \in \mathbb{F}_2 = \{0,1\}$ und $n = 3$ ist $3 \cdot 1 = 1 + 1 + 1 = 0 + 1 = 1$.

Jetzt können wir das angekündigte Ordnungsaxiom formulieren.

Definition. Ein angeordneter Körper K erfüllt das archimedische Axiom, wenn gilt:
(N) Für alle $x > 0$ und $y > 0$ in K existiert eine natürliche Zahl $n \in \mathbb{N}$, so dass[8]
$$n \cdot x > y.$$

Bemerkung. In der Abbildung unten veranschaulichen wir das archimedische Axiom für $K = \mathbb{Q}$: Wenn wir eine Strecke der Länge $x > 0$ und einen Punkt y auf dem positiven „Zahlenstrahl" gegeben haben, dann kann man den Punkt y übertreffen, indem man die Strecke der Länge x genügend oft abträgt.

positiver „Zahlenstrahl"

Strecke der Länge $x > 0$

viermaliges Abtragen der Strecke übertrifft y

Bemerkung. In Übungsaufgabe 1.11 wird gezeigt, dass es einen angeordneten Körper gibt, welcher das archimedische Axiom nicht erfüllt.

Satz 1.21. Es sei K ein angeordneter Körper, welcher das archimedische Axiom erfüllt. Für jedes $\epsilon > 0$ in K existiert ein $n \in \mathbb{N}$, so dass
$$\frac{1}{n} < \epsilon.$$

---

[7]Man könnte denken, dass es da doch nichts zu definieren gibt, weil wir doch schon eine Multiplikation auf dem Körper besitzen. Aber diese gibt uns nur das Produkt von zwei Elementen des Körpers K, es gibt uns nicht das Produkt einer natürlichen Zahl $n \in \mathbb{N}$ mit einem Element k aus K.

[8]Da $n \in \mathbb{N}$ ist $n \cdot x$ also definiert als die Summe $x + \cdots + x$. Es handelt sich hier also *nicht* um die Multiplikation in dem Körper K. Im Allgemeinen ist ja $\mathbb{N}$ auch gar keine Teilmenge von K.

Beweis. Es sei also $\epsilon > 0$. Wir müssen zeigen, dass es ein $n \in \mathbb{N}$ gibt, so dass $\frac{1}{n} < \epsilon$.

Wir müssen also zeigen, dass es ein $n \in \mathbb{N}$ gibt, welches eine gewisse Ungleichung erfüllt. Das einzige Axiom, und die einzige Aussage, welche wir von diesem Typ haben, ist das archimedische Axiom:

(N) Für alle $x > 0$ und alle $y > 0$ existiert ein $n \in \mathbb{N}$, so dass $n \cdot x > y$.

Wir müssen also das archimedische Axiom auf geschickt gewählte x und y anwenden.

Aus Korollar 1.17 folgt, dass $\frac{1}{\epsilon} > 0$. Nach dem archimedischen Axiom (N), angewandt auf $x = \epsilon$ und $y = 1$, existiert ein $n \in \mathbb{N}$, so dass $n \cdot \epsilon > 1$, also $n > \frac{1}{\epsilon}$. Es folgt nun aus der Anordnungsregel 1.19 (2), dass $\frac{1}{n} < \epsilon$. ∎

1.8. Das Vollständigkeitsaxiom und die reellen Zahlen. In diesem Abschnitt wollen wir eine Charakterisierung der, aus der Schule bekannten, reellen Zahlen geben. Wir benötigen dazu folgende Notation:

Notation. Es sei K ein angeordneter Körper. Für $a < b \in K$ bezeichnen wir
$$[a, b] := \{x \in K \mid a \leq x \leq b\}$$
als abgeschlossenes Intervall.

Wir können jetzt das letzte Axiom dieses Buches einführen.

Definition. Ein angeordneter Körper K erfüllt das Vollständigkeitsaxiom, wenn gilt:

(V) Für jede Folge $I_0 \supset I_1 \supset I_2 \supset \ldots$ von abgeschlossenen Intervallen in K existiert ein $x \in K$, welches in allen Intervallen I_k enthalten ist.

Wenn K das Vollständigkeitsaxiom erfüllt, dann sagen wir: K ist vollständig.

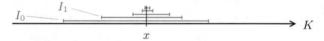

Wir werden später in Satz 3.8 sehen, dass der Körper $\mathbb{Q}$ der rationalen Zahlen *nicht* vollständig ist. Der nächste Satz sagt jedoch glücklicherweise, dass es einen angeordneten Körper gibt, welcher vollständig ist:

Satz 1.22. (Existenz und Eindeutigkeit der reellen Zahlen) Es gibt einen angeordneten Körper, welcher das archimedische Axiom erfüllt und welcher vollständig ist.

Beweis. Wir wollen diesen Satz hier nicht beweisen. In [**E**, Kapitel 1.4] und in [**L**] wird ausführlich beschrieben, wie man die Existenz eines solchen Körper aus der Existenz der rationalen Zahlen folgern kann. In diesen beiden Referenzen wird auch besprochen, in welchem Sinne ein Körper mit den genannten Eigenschaften eindeutig bestimmt ist. ∎

Definition. Wir nennen den durch Satz 1.22 bestimmten Körper den Körper der reellen Zahlen und bezeichnen ihn mit $\mathbb{R}$.

Dieser Körper der reellen Zahlen ist natürlich nichts anderes als die reellen Zahlen, welche Sie schon aus der Schule kennen. Wir werden im Folgenden nur verwenden, dass die reellen Zahlen die Körperaxiome (A1)–(A4), (M1)–(M4) und (D) sowie die Ordnungsaxiome (O1)–(O4), das archimedische Axiom (N) und das noch etwas mysteriöse Vollständigkeitsaxiom (V) erfüllen. Wir werden aus diesen Axiomen alle weiteren Aussagen herleiten.

    In den folgenden zwei Kapiteln werden wir die Vollständigkeit der reellen Zahlen nicht verwenden, bevor wir den Begriff dann in Kapitel 4 ausgiebig diskutieren werden.

1.9. Reelle Zahlen und natürliche Zahlen. Wir wollen nun den Zusammenhang zwischen den natürlichen Zahlen und den abstrakt eingeführten reellen Zahlen klären. Dazu benötigen wir folgenden Satz:

Satz 1.23. Es bezeichne 1 das Eins-Element des Körpers $\mathbb{R}$. Wir betrachten die Abbildung

$$\varphi\colon \mathbb{N}_0 \rightarrow \mathbb{R}$$
$$n \mapsto n \cdot 1 := \underbrace{1 + \cdots + 1}_{n\text{-mal}}.$$

Es seien $a_1, a_2 \in \mathbb{N}_0$. Wenn $a_1 \neq a_2$, dann gilt auch $\varphi(a_1) \neq \varphi(a_2)$.

Beweis. Es sei $a_1, a_2 \in \mathbb{N}_0$ mit $a_1 \neq a_2$. Nach (O1) gilt also entweder $a_1 > a_2$ oder $a_2 > a_1$. Wir betrachten nur den Fall, dass $a_1 > a_2$. (Der Fall, dass $a_2 < a_1$, wird natürlich ganz analog bewiesen.) Aus $a_1 > a_2$ folgt, dass ein $n \in \mathbb{N}_0$ mit $a_1 = a_2 + n$ existiert. Daraus wiederum folgt:

$$\varphi(a_1) = \varphi(a_2{+}x) = \underbrace{1 + \ldots + 1}_{(a_2 + n)\text{-Mal}} = \underbrace{1 + \ldots + 1}_{a_2\text{-mal}} + \underbrace{1 + \ldots + 1}_{n\text{-mal}} = \varphi(a_2) + \overbrace{1 + \ldots + 1}^{> 0 \text{ nach der Diskussion auf Seite 13}} > \varphi(a_2).$$

folgt dem Ordnungsaxiom (O3)

Wir haben also gezeigt, dass $\varphi(a_1) > \varphi(a_2)$. Es folgt aus (O1), dass $\varphi(a_1) \neq \varphi(a_2)$. ∎

Die folgende Konvention sagt, dass wir die ganzen und die rationalen Zahlen als Teilmenge der reellen Zahlen auffassen können und werden.

Konvention. Es sei $\varphi\colon \mathbb{N}_0 \to \mathbb{R}$ die Abbildung aus Satz 1.23. Für $n \in \mathbb{N}_0$ setzen wir $n \in \mathbb{N}_0$ mit $\varphi(n) \in \mathbb{R}$ gleich. Wir fassen daher von nun an $\mathbb{N}_0$ als Teilmenge der reellen Zahlen auf. Zudem gilt

$$\mathbb{Z} = \mathbb{N}_0 \cup \{-n \in \mathbb{R} \mid n \in \mathbb{N}\} \subset \mathbb{R} \qquad \text{(die Menge der ganzen Zahlen)},$$
$$\mathbb{Q} = \{\tfrac{p}{q} \mid p, q \in \mathbb{Z} \text{ mit } q \neq 0\} \subset \mathbb{R} \qquad \text{(der Körper der rationalen Zahlen)}.$$

1.10. Notationen. Wir führen in diesem kurzen Abschnitt einige Notationen ein. Die meisten davon sind wohl aus der Schule geläufig.

Notation. Es seien $a, b \in \mathbb{R}$. Wir definieren:

$$[a, b] := \{x \in \mathbb{R} \mid a \leq x \leq b\} \qquad (a, b) := \{x \in \mathbb{R} \mid a < x < b\}$$
$$(a, b] := \{x \in \mathbb{R} \mid a < x \leq b\} \qquad [a, b) := \{x \in \mathbb{R} \mid a \leq x < b\}$$

Die eckigen Klammern [und] bedeuten also, dass der Endpunkt im Intervall enthalten ist, die runden Klammern (und) bedeuten, dass der Endpunkt nicht im Intervall enthalten ist. Darüber hinaus definieren wir für $a \in \mathbb{R}$

$$[a, \infty) := \{x \in \mathbb{R} \mid a \leq x\} \qquad (-\infty, a] := \{x \in \mathbb{R} \mid x \leq a\}$$
$$(a, \infty) := \{x \in \mathbb{R} \mid a < x\} \qquad (-\infty, a) := \{x \in \mathbb{R} \mid x < a\}$$

Wir führen folgende Sprechweisen ein:

(a) Wir nennen ein Intervall abgeschlossen, wenn die reellen Endpunkte im Intervall enthalten sind, d.h. die Intervalle der Form $[a, b]$, $[a, \infty)$ und $(-\infty, a]$ sind abgeschlossen.

(b) Wir nennen ein Intervall offen, wenn die reellen Endpunkte nicht im Intervall enthalten sind, d.h. die Intervalle der Form (a, b), (a, ∞) und $(-\infty, a)$ sind offen.

(c) Alle anderen Intervalle heißen halboffen, d.h. die Intervalle der Form $(a, b]$ und $[a, b)$ mit $a, b \in \mathbb{R}$ sind halboffen.

Wir führen auch noch eine weitere, fast selbsterklärende Notation ein.

Notation.

$$\mathbb{R}_{>0} := \{x \in \mathbb{R} \mid x > 0\} \qquad \text{(die Menge der positiven reellen Zahlen)}$$
$$\mathbb{R}_{\geq 0} := \{x \in \mathbb{R} \mid x \geq 0\} \qquad \text{(die Menge der nichtnegativen reellen Zahlen)}$$

Wir führen nun noch den Begriff des Ab- und Aufrundens ein. Dazu benötigen wir folgendes Lemma:[9]

Lemma 1.24.

(1) Für jede reelle Zahl $r \in \mathbb{R}$ existiert ein $m \in \mathbb{Z}$ mit $m > r$.
(2) Für jede reelle Zahl $s \in \mathbb{R}$ existiert ein $n \in \mathbb{Z}$ mit $n < s$.

Beweis.

(1) Die Aussage folgt aus dem archimedischen Axiom angewandt auf $x = 1$ und $y = r$.
(2) Wir wenden (1) auf $r = -s$ an und erhalten ein $m \in \mathbb{Z}$ mit $m > -s$. Dann gilt aber $-m < -(-s) = s$. Also besitzt $n := -m$ die gewünschte Eigenschaft.   ∎

Definition. Für eine reelle Zahl $z \in \mathbb{R}$ definieren wir[10]

$$\lfloor z \rfloor := z \text{ abgerundet} := \text{das maximale } n \in \mathbb{Z} \text{ mit } n \leq z$$
$$\lceil z \rceil := z \text{ aufgerundet} := \text{das minimale } n \in \mathbb{Z} \text{ mit } n \geq z.$$

Die kleinen horizontalen Striche geben also an, ob man ab- oder aufrundet.

Beispiel. Wie in der Abbildung illustriert gilt $\lfloor -1\frac{2}{5} \rfloor = -2$ und $\lceil -1\frac{2}{5} \rceil = -1$.

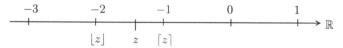

1.11. Die vollständige Induktion. In diesem letzten Abschnitt des Kapitels wenden wir uns kurz einem anderen Thema zu, nämlich wir führen die vollständige Induktion als Beweismethode ein. Damit können wir Aussagen herleiten, welche im nächsten Kapitel „Folgen und Reihen" hilfreich sein werden.

Der ganze folgende Abschnitt beruht auf folgendem, eigentlich offensichtlichen Satz aus der Logik.

Satz 1.25. (Prinzip der vollständigen Induktion) Für jedes $n \in \mathbb{N}_0$ sei eine Aussage $A(n)$ gegeben. Nehmen wir an, dass folgende zwei Aussagen gelten:

(1) $A(0)$ ist wahr.
(2) Für jedes beliebige $n \in \mathbb{N}_0$ gilt: Falls $A(n)$ wahr ist, dann ist auch $A(n+1)$ wahr.

---

[9]Ein „Lemma" ist, wie ein „Satz" oder „Theorem" eine mathematische Aussage. Der Name „Lemma" wird normalerweise für etwas uninteressantere Aussagen verwendet. Das ist aber reine Geschmackssache. Wir hätten die Aussage auch wieder als Satz bezeichnen können.

[10]Es folgt aus Lemma 1.24, dass es ein $n \in \mathbb{Z}$ mit $n \geq z$ gibt. Deswegen ist $\lceil x \rceil$ in der Tat definiert. Das gleiche Argument gilt auch für $\lfloor x \rfloor$.

Dann ist die Aussage $A(n)$ für alle $n \in \mathbb{N}_0$ wahr.

Beweis. Aus (1) folgt, dass $A(0)$ wahr ist. Da $A(0)$ gilt, können wir (2) auf $n = 0$ anwenden, und sehen, dass dann auch $A(1)$ wahr ist. Da nun $A(1)$ gilt, können wir (2) auf $n = 1$ anwenden, und sehen, dass dass dann auch $A(2)$ wahr ist. Wir fahren so fort und sehen, dass die Aussage $A(n)$ für alle $n \in \mathbb{N}_0$ wahr ist. ∎

Ein typischer Induktionsbeweis verläuft nun wie folgt. Wir wollen zeigen, dass für jedes $n \in \mathbb{N}_0$ eine bestimmte Aussage $A(n)$ gilt. Wir führen folgende drei Schritte durch:

(1) Induktionsanfang. Wir zeigen, dass $A(0)$ gilt.
(2) Induktionsvoraussetzung: Wir nehmen an, dass $A(n)$ für ein beliebiges $n \geq 0$ gilt.
(3) Induktionsschritt: Wir zeigen, dass unter der Induktionsvoraussetzung auch $A(n + 1)$ wahr ist.

Es folgt dann aus dem Prinzip der vollständigen Induktion 1.25, dass die Aussage $A(n)$ für alle $n \in \mathbb{N}_0$ wahr ist.

Wir werden jetzt eine ganze Reihe von Sätzen mithilfe des Prinzips der vollständigen Induktion beweisen. Wir beginnen mit folgendem Satz, den wir in Zukunft immer wieder verwenden werden:

Satz 1.26. (Potenz-Summen-Satz) Für alle $x \in \mathbb{R} \setminus \{1\}$ und alle $n \in \mathbb{N}_0$ gilt:

$$\sum_{k=0}^{n} x^k = \frac{1 - x^{n+1}}{1 - x}.$$

Beweis. Es sei $x \in \mathbb{R} \setminus \{1\}$. Für $n \in \mathbb{N}_0$ definieren wir

$$A(n) := \text{die Aussage, dass die Gleichheit } \sum_{k=0}^{n} x^k = \frac{1 - x^{n+1}}{1 - x} \text{ gilt.}$$

Wir müssen zeigen, dass $A(n)$ für alle $n \geq 0$ wahr ist.
Induktionsanfang. Wir müssen also zeigen, dass die Aussage $A(0)$ wahr ist. Dies können wir leicht verifizieren, denn es ist

$$\sum_{k=0}^{0} x^k = x^0 \underset{\uparrow}{=} 1 = \frac{1 - x}{1 - x},$$

per Definition von x^0 auf Seite 10

d.h. $A(0)$ ist wahr.
Induktionsvoraussetzung. Wir nehmen an, dass $A(n)$ für ein $n \in \mathbb{N}_0$ wahr ist, d.h. wir nehmen an, dass

$$\sum_{k=0}^{n} x^k = \frac{1 - x^{n+1}}{1 - x}.$$

Induktionsschritt. Wir müssen nun zeigen, dass auch $A(n + 1)$ wahr ist.

Wir müssen also $\sum_{k=0}^{n+1} x^k$ bestimmen. Die Idee ist nun, diese Summe aufzuspalten, in die ersten n Summanden und den letzten Summanden. Die Summe der ersten n Summanden kennen wir schon per Induktionsvoraussetzung.

Wir führen nun folgende Berechnung durch:

$$\sum_{k=0}^{n+1} x^k = \sum_{k=0}^{n} x^k + x^{n+1} \underset{\uparrow}{=} \frac{1 - x^{n+1}}{1 - x} + x^{n+1} \underset{\uparrow}{=} \frac{(1 - x^{n+1}) + (1 - x) \cdot x^{n+1}}{1 - x} \underset{\uparrow}{=} \frac{1 - x^{n+2}}{1 - x}.$$

Verwenden der **Induktionsvoraussetzung**   Zusammenfassen   Vereinfachen

Aus dem Prinzip der vollständigen Induktion 1.25 folgt nun, dass $A(n)$ für alle $n \in \mathbb{N}_0$ wahr ist, d.h. wir haben den Satz bewiesen. ∎

Satz 1.27. Für alle $n \in \mathbb{N}_0$ gilt

$$(1) \quad \sum_{k=1}^{n} k = \frac{1}{2}n(n+1) \qquad \text{und} \qquad (2) \quad \sum_{k=1}^{n} k^2 = \frac{1}{6}n(n+1)(2n+1).$$

Beweis. Der Beweis der beiden Aussagen verläuft ganz ähnlich. Wir beweisen deshalb im Folgenden nur Aussage (2). Für $n \in \mathbb{N}_0$ sei nun $A(n)$ die Aussage

$$\sum_{k=1}^{n} k^2 = \frac{1}{6} \cdot n(n+1)(2n+1).$$

Wir müssen also zeigen, dass $A(n)$ für alle $n \in \mathbb{N}_0$ wahr ist.

Induktionsanfang. Wir können leicht verifizieren, dass die Aussage $A(0)$ richtig ist. In der Tat ist

$$\underset{\underset{\text{siehe Definition auf Seite 9}}{\uparrow}}{\sum_{k=1}^{0} k^2} = 0 = \frac{1}{6} \cdot 0 \cdot (0+1) \cdot (2 \cdot 0 + 1).$$

Induktionsvoraussetzung. Wir nehmen nun an, dass $A(n)$ für ein $n \in \mathbb{N}_0$ wahr ist, d.h. wir nehmen an, dass für ein $n \in \mathbb{N}_0$ gilt:

$$\sum_{k=1}^{n} k^2 = \frac{1}{6}n(n+1)(2n+1).$$

Induktionsschritt. Wir müssen nun zeigen, dass auch $A(n+1)$ wahr ist. Wir verfahren ganz analog zum Beweis des Potenz-Summen-Satzes 1.26, indem wir folgende Rechnung durchführen:

$$\sum_{k=1}^{n+1} k^2 = \sum_{k=1}^{n} k^2 + (n+1)^2 \overset{\overset{\text{folgt aus der Induktionsvoraussetzung}}{\downarrow}}{=} \frac{1}{6}n(n+1)(2n+1) + (n+1)^2$$

$$\underset{\underset{\text{folgt durch Ausmultiplizieren auf beiden Seiten und Vergleichen der Terme}}{\uparrow}}{=} \frac{1}{6}(n+1)(n+2)(2(n+1)+1).$$

∎

Satz 1.28. (Bernoulli'sche Ungleichung) Es sei $x \geq -1$ eine reelle Zahl. Für jedes $n \in \mathbb{N}_0$ gilt folgende Ungleichung:

$$(1+x)^n \geq 1 + n \cdot x.$$

Beweis. Es sei $x \geq -1$. Für $n \in \mathbb{N}_0$ sei $A(n)$ die Aussage, dass

$$(1+x)^n \geq 1 + n \cdot x.$$

Induktionsanfang. Man kann leicht nachrechnen, dass die Aussage $A(0)$ wahr ist.

Induktionsvoraussetzung. Wir nehmen an, dass $A(n)$ für ein $n \in \mathbb{N}_0$ wahr ist, d.h. wir nehmen an, dass für ein $n \in \mathbb{N}_0$ gilt:

$$(1+x)^n \geq 1 + nx.$$

Induktionsschritt. Es gilt:

$$(1+x)^{n+1} = (1+x)^n \cdot (1+x) \underset{\uparrow}{\geq} (1+nx) \cdot (1+x) = 1 + (n+1)x + nx^2 \underset{\uparrow}{\geq} 1 + (n+1)x.$$

aus der Induktionsvoraussetzung folgt $(1+x)^n \geq 1 + nx$; die Ungleichung folgt nun aus dem Ordnungsaxiom (O4) und der Voraussetzung, dass $1 + x \geq 0$ denn $nx^2 \geq 0$

Wir haben damit den Induktionsschritt vollzogen. ∎

Das folgende Korollar besagt insbesondere, dass die Potenzen einer reellen Zahl $b > 1$ „beliebig groß" werden können.

Korollar 1.29. (Potenzwachstum-Korollar) Es sei $b > 1$ eine reelle Zahl. Für jedes $C \in \mathbb{R}$ existiert ein $n_0 \in \mathbb{N}$, so dass für alle $n \geq n_0$ die Ungleichung $b^n > C$ gilt.

Beweis. Es sei $b > 1$, und es sei $C \in \mathbb{R}$.

Wir wollen also insbesondere ein $n \in \mathbb{N}_0$ finden, so dass die Potenz b^n größer als die gegebene Zahl C wird. Das klingt ein bisschen wie das archimedische Axiom, allerdings behandelt dieses ein Produkt $n \cdot x$, und keine Potenz. Andererseits können wir mithilfe der Bernoulli'schen Ungleichung 1.28 eine Potenz durch einen Ausdruck der Form $1+n\cdot x$ abschätzen. Die Idee des Beweises ist also, das Korollar mithilfe der Bernoulli'schen Ungleichung auf das archimedische Axiom zurückzuführen.

Um die Bernoulli'schen Ungleichung 1.28 anwenden zu können, müssen wir den Ausdruck b^n in die Form $(1 + x)^n$ bringen. Wir setzen daher $x = b - 1$. Dann gilt:

$$b^n \;\; = \;\; (1+x)^n \;\; \underset{\uparrow}{\geq} \;\; 1 + n \cdot x.$$

aus $b > 1$ folgt $x > 0$, also folgt die Ungleichung aus der Bernoulli'schen Ungleichung 1.28

Nachdem $x = b - 1 > 0$, besagt das archimedischen Axiom, dass es ein $n_0 \in \mathbb{N}$ mit

$$n_0 \cdot x \geq C$$

gibt. Fassen wir beide Ungleichungen zusammen, so erhalten wir für jedes $n \geq n_0$, dass

$$b^n \;\; = \;\; (1+x)^n \;\; \underset{\uparrow}{\geq} \;\; 1 + n \cdot x \;\; \underset{\uparrow}{>} \;\; n \cdot x \;\; \underset{\uparrow}{\geq} \;\; n_0 \cdot x \;\; \underset{\uparrow}{\geq} \;\; C.$$

erste Ungleichung $\qquad$ da $1 > 0$ $\qquad$ da $n \geq n_0$ $\qquad$ Wahl von n_0 ∎

Wir beschließen das Kapitel mit ein paar Definitionen und Aussagen, welche vielleicht schon aus der Schule bekannt sind.

Definition. Für $n_0 \in \mathbb{N}_0$ definieren wir[11]

$$n! \; := \; \prod_{k=1}^{n} k \qquad \text{gesprochen „n Fakultät"}.$$

Für $0 \leq k \leq n$ in $\mathbb{N}_0$ definieren wir außerdem den Binomialkoeffizienten

$$\binom{n}{k} \; := \; \frac{n!}{(n-k)! \cdot k!} \qquad \text{gesprochen „k aus n"}$$

Für $k = 0$ oder $k = n$ beträgt dieser Ausdruck gerade 1.

Wir können nun folgenden wichtigen Satz formulieren, welcher zumindest für den Fall $n = 2$ auch schon aus der Schule bekannt ist.

Satz 1.30. (Binomischer Lehrsatz) Für beliebige $a, b \in \mathbb{R}$ und $n \in \mathbb{N}_0$ gilt

$$(a+b)^n \; = \; \sum_{k=0}^{n} \binom{n}{k} \cdot a^k \cdot b^{n-k}.$$

---

[11]Aus der Definition des leeren Produkts auf Seite 10 folgt, dass $0! = 1$.

Beispiel. Der Satz kann als Verallgemeinerung der üblichen binomischen Formel betrachtet werden. In der Tat besagt der Satz für $n = 2$, dass

$$(a+b)^2 = \underbrace{\binom{2}{0} \cdot a^0 \cdot b^2}_{k=0} + \underbrace{\binom{2}{1} \cdot a^1 \cdot b^1}_{k=1} + \underbrace{\binom{2}{2} \cdot a^2 \cdot b^0}_{k=2} = b^2 + 2ab + a^2.$$

Für $n = 3$ sieht man zudem, dass

$$(a+b)^3 = \underbrace{\binom{3}{0} \cdot a^0 \cdot b^3}_{k=0} + \underbrace{\binom{3}{1} \cdot a^1 \cdot b^2}_{k=1} + \underbrace{\binom{3}{2} \cdot a^2 \cdot b^1}_{k=2} + \underbrace{\binom{3}{3} \cdot a^3 \cdot b^0}_{k=3} = b^3 + 3ab^2 + 3a^2 b + a^3.$$

Für den Beweis des Binomischen Lehrsatzes 1.30 benötigen wir folgendes Lemma:

Lemma 1.31. Für $0 \le k \le n$ gilt $\quad \binom{n+1}{k} = \binom{n}{k} + \binom{n}{k-1}.$

Beweis von Lemma 1.31. Die Aussage des Lemmas folgt aus einer etwas unübersichtlichen, aber letztendlich elementaren Rechnung:

$$
\begin{aligned}
\binom{n}{k} + \binom{n}{k-1} &= \frac{n!}{(n-k)! \cdot k!} + \frac{n!}{(n-k+1)! \cdot (k-1)!} \\
&= \frac{(n+1-k) \cdot n!}{(n+1-k) \cdot (n-k)! \cdot k!} + \frac{n! \cdot k}{(n-k+1)! \cdot (k-1)! \cdot k} \\
&= \frac{(n+1-k) \cdot n!}{(n+1-k)! \cdot k!} + \frac{n! \cdot k}{(n-k+1)! \cdot k!} \\
&= ((n+1-k) + k) \cdot \frac{n!}{(n+1-k)! \cdot k!} \\
&= \frac{(n+1)!}{(n+1-k)! \cdot k!} \\
&= \binom{n+1}{k}.
\end{aligned}
$$
∎

Beweis des Binomischen Lehrsatzes 1.30. Es seien $a, b \in \mathbb{R}$. Für $n \in \mathbb{N}_0$ sei $A(n)$ die Aussage

$$(a+b)^n = \sum_{k=0}^{n} \binom{n}{k} \cdot a^k \cdot b^{n-k}.$$

Induktionsanfang. Die Aussage $A(0)$ gilt trivialerweise.[12]
Induktionsvoraussetzung. Wir nehmen an, dass $A(n)$ wahr ist, d.h. wir nehmen an, dass

$$(a+b)^n = \sum_{k=0}^{n} \binom{n}{k} \cdot a^k \cdot b^{n-k}.$$

Induktionsschritt. Wir führen folgende Rechnung durch:

$$
\begin{aligned}
(a+b)^{n+1} &= (a+b) \cdot (a+b)^n \\
&= (a+b) \cdot \underset{\uparrow}{\sum_{k=0}^{n}} \binom{n}{k} \cdot a^k \cdot b^{n-k} = \underset{\uparrow}{\sum_{k=0}^{n}} \binom{n}{k} \cdot a^{k+1} \cdot b^{n-k} + \sum_{k=0}^{n} \binom{n}{k} \cdot a^k \cdot b^{n-k+1}.
\end{aligned}
$$

Induktionsvoraussetzung   Distributivgesetz

---

[12]Hier heißt „trivial", dass man es leicht durch Einsetzen zeigen kann. Das Ganze ist so langweilig, dass man es sich sparen kann, dazu etwas zu schreiben.

Für die weitere Rechnung benötigen wir einen kleinen Trick: Wir können nämlich ganz allgemein eine Summe wie folgt umschreiben:

$$\sum_{k=0}^{n} c_k = \sum_{k=1}^{n+1} c_{k-1}.$$

Wir wenden jetzt diesen Trick auf die erste Summe an und wir rechnen wie folgt weiter:

$$
\begin{aligned}
(a+b)^{n+1} &= \sum_{k=1}^{n+1} \binom{n}{k-1} a^k b^{n-k+1} + \sum_{k=0}^{n} \binom{n}{k} a^k b^{n-k+1} \\
&= \underbrace{\binom{n}{n} a^{n+1} b^0}_{k=n+1 \text{ Summand}} + \underbrace{\sum_{k=1}^{n} \left(\binom{n}{k-1} + \binom{n}{k} \right) a^k b^{n-k+1}}_{\text{hierauf wenden wir Lemma 1.31 an}} + \underbrace{\binom{n}{0} a^0 b^{n+1}}_{k=0 \text{ Summand}} \\
&= a^{n+1} + \sum_{k=1}^{n} \binom{n+1}{k} a^k b^{n-k+1} + b^{n+1} = \sum_{k=0}^{n+1} \binom{n+1}{k} \cdot a^k \cdot b^{n-k+1}. \qquad \blacksquare
\end{aligned}
$$

Übungsaufgaben zu Kapitel 1.

Aufgabe 1.1. Es sei K eine Menge mit den drei Elementen $\{0, 1, a\}$.

(a) Es gibt eine Möglichkeit, die Addition und die Multiplikation auf der Menge K zu definieren, so dass diese die Körperaxiome erfüllen und so dass 0 die Null und 1 die Eins ist. Finden Sie eine solche Möglichkeit. Genauer gesagt, füllen Sie die Additionstabelle und die Multiplikationstabelle so aus, dass die Körperaxiome erfüllt sind:

+	0	1	a
0	0	1	a
1	1		
a	a		

und

$\cdot$	0	1	a
0		0	
1	0	1	a
a		a	

(b) Gibt es auch zwei verschiedene Möglichkeiten, die Tabellen auszufüllen?

Aufgabe 1.2.

(a) Wir betrachten $\mathbb{Q}^2$ mit der üblichen Addition und mit der „komponentenweise" Multiplikation
$$(x_1, y_1) \cdot (x_2, y_2) := (x_1 \cdot x_2, y_1 \cdot y_2).$$
Ist dies ein Körper?

(b) Wir betrachten $K = \mathbb{Q}^3$ mit der üblichen Addition und der Multiplikation, welche gegeben ist durch das Kreuzprodukt, d.h. wir definieren
$$\begin{pmatrix} v_1 \\ v_2 \\ v_3 \end{pmatrix} \cdot \begin{pmatrix} w_1 \\ w_2 \\ w_3 \end{pmatrix} = \begin{pmatrix} v_2 w_3 - v_3 w_2 \\ -v_1 w_3 + v_3 w_1 \\ v_1 w_2 - v_2 w_1 \end{pmatrix}.$$
Welche Körperaxiome sind erfüllt?

Aufgabe 1.3. Ein Xörper ist genauso definiert wie ein Körper, nur dass in (M3) nicht gefordert wird, dass $N \neq E$. Gibt es einen Xörper, welcher kein Körper ist?

Aufgabe 1.4. Gibt es einen Körper K, bei dem für alle $a, b \in K$ gilt: $(a+b)^2 = a^2 + b^2$?

Aufgabe 1.5. Wir betrachten die Menge

$$\overline{\mathbb{Q}} := \mathbb{Q} \cup \{*\},$$

d.h. die Menge $\overline{\mathbb{Q}}$ besteht aus den rationalen Zahlen und einem Extraelement $*$. Wir führen auf $\overline{\mathbb{Q}}$ Verknüpfungen wie folgt ein:

(1) Für $a, b \in \mathbb{Q}$ sei $a + b$ bzw. $a \cdot b$ die übliche Addition bzw. Multiplikation in $\mathbb{Q}$.
(2) Für jedes $a \in \mathbb{Q}$ ist $a + * := *$ und $* + a := *$ sowie $* + * := *$.
(3) Für jedes $a \neq 0 \in \mathbb{Q}$ ist $a \cdot * := *$ und $* \cdot a := *$.
(4) Zudem ist $* \cdot * := *$, $0 \cdot * := 0$ und $* \cdot 0 := 0$.

Beantworten Sie folgende Fragen:

(a) Welche der Körperaxiome sind erfüllt? Geben Sie bei jedem Körperaxiom, welches nicht gilt, ein Gegenbeispiel an.
(b) Könnte man die Additionsregeln und Multiplikationsregeln in (2), (3) und (4) so abwandeln, so dass wir einen Körper erhalten?

Aufgabe 1.6. Es sei K ein Körper. Zeigen Sie, dass für alle $x, y \in K$ gilt:

$$-(x + y) = -x - y.$$

Hinweis. Für $w \in K$ bezeichnen wir per Definition mit $-w$ das eindeutig bestimmte Element in K, so dass $w + (-w) = 0$. Verwenden Sie nur diese Definition und die Körperaxiome, um die Aussage zu beweisen.

Aufgabe 1.7. Es sei K ein Körper.

(a) Zeigen Sie, dass für alle $x, y \in K$ gilt: $(-x) \cdot y = -(x \cdot y)$.
(b) Zeigen Sie, dass für alle $x, y \in K$ gilt: $(-x) \cdot (-y) = x \cdot y$.

Aufgabe 1.8. Der Begriff einer Ordnung ergibt auch Sinn für $K = \mathbb{Z}$. Für $x, y \in \mathbb{Z}$ definieren wir
$$x > y \;:\Longleftrightarrow\; x - y \text{ ist durch 3 teilbar}.$$
Welche der Ordnungsaxiome (O1), (O2), (O3) und (O4) sind erfüllt?

Aufgabe 1.9. Es sei K ein angeordneter Körper und $a, b, c, d \in K$.

(a) Es seien $a > 0$ und $b > 0$. Zeigen Sie, dass $ab > 0$.
(b) Es sei $a > 0$. Zeigen Sie, dass $a^{-1} > 0$.
(c) Es seien $a > b > 0$. Zeigen Sie, dass $0 < \frac{1}{a} < \frac{1}{b}$.
(d) Es sei $a > b$ und $c > d$. Zeigen Sie, dass $a + c > b + d$.

Aufgabe 1.10. Es sei K ein angeordneter Körper. Zeigen Sie, dass für alle $a, b \in K$ die Ungleichung $|a| - |b| \leq |a + b|$ gilt.

Aufgabe 1.11. Es sei K der Körper der rationalen Funktionen mit der auf Seite 11 definierten Ordnung „$>$".

(a) Zeigen Sie, dass $(K, >)$ die Ordnungsaxiome (O1) bis (O4) erfüllt.
(b) Zeigen Sie, dass $(K, >)$ nicht das archimedische Axiom erfüllt.
   Hinweis. Betrachten Sie die rationalen Funktionen $p(t) = t$ und $q(t) = 1$.

Aufgabe 1.12. Es seien $\epsilon, b \in \mathbb{R}$ mit $\epsilon > 0$ und $0 < b < 1$. Zeigen Sie, dass ein $n_0 \in \mathbb{N}$ existiert, so dass für alle $n \geq n_0$ gilt: $b^n < \epsilon$.

Aufgabe 1.13. Zeigen Sie, dass für alle $m \in \mathbb{N}$ gilt:

$$\sum_{k=1}^{m} (-1)^k \cdot k^2 = (-1)^m \cdot \binom{m+1}{2}.$$

Aufgabe 1.14. Zeigen Sie, dass für alle $n \in \mathbb{N}$ mit $n \neq 3$ gilt: $n^2 \leq 2^n$.

Aufgabe 1.15. Bestimmen Sie alle $n \in \mathbb{N}$, für die gilt: $2^n < n!$.

2. Folgen und Reihen

In diesem Kapitel führen wir „Folgen" und „Reihen" ein und werden deren „Konvergenz-verhalten" studieren. Diese Begriffe werden uns durch die ganze Analysis begleiten.

2.1. Quantoren. Bevor wir uns den Folgen und Reihen zuwenden, ist es sinnvoll, eine einfa-che, aber hilfreiche Notation einzuführen. Wenn man sich das vorherige Kapitel anschaut, dann merkt man, dass immer wieder Formulierungen der Form „für alle $x \in X$" und der Form „es existiert ein $y \in Y$" auftauchen. Nachdem diese Ausdrücke im Folgenden eine noch viel wichtigere Rolle spielen werden, ist es hilfreich, folgende Notation einzuführen:

Notation.

$$\forall_{x} \ldots \quad \text{bedeutet} \quad \text{„für alle } x \text{ gilt } \ldots\text{"}$$

$$\exists_{x} \ldots \quad \text{bedeutet} \quad \text{„es gibt ein } x, \text{ so dass } \ldots\text{"}.$$

Die Symbole $\forall$ und $\exists$ nennen wir Quantoren.

Beispiel. Im Folgenden formulieren wir drei der Körperaxiome in Quantorenschreibweise:

	ursprüngliche Formulierung	Formulierung mit Quantoren
Axiom (A3)	Es existiert ein Element $N \in K$, so dass für alle $x \in K$ gilt: $x + N = x$	$\exists_{N \in K} \ \forall_{x \in K} \ x + N = x$
Axiom (A4)	Zu jedem $x \in K$ existiert ein Element $y \in K$, so dass $x + y = N$	$\forall_{x \in K} \ \exists_{y \in K} \ x + y = N$
Axiom (N)	Für alle $x > 0$ und $y > 0$ existiert ein $n \in \mathbb{N}$, so dass $n \cdot x > y$	$\forall_{x>0, \, y>0} \ \exists_{n \in \mathbb{N}} \ n \cdot x > y$

Als weiteres Beispiel erinnern wir uns an folgendes etwas unübersichtliche Korollar.

Korollar 1.29. (Potenzwachstum-Korollar) Es sei $b > 1$ eine reelle Zahl. Für jedes $C \in \mathbb{R}$ existiert ein $n_0 \in \mathbb{N}$, so dass für alle $n \geq n_0$ die Ungleichung $b^n > C$ gilt.

Mithilfe von Quantoren können wir das Korollar nun wie folgt umschreiben.

Korollar 1.29. (Potenzwachstum-Korollar) Es sei $b > 1$ eine reelle Zahl. Dann gilt:

$$\forall_{C \in \mathbb{R}} \ \exists_{n_0 \in \mathbb{N}} \ \forall_{n \geq n_0} \ b^n > C.$$

Wir sehen also, dass man mithilfe von Quantoren Formulierungen abkürzen kann. Was aber viel wichtiger ist: Die Quantorenschreibweise macht die logische Struktur einer Aussage viel offensichtlicher, und wie wir gleich noch sehen werden, erleichtert diese Schreibweise das Negieren von Aussagen.

Als letztes Beispiel führen wir noch folgende Definition ein:

Definition. Es sei M eine Menge und $f \colon M \to \mathbb{R}$ eine Funktion. Wir definieren:

$$f \text{ ist beschränkt} \quad :\Longleftrightarrow \quad \exists_{C \in \mathbb{R}} \ \forall_{x \in M} \ |f(x)| \leq C.$$

Wenn eine Funktion nicht beschränkt ist, dann sagen wir, dass f unbeschränkt ist.

Graph von $f \colon M \to \mathbb{R}$

Definitionsbereich M

die Funktion f ist beschränkt

© Der/die Autor(en), exklusiv lizenziert an
Springer-Verlag GmbH, DE, ein Teil von Springer Nature 2023
S. Friedl, *Analysis 1*, https://doi.org/10.1007/978-3-662-67359-1_3

2.2. Negieren mit Quantoren. In vielen Fällen müssen wir eine Aussage negieren. Es sei beispielsweise M eine Menge und für jedes $x \in M$ sei $A(x)$ eine Aussage, welche wahr oder falsch sein kann. Dann ist

Negation von „für alle $x \in M$ gilt $A(x)$" $=$ „es gibt ein $x \in M$, so dass $A(x)$ falsch ist".

Für eine Abbildung $f \colon M \to \mathbb{R}$ gilt beispielsweise

Negation von „für alle $x \in M$ ist $f(x) \geq 1$" $=$ „es gibt ein $x \in M$, so dass $\underbrace{f(x) < 1}_{\substack{\text{Negation von} \\ f(x) \geq 1}}$"

oder in Quantorenschreibweise

$$\text{Negation von} \underset{x \in M}{\forall} f(x) \geq 1 \;=\; \underset{x \in M}{\exists} f(x) < 1$$

Die gleiche Logik funktioniert auch mit vertauschten Rollen von $\forall$ und $\exists$. Beispielsweise gilt:

Negation von „es gibt ein $x \in M$, so dass $A(x)$ gilt" $=$ „für alle $x \in M$ ist $A(x)$ falsch".

Für eine Abbildung $f \colon M \to \mathbb{R}$ gilt beispielsweise

Negation von „es gibt ein $x \in M$ mit $f(x) = 3$" $=$ „für alle $x \in M$ ist $\underbrace{f(x) \neq 3}_{\substack{\text{Negation von} \\ f(x) = 3}}$"

oder in Quantorenschreibweise

$$\text{Negation von} \underset{x \in M}{\exists} f(x) = 3 \;=\; \underset{x \in M}{\forall} f(x) \neq 3.$$

Wir sehen also, dass wir die Negation dadurch erhalten, dass wir die Quantoren $\forall$ und $\exists$ vertauschen und die jeweilige Aussage $A(x)$ negieren. Dies funktioniert ganz analog für Verkettungen von Quantoren. Beispielsweise gilt für eine Abbildung $f \colon M \to \mathbb{R}$:

$$\text{Negation von } „f \colon M \to \mathbb{R} \text{ ist beschränkt"} = \text{Negation von} \underset{C \in \mathbb{R}}{\exists} \; \underset{x \in M}{\forall} \; |f(x)| \leq C$$
$$= \underset{C \in \mathbb{R}}{\forall} \; \underset{x \in M}{\exists} \; \underbrace{|f(x)| > C}_{\substack{\text{Negation von} \\ |f(x)| \leq C}} .$$

2.3. Folgen. Jetzt wenden wir uns dem eigentlichen Thema des Kapitels, nämlich den Folgen und deren Konvergenz, zu.

Definition. Eine Folge von reellen Zahlen (oder kurz „Folge") ist eine Abbildung

$$\begin{array}{ccc} \mathbb{N} & \to & \mathbb{R} \\ n & \mapsto & a_n \end{array}$$

Eine solche Folge wird oft auch mit $(a_1, a_2, a_3, \dots)$, oder mit $(a_n)_{n \in \mathbb{N}}$ oder mit $(a_n)_{n \geq 1}$ oder, noch knapper, mit (a_n) bezeichnet.[13] Die einzelnen Zahlen a_n werden Folgenglieder genannt.

Beispiel. Wir betrachten jetzt eine ganze Liste von Folgen, damit wir ein Gefühl dafür bekommen, wie Folgen aussehen können. Wir wollen dabei auch „qualitativ" beschreiben, wie sich die jeweilige Folge verhält:

---

[13]Manchmal betrachten wir auch Abbildungen $\mathbb{N}_0 \to \mathbb{R}$, welche wir ebenfalls als Folgen bezeichnen. Die Notationen ändern sich dann auf die offensichtliche Weise.

	Definition der Folge	die ersten Folgenglieder	qualitatives Verhalten
(a)	$(\frac{1}{n})_{n \in \mathbb{N}}$	$1, \frac{1}{2}, \frac{1}{3}, \frac{1}{4}, \frac{1}{5}, \ldots$	die Folge strebt gegen 0
(b)	$(\frac{1}{n^2})_{n \in \mathbb{N}}$	$1, \frac{1}{4}, \frac{1}{9}, \frac{1}{16}, \frac{1}{25}, \ldots$	die Folge strebt gegen 0
(c)	$(3)_{n \in \mathbb{N}}$	$3, 3, 3, 3, 3, \ldots$	die Folge ist konstant $= 3$
(d)	$(3 + \frac{2}{n^2})_{n \in \mathbb{N}}$	$5, 3\frac{1}{2}, 3\frac{2}{9}, 3\frac{2}{16}, 3\frac{2}{25}, \ldots$	die Folge strebt gegen 3
(e)	$((-1)^n)_{n \in \mathbb{N}}$	$-1, 1, -1, 1, -1, \ldots$	die Folge alterniert zwischen 1 und –1
(f)	$(\frac{1}{2^n})_{n \in \mathbb{N}}$	$\frac{1}{2}, \frac{1}{4}, \frac{1}{8}, \frac{1}{16}, \frac{1}{32}, \ldots$	die Folge strebt gegen 0
(g)	$(n^3)_{n \in \mathbb{N}}$	$1, 8, 27, 64, 125, 216, \ldots$	die Folge geht ins „Unendliche"

Es gibt aber auch noch kompliziertere Folgen, welche man nicht mit einem einzigen mathematischen Ausdruck definieren kann. Beispielsweise gibt es folgende schöne Folgen:

(h) $\begin{cases} \frac{1}{n}, & \text{falls } n \text{ gerade} \\ -\frac{1}{n^2}, & \text{sonst} \end{cases}$ $\quad -1, \frac{1}{2}, -\frac{1}{9}, \frac{1}{4}, -\frac{1}{25}, \frac{1}{6}, \ldots$ die Folge strebt gegen 0

(i) $\begin{cases} \frac{1}{n}, & \text{falls } n \text{ prim} \\ 5, & \text{sonst} \end{cases}$ $\quad 5, \frac{1}{2}, \frac{1}{3}, 5, \frac{1}{5}, 5, \frac{1}{7}, 5, 5, \ldots$ die Folge ist „zumeist" 5

(j) $\begin{cases} 9, & \text{falls } n \leq 5 \\ \frac{1}{n}, & \text{sonst} \end{cases}$ $\quad 9, 9, 9, 9, 9, \frac{1}{6}, \frac{1}{7}, \frac{1}{8}, \ldots$ die Folge strebt gegen 0

Wir sehen also, dass der Fantasie bei der Definition von Folgen keine Grenzen gesetzt sind. Folgende Definition ist eigentlich nur ein Spezialfall der Definition auf Seite 25:

Definition. Es sei $(a_n)_{n \in \mathbb{N}}$ eine Folge von reellen Zahlen. Wir definieren:

$$(a_n)_{n \in \mathbb{N}} \text{ ist beschränkt} \quad :\Longleftrightarrow \quad \underset{C \in \mathbb{R}}{\exists} \; \underset{n \in \mathbb{N}}{\forall} \; |a_n| \leq C.$$

Andernfalls heißt die Folge unbeschränkt.

Beispiel.

(1) Alle Folgen (a),...,(j) mit Ausnahme von (g) sind beschränkt. Betrachten wir beispielsweise die Folge (d), d.h. die Folge $a_n = 3 + \frac{2}{n^2}$. Wir behaupten, dass $C = 6$ die gewünschte Eigenschaft besitzt.[14] In der Tat gilt für alle $n \in \mathbb{N}$ die Ungleichung

$$\left|3 + \frac{2}{n^2}\right| = 3 + \frac{2}{n^2} \underset{\uparrow}{\leq} 3 + 2 \leq 6 = C.$$

$$\text{aus } n \geq 1 \text{ folgt } n^2 \geq 1 \text{ und damit } \frac{2}{n^2} \leq 2$$

(2) Die Folge (g), d.h. die Folge $(n^3)_{n \in \mathbb{N}} = (1, 8, 27, 64, 125, \ldots)$ ist offensichtlich unbeschränkt.

Wir wenden uns jetzt einer deutlich interessanteren Definition zu. Wir haben in den Beispielen gesehen, dass viele der Folgen „gegen einen Wert streben". Wir wollen nun dieses „gegen einen Wert streben" mathematisch präzise formulieren. Wir führen dazu folgende Definition ein. Diese ist eine der wichtigsten Definitionen der Analysis. Sie ist leider auch am Anfang eine der am schwersten zu verdauenden Definitionen:

---

[14]Wir hätten genauso gut $C = 5$ oder eine beliebige reelle Zahl ≥ 5 wählen können.

Definition. Es sei $(a_n)_{n\in\mathbb{N}}$ eine Folge von reellen Zahlen.

(1) Es sei $a \in \mathbb{R}$. Wir definieren

$$(a_n)_{n\in\mathbb{N} } \text{ konvergiert gegen den Grenzwert } a \quad :\Longleftrightarrow \quad \lim_{n\to\infty} a_n = a \quad :\Longleftrightarrow \quad \underset{\epsilon>0}{\forall} \ \underset{N\in\mathbb{N}}{\exists} \ \underset{n\ge N}{\forall} \ \underbrace{|a_n - a| < \epsilon}.$$

mit anderen Worten, es ist $a_n \in (a-\epsilon, a+\epsilon)$

(2) Wir sagen, die Folge konvergiert, wenn sie gegen ein $a \in \mathbb{R}$ konvergiert.

(3) Wenn $(a_n)_{n\in\mathbb{N}}$ gegen 0 konvergiert, dann bezeichnen wir $(a_n)_{n\in\mathbb{N}}$ als Nullfolge.

Bemerkung. Die Namen $(a_n)_{n\in\mathbb{N}}$, a, ϵ, N und n in der obigen Definition sind völlig irrelevant. Beispielsweise gilt ganz genauso:

$$(b_v)_{v\in\mathbb{N}} \text{ konvergiert gegen den Grenzwert } y \quad :\Longleftrightarrow \quad \lim_{k\to\infty} b_k = y \quad :\Longleftrightarrow \quad \underset{\mu>0}{\forall} \ \underset{m_3\in\mathbb{N}}{\exists} \ \underset{t\ge m_3}{\forall} \ |b_t - y| < \mu.$$

Bemerkung. Im Folgenden stellen wir zwei Möglichkeiten vor, mit denen Folgen illustriert werden können:

(1) Wir können uns Folgen als Punkte auf der „Geraden" $\mathbb{R}$ vorstellen. Dieser Ansatz wird in der folgenden Abbildung gewählt, um die Konvergenz von Folgen zu illustrieren.

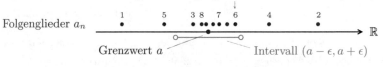

(2) Eine Folge $(a_n)_{n\in\mathbb{N}_0}$ ist per Definition nichts anderes als eine Funktion $\mathbb{N}_0 \to \mathbb{R}$. Wir können uns also eine Folge durch den Graphen, also mithilfe der Punkte $(n, a_n) \in \mathbb{R}^2$, veranschaulichen. In diesem Fall ist die logische Reihenfolge der Folgenglieder klar, aber es ist schwieriger, die Folgenglieder zu vergleichen. In der folgenden Abbildung verwenden wir diesen Ansatz, um die Konvergenz von Folgen zu illustrieren.

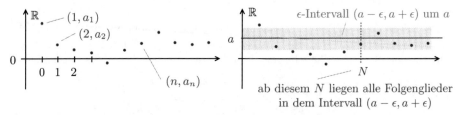

Wir werden Bilder nie verwenden, um Aussagen zu beweisen. Bilder können jedoch hilfreich sein, um ein Gefühl für Folgen zu erhalten und um Ideen für Beweise zu erarbeiten.

Wir wollen uns jetzt einem expliziten Beispiel zuwenden. Wir betrachten dazu das vierte Beispiel von Seite 27, d.h. wir betrachten die Folge $\left(3 + \frac{2}{n^2}\right)_{n\in\mathbb{N}}$. Wir haben den Eindruck, dass die Folge gegen 3 strebt. Wenn unsere Definition von Konvergenz Sinn ergeben soll, dann muss diese Folge gegen 3 konvergieren. Wie wir jetzt sehen werden, ist dies in der Tat der Fall.

Behauptung. Es gilt:
$$\lim_{n\to\infty} \left(3 + \frac{2}{n^2}\right) = 3.$$

Beweis. Wir müssen also zeigen, dass

$$\forall_{\epsilon>0} \ \exists_{N\in\mathbb{N}} \ \forall_{n\geq N} \ \underbrace{\left|\left(3+\tfrac{2}{n^2}\right)-3\right|}_{=\frac{2}{n^2}} < \epsilon.$$

Es sei also $\epsilon > 0$ eine beliebige reelle Zahl größer Null. Wir müssen ein $N \in \mathbb{N}$ finden, so dass für alle $n \geq N$ gilt $\frac{2}{n^2} < \epsilon$, d.h. so dass $\frac{1}{n^2} < \frac{\epsilon}{2}$.

Nach Satz 1.21 gibt es zu jedem $\nu > 0$ ein $N \in \mathbb{N}$, so dass

$$\frac{1}{N} < \nu.$$

Wenn wir den Satz auf $\nu = \frac{\epsilon}{2}$ anwenden, erhalten wir ein $N \in \mathbb{N}$, so dass

$$\frac{1}{N} < \frac{\epsilon}{2}.$$

Wir wollen nun zeigen, dass dieses N die richtige Eigenschaft besitzt. Es sei also $n \geq N$, dann gilt

$$\frac{2}{n^2} \ = \ 2 \cdot \frac{1}{n} \cdot \frac{1}{n} \ \underset{\substack{\uparrow \\ \text{da } \frac{1}{n} \leq 1}}{\leq} \ 2 \cdot \frac{1}{n} \ \underset{\substack{\uparrow \\ \text{da } \frac{1}{n} \leq \frac{1}{N}}}{\leq} \ 2 \cdot \frac{1}{N} \ \underset{\substack{\uparrow \\ \text{Wahl von } N}}{<} \ 2 \cdot \frac{\epsilon}{2} \ = \ \epsilon. \qquad\blacksquare$$

Bemerkung. Mit ganz ähnlichen Argument kann man auch zeigen:

$$\text{(a)} \quad \lim_{n\to\infty} \frac{1}{n} \ = \ 0, \qquad \text{(b)} \quad \lim_{n\to\infty} \frac{1}{n^2} \ = \ 0 \quad \text{und} \quad \text{(c)} \quad \lim_{n\to\infty} 3 \ = \ 3.$$

Der Ausdruck *der Grenzwert* legt natürlich nahe, dass, wenn es einen Grenzwert gibt, dieser eindeutig ist. Dies ist in der Tat der Fall, wie der nächste Satz zeigt.

Satz 2.1. (Satz des eindeutigen Grenzwertes) Jede *konvergente* Folge von reellen Zahlen konvergiert gegen *genau eine* reelle Zahl.

Beweis von Satz 2.1. Es sei $(a_n)_{n\in\mathbb{N}}$ eine Folge von reellen Zahlen. Wir nehmen an, es gibt zwei verschiedene Grenzwerte x und y der Folge. Wir müssen dies zu einem Widerspruch führen. Wir setzen $\epsilon := \frac{1}{4}|x-y|$. Da $x \neq y$ gilt $\epsilon > 0$.

(1) Da $\lim_{n\to\infty} a_n = x$ existiert ein $N_x \in \mathbb{N}$, so dass $a_n \in (x-\epsilon, x+\epsilon)$ für alle $n \geq N_x$.

(2) Da $\lim_{n\to\infty} a_n = y$ existiert ein $N_y \in \mathbb{N}$, so dass $a_n \in (y-\epsilon, y+\epsilon)$ für alle $n \geq N_y$.

Für jedes $n \geq \max\{N_x, N_y\}$ gilt also $a_n \in (x-\epsilon, x+\epsilon) \cap (y-\epsilon, y+\epsilon)$. Aber nach Wahl von ϵ sind diese beiden Intervalle disjunkt. Wir haben damit einen Widerspruch erhalten. $\qquad\blacksquare$

Satz 2.2. (Beschränktheitssatz) Jede konvergente Folge ist beschränkt.

Beweis. Es sei $(a_n)_{n\in\mathbb{N}}$ eine konvergente Folge. Wir bezeichnen mit a den Grenzwert. Es gilt also:

$$(*) \qquad \forall_{\epsilon>0} \ \exists_{N\in\mathbb{N}} \ \forall_{n\geq N} \ |a_n - a| < \epsilon.$$

Wir müssen zeigen, dass die Folge $(a_n)_{n \in \mathbb{N}}$ beschränkt ist, d.h. wir müssen zeigen, dass es ein $C \in \mathbb{R}$ gibt, so dass für alle $n \in \mathbb{N}$ die Ungleichung $|a_n| \leq C$ gilt.

Jetzt sind schon ein paar subtile erste Schritte im Beweis passiert: Wir haben der Folge und dem Grenzwert einen Namen gegeben. Damit kann man gleich viel besser arbeiten. Zudem haben wir noch einmal explizit die Definitionen von „Konvergenz" und von „beschränkt" hingeschrieben. Wir müssen also ein $C \in \mathbb{R}$ mit einer gewissen Eigenschaft finden. Das Einzige, was wir wissen ist, dass es für jedes $\epsilon > 0$ eine Aussage gibt. Wir können ja mal schauen, was passiert, wenn wir ein beliebiges $\epsilon > 0$, z. B. $\epsilon = 1$, wählen.

Es folgt aus (∗), angewandt auf $\epsilon = 1$, dass es ein $N \in \mathbb{N}$ gibt, so dass für alle $n \geq N$ die Ungleichung $|a_n - a| < 1$ gilt.

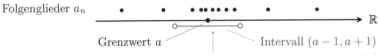

ab einem gewissen N liegen alle Folgenglieder in dem Intervall $(a - 1, a + 1)$

Für alle $n \geq N$ gilt also $|a_n - a| < 1$, insbesondere gilt $|a_n| < |a| + 1$. Wir haben also eine Schranke, nämlich $|a| + 1$, für alle Folgenglieder mit $n \geq N$ gefunden. Es gibt nun noch endlich viele Folgenglieder, nämlich $a_1, \ldots, a_{N-1}$, welche nicht notwendigerweise durch $|a| + 1$ beschränkt sind. Wir berücksichtigen dies nun in der Wahl von C.

Wir setzen
$$C := \underbrace{\max\{|a_1|, \ldots, |a_{N-1}|, |a| + 1\}}_{\text{Maximum der Zahlen } |a_1|, \ldots, |a_{N-1}|, |a| + 1}.$$

Wir wollen zeigen, dass C die gewünschte Eigenschaft besitzt, d.h. wir wollen zeigen, dass für alle $n \in \mathbb{N}$ gilt: $|a_n| \leq C$.

(1) Es ist offensichtlich, dass dies für $n \in \{1, \ldots, N-1\}$ wahr ist.

(2) Es sei nun $n \geq N$. Dann sehen wir, dass folgende Ungleichung gilt:
$$|a_n| \underset{\substack{\uparrow \\ \text{sogenannte „Nullergänzung"}}}{=} |a_n - a + a| \underset{\substack{\uparrow \\ \text{Dreiecksungleichung}}}{\leq} |a_n - a| + |a| \underset{\substack{\uparrow \\ \text{da } n \geq N}}{<} 1 + |a| \underset{\substack{\uparrow \\ \text{Definition von } C}}{\leq} C. \quad \blacksquare$$

Der folgende Satz gibt uns nun einige hilfreiche Rechenregeln für konvergente Folgen:

Satz 2.3. (Grenzwertregeln) Es seien $(a_n)_{n \in \mathbb{N}}$ und $(b_n)_{n \in \mathbb{N}}$ konvergente Folgen von reellen Zahlen, und es sei $\lambda \in \mathbb{R}$. Dann gilt:

(1) $\quad \lim_{n \to \infty} (a_n + b_n) = \lim_{n \to \infty} a_n + \lim_{n \to \infty} b_n$

(2) $\quad \lim_{n \to \infty} (a_n \cdot b_n) = \lim_{n \to \infty} a_n \cdot \lim_{n \to \infty} b_n$

(3) $\quad \lim_{n \to \infty} \lambda \cdot a_n = \lambda \cdot \lim_{n \to \infty} a_n.$

Wenn für alle $n \in \mathbb{N}$ gilt $b_n \neq 0$ und wenn $\lim_{n \to \infty} b_n \neq 0$, dann gilt zudem

(4) $\quad \lim_{n \to \infty} \dfrac{a_n}{b_n} = \dfrac{\lim\limits_{n \to \infty} a_n}{\lim\limits_{n \to \infty} b_n}.$

Beweis. Es seien $(a_n)_{n \in \mathbb{N}}$ und $(b_n)_{n \in \mathbb{N}}$ konvergente Folgen von reellen Zahlen.

Es ist eine gute Idee, den Grenzwerten einen Namen zu geben und die Definition der Konvergenz der Folgen $(a_n)_{n \in \mathbb{N}}$ und $(b_n)_{n \in \mathbb{N}}$ noch einmal hinzuschreiben. Nachdem es am Ende viele ϵ geben wird, ist es auch weise, diese unterschiedlich zu bezeichnen.

Wir setzen $a := \lim_{n\to\infty} a_n$ und $b := \lim_{n\to\infty} b_n$. Es gilt also:

$$(*) \qquad \mathop{\forall}_{\epsilon_a > 0} \mathop{\exists}_{N_a \in \mathbb{N}} \mathop{\forall}_{n \geq N_a} |a_n - a| < \epsilon_a \qquad \text{und} \qquad \mathop{\forall}_{\epsilon_b > 0} \mathop{\exists}_{N_b \in \mathbb{N}} \mathop{\forall}_{n \geq N_b} |b_n - b| < \epsilon_b.$$

Wir wenden uns jetzt dem Beweis der vier Aussagen zu.

(1) Wir müssen also jetzt zeigen, dass $\lim_{n\to\infty} (a_n + b_n) = a + b$. Es sei also $\epsilon > 0$ gegeben. Wir müssen zeigen, dass es ein $N \in \mathbb{N}$ gibt, so dass für alle $n \geq N$ gilt:

$$|(a_n + b_n) - (a + b)| < \epsilon.$$

Wir müssen also ein $N \in \mathbb{N}$ finden, ab dem $|(a_n + b_n) - (a + b)| < \epsilon$ gilt. Aus $(*)$ folgt, dass wir $|a_n - a|$ und $|b_n - b|$ „unter Kontrolle" bringen können. Wir müssen daher $|(a_n + b_n) - (a + b)|$ so umschreiben, dass $|a_n - a|$ und $|b_n - b|$ auftauchen. Wir erreichen dies durch folgende Ungleichung, welche aus der Dreiecksungleichung folgt:

$$|(a_n + b_n) - (a + b)| = |(a_n - a) + (b_n - b)| \leq |a_n - a| + |b_n - b|.$$

Wir setzen jetzt $\epsilon_a = \frac{\epsilon}{2}$ und $\epsilon_b = \frac{\epsilon}{2}$. Aus $(*)$ folgt, dass es $N_a \in \mathbb{N}$ und $N_b \in \mathbb{N}$ gibt, so dass gilt:

(a) für alle $n \geq N_a$ ist $|a_n - a| < \dfrac{\epsilon}{2}$ \qquad (b) für alle $n \geq N_b$ ist $|b_n - b| < \dfrac{\epsilon}{2}$.

Wir setzen $N = \max\{N_a, N_b\}$. Wir wollen zeigen, dass dieses N die gewünschte Eigenschaft besitzt. Es sei also $n \geq N$. Dann gilt in der Tat:

$$|(a_n + b_n) - (a + b)| = |(a_n - a) - (b - b_n)| \underset{\substack{\uparrow \\ \text{Dreiecksungleichung}}}{\leq} |a_n - a| + |b_n - b| \underset{\substack{\uparrow \\ \text{dies folgt aus (a) und (b), da} \\ n \geq N \geq N_a \text{ und } n \geq N \geq N_b}}{<} \frac{\epsilon}{2} + \frac{\epsilon}{2} = \epsilon.$$

(2) Es sei also $\epsilon > 0$.

Wir wollen zeigen, dass die Folge $(a_n \cdot b_n)$ gegen ab konvergiert. In diesem Fall müssen wir also $|a_n \cdot b_n - a \cdot b|$ mithilfe von $|a_n - a|$ und $|b_n - b|$ abschätzen. Dieser Fall erfordert aber etwas mehr Fantasie als in (1). Um auf die Idee zu kommen beginnen wir mit einer kleinen Abschätzung.

Für jedes $n \in \mathbb{N}$ gilt:

$$|a_n \cdot b_n - a \cdot b| \overset{\substack{\text{Nullergänzung} \\ \downarrow}}{=} |a_n \cdot b_n - a \cdot b_n + a \cdot b_n - a \cdot b| \overset{\substack{\text{Dreiecksungleichung} \\ \downarrow}}{\leq} |a_n \cdot b_n - a \cdot b_n| + |a \cdot b_n - a \cdot b|$$
$$= |b_n| \cdot |a_n - a| + |a| \cdot |b_n - b|.$$

Wir können $|a_n - a|$ und $|b_n - b|$ „beliebig klein" machen. Um zu erreichen, dass $|a_n b_n - ab|$ kleiner als ϵ wird müssen wir auch die Zahlen $|b_n|$, $n \in \mathbb{N}$ in den Griff kriegen.

Nach dem Beschränktheitssatz 2.2 existiert ein $C \in \mathbb{R}$, so dass $|b_n| \leq C$ für alle $n \in \mathbb{N}$. Wir setzen $D := \max\{C, |a|, 1\}$.[15] Da $D \neq 0$ können wir $\epsilon_a := \dfrac{\epsilon}{2D}$ und $\epsilon_b := \dfrac{\epsilon}{2D}$ einführen. Aus $(*)$ folgt, dass es $N_a \in \mathbb{N}$ und $N_b \in \mathbb{N}$ gibt, so dass gilt:

(a) für alle $n \geq N_a$ ist $|a_n - a| < \dfrac{\epsilon}{2D}$ \qquad (b) für alle $n \geq N_b$ ist $|b_n - b| < \dfrac{\epsilon}{2D}$.

---

[15]Die „1" ist nur Teil der Definition von D, um sicherzustellen, dass $D \neq 0$.

Wir setzen $N = \max\{N_a, N_b\}$. Es sei nun $n \geq N$. Dann gilt:

$$|a_n \cdot b_n - a \cdot b| \;\underset{\substack{\uparrow \\ \text{obige Abschätzung}}}{\leq}\; \underbrace{|b_n|}_{\leq C \leq D} \cdot |a_n - a| + \underbrace{|a|}_{\leq D} \cdot |b_n - b| \;\underset{\substack{\uparrow \\ \text{dies folgt aus (a) und (b), da } n \geq N \geq N_a \text{ und } n \geq N \geq N_b}}{<}\; D \cdot \frac{\epsilon}{2D} + D \cdot \frac{\epsilon}{2D} \;=\; \epsilon.$$

(3) Diese Aussage erhalten wir, indem wir (2) auf die konstante Folge $b_n = \lambda$ anwenden.

(4) Wir nehmen nun also an, dass $b_n \neq 0$ für alle $n \in \mathbb{N}$, und dass $b := \lim\limits_{n \to \infty} b_n \neq 0$.

Behauptung. Es gilt $\lim\limits_{n \to \infty} \dfrac{1}{b_n} = \dfrac{1}{b}$.

Beweis. Wir beginnen mit der Beobachtung, dass für beliebiges $n \in \mathbb{N}$ gilt:

$$\left| \frac{1}{b_n} - \frac{1}{b} \right| = \left| \frac{b - b_n}{b_n \cdot b} \right| = |b - b_n| \cdot \left| \frac{1}{b_n \cdot b} \right|.$$

Nachdem $b = \lim\limits_{n \to \infty} b_n \neq 0$ gibt es ein $N' \in \mathbb{N}$, so dass $|b_n| \geq \frac{|b|}{2}$ für alle $n \geq N'$. Aus $(*)$ folgt, dass es ein $N \geq N'$ gibt, so dass für alle $n \geq N$ die Ungleichung $|b_n - b| < \epsilon \cdot 2 \cdot b^2$ gilt. Es sei nun $n \geq N$. Dann gilt:

$$\left| \frac{1}{b_n} - \frac{1}{b} \right| = \left| \frac{b - b_n}{b_n \cdot b} \right| = |b - b_n| \cdot \left| \frac{1}{b_n \cdot b} \right| \;\underset{\substack{\uparrow \\ \text{Wahl von } N' \text{ und } N}}{<}\; \epsilon \cdot 2 \cdot b^2 \cdot \frac{1}{\frac{b}{2} \cdot b} = \epsilon. \qquad \boxplus$$

Nun folgt:

$$\lim_{n \to \infty} \frac{a_n}{b_n} = \lim_{n \to \infty} a_n \cdot \frac{1}{b_n} \;\underset{\substack{\uparrow \\ \text{Grenzwertregel (2)}}}{=}\; \lim_{n \to \infty} a_n \cdot \lim_{n \to \infty} \frac{1}{b_n} \;\underset{\substack{\uparrow \\ \text{obige Behauptung}}}{=}\; \lim_{n \to \infty} a_n \cdot \frac{1}{\lim\limits_{n \to \infty} b_n} = \frac{\lim\limits_{n \to \infty} a_n}{\lim\limits_{n \to \infty} b_n}. \qquad \blacksquare$$

Der folgende Satz besagt, dass das Produkt einer Nullfolge mit einer beschränkten Folge wiederum eine Nullfolge ist:

Satz 2.4. Es seien $(a_n)_{n \in \mathbb{N}}$ und $(b_n)_{n \in \mathbb{N}}$ zwei Folgen von reellen Zahlen. Es gilt:

$$\lim_{n \to \infty} a_n = 0 \quad \text{und} \quad (b_n)_{n \in \mathbb{N}} \text{ beschränkt} \;\Longrightarrow\; \lim_{n \to \infty} a_n \cdot b_n = 0.$$

Beispiel. Aus Satz 2.4 folgt $\lim\limits_{n \to \infty} \underbrace{\frac{1}{3 \cdot n^2 + 2}}_{\text{Nullfolge}} \cdot \underbrace{(4 + (-1)^n \cdot 7)}_{\text{beschränkte Folge}} = 0.$

Beweis von Satz 2.4. Wir müssen also zeigen:

$$\underset{\epsilon > 0}{\forall} \; \underset{N \in \mathbb{N}}{\exists} \; \underset{n \geq N}{\forall} \; |a_n| < \epsilon \quad \text{und} \quad \underset{C \in \mathbb{R}}{\exists} \; \underset{n \in \mathbb{N}}{\forall} \; |b_n| \leq C \;\Longrightarrow\; \underset{\mu > 0}{\forall} \; \underset{N \in \mathbb{N}}{\exists} \; \underset{n \geq N}{\forall} \; |a_n \cdot b_n| < \mu.$$

Es sei also $\mu > 0$. Nach Voraussetzung existiert ein $C \in \mathbb{R}_{>0}$, so dass für alle $n \in \mathbb{N}$ die Ungleichung $|b_n| \leq C$ gilt. Nach unserer zweiten Voraussetzung, angewandt auf $\epsilon = \frac{\mu}{C}$, existiert zudem ein $N \in \mathbb{N}$, so dass für alle $n \geq N$ die Ungleichung $|a_n| < \frac{\mu}{C}$ gilt. Für alle $n \geq N$ gilt dann:

$$|a_n \cdot b_n| = |a_n| \cdot |b_n| \;\underset{\substack{\uparrow \\ \text{Wahl von } C}}{\leq}\; |a_n| \cdot C \;\underset{\substack{\uparrow \\ \text{denn } n \geq N}}{<}\; \frac{\mu}{C} \cdot C = \mu. \qquad \blacksquare$$

Wir beschließen den Abschnitt über konvergente Folgen mit zwei Aussagen über den Zusammenhang von Grenzwerten und Ungleichungen.

Satz 2.5. (Grenzwertvergleichssatz) Es seien $(a_n)_{n\in\mathbb{N}}$ und $(b_n)_{n\in\mathbb{N}}$ zwei konvergente Folgen von reellen Zahlen. Es gilt:

$$\underset{n\in\mathbb{N}}{\forall}\ a_n \geq b_n \quad\Longrightarrow\quad \lim_{n\to\infty} a_n \geq \lim_{n\to\infty} b_n.$$

Beispiel.

(1) Die Aussage des Grenzwertvergleichssatzes 2.5 gilt insbesondere für den Fall, dass $(a_n)_{n\in\mathbb{N}}$ oder $(b_n)_{n\in\mathbb{N}}$ eine konstante Folge ist. Wir sehen insbesondere: Wenn $(a_n)_{n\in\mathbb{N}}$ eine konvergente Folge ist, so dass für alle $n\in\mathbb{N}$ die Ungleichung $a_n \geq b$ gilt, dann ist auch $\lim_{n\to\infty} a_n \geq b$.

(2) Es seien $(a_n)_{n\in\mathbb{N}}$ und $(b_n)_{n\in\mathbb{N}}$ zwei konvergente Folgen. Wir können in dem Grenzwertvergleichssatz 2.5 nicht einfach „$\geq$" durch „$>$" ersetzen. Mit anderen Worten: Wenn für alle $n\in\mathbb{N}$ die Ungleichung $a_n > b_n$ gilt, dann gilt nicht notwendigerweise, dass auch $\lim_{n\to\infty} a_n > \lim_{n\to\infty} b_n$. Beispielsweise gilt für alle $n\in\mathbb{N}$, dass $\frac{1}{n} > 0$. Aber $\lim_{n\to\infty} \frac{1}{n} = 0 = \lim_{n\to\infty} 0$.

Beweis des Grenzwertvergleichssatzes 2.5. Es seien $(a_n)_{n\in\mathbb{N}}$ und $(b_n)_{n\in\mathbb{N}}$ zwei konvergente Folgen, so dass für alle $n\in\mathbb{N}$ die Ungleichung $a_n \geq b_n$ gilt. Wir setzen $a := \lim_{n\to\infty} a_n$ und $b := \lim_{n\to\infty} b_n$. Wir wollen zeigen, dass $a \geq b$. Es genügt folgende Behauptung zu beweisen:

Behauptung. Für alle $\mu > 0$ gilt $a > b - \mu$.

Beweis. Es sei $\mu > 0$. Es folgt aus der Definition von Grenzwerten, angewandt auf $\epsilon = \frac{\mu}{2}$, dass

(1) $\quad\underset{N_a\in\mathbb{N}}{\exists}\ \underset{n\geq N_a}{\forall}\ \underbrace{|a_n - a| < \frac{\mu}{2}}$ und (2) $\quad\underset{N_b\in\mathbb{N}}{\exists}\ \underset{n\geq N_b}{\forall}\ \underbrace{|b_n - b| < \frac{\mu}{2}}.$

$\qquad\qquad$ d.h. $a \in (a_n - \frac{\mu}{2}, a_n + \frac{\mu}{2})$ $\qquad\qquad\qquad$ d.h. $b_n \in (b - \frac{\mu}{2}, b + \frac{\mu}{2})$

Es sei nun $n = \max\{N_a, N_b\}$. Dann gilt:

$$a \underset{\uparrow}{\ >\ } a_n - \frac{\mu}{2} \underset{\uparrow}{\ \geq\ } b_n - \frac{\mu}{2} \underset{\uparrow}{\ \geq\ } \left(b - \frac{\mu}{2}\right) - \frac{\mu}{2} = b - \mu.$$

$\quad$ folgt aus (1) $\qquad$ nach Voraussetzung $\qquad$ folgt aus (2) $\qquad\qquad\qquad\qquad$ ∎

Satz 2.6. (Sandwichsatz) Es seien $(a_n)_{n\in\mathbb{N}}$, $(b_n)_{n\in\mathbb{N}}$ und $(y_n)_{n\in\mathbb{N}}$ Folgen von reellen Zahlen, und es sei $z\in\mathbb{R}$. Dann gilt:

$$\underset{n\in\mathbb{N}}{\forall}\ a_n \leq y_n \leq b_n \quad\text{und}\quad \lim_{n\to\infty} a_n = \lim_{n\to\infty} b_n = z \quad\Longrightarrow\quad \lim_{n\to\infty} y_n = z.$$

Bemerkung. Die Merkregel ist in etwa wie folgt: Wenn die Folge y_n zwischen zwei Folgen a_n und b_n, wie in einem Sandwich, eingequetscht ist und wenn a_n und b_n gegen z konvergieren, dann konvergiert auch die „eingequetschte" Folge y_n gegen z.

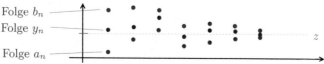

Beispiel. Wir betrachten die Folge $y_n = (-1)^n \cdot \frac{1}{n}$. Für alle $n \in \mathbb{N}$ gilt:

$$\underbrace{-\frac{1}{n}}_{\to 0} \;\leq\; (-1)^n \cdot \frac{1}{n} \;\leq\; \underbrace{\frac{1}{n}}_{\to 0}.$$

Aus der Bemerkung auf Seite 29 und aus der Grenzwertregel 2.3 (3) folgt $\lim\limits_{n\to\infty} -\frac{1}{n} = 0$ und $\lim\limits_{n\to\infty} \frac{1}{n} = 0$. Es folgt aus dem Sandwichsatz, dass $\lim\limits_{n\to\infty} (-1)^n \cdot \frac{1}{n} = 0$.

Beweis des Sandwichsatzes 2.6. Es seien $(a_n)_{n\in\mathbb{N}}$, $(b_n)_{n\in\mathbb{N}}$ und $(y_n)_{n\in\mathbb{N}}$ Folgen von reellen Zahlen, so dass für alle $n \in \mathbb{N}$ die Ungleichungen $a_n \leq y_n \leq b_n$ gelten. Wir nehmen an, dass $(a_n)_{n\in\mathbb{N}}$ und $(b_n)_{n\in\mathbb{N}}$ gegen den gleichen Grenzwert z konvergieren. Es gilt also:

(1) $\underset{\epsilon>0}{\forall}\;\underset{N_a\in\mathbb{N}}{\exists}\;\underset{n\geq N_a}{\forall}\; a_n \in (z-\epsilon, z+\epsilon)$ und (2) $\underset{\epsilon>0}{\forall}\;\underset{N_b\in\mathbb{N}}{\exists}\;\underset{n\geq N_b}{\forall}\; b_n \in (z-\epsilon, z+\epsilon)$

Wir müssen zeigen, dass $\lim\limits_{n\to\infty} y_n = z$, d.h. wir müssen zeigen:

$$\underset{\epsilon>0}{\forall}\;\underset{M\in\mathbb{N}}{\exists}\;\underset{n\geq M}{\forall}\; y_n \in (z-\epsilon, z+\epsilon).$$

Es sei also $\epsilon > 0$. Aus (1) und (2) folgt, dass es $N_a, N_b \in \mathbb{N}$ gibt, so dass für alle $n \geq N_a$ gilt $a_n \in (z-\epsilon, z+\epsilon)$ und für alle $n \geq N_b$ gilt $b_n \in (z-\epsilon, z+\epsilon)$. Wir setzen jetzt also $M := \max\{N_a, N_b\}$. Für alle $n \geq M$ gilt dann $a_n \in (z-\epsilon, z+\epsilon)$ und $b_n \in (z-\epsilon, z+\epsilon)$. Da y_n zwischen a_n und b_n liegt, gilt also auch $y_n \in (z-\epsilon, z+\epsilon)$. ∎

2.4. Bestimmte Divergenz. Wir erinnern noch einmal an folgende Definition von Seite 28.

Definition. Wir sagen, eine Folge von reellen Zahlen $(a_n)_{n\in\mathbb{N}}$ **konvergiert**, wenn die Folge einen Grenzwert besitzt, d.h. wenn die Folge (a_n) gegen ein $a \in \mathbb{R}$ konvergiert. Wenn die Folge $(a_n)_{n\in\mathbb{N}}$ nicht konvergiert, dann sagen wir, die Folge **divergiert**.

Beispiel. Es ist nicht weiter schwierig zu zeigen, dass die Folgen $n \mapsto (-1)^n$ und $n \mapsto -\frac{1}{3}n^2$ divergieren.

Wir wollen zwei spezielle Typen von divergenten Folgen besonders betrachten.

Definition. Es sei $(a_n)_{n\in\mathbb{N}}$ eine Folge von reellen Zahlen. Wir sagen

$$(a_n) \text{ divergiert bestimmt gegen } +\infty \quad :\Longleftrightarrow\quad \underset{K\in\mathbb{R}}{\forall}\;\underset{N\in\mathbb{N}}{\exists}\;\underset{n\geq N}{\forall}\; a_n > K$$

und ganz analog definieren wir

$$(a_n) \text{ divergiert bestimmt gegen } -\infty \quad :\Longleftrightarrow\quad \underset{K\in\mathbb{R}}{\forall}\;\underset{N\in\mathbb{N}}{\exists}\;\underset{n\geq N}{\forall}\; a_n < K.$$

Im 1. Fall schreiben wir $\lim\limits_{n\to\infty} a_n = +\infty$ und im 2. Fall schreiben wir $\lim\limits_{n\to\infty} a_n = -\infty$.

Bemerkung. Mit anderen Worten: Eine Folge $(a_n)_{n\in\mathbb{N}}$ divergiert bestimmt gegen $+\infty$, wenn es zu jeder „Schranke" $K \in \mathbb{R}$ ein $N \in \mathbb{N}$ gibt, so dass ab N alle Folgenglieder größer als K sind. Diese Formulierung wird in der folgenden Abbildung illustriert.

ab diesem N sind alle Folgenglieder $> K$

$\downarrow$

Folgenglieder a_n

1 5   3   7 6 4   2   8

$\longrightarrow \mathbb{R}$

K

Beispiel.

(1) Wir betrachten die divergente Folge $n \mapsto (-1)^n$. Die Folge hat nicht die Eigenschaft, dass sie divergiert bestimmt gegen $+\infty$ oder $-\infty$ divergiert. In der Tat kann man für $K = 1$ beziehungsweise $K = -1$ kein geeignetes N finden.

(2) Die divergente Folge $n \mapsto -\frac{1}{3}n^2$ divergiert bestimmt gegen $-\infty$. Mit anderen Worten: Es ist $\lim\limits_{n\to\infty} -\frac{1}{3}n^2 = -\infty$. In der Tat: Es sei $K \in \mathbb{R}$. Wir wählen ein $N \in \mathbb{N}$ mit $N > 3 \cdot |K|$, z. B. $N = \lceil 3 \cdot |K| + 1 \rceil$. Dann gilt für alle $n \geq N$:

$$-\tfrac{1}{3} \cdot n^2 \underset{\substack{\uparrow \\ \text{da } n \geq N}}{\leq} -\tfrac{1}{3} \cdot N^2 \underset{\substack{\uparrow \\ \text{da } k^2 \geq k \text{ für} \\ \text{jedes } k \in \mathbb{N}}}{\leq} -\tfrac{1}{3} \cdot N \underset{\substack{\uparrow \\ \text{da } N > 3 \cdot |K|}}{<} -\tfrac{1}{3} \cdot 3 \cdot |K| = -|K| \underset{\substack{\uparrow \\ \text{da für jedes } x \in \mathbb{R} \text{ gilt } -x \leq |x|}}{\leq} K.$$

(3) Ganz ähnlich wie in (2) zeigt man, dass für alle $d \in \mathbb{N}$ gilt, dass $\lim\limits_{n\to\infty} n^d = +\infty$.

Satz 2.7. (Potenzwachstumssatz) Es sei $x \in \mathbb{R}$, dann gilt

$$\lim_{n\to\infty} x^n = \begin{cases} \text{divergent,} & \text{falls} \quad x \leq -1, \\ 0, & \text{falls} \quad |x| < 1, \\ 1, & \text{falls} \quad x = 1, \\ +\infty, & \text{falls} \quad x > 1. \end{cases}$$

Beweis.

(1) Der Fall $x \leq -1$ wird in Übungsaufgabe 2.8 (b) behandelt.

(2) Der Fall $|x| < 1$ wird in Übungsaufgabe 2.8 (a), beispielsweise mithilfe des Potenzwachstum-Korollars 1.29, bewiesen.

(3) Der Fall $x = 1$ ist offensichtlich, denn in diesem Fall ist die Folge konstant.

(4) Wenn $x > 1$, dann müssen wir also zeigen, dass $\lim\limits_{n\to\infty} x^n = +\infty$, d.h. wir müssen zeigen, dass die Folge (x^n) bestimmt gegen $+\infty$ divergiert. Dies ist jedoch genau die Aussage des Potenzwachstum-Korollar 1.29. ∎

Beispiel. Ein Uran 235-Atom zerfällt nach einem Beschuss durch ein Neutron in zwei Atome und drei Neutronen und gibt dabei Energie frei. Nehmen wir nun an, dass wir einen Behälter mit Uran 235 gegeben haben. Die Konstellation sei so, dass von den drei Neutronen, welche ein zerfallendes ^{235}U-Atom freisetzt, im Durchschnitt $x \in [0,3]$ Neutronen wieder ein ^{235}U-Atom treffen. Nehmen wir an, dass zu Beginn ein ^{235}U-Atom zerfällt. Die Zahl der zerfallenden ^{235}U-Atome nach n Schritten ist also x^n. Für beliebiges $x < 1$ erhalten wir die Lage links in der folgenden Abbildung. Für beliebiges $x > 1$ erhalten wir die Lage rechts in der folgenden Abbildung.

Los Alamos 16. Juli 1945

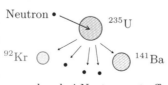

$x \in [0,1)$ $\qquad$ $x \in [0,3]$ wiederum ^{235}U Atome $\qquad$ $x \in (1,3]$

von den drei Neutronen treffen

Wir wollen nun manche der Grenzwertregeln 2.3 (1) und (2) zu bestimmt divergenten Folgen verallgemeinern. Dazu benötigen folgende Definition.

Definition. Wir führen auf der Menge $\mathbb{R} \cup \{-\infty\} \cup \{+\infty\}$ folgende partielle Addition und partielle Multiplikation ein:[16]

+	$a \in \mathbb{R}$	$+\infty$	$-\infty$
$b \in \mathbb{R}$	$a+b$	$+\infty$	$-\infty$
$+\infty$	$+\infty$	$+\infty$	$*$
$-\infty$	$-\infty$	$*$	$-\infty$

und

$\cdot$	$a > 0$	0	$a < 0$	$+\infty$	$-\infty$
$b > 0$	$a \cdot b$	0	$a \cdot b$	$+\infty$	$-\infty$
0	0	0	0	$*$	$*$
$b < 0$	$a \cdot b$	0	$a \cdot b$	$-\infty$	$+\infty$
$+\infty$	$+\infty$	$*$	$-\infty$	$+\infty$	$-\infty$
$-\infty$	$-\infty$	$*$	$+\infty$	$-\infty$	$+\infty$

hierbei bedeutet $*$, dass die Addition beziehungsweise die Multiplikation nicht definiert ist, d.h. wir haben $\infty + (-\infty)$ und $(-\infty) + \infty$ *nicht* definiert und wir haben auch $0 \cdot (\pm\infty)$ nicht definiert.

Der folgende Satz ist nun eine Erweiterung der Grenzwertregeln 2.3 (1) und (2):

Satz 2.8. (Grenzwertregeln) Es seien $(a_n)_{n\in\mathbb{N}}$ und $(b_n)_{n\in\mathbb{N}}$ Folgen von reellen Zahlen, welche jeweils konvergieren oder bestimmt divergieren.[17] Dann gilt:

(1) $\lim\limits_{n\to\infty} (a_n + b_n) = \lim\limits_{n\to\infty} a_n + \lim\limits_{n\to\infty} b_n$,   *wenn* die Summe „+" auf der rechten Seite in der obigen Tabelle definiert wurde.

(2) $\lim\limits_{n\to\infty} (a_n \cdot b_n) = \lim\limits_{n\to\infty} a_n \cdot \lim\limits_{n\to\infty} b_n$,   *wenn* die Multiplikation „$\cdot$" auf der rechten Seite in der obigen Tabelle definiert wurde.

Beispiel. Es gilt:

$$\lim_{n\to\infty} \Big(\underbrace{-\tfrac{1}{3}\cdot n^2}_{\substack{\text{divergiert bestimmt} \\ \text{gegen -}\infty}} + \underbrace{2 + 7\cdot\tfrac{1}{n^3}}_{\substack{\text{konvergiert} \\ \text{gegen 2}}} \Big) = -\infty + 2 = -\infty.$$

folgt aus der Grenzwertregel 2.8 (1). da $-\infty + 2$ in der Tabelle definiert ist

Beweis von Satz 2.8. Wenn $(a_n)_{n\in\mathbb{N}}$ und $(b_n)_{n\in\mathbb{N}}$ konvergente Folgen sind, ist dies gerade die Aussage der Grenzwertregeln 2.3 (1) und (2). Wir beweisen im Folgenden noch (1) für den Fall, dass $(a_n)_{n\in\mathbb{N}}$ eine konvergente Folge ist, und dass $(b_n)_{n\in\mathbb{N}}$ bestimmt gegen $+\infty$ divergiert. Alle weiteren Aussagen des Satzes werden dann ganz ähnlich bewiesen.

Wir müssen nun also zeigen, dass die Folge $(a_n + b_n)_{n\in\mathbb{N}}$ bestimmt gegen $+\infty$ divergiert. Wir machen folgende Vorbemerkungen:

(a) Der Beschränktheitssatz 2.2 besagt, dass jede konvergente Folge beschränkt ist. Es gibt also ein $R \in \mathbb{R}_{>0}$, so dass für alle $n \in \mathbb{N}$ gilt: $|a_n| \le R$.

(b) Da $(b_n)_{n\in\mathbb{N}}$ bestimmt gegen $+\infty$ divergiert, gilt: $\underset{C\in\mathbb{R}}{\forall} \; \underset{M\in\mathbb{N}}{\exists} \; \underset{m\ge M}{\forall} \; b_m > C$.

Wir müssen nun zeigen, dass die Folge $(a_n + b_n)_{n\in\mathbb{N}}$ bestimmt gegen $+\infty$ divergiert, d.h. wir müssen zeigen, dass

$$\underset{D\in\mathbb{R}}{\forall} \; \underset{L\in\mathbb{N}}{\exists} \; \underset{l\ge L}{\forall} \; (a_l + b_l) > D.$$

Es sei also $D \in \mathbb{R}$ beliebig. Aus (b), angewandt auf $C = D + R$, folgt nun, dass es ein $M \in \mathbb{N}$ gibt, so dass für alle $m \ge M$ gilt, $b_m > C = D + R$. Wir setzen $L := M$. Für alle $l \ge L$ gilt dann:

---

[16]Die Addition und die Multiplikation sind dabei so definiert, wie man es sich „naiv" denken würde. Wenn eine Verknüpfung „naiv" nicht klar ist, z. B. $-\infty + \infty$, dann ist diese in unserem Falle auch nicht definiert. Wir behaupten hier in keinster Weise, dass die Körperaxiome erfüllt sind.

[17]Es ist auch erlaubt, dass eine Folge konvergiert und die andere bestimmt divergiert.

$$a_l + b_l \underset{\underset{\substack{\text{aus den Betragsregeln 1.20} \\ \text{folgt, dass gilt: } x \geq -|x|}}{\uparrow}}{\geq} -|a_l| + b_l \underset{\underset{\text{Wahl von } R}{\uparrow}}{\geq} -R + b_l \underset{\underset{\text{denn } l \geq L = M}{\uparrow}}{>} -R + D + R = D.$$

Wir haben damit gezeigt, dass die Folge $(a_n + b_n)_{n \in \mathbb{N}}$ bestimmt gegen $+\infty$ divergiert. ∎

Um den nächsten Satz formulieren zu können, führen wir folgende Notation ein:

Notation. Für eine Folge $(a_n)_{n \in \mathbb{N}}$ von reellen Zahlen schreiben: wir

(1) $\lim\limits_{n \to \infty} a_n = 0^+$,   wenn $\lim\limits_{n \to \infty} a_n = 0$ und wenn alle Folgenglieder $a_n > 0$

(2) $\lim\limits_{n \to \infty} a_n = 0^-$,   wenn $\lim\limits_{n \to \infty} a_n = 0$ und wenn alle Folgenglieder $a_n < 0$.

Der folgende Satz kann als Erweiterung der Grenzwertregel 2.3 (4) aufgefasst werden:

Satz 2.9. (Grenzwertregeln) Es sei $(a_n)_{n \in \mathbb{N}}$ eine Folge von reellen Zahlen, so dass für alle $n \in \mathbb{N}$ gilt $a_n \neq 0$. Dann gilt:

(1) $\lim\limits_{n \to \infty} a_n = +\infty$ oder $\lim\limits_{n \to \infty} a_n = -\infty \implies \lim\limits_{n \to \infty} \frac{1}{a_n} = 0$

(2) $\lim\limits_{n \to \infty} a_n = 0^+ \implies \lim\limits_{n \to \infty} \frac{1}{a_n} = +\infty$

(3) $\lim\limits_{n \to \infty} a_n = 0^- \implies \lim\limits_{n \to \infty} \frac{1}{a_n} = -\infty.$

Bemerkung. Suggestiv gesprochen ist die Aussage des Satzes, dass $\frac{1}{\pm\infty} = 0$ und $\frac{1}{0^\pm} = \pm\infty$.

Beweis von Satz 2.9. Wir beweisen zuerst Aussage (1) für den Fall $\lim\limits_{n \to \infty} a_n = +\infty$. Wir wollen also zeigen:

$$\underset{K \in \mathbb{R}}{\forall} \; \underset{N \in \mathbb{N}}{\exists} \; \underset{n \geq N}{\forall} \; a_n > K \qquad \implies \qquad \underset{\epsilon > 0}{\forall} \; \underset{M \in \mathbb{N}}{\exists} \; \underset{n \geq M}{\forall} \; |\tfrac{1}{a_n} - 0| < \epsilon.$$

Es sei also $\epsilon > 0$. Nach Voraussetzung existiert ein $N \in \mathbb{N}$, so dass für alle $n \in \mathbb{N}$ die Ungleichung $a_n > K := \frac{1}{\epsilon}$ gilt. Für alle $n \geq N$ gilt dann, dass $|\frac{1}{a_n} - 0| = |\frac{1}{a_n}| = \frac{1}{a_n} < \frac{1}{K} = \epsilon$.

Man sieht, diese Aussage beweist sich fast schon „mechanisch". Das gilt genauso auch für die anderen Aussagen des Satzes. Wir werden deswegen die anderen Aussagen nicht mehr explizit beweisen. ∎

Lemma 2.10. Für $d \in \mathbb{Z}$ gilt:

$$\lim\limits_{n \to \infty} n^d = \begin{cases} +\infty, & \text{wenn } d > 0, \\ 1, & \text{wenn } d = 0, \\ 0, & \text{wenn } d < 0. \end{cases}$$

Beweis. Die Aussage für $d > 1$ wird fast genauso wie der Fall der Folge $-\frac{1}{3}n^2$ auf Seite 35 behandelt. Der Fall $d = 0$ ist trivial. Der Fall $d < 0$ folgt aus dem Fall $d > 0$ zusammen mit der Grenzwertregel 2.9 (1). ∎

Es sei $p(n)$ ein Polynom, also beispielsweise $p(n) = 2 + 3n - 7n^2$ oder $p(n) = 5n + 11n^4$. Das folgende Korollar besagt, dass der Grenzwert $\lim\limits_{n \to \infty} p(n)$ durch den höchsten Koeffizienten des Polynoms bestimmt ist.

Korollar 2.11. Es seien $c_0, \ldots, c_d \in \mathbb{R}$ mit $d \geq 1$ und $c_d \neq 0$. Dann gilt:

$$\lim\limits_{n \to \infty} \left(c_0 + c_1 \cdot n + c_2 \cdot n^2 + \cdots + c_{d-1} \cdot n^{d-1} + c_d \cdot n^d \right) = \begin{cases} \infty, & \text{wenn } c_d > 0, \\ -\infty, & \text{wenn } c_d < 0. \end{cases}$$

Beispiel. Es ist $\lim\limits_{n\to\infty} (2 + 3n - 7n^2) = -\infty$ und $\lim\limits_{n\to\infty} (5n + 11n^4) = +\infty$.

Beweis von Korollar 2.11.

Die Aussage des Korollars klingt so, als sollte man direkt die Grenzwertregel 2.8 (1) anwenden. Dies ist aber im Allgemeinen nicht möglich. Beispielsweise divergiert bei der Folge $-3n + 4n^2$ der erste Summand bestimmt gegen $-\infty$ und der zweite Summand divergiert bestimmt gegen $+\infty$. Die Summe $(-\infty) + \infty$ haben wir aber nicht definiert. Die Idee ist daher, die Folge $c_0 + c_1 n + c_2 n^2 + \cdots + c_{d-1} n^{d-1} + c_d n^d$ so umzuschreiben, dass man doch die Grenzwertregel 2.8 (1) anwenden kann. Nachdem man „additiv" wenig umschreiben kann, werden wir die Folge „multiplikativ" umschreiben und dann die Grenzwertregel 2.8 (1) anwenden.

Wir führen folgende Berechnung durch:

$$\lim_{n\to\infty} \left(c_0 + c_1 \cdot n + c_2 \cdot n^2 + \cdots + c_{d-1} \cdot n^{d-1} + c_d \cdot n^d\right) \overset{\substack{\text{Ausklammern von } n^d \\ \downarrow}}{=}$$

$$= \lim_{n\to\infty} \overset{\downarrow}{n^d} \cdot \overbrace{\left(c_0 \cdot \frac{1}{n^d} + c_1 \cdot \frac{1}{n^{d-1}} + c_2 \cdot \frac{1}{n^{d-2}} + \cdots + c_{d-1} \cdot \frac{1}{n} + c_d\right)}^{\substack{\text{es folgt aus den Grenzwertregeln 2.3 und Lemma 2.10,} \\ \text{dass diese Folge gegen } c_d \text{ konvergiert}}}$$

nachdem $d \geq 1$ folgt aus Lemma 2.10, dass die Folge n^d bestimmt gegen $+\infty$ divergiert

$$= \underset{\uparrow}{(+\infty) \cdot c_d} = \begin{cases} \infty, & \text{wenn } c_d > 0, \\ -\infty, & \text{wenn } c_d < 0. \end{cases}$$

diese Gleichheit folgt aus der Grenzwertregel 2.8, wir können diese anwenden, da wir gerade gezeigt haben, dass ein Faktor bestimmt divergiert und der andere Faktor gegen die Zahl $c_d \neq 0$ konvergiert ∎

Wir wollen als nächstes den Grenzwertvergleichssatz 2.5 zu bestimmt divergenten Folgen verallgemeinern. Dazu benötigen wir folgende sehr anschauliche Definition.

Definition. Wir setzen die übliche Ordnung „>" auf $\mathbb{R}$ auf die Menge $\mathbb{R} \cup \{-\infty\} \cup \{+\infty\}$ fort, indem wir für alle $a \in \mathbb{R}$ schreiben:

$$+\infty > a > -\infty.$$

Mit dieser Definition gilt nun folgende Verallgemeinerung des Grenzwertvergleichssatzes 2.5.

Satz 2.12. (Grenzwertvergleichssatz) Es seien $(a_n)_{n\in\mathbb{N}}$ und $(b_n)_{n\subset\mathbb{N}}$ Folgen von reellen Zahlen, welche jeweils konvergieren oder bestimmt divergieren. Es gilt:

$$\underset{n\in\mathbb{N}}{\forall} a_n \geq b_n \qquad \Longrightarrow \qquad \lim_{n\to\infty} a_n \geq \lim_{n\to\infty} b_n.$$

Beweis. In dem ursprünglichen Grenzwertvergleichssatz 2.5 haben wir den Fall betrachtet, dass $(a_n)_{n\in\mathbb{N}}$ und $(b_n)_{n\in\mathbb{N}}$ konvergente Folgen sind. Wir müssen nun noch die verschiedenen Spezialfälle untersuchen, bei denen mindestens eine der beiden Folgen bestimmt divergiert.

Es sei beispielsweise $(a_n)_{n\in\mathbb{N}}$ eine konvergente Folge, und es sei $(b_n)_{n\in\mathbb{N}}$ eine Folge, welche bestimmt divergiert, so dass $a_n \geq b_n$ für alle n. Es genügt, folgende Behauptung zu beweisen:

Behauptung. $\lim\limits_{n\to\infty} b_n = -\infty$.

Beweis. Nachdem $(a_n)_{n\in\mathbb{N}}$ konvergiert, ist die Folge $(a_n)_{n\in\mathbb{N}}$ nach dem Beschränktheitssatz 2.2 beschränkt, d.h. es gibt ein $C \in \mathbb{R}$, so dass für alle $n \in \mathbb{N}$ gilt: $C \geq |a_n|$. Nachdem $a_n \geq b_n$ für alle $n \in \mathbb{N}$, folgt nun auch, dass $C \geq |a_n| \geq a_n \geq b_n$ für alle $n \in \mathbb{N}$. Insbesondere kann die Folge $(b_n)_{n\in\mathbb{N}}$ nicht bestimmt gegen ∞ divergieren. Nachdem die Folge $(b_n)_{n\in\mathbb{N}}$ nach Voraussetzung bestimmt gegen $\pm\infty$ divergiert folgt, dass $\lim\limits_{n\to\infty} b_n = -\infty$.   ⊞

Die anderen Spezialfälle des Satzes werden ganz analog bewiesen.   ∎

Definition. Es sei $(a_n)_{n\in\mathbb{N}}$ eine Folge $(a_n)_{n\in\mathbb{N}}$ von reellen Zahlen. Wir definieren:

$(a_n)_{n\in\mathbb{N}}$ ist monoton steigend	$:\Longleftrightarrow$	für alle $n\in\mathbb{N}$ gilt $a_{n+1} \geq a_n$
$(a_n)_{n\in\mathbb{N}}$ ist streng monoton steigend	$:\Longleftrightarrow$	für alle $n\in\mathbb{N}$ gilt $a_{n+1} > a_n$
$(a_n)_{n\in\mathbb{N}}$ ist monoton fallend	$:\Longleftrightarrow$	für alle $n\in\mathbb{N}$ gilt $a_{n+1} \leq a_n$
$(a_n)_{n\in\mathbb{N}}$ ist streng monoton fallend	$:\Longleftrightarrow$	für alle $n\in\mathbb{N}$ gilt $a_{n+1} < a_n$.

Wir sagen, $(a_n)_{n\in\mathbb{N}}$ ist monoton, wenn die Folge entweder monoton fallend oder monoton steigend ist.

Beispiel.

$$(n^2)_{n\in\mathbb{N}} = (1,4,9,25,\dots) \quad \text{ist streng monoton steigend,}$$
$$(\tfrac{1}{n})_{n\in\mathbb{N}} = (1,\tfrac{1}{2},\tfrac{1}{3},\dots) \quad \text{ist streng monoton fallend,}$$
$$(2n+(-1)^n)_{n\in\mathbb{N}} = (1,5,5,9,9,\dots) \quad \text{ist monoton (aber nicht streng monoton) steigend}$$
$$(4-\tfrac{1}{n^2})_{n\in\mathbb{N}} = (3,3\tfrac{3}{4},3\tfrac{8}{9},\dots) \quad \text{ist streng monoton steigend,}$$
$$(5)_{n\in\mathbb{N}} = (5,5,5,\dots) \quad \text{ist monoton steigend und monoton fallend,}$$
$$((-1)^n)_{n\in\mathbb{N}} = (-1,1,-1,\dots) \quad \text{ist nicht monoton.}$$

Folgender Satz gibt uns ein einfaches Kriterium um zu zeigen, dass eine Folge bestimmt gegen $+\infty$ divergiert.

Satz 2.13. (Folgendivergenz-Kriterium) Es sei $(a_n)_{n\in\mathbb{N}}$ eine Folge von nichtnegativen reellen Zahlen. Dann gilt:

$$(a_n)_{n\in\mathbb{N}} \text{ unbeschränkt und monoton steigend} \implies \lim_{n\to\infty} a_n = +\infty. \qquad .$$

Beweis. Es sei $(a_n)_{n\in\mathbb{N}}$ eine unbeschränkte, monoton steigende Folge von nichtnegativen reellen Zahlen. Wir wollen zeigen, dass $\lim\limits_{n\to\infty} a_n = +\infty$. Es sei also $K\in\mathbb{R}$. Da die Folge $(a_n)_{n\in\mathbb{N}}$ nach Voraussetzung unbeschränkt ist, existiert ein $N\in\mathbb{N}$ mit $|a_N| > K$. Für alle $n\geq N$ gilt:

$$a_n \underset{\uparrow}{\geq} a_N \underset{\uparrow}{=} |a_N| \underset{\uparrow}{>} K.$$

da die Folge monoton steigend ist / da alle Folgenglieder nichtnegativ sind / nach Wahl von N ∎

2.5. Reihen. In jedem Körper K ergibt es Sinn *endlich viele* Elemente $a_1,\dots,a_n$ zu addieren, indem wir iterativ insgesamt $(n-1)$-mal die Addition verwenden. Es ergibt aber überhaupt keinen Sinn, unendlich viele Elemente $a_1, a_2,\dots$ eines Körpers zu addieren. Wir führen in diesem Abschnitt den Begriff der Reihe ein, welcher unter streng geregelten Bedingungen, den naiven Begriff einer unendlichen Summe von reellen Zahlen „mathematisiert". Danach betrachten wir ein paar Beispiele und beweisen einige wenige, grundlegende Aussagen. Reihen spielen im nächsten Kapitel bereits eine wichtige Rolle. Später werden wir Reihen noch einmal deutlich ausführlicher behandeln.

Definition. Es sei $(a_n)_{n\in\mathbb{N}_0}$ eine Folge von reellen Zahlen.
(1) Für $k\in\mathbb{N}_0$ definieren wir

$$k\text{-te Partialsumme der Folge } (a_n)_{n\in\mathbb{N}_0} \; := \; \sum_{n=0}^{k} a_n \; = \; a_0 + a_1 + \cdots + a_k.$$

(2) Wir definieren[18]

$$\text{Reihe } \sum_{n\geq 0} a_n \; := \text{ die Folge der Partialsummen der Folge } (a_n)_{n\in\mathbb{N}_0}$$

$$= \text{ die Folge } \quad a_0$$
$$a_0 + a_1$$
$$a_0 + a_1 + a_2$$
$$\vdots$$

Für $n \in \mathbb{N}_0$ nennen wir a_n das n-te Reihenglied.

Beispiel.

(1) Wir betrachten die Folge $n \mapsto a_n = n^2$. Die zugehörige Reihe ist also die Folge

$$\sum_{n\geq 0} n^2 \; = \; (\underbrace{0^2}_{=0}, \; \underbrace{0^2+1^2}_{=1}, \; \underbrace{0^2+1^2+2^2}_{=5}, \; \underbrace{0^2+1^2+2^2+3^2}_{=14}, \; \ldots) \; = \; (0, 1, 5, 14, \ldots)$$

Es ist ziemlich klar, dass die Reihe $\sum_{n\geq 0} n^2$ monoton steigend und unbeschränkt ist. Insbesondere folgt aus dem Folgendivergenz-Kriterium 2.13, dass die Reihe $\sum_{n\geq 0} n^2$ bestimmt gegen $+\infty$ divergiert.

(2) Es sei $z \in \mathbb{R}$. Wir betrachten die Folge $n \mapsto z^n$. Die zugehörige Reihe ist

$$\sum_{n\geq 0} z^n \; = \; (1, \; 1+z, \; 1+z+z^2, \; 1+z+z^2+z^3, \; \ldots)$$

Diese Reihe wird als geometrische Reihe bezeichnet. In Satz 2.14 werden wir sehen, für welche $z \in \mathbb{R}$ die geometrische Reihe $\sum_{n\geq 0} z^n$ konvergiert.

Definition. Es sei $(a_n)_{n\in\mathbb{N}_0}$ eine Folge von reellen Zahlen. Wenn die Reihe $\sum_{n\geq 0} a_n$ konvergiert, d.h. wenn die Folge der Partialsummen konvergiert, dann schreiben wir

$$\sum_{n=0}^{\infty} a_n \; := \; \text{Grenzwert der Reihe } \sum_{n\geq 0} a_n \; := \; \lim_{k\to\infty} \underbrace{\sum_{n=0}^{k} a_n}_{\substack{\text{Folge, welche} \\ \text{von } k \text{ abhängt}}}.$$

Zudem schreiben wir:

$$\sum_{n=0}^{\infty} a_n \; := \; \pm\infty, \qquad \text{wenn die Reihe } \sum_{n\geq 0} a_n \text{ bestimmt gegen } \pm\infty \text{ divergiert.}$$

Bemerkung. Es sei $(a_n)_{n\geq 0}$ eine Folge von reellen Zahlen. Wir unterscheiden also in der Notation zwischen folgenden Objekten:

(1) $\sum_{n\geq 0} a_n$ ist die Reihe über die a_n, d.h. die Folge der Partialsummen,

---

[18]Die Reihe $\sum_{n\geq 0} a_n$ ist also eine Folge. Es ergibt also Sinn zu sagen, dass die Reihe $\sum_{n\geq 0} a_n$ beschränkt ist, konvergiert, divergiert, bestimmt divergiert gegen $\pm\infty$ etc.

(2) $\sum_{n=0}^{\infty} a_n$ ist der Grenzwert der Folge der Partialsummen, *wenn* dieser existiert.

Satz 2.14. (Satz über die geometrische Reihe) Für jedes $x \in \mathbb{R}$ gilt:

$$\sum_{n=0}^{\infty} x^n = \begin{cases} \dfrac{1}{1-x}, & \text{falls } |x| < 1, \\ +\infty, & \text{falls } x \geq 1, \\ \text{divergent}, & \text{falls } x \leq -1. \end{cases}$$

Veranschaulichung. Es gilt:

$$\sum_{n=0}^{\infty} \frac{1}{2^{n+1}} = \frac{1}{2} \cdot \sum_{n=0}^{\infty} \frac{1}{2^n} \underset{\uparrow}{=} \frac{1}{2} \cdot \frac{1}{1-\frac{1}{2}} = 1.$$

Berechnung der geometrischen Reihe in Satz 2.14

In der Abbildung sehen wir eine Zerlegung des Quadrates von Seitenlänge 1 in Quadrate und Rechtecke mit Flächeninhalt $\frac{1}{2}, \frac{1}{4}, \frac{1}{8}, \ldots$, welche die obige Berechnung veranschaulicht.

Quadrat mit Seitenlänge 1 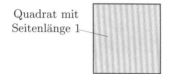  Zerlegung in Quadrate und Rechtecke mit Flächeninhalt $\frac{1}{2}, \frac{1}{4}, \frac{1}{8}, \frac{1}{16}, \frac{1}{32}, \ldots$

Beweis von Satz 2.14. Wir unterscheiden drei Fälle.

1. Fall: $|x| < 1$. In diesem Fall gilt

$$\sum_{n=0}^{\infty} x^n \underset{\substack{\uparrow \\ \text{per Definition}}}{=} \lim_{k \to \infty} \sum_{n=0}^{k} x^n \underset{\substack{\uparrow \\ \text{Potenz-Summen-Satz 1.26}}}{=} \lim_{k \to \infty} \frac{1 - x^{k+1}}{1-x} \underset{\substack{\uparrow \\ \text{Grenzwertregeln 2.3}}}{=} \frac{1 - x \cdot \lim_{k \to \infty} x^k}{\lim_{k \to \infty} (1-x)} \underset{\substack{\uparrow \\ \text{aus } |x|<1 \text{ und Satz 2.7} \\ \text{folgt: } \lim_{k \to \infty} x^k = 0}}{=} \frac{1}{1-x}.$$

2. Fall: $x \geq 1$. In diesem Fall gilt

$$k\text{-te Partialsumme der Reihe} \sum_{n \geq 0} x^n = \sum_{n=0}^{k} x^n \underset{\substack{\uparrow \\ \text{aus } x \geq 1 \text{ folgt } x^n \geq 1}}{\geq} \sum_{n=0}^{k} 1 = k+1.$$

Es folgt nun leicht aus dem Folgendivergenz-Kriterium 2.13, dass die Folge der Partialsummen bestimmt gegen $+\infty$ divergiert.

3. Fall: $x \leq -1$. Wir überlassen diesen Fall als Übungsaufgabe. ∎

Wir beschließen das Kapitel mit folgendem nicht besonders überraschenden Satz.

Satz 2.15. (Reihenregeln) Es seien $\sum_{n\geq 0} a_n$ und $\sum_{n\geq 0} b_n$ zwei Reihen, welche jeweils konvergieren oder bestimmt divergieren. Dann gelten folgende Aussagen:

(1)
$$\sum_{n=0}^{\infty} (a_n + b_n) = \sum_{n=0}^{\infty} a_n + \sum_{n=0}^{\infty} b_n, \quad \textit{wenn die Summe „+" auf der rechten Seite in der Tabelle auf Seite 36 definiert wurde.}$$

(2) Für $\lambda \in \mathbb{R}$ gilt $\sum_{n=0}^{\infty} \lambda \cdot a_n = \lambda \cdot \sum_{n=0}^{\infty} a_n$.

(3) Wenn $a_n \leq b_n$ für alle $n \in \mathbb{N}_0$, dann gilt:
$$\sum_{n=0}^{\infty} a_n \leq \sum_{n=0}^{\infty} b_n.$$

Beweis von Satz 2.15. Es seien $\sum_{n\geq 0} a_n$ und $\sum_{n\geq 0} b_n$ zwei Reihen, welche jeweils konvergieren, oder bestimmt divergieren. Für beliebiges $k \in \mathbb{N}_0$ bezeichnen wir mit $s_k := \sum_{n=0}^{k} a_n$ und $t_k := \sum_{n=0}^{k} b_n$ die zugehörigen Partialsummen.

(1) Es gilt: hier wenden wir die üblichen Rechenregeln für endliche Summen an

$$\sum_{n=0}^{\infty} (a_n + b_n) = \lim_{k\to\infty} \sum_{n=0}^{k} (a_n + b_n) = \lim_{k\to\infty} \left(\underbrace{\sum_{n=0}^{k} a_n}_{=s_k} + \underbrace{\sum_{n=0}^{k} b_n}_{=t_k} \right)$$

$$= \lim_{k\to\infty} \underbrace{\sum_{n=0}^{k} a_n}_{=s_k} + \lim_{k\to\infty} \underbrace{\sum_{n=0}^{k} b_n}_{=t_k} = \sum_{n=0}^{\infty} a_n + \sum_{n=0}^{\infty} b_n.$$

nach der Grenzwertregel 2.8 (1), angewandt auf die Folgen $(s_k)_{k\in\mathbb{N}_0}$ und $(t_k)_{k\in\mathbb{N}_0}$, *wenn* die rechte Seite definiert ist

(2) Die Aussage folgt sofort aus der Grenzwertregel 2.8 (2), angewandt auf die Folge der Partialsummen $(s_k)_{k\in\mathbb{N}_0}$ und auf die konstante Folge $(\lambda)_{k\in\mathbb{N}_0}$.

(3) Die Aussage folgt sofort aus dem Grenzwertvergleichssatz 2.12, angewandt auf die Folgen der Partialsummen $(s_k)_{k\in\mathbb{N}_0}$ und $(t_k)_{k\in\mathbb{N}_0}$. ∎

Übungsaufgaben zu Kapitel 2.

Aufgabe 2.1. Sind folgende Aussagen wahr?

(a) $\underset{K\in\mathbb{R}}{\forall} \underset{\text{Primzahl } p}{\exists} p > K$ und (b) $\underset{K\in\mathbb{R}}{\forall} \underset{x_0\in\mathbb{N}}{\exists} \underset{x\geq x_0}{\forall} x^2 > K$.

Aufgabe 2.2. In dieser Aufgabe geht es darum, ob es egal ist, in welcher Reihenfolge Quantoren geschrieben werden. Es sei $(a_n)_{n\in\mathbb{N}}$ eine Folge von reellen Zahlen. Wir erinnern an folgende Definition:
$$(a_n)_{n\in\mathbb{N}} \text{ ist } \textit{beschränkt} \quad :\Longleftrightarrow \quad \underset{C\in\mathbb{R}}{\exists} \underset{n\in\mathbb{N}}{\forall} |a_n| \leq C.$$

Wir führen jetzt folgende neue Definition ein:
$$(a_n)_{n\in\mathbb{N}} \text{ ist } \textit{super} \quad :\Longleftrightarrow \quad \underset{n\in\mathbb{N}}{\forall} \underset{C\in\mathbb{R}}{\exists} |a_n| \leq C.$$

(a) Ist jede beschränkte Folge auch super?
(b) Ist jede Super-Folge auch beschränkt?

Aufgabe 2.3. Ist jede Funktion auf einem Intervall $f \colon [0,1] \to \mathbb{R}$ beschränkt?

Aufgabe 2.4. Geben Sie ein Beispiel einer Folge $(a_n)_{n \in \mathbb{N}}$ von reellen Zahlen, welche

(I) $\underset{K \in \mathbb{R}}{\forall} \ \underset{n \in \mathbb{N}}{\exists} \ a_n > K$ erfüllt, welche aber nicht (II) $\underset{K \in \mathbb{R}}{\forall} \ \underset{N \in \mathbb{N}}{\exists} \ \underset{n \geq N}{\forall} \ a_n > K$ erfüllt.

Aufgabe 2.5. Zeigen Sie, dass die Folge $\left(\dfrac{n + 2n^2}{1 + n^2} \right)_{n \in \mathbb{N}}$ beschränkt ist.

Aufgabe 2.6. Es seien $(a_n)_{n \in \mathbb{N}}$ und $(b_n)_{n \in \mathbb{N}}$ zwei unbeschränkte Folgen von reellen Zahlen.
(a) Ist die Folge $(a_n \cdot b_n)_{n \in \mathbb{N}}$ ebenfalls unbeschränkt?
(b) Ist die Folge $(a_n + b_n)_{n \in \mathbb{N}}$ ebenfalls unbeschränkt?

Aufgabe 2.7. Geben Sie in den folgenden vier Teilaufgaben jeweils ein Beispiel einer Folge $(a_n)_{n \in \mathbb{N}}$, welche bestimmt gegen $-\infty$ divergiert, und einer Folge $(b_n)_{n \in \mathbb{N}}$, welche bestimmt gegen $+\infty$ divergiert, so dass gilt:
(a) Die Folge $a_n + b_n$ divergiert bestimmt gegen $+\infty$.
(b) Die Folge $a_n + b_n$ divergiert bestimmt gegen $-\infty$.
(c) Die Folge $a_n + b_n$ konvergiert gegen eine reelle Zahl.
(d) Die Folge $a_n + b_n$ divergiert, aber sie divergiert nicht bestimmt gegen $\pm\infty$.

Aufgabe 2.8.
(a) Es sei $x \in (-1, 1)$. Zeigen Sie, dass $\lim\limits_{n \to \infty} x^n = 0$.
(b) Zeigen Sie, dass für alle $x \in (-\infty, -1) \cup (1, \infty)$ die Folge x^n divergiert.

Aufgabe 2.9. Es sei $(x_n)_{n \in \mathbb{N}}$ die Folge, welche folgendermaßen gegeben ist:

$$x_n := \begin{cases} \dfrac{3}{n}, & \text{wenn } n \text{ eine Primzahl ist} \\[2mm] -\dfrac{1}{n^2}, & \text{wenn } n \text{ keine Primzahl ist.} \end{cases}$$

Zeigen Sie, dass $\lim\limits_{n \to \infty} x_n = 0$.

Aufgabe 2.10. Es seien $(x_n)_{n \in \mathbb{N}}$ und $(y_n)_{n \in \mathbb{N}}$ zwei konvergente Folgen, welche beide gegen den gleichen Grenzwert $z \in \mathbb{R}$ konvergieren. Wir betrachten die Folge

$$a_n := \begin{cases} x_n, & \text{wenn } n \text{ gerade} \\ y_n, & \text{wenn } n \text{ ungerade.} \end{cases}$$

Zeigen Sie, dass $\lim\limits_{n \to \infty} a_n = z$.

Aufgabe 2.11.
(a) Es sei $(a_n)_{n \in \mathbb{N}}$ eine Folge von reellen Zahlen, mit der Eigenschaft, dass es ein $N \in \mathbb{N}$ gibt, so dass $a_n = 0$ für $n \geq N$. Zeigen Sie, dass $\lim\limits_{n \to \infty} a_n = 0$.
(b) Es seien $(a_n)_{n \in \mathbb{N}}$ und $(b_n)_{n \in \mathbb{N}}$ zwei Folgen von reellen Zahlen, welche sich nur in endlich vielen Folgengliedern unterscheiden. Zeigen Sie, dass für $c \in \mathbb{R} \in \{\pm\infty\}$ gilt:

$$\lim_{n \to \infty} a_n = c \qquad \Longleftrightarrow \qquad \lim_{n \to \infty} b_n = c.$$

Aufgabe 2.12. Bestimmen Sie $\displaystyle\sum_{n=0}^{\infty} \frac{1}{(n+1) \cdot (n+2)}$.

Hinweis. Versuchen Sie, einen Bruch $\frac{k}{a \cdot b}$ als Summe $\frac{?}{a} + \frac{?}{b}$ zu schreiben.

Aufgabe 2.13.

(a) Es sei $p \in \mathbb{N}_0$. Zeigen Sie, dass $\lim\limits_{n \to \infty} (1 + \frac{1}{n})^p = 1$.

(b) Zeigen Sie, dass es für jedes $b > 1$ und jedes $d \in \mathbb{N}_0$ ein $c > 1$ gibt, so dass $c^d \leq b$.
   Hinweis. Wir haben noch nicht den Begriff der d-ten Wurzel eingeführt.

(c) Zeigen Sie, dass für jedes $d \in \mathbb{N}_0$ und jedes $b > 1$ gilt: $\lim\limits_{n \to \infty} \dfrac{n^d}{b^n} = 0$.

(d) Bestimmen Sie
$$\sum_{n=1}^{\infty} \left(\frac{n-1}{2^{n-1}} - \frac{n}{2^n} \right).$$

Hinweis. Die vier Aufgabenteile hängen alle zusammen, selbst wenn es vielleicht nicht so wirkt.

Aufgabe 2.14. Es seien $a_0, \ldots, a_d \in \mathbb{R}$ mit $a_d \neq 0$, und es seien $b_0, \ldots, b_e \in \mathbb{R}$ mit $b_e \neq 0$. Wir betrachten die Folge
$$n \mapsto \frac{a_0 + a_1 \cdot n + a_2 \cdot n^2 + \cdots + a_{d-1} \cdot n^{d-1} + a_d \cdot n^d}{b_0 + b_1 \cdot n + b_2 \cdot n^2 + \cdots + b_{e-1} \cdot n^{e-1} + b_e \cdot n^e}.$$

(a) Unter welchen Voraussetzungen konvergiert die Folge?

(b) Wenn die Folge konvergiert, was ist der Grenzwert?

(c) Unter welchen Voraussetzungen divergiert die Folge bestimmt gegen $+\infty$?

(d) Unter welchen Voraussetzungen divergiert die Folge bestimmt gegen $-\infty$?

3. Infimum und Supremum

3.1. Supremum. Es ist klar, was das Maximum einer endlichen nichtleeren Teilmenge von reellen Zahlen, beispielsweise von $\{-3, 7, \frac{5}{2}\}$ sein soll. Bei unendlichen Mengen ist dies deutlich weniger klar, und dies führt uns zu folgender Definition:

Definition. Es sei M eine Teilmenge von $\mathbb{R}$.

(1) Wir sagen $C \in \mathbb{R}$ ist eine obere Schranke für M, wenn für alle $x \in M$ gilt: $x \leq C$.

(2) Wenn M eine obere Schranke besitzt, dann nennen wir M nach oben beschränkt.

(3) Wenn es ein m in M gibt, welches eine obere Schranke für M ist, dann nennen wir m das Maximum von M. Dieses ist eindeutig bestimmt, und wir bezeichnen es mit $\max(M)$.

Beispiel.

(1) Das Intervall $[1, \infty)$ ist nicht nach oben beschränkt und besitzt daher auch kein Maximum.

(2) Es sei $M = [1, 3]$. Dann ist 3 eine obere Schranke, aber auch jede andere Zahl größer als 3 ist eine obere Schranke. Das Intervall $[1, 3]$ besitzt ein Maximum, nämlich 3.

(3) Es sei $M = [1, 3)$. Dann ist beispielsweise 3 eine obere Schranke, d.h. die Menge ist nach oben beschränkt. Andererseits besitzt $M = [1, 3)$ *kein* Maximum. In der Tat, denn für jedes „Möchtegern-Maximum" $m \in [1, 3)$ gibt es ein $x \in [1, 3)$ mit $x > m$.

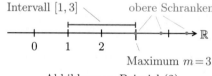
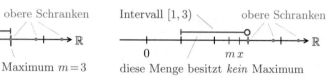

Abbildung zu Beispiel (2)   Abbildung zu Beispiel (3)

Wir umgehen jetzt das Problem, dass eine nach oben beschränkten Menge nicht notwendigerweise ein Maximum besitzt, indem wir das Supremum einführen.

Definition. Es sei M eine Teilmenge von $\mathbb{R}$. Wir sagen, $s \in \mathbb{R}$ ist Supremum $\sup(M)$ von M, wenn s eine kleinste obere Schranke für M ist. Etwas genauer gesagt bedeutet das:

(1) s ist eine obere Schranke für M, d.h. für alle $x \in M$ gilt die Ungleichung $x \leq s$.

(2) Es gibt keine kleinere obere Schranke für M als s.

Man beachte, dass aus (1) und (2) folgt, dass ein Supremum, wenn es existiert, auch schon eindeutig bestimmt ist.

Beispiel.

(1) Wir betrachten noch einmal $M = [1, 3)$. Dann ist $x = 3$ eine obere Schranke für $[1, 3)$. Zudem gibt es keine kleinere obere Schranke für $[1, 3)$. Also gilt $\sup(M) = 3$.

(2) Ganz analog zu (1) zeigt man, dass für alle abgeschlossenen, halboffenen oder offenen Intervalle, welche nach oben beschränkt sind, das Supremum durch die obere Intervallgrenze gegeben ist. Beispielsweise gilt für $a < b \in \mathbb{R}$, dass

$$\sup((-\infty, b)) = \sup([a, b]) = \sup((a, b]) = \sup([a, b)) = b.$$

(3) Es folgt leicht aus Satz 1.21, dass $\sup\{1 - \frac{1}{n} \mid n \in \mathbb{N}\} = 1$.

Lemma 3.1. Falls eine Teilmenge $M \subset \mathbb{R}$ ein Maximum besitzt, dann besitzt auch M ein Supremum und es gilt $\max(M) = \sup(M)$.

© Der/die Autor(en), exklusiv lizenziert an
Springer-Verlag GmbH, DE, ein Teil von Springer Nature 2023
S. Friedl, *Analysis 1*, https://doi.org/10.1007/978-3-662-67359-1_4

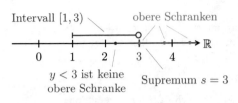

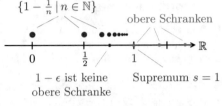

Abbildung zu Beispiel (1)   Abbildung zu Beispiel (3)

Beweis. Es sei $M \subset \mathbb{R}$ also eine Teilmenge, welche ein Maximum besitzt. Wir setzen $m := \max(M)$. Wir müssen zeigen, dass m die gerade genannten Eigenschaften (1) und (2) eines Supremums erfüllt.

(1) Per Definition ist m eine obere Schranke für M.

(2) Wir zeigen nun, dass es keine kleinere obere Schranke als m gibt. Es sei also $y < m$. Da jedoch $m \in M$ kann y keine obere Schranke für M sein. ∎

Wir haben gerade gesehen, dass die halboffenen Intervalle $[a, b)$ mit $b \in \mathbb{R}$ zwar kein Maximum, aber dennoch ein Supremum besitzen. Der folgende Satz gibt uns nun die Existenz eines Supremums in vielen weiteren Fällen.

Satz 3.2. (Supremum-Existenzsatz) Jede nach oben beschränkte, nichtleere Teilmenge von $\mathbb{R}$ besitzt ein Supremum.

Beweis. Es sei $M \subset \mathbb{R}$ eine nach oben beschränkte, nichtleere Teilmenge. Wir müssen zeigen, dass ein Supremum von M existiert.

Das einzige Axiom, über welches wir verfügen, und welches uns die Existenz von gewissen reellen Zahlen garantiert ist das Vollständigkeitsaxiom von Seite 15. Dieses lautet wie folgt: Für jede Folge $[a_0, b_0] \supset [a_1, b_1] \supset [a_2, b_2] \supset \dots$ von abgeschlossenen Intervallen in $\mathbb{R}$ existiert ein $s \in \mathbb{R}$, welches in allen Intervallen $[a_k, b_k]$ enthalten ist.

Wir beginnen mit einer Vorbereitung: Da M nach oben beschränkt ist, gibt es eine obere Schranke, welche wir b_0 nennen wollen. Da M nichtleer ist, gibt es ein $x \in M$. Dann ist $a_0 := x - 1$ keine obere Schranke für M. Wir setzen zudem $d := b_0 - a_0$.

Behauptung 1. Es gibt eine Folge $[a_0, b_0] \supset [a_1, b_1] \supset [a_2, b_2] \supset \dots$ von abgeschlossenen Intervallen, so dass gilt:

(1) Kein a_n ist eine obere Schranke für M.
(2) Jedes b_n ist eine obere Schranke für M.
(3) Es gilt $b_n - a_n = \frac{1}{2^n} \cdot \underbrace{(b_0 - a_0)}_{=d}$.

Beweis. Das erste Intervall $[a_0, b_0]$ haben wir schon vor der Behauptung gefunden. Wir konstruieren die weiteren Intervalle iterativ. Wir nehmen dazu an, dass wir schon Intervalle $[a_0, b_0] \supset \dots \supset [a_n, b_n]$ mit den Eigenschaften (1)–(3) gefunden haben. Wir setzen jetzt $z := \frac{a_n + b_n}{2}$, d.h. z ist der Mittelpunkt des Intervalls $[a_n, b_n]$.

(a) Wenn z eine obere Schranke für M ist, dann setzen wir $[a_{n+1}, b_{n+1}] := [a_n, z]$.
(b) Wenn z keine obere Schranke für M ist, dann setzen wir $[a_{n+1}, b_{n+1}] := [z, b_n]$.

Dann gilt: $[a_0, b_0] \supset \dots \supset [a_n, b_n] \supset [a_{n+1}, b_{n+1}]$, und alle diese Intervalle besitzen die Eigenschaften (1)–(3). ⊞

Jetzt kommt endlich die Vollständigkeit zum Zug: Da $\mathbb{R}$ vollständig ist, existiert ein $s \in \mathbb{R}$, welches in allen Intervallen $[a_n, b_n]$ enthalten ist.

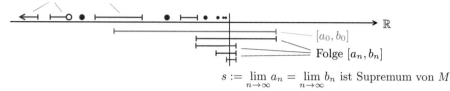

M ist nichtleer und nach oben beschränkt

$[a_0, b_0]$

Folge $[a_n, b_n]$

$$s := \lim_{n \to \infty} a_n = \lim_{n \to \infty} b_n \text{ ist Supremum von } M$$

Unser Ziel ist es zu zeigen, dass s ein Supremum von M ist. Zur Vorbereitung beweisen wir dazu erst einmal folgende Behauptung.

Behauptung 2. Es gilt $\lim\limits_{n \to \infty} a_n = \lim\limits_{n \to \infty} b_n = s$.

Beweis. Wir zeigen zuerst, dass $\lim\limits_{n \to \infty} a_n = s$. Es sei also $\epsilon > 0$. Es folgt aus dem Potenzwachstumssatz 2.7, dass es ein $N \in \mathbb{N}$ mit $\frac{d}{2^N} < \epsilon$ gibt. Es sei $n \geq N$. Dann gilt:

$$\underset{\substack{\uparrow \\ \text{da } s, a_n \in [a_n, b_n]}}{|s - a_n| \leq b_n - a_n} = \frac{1}{2^n} \cdot d \underset{\substack{\uparrow \\ \text{da } n \geq N}}{\leq} \frac{1}{2^N} \cdot d \underset{\substack{\uparrow \\ \text{Wahl von } N}}{<} \epsilon.$$

Also ist $\lim\limits_{n \to \infty} a_n = s$. Das gleiche Argument zeigt auch, dass $\lim\limits_{n \to \infty} b_n = s$. ⊞

Behauptung 3. Die reelle Zahl s ist ein Supremum von M.

Beweis. Wir behaupten also, dass s die Eigenschaften (1) und (2) des Supremums besitzt, welche wir auf Seite 45 formuliert haben.

(1) Wir müssen beweisen, dass s eine obere Schranke für M ist. Es sei also $x \in M$. Wir müssen zeigen, dass $x \leq s$. In der Tat gilt:

$$x \underset{\uparrow}{\leq} \lim_{n \to \infty} b_n = s.$$

für alle $n \in \mathbb{N}_0$ gilt nach Wahl von $[a_n, b_n]$, dass $x \leq b_n$, die Ungleichung folgt also aus dem Grenzwertvergleichssatz 2.5

(2) Wir müssen noch beweisen, dass es keine kleinere obere Schranke für M als s gibt. Es sei also $y < s$. Wir müssen zeigen, dass y keine obere Schranke für M sein kann, d.h. wir müssen zeigen, dass es ein $x \in M$ mit $y < x$ gibt. Da $\lim\limits_{n \to \infty} a_n = s$ und da $y < s$, gibt es ein $n \in \mathbb{N}$ mit $y < a_n$. Aber a_n ist nach Konstruktion der Intervallfolge keine obere Schranke für M, d.h. es gibt ein $x \in M$ mit $a_n < x$. Wir haben also ein $x \in M$ mit $y < a_n < x$ gefunden.

Wir haben also gezeigt, dass s die Eigenschaften eines Supremums erfüllt, d.h. M besitzt ein Supremum. ∎

Der folgende Satz gibt uns eine hilfreiche Charakterisierung des Supremums einer nichtleeren, nach oben beschränkten Teilmenge von $\mathbb{R}$. Der Satz erlaubt es uns zudem oft, Aussagen über Suprema auf Aussagen über Grenzwerte zurückzuführen.

Satz 3.3. (Supremum-Folgen-Satz) Es sei M eine Teilmenge von $\mathbb{R}$.

(1) Wenn M nichtleer und nach oben beschränkt ist, dann existiert eine Folge $(a_n)_{n \in \mathbb{N}}$ von Elementen in M, welche gegen $\sup(M)$ konvergiert.

48

(2) Wenn $(a_n)_{n\in\mathbb{N}}$ eine Folge von Elementen in M ist, welche konvergiert, so dass $\lim\limits_{n\to\infty} a_n$ eine obere Schranke für M ist, dann ist $\sup(M) = \lim\limits_{n\to\infty} a_n$.

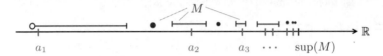

Beweis. Es sei M eine Teilmenge von $\mathbb{R}$.

(1) Wir nehmen an, dass M nichtleer und nach oben beschränkt ist. Nach dem Supremum-Existenzsatz 3.2 existiert das Supremum $s := \sup(M)$. Es sei $n \in \mathbb{N}$. Nach Voraussetzung ist $s - \frac{1}{n}$ keine obere Schranke für M, also gibt es ein $a_n \in M$ mit $s - \frac{1}{n} < a_n$. Andererseits ist s eine obere Schranke für M, also gilt $a_n \le s$. Wir haben also eine Folge $(a_n)_{n\in\mathbb{N}}$ gefunden, so dass alle Folgenglieder in M liegen, und so dass $s - \frac{1}{n} < a_n \le s$. Es folgt nun aus dem Sandwichsatz 2.6, dass die Folge $(a_n)_{n\in\mathbb{N}}$ gegen $s = \sup(M)$ konvergiert.

(2) Es sei $(a_n)_{n\in\mathbb{N}}$ eine Folge von Elementen in M, welche konvergiert, so dass der Grenzwert $a := \lim\limits_{n\to\infty} a_n$ eine obere Schranke für M ist. Wir müssen zeigen, dass $a = \sup(M)$. Nachdem also a nach Voraussetzung eine obere Schranke für M ist, genügt es zu zeigen, dass es keine kleinere obere Schranke für M geben kann.

Es sei also $y < a$. Aus Definition von $\lim\limits_{n\to\infty} a_n = a$ angewandt auf $\epsilon = a - y$ folgt, dass es ein $n \in \mathbb{N}$ mit $a_n > a - \epsilon = y$ gibt. Wir haben also ein Element in M gefunden, nämlich a_n, welches größer als y ist. Also kann y keine obere Schranke für M gewesen sein. ∎

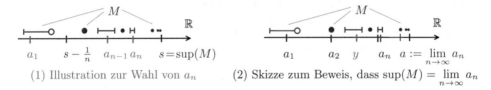

(1) Illustration zur Wahl von a_n (2) Skizze zum Beweis, dass $\sup(M) = \lim\limits_{n\to\infty} a_n$

Beispiel. Wir betrachten

$$M := \mathbb{Q} \cap (-2,3) = \text{Menge aller rationalen Zahlen im Intervall } (-2,3).$$

Wir wollen zeigen, dass $\sup(M) = 3$. Dies kann man direkt mithilfe der Definition zeigen, oder mithilfe des Supremum-Folgen-Satzes 3.3:

(1) Wir betrachten die Folge $a_n = 3 - \frac{1}{n}$. Dies ist eine Folge von Zahlen in M.
(2) Der Grenzwert $\lim\limits_{n\to\infty} a_n = \lim\limits_{n\to\infty} (3 - \frac{1}{n}) = 3$ ist eine obere Schranke für M.

Also gilt nach dem Supremum-Folgen-Satz 3.3, dass $\sup(M) = 3$.

3.2. Infimum. Im Folgenden führen wir nun ganz analog die Begriffe *untere Schranke, nach unten beschränkt, Minimum* und *Infimum* ein:

Definition. Es sei $M \subset \mathbb{R}$ eine Teilmenge.
- Wir sagen $C \in \mathbb{R}$ ist eine untere Schranke für M, wenn für alle $x \in M$ gilt: $C \le x$.
- Wenn M eine untere Schranke besitzt, dann nennen wir M nach unten beschränkt.
- Wenn es ein m in M gibt, welches eine untere Schranke für M ist, dann nennen wir m das Minimum von M. Dieses ist eindeutig bestimmt und wir bezeichnen es mit $\min(M)$.

- Wir sagen $i \in \mathbb{R}$ ist **Infimum** $\inf(M)$ von M, wenn i eine größte untere Schranke für M ist. Das bedeutet also:
  - (1) i ist eine untere Schranke für M, d.h. für alle $x \in M$ gilt die Ungleichung $i \leq x$.
  - (2) Es gibt keine größere untere Schranke für M als i.
  Wenn das Infimum existiert, dann folgt aus (1) und (2) schon, dass es eindeutig bestimmt ist.

Beispiel. Die Menge $M = (2, 5]$ besitzt kein Minimum, aber sie besitzt ein Infimum, nämlich $\inf(M) = 2$.

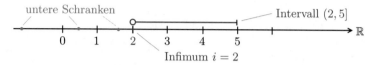

Es gelten die offensichtlichen Varianten von Lemma 3.1, des Supremum-Existenzsatzes 3.2 und des Supremum-Folgen-Satzes 3.3. Der Vollständigkeit halber formulieren wir diese drei Aussagen. Der Beweis ist in allen drei Fällen jeweils fast wortwörtlich der gleiche wie bei den vorhergehenden Sätzen.

Lemma 3.4. Wenn eine Teilmenge $M \subset \mathbb{R}$ ein Minimum besitzt, dann besitzt M auch ein Infimum, und es gilt $\min(M) = \inf(M)$.

Satz 3.5. (Infimum-Existenzsatz) Jede nach unten beschränkte, nichtleere Teilmenge von $\mathbb{R}$ besitzt ein Infimum.

Satz 3.6. (Infimum-Folgen-Satz) Es sei M eine Teilmenge von $\mathbb{R}$.
- (1) Wenn M nichtleer und nach unten beschränkt ist, dann existiert eine Folge $(a_n)_{n \in \mathbb{N}}$ von Elementen in M, welche gegen $\inf(M)$ konvergiert.
- (2) Wenn es eine Folge $(a_n)_{n \in \mathbb{N}}$ von Elementen in M gibt, welche konvergiert, und zwar so dass $\lim\limits_{n \to \infty} a_n$ eine untere Schranke für M ist, dann ist $\inf(M) = \lim\limits_{n \to \infty} a_n$.

3.3. Wurzeln. Wir werden jetzt die Existenz von Suprema verwenden, um zu zeigen, dass jede nichtnegative reelle Zahl Wurzeln beliebiger Ordnung besitzt.

Satz 3.7. (Wurzel-Existenzsatz) Es sei $y \in \mathbb{R}_{\geq 0}$ und $n \in \mathbb{N}$. Dann existiert genau ein $a \in \mathbb{R}_{\geq 0}$ mit $a^n = y$.

Definition. Es sei $y \geq 0$ und $n \in \mathbb{N}$. Nach dem Wurzel-Existenzsatz 3.7 gibt es genau ein $a \in \mathbb{R}_{\geq 0}$, so dass $a^n = y$. Wir nennen a die n-te Wurzel von y und bezeichnen diese mit $\sqrt[n]{y}$. Im Spezialfall $n = 2$ schreiben wir $\sqrt{y} := \sqrt[2]{y}$ und wir bezeichnen $\sqrt{y}$ als die Quadratwurzel von y.

Beweis der Existenzaussage von Satz 3.7. Es sei $y \geq 0$ und $n \in \mathbb{N}$. Wir wollen zeigen, dass es ein $a \in \mathbb{R}_{\geq 0}$ mit $a^n = y$ gibt. Wir setzen

$$M := \{x \in \mathbb{R} \mid x^n \leq y\}.$$

Wir wollen zeigen, dass das Supremum $\sup(M)$ von M die gewünschte Eigenschaft besitzt, d.h. wir wollen zeigen, dass $\sup(M)^n = y$. Dazu müssen wir aber erst einmal zeigen, dass das Supremum von M existiert.

Behauptung 1. Die Menge M ist nichtleer und nach oben beschränkt.

Beweis. Da $y \geq 0$ enthält die Menge M insbesondere $x = 0$, also ist M nichtleer. Es verbleibt zu zeigen, dass M nach oben beschränkt ist. Wir beginnen mit der Beobachtung, dass aus dem Anordnungsaxiom (O4) folgt, dass für $a, b \geq 0$ gilt:

$$(*) \qquad a \leq b \qquad \Longleftrightarrow \qquad a^n \leq b^n.$$

Wir unterscheiden die beiden Fälle $y \leq 1$ und $1 < y$.
1. Fall: $y \leq 1$. Aus $a^n \leq y$ und $y \leq 1$ folgt $a^n \leq 1^n$. Nach $(*)$ gilt also $a \leq 1$.
2. Fall: $1 < y$. Aus $a^n \leq y$ und $1 \leq y$ folgt $a^n \leq y^n$. Nach $(*)$ gilt also $a \leq y$.
Im 1. Fall ist also 1 und im 2. Fall y eine obere Schranke für M. ⊞
Nach dem Supremum-Existenzsatz 3.2 existiert also das Supremum der Menge M. Es genügt nun, folgende Behauptung zu beweisen:

Behauptung 2. Für $a := \sup(M)$ gilt $a^n = y$.

Beweis. Nach dem Supremum-Folgen-Satz 3.3 (1) gibt es eine Folge $(a_k)_{k \in \mathbb{N}}$ von *Zahlen in* M mit $\lim_{k \to \infty} a_k = a$. Dann gilt:

$$y \geq \lim_{k \to \infty} a_k^n \overset{\text{Grenzwertregel 2.3 (2)}}{=} \Big(\lim_{k \to \infty} a_k \Big)^n = a^n = \Big(\lim_{k \to \infty} (a + \tfrac{1}{k}) \Big)^n \overset{\text{Grenzwertregel 2.3 (2)}}{=} \lim_{k \to \infty} (a + \tfrac{1}{k})^n \geq y.$$

da $a_k \in M$, gilt $a_k^n \leq y$, die Ungleichung folgt nun aus dem Grenzwertvergleichssatz 2.5

da a eine obere Schranke für M ist, gilt für alle $c > a$, dass $c^n > y$, insbesondere gilt $(a + \tfrac{1}{k})^n > y$, die Ungleichung folgt also aus dem Grenzwertvergleichssatz 2.5

Wir haben also gezeigt, dass $y \geq a^n \geq y$. Also ist $a^n = y$. ∎

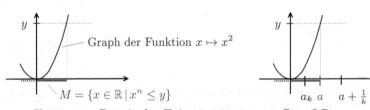

Graph der Funktion $x \mapsto x^2$

$M = \{x \in \mathbb{R} \mid x^n \leq y\}$

$a_k \quad a \qquad a + \tfrac{1}{k}$

Skizze zum Beweis der Existenzaussage von Satz 3.7

Beweis der Eindeutigkeitsaussage von Satz 3.7. Es sei $y \geq 0$ und $n \in \mathbb{N}$. Es seien $a, b \in \mathbb{R}_{\geq 0}$ mit $a^n = b^n = x$. Wir wollen zeigen, dass $a = b$. Rein aus Vergnügen geben wir zwei verschiedene Beweise:

(1) Zuerst führen wir einen Widerspruchsbeweis durch. Nehmen wir also an, dass $a \neq b$. Indem wir notfalls a und b vertauschen, können wir annehmen, dass $a > b$. Dann folgt aus der Anordnungsregel 1.19 (3), dass $y = a^n > b^n = y$, und dies ist ein Widerspruch.

(2) Manche finden, dass es eleganter ist, ohne Widerspruchsbeweis auszukommen. Wir geben daher noch einen direkten Beweis, dass $a = b$: Wir betrachten folgende Umformung:

$$0 = y - y = a^n - b^n = (a - b) \cdot (a^{n-1} + ab^{n-2} + a^2 b^{n-3} + \cdots + ab^{n-2} + b^{n-1}).$$

sieht man durch Ausmultiplizieren der rechten Seite

Nach Satz 1.11 muss einer der beiden Faktoren rechts muss also 0 sein. Wenn der erste Faktor 0 ist, dann ist natürlich $a = b$. Nachdem $a, b \geq 0$, kann der zweite Faktor nur 0 sein, wenn alle Summanden $= 0$ sind. Dies impliziert, dass $a = b = 0$. ∎

3.4. Irrationale Zahlen. Wir erinnern an folgende aus der Schule bekannte Definition:

Definition. Eine reelle Zahl, welche nicht in $\mathbb{Q}$ liegt, heißt irrational.

Mit unseren bisherigen Ergebnisse können wir nun die Existenz von irrationalen Zahlen beweisen:

Satz 3.8.
(1) Es gibt keine rationale Zahl, deren Quadrat 2 ist.
(2) Es gibt reelle Zahlen, welche irrational sind.
(3) Der Körper $\mathbb{Q}$ der rationalen Zahlen ist nicht vollständig.

Beweis.

(1) Nehmen wir an es gäbe eine rationale Zahl r mit $r^2 = 2$.
   - Dann könnten wir $r = \frac{a}{b}$ schreiben, wobei $a, b \in \mathbb{Z}$ teilerfremd sind.
   - Durch Quadrieren erhalten wir, dass $2 \cdot b^2 = a^2$.
   - Wir sehen, dass 2 die linke Seite teilt, also muss 2 auch die rechte Seite teilen, also ist a gerade, d.h. $a = 2 \cdot \tilde{a}$ für ein $\tilde{a} \in \mathbb{Z}$. Es folgt also, dass $2 \cdot b^2 = 4 \cdot \tilde{a}^2$.
   - Durch Kürzen sehen wir, dass $b^2 = 2 \cdot \tilde{a}^2$. Die rechte Seite ist also gerade, also muss auch die linke Seite gerade sein, d.h. b muss gerade sein.
   Zusammengefasst haben wir gezeigt, dass a und b gerade sind. Dies ist aber ein Widerspruch zur Voraussetzung, dass a und b teilerfremd sind.
(2) Wir wenden den Wurzel-Existenzsatzes 3.7 auf $y = 2$ und $n = 2$ an. Wir sehen, dass es eine reelle Zahl $a \in \mathbb{R}$ mit $a^2 = 2$ gibt. Es folgt aus (1), dass $a \notin \mathbb{Q}$. Wir haben also gezeigt, dass $a \in \mathbb{R} \setminus \mathbb{Q}$, d.h. a ist eine irrationale Zahl.
(3) Wenn $\mathbb{Q}$ vollständig wäre, dann würde die Aussage des Supremum-Existenzsatzes 3.2 und des Wurzel-Existenzsatzes 3.7 auch für $\mathbb{Q}$ gelten. Wir haben aber gerade in (2) gesehen, dass dies nicht der Fall ist. ∎

Übungsaufgaben zu Kapitel 3.

Aufgabe 3.1. Bestimmen Sie für die folgenden Teilmengen von $\mathbb{R}$ das Infimum und das Supremum, *wenn* diese existieren.

(a) $A := \{3 - \frac{2}{n} \mid n \text{ Primzahl}\}$.
(b) $B := \{(-\frac{1}{2})^n \mid n \in \mathbb{N}\}$.
(c) $C := \{m^2 + \frac{1}{n^2} \mid m, n \in \mathbb{N}\}$.
(d) $D = \varnothing$, d.h. D ist die leere Menge.
(e) $E := \{x \in \mathbb{R} \mid x^2 - 5x < 1\}$.
(f) $F := \{x \in \mathbb{R} \mid x^4 + x + 7 = 0\}$.

Aufgabe 3.2. Es seien A und B zwei nichtleere Teilmengen von $\mathbb{R}$. Wir definieren

$$A + B := \{a + b \mid a \in A \text{ und } b \in B\},$$

d.h. die Menge $A + B$ ist die Menge aller Summen mit einem Summanden aus A und einem Summanden aus B. Zudem definieren wir

$$-A := \{-a \mid a \in A\}.$$

(a) Es seien $A = [u, v]$ und $B = [x, y)$ zwei Intervalle. Was ist die Menge $A + B$ in der Intervallschreibweise?

(b) Es seien A und B zwei nichtleere, nach oben beschränkte Teilmengen von $\mathbb{R}$. Zeigen Sie, dass
$$\sup(A + B) = \sup(A) + \sup(B).$$

(c) Es sei A eine nichtleere, beschränkte Teilmenge von $\mathbb{R}$. Formulieren Sie eine korrekte Aussage von dem Typ
$$\text{Supremum der Menge } -A = \text{ ???? der Menge } A.$$

Aufgabe 3.3. Es sei $(a_n)_{n \in \mathbb{N}}$ eine beschränkte Folge. Wir definieren

$$\limsup a_n := \lim_{n \to \infty} \sup\{a_k \,|\, k \geq n\} \qquad \text{genannt „Limes superior"}$$
$$\liminf a_n := \lim_{n \to \infty} \inf\{a_k \,|\, k \geq n\} \qquad \text{genannt „Limes inferior"}.$$

Wir betrachten nun die Folge, welche definiert ist durch

$$a_n := \begin{cases} 2 - \frac{1}{n^2} + (-1)^{n/2}, & \text{falls } n \text{ gerade,} \\ -\frac{1}{n}, & \text{falls } n \text{ ungerade.} \end{cases}$$

(a) Bestimmen Sie für alle $n \in \mathbb{N}$ den Wert von $\sup\{a_k \,|\, k \geq n\}$, d.h. bestimmen Sie das Supremum der Menge $\{a_k \,|\, k \geq n\}$.

(b) Bestimmen Sie für alle $n \in \mathbb{N}$ den Wert von $\inf\{a_k \,|\, k \geq n\}$.

(c) Bestimmen Sie $\limsup a_n$ und $\liminf a_n$.

(d) Es sei $(a_n)_{n \in \mathbb{N}}$ eine konvergente Folge. Zeigen Sie, dass $\limsup a_n = \lim_{n \to \infty} a_n$.

Aufgabe 3.4. Es seien $A \subset B \subset \mathbb{R}$ nichtleere nach oben beschränkte Teilmengen. Zeigen Sie, dass $\sup(A) \leq \sup(B)$.

Bemerkung. Diese elementare Aussage wird sehr oft unbewusst verwendet.

Aufgabe 3.5.

(a) Es seien $a, b \in \mathbb{R}_{\geq 0}$. Zeigen Sie: Wenn $a \leq b$, dann gilt auch $\sqrt{a} \leq \sqrt{b}$.

(b) Zeigen Sie, dass für alle $a, b \in \mathbb{R}_{\geq 0}$ gilt: $\sqrt{ab} \leq \frac{1}{2}(a + b)$.

Bemerkung. Die linke Seite nennt man das geometrische Mittel von a und b, und die rechte Seite nennt man das arithmetische Mittel von a und b.

Aufgabe 3.6. Zeigen Sie, dass für jedes $k \in \mathbb{N}_0$ gilt:
$$\lim_{n \to \infty} \sqrt{n + k} = +\infty.$$

Aufgabe 3.7. Zeigen Sie, dass $\lim_{n \to \infty} \left(\sqrt{n + 20} - \sqrt{n} \right) = 0$.

Hinweis. Sie können versuchen, den Ausdruck geschickt umzuschreiben und ein Ergebnis aus Übungsaufgabe 3.6 einzusetzen.

4. Vollständigkeit und Cauchy-Folgen

Wir hatten die reellen Zahlen über die Vollständigkeit eingeführt, diese aber in den letzten Kapiteln nicht weiter verwendet. Dies ändert sich in diesem Kapitel. Wir werden mithilfe der Vollständigkeit den Satz von Bolzano-Weierstraß beweisen, welcher die Grundlage für viele weitere Sätze ist. Wir werden auch sehen, dass reelle Zahlen durch Dezimaldarstellungen beschrieben werden können.

Am Ende des Kapitels werden wir zeigen, dass die Menge $\mathbb{Q}$ der rationalen Zahlen „abzählbar" ist, und dass die Menge $\mathbb{R}$ der reellen Zahlen „überabzählbar" ist.

4.1. Monotone Folgen. Es sei $(a_n)_{n\in\mathbb{N}}$ eine Folge von nichtnegativen reellen Zahlen, welche monoton steigend ist. Dass Folgendivergenz-Kriterium 2.13 besagt, dass wenn diese Folge unbeschränkt ist, dann divergiert die Folge bestimmt gegen $+\infty$. Folgender Satz behandelt nun den interessanteren Fall, dass die Folge beschränkt ist.

Satz 4.1. (Konvergenzsatz für monotone Folgen) Jede Folge von reellen Zahlen, welche monoton und beschränkt ist, konvergiert gegen eine reelle Zahl.

Beweis. Es sei $(a_n)_{n\in\mathbb{N}}$ eine Folge von reellen Zahlen, welche monoton und beschränkt ist. Wir betrachten nun den Fall, dass die Folge monoton steigend ist. Der Fall, dass die Folge monoton fallend ist, wird ganz ähnlich behandelt. Da die Folge beschränkt ist, existiert nach dem Supremum-Existenzsatz 3.2 das Supremum

$$s := \sup\{a_1, a_2, a_3, a_4, a_5, \dots\}.$$

Es genügt nun, folgende Behauptung zu beweisen:

Behauptung. Es gilt $\lim_{n\to\infty} a_n = s$.

Beweis. Es sei $\epsilon > 0$. Da s die kleinste obere Schranke der Menge $\{a_1, a_2, a_3, \dots\}$ ist, kann $s - \epsilon$ keine obere Schranke sein. Also gibt es ein $N \in \mathbb{N}$ mit $a_N > s - \epsilon$. Für alle $n \geq N$ gilt dann

$$s - \epsilon \underset{\substack{\uparrow \\ \text{Wahl von } N}}{<} a_N \underset{\substack{\uparrow \\ \text{die Folge ist} \\ \text{monoton steigend}}}{\leq} a_n \underset{\substack{\uparrow \\ \text{Wahl von } s}}{\leq} s.$$

Für alle $n \geq N$ gilt also, dass $a_n \in (s - \epsilon, s)$, und damit gilt auch $|s - a_n| < \epsilon$. ∎

Im Wurzel-Existenzsatz 3.7 haben wir insbesondere gesehen, dass jede nichtnegative reelle Zahl eine Quadratwurzel besitzt. Der Beweis war aber nicht konstruktiv, d.h. der Beweis gab uns keinen Hinweis, wie man diese Quadratwurzel, auch nur annäherungsweise, berechnen kann. Mithilfe des Konvergenzsatzes 4.1 können wir diesen Schönheitsfehler nun beheben:

Lemma 4.2. (Heron-Verfahren) Es sei $z > 0$ eine reelle Zahl. Wir betrachten die Folge $(a_n)_{n\in\mathbb{N}_0}$, welche gegeben ist durch

$$a_0 := z \text{ und iterativ definiert ist durch } a_{n+1} = \frac{1}{2} \cdot \left(a_n + \frac{z}{a_n}\right), \text{ für } n = 0, 1, 2, \dots$$

© Der/die Autor(en), exklusiv lizenziert an
Springer-Verlag GmbH, DE, ein Teil von Springer Nature 2023
S. Friedl, *Analysis 1*, https://doi.org/10.1007/978-3-662-67359-1 5

Diese Folge $(a_n)_{n\in\mathbb{N}}$ hat die folgende Eigenschaften:

(1) Für alle $n \in \mathbb{N}$ gilt $a_n > 0$ und $a_n^2 \geq z$.
(2) Die Folge $(a_n)_{n\in\mathbb{N}}$ ist monoton fallend.
(3) Die Folge $(a_n)_{n\in\mathbb{N}}$ ist beschränkt.
(4) Die Folge $(a_n)_{n\in\mathbb{N}}$ konvergiert in $\mathbb{R}$.
(5) Der Grenzwert $a := \lim\limits_{n\to\infty} a_n$ hat die Eigenschaft, dass $a^2 = z$. Mit anderen Worten, es gilt: $a = \sqrt{z}$.

Beispiel. Für $z = 2$ erhalten wir die Folge

$$a_0 = 2, \qquad a_1 = \frac{1}{2} \cdot \left(2 + \frac{2}{2}\right) = \frac{3}{2}, \qquad a_2 = \frac{1}{2} \cdot \left(\frac{3}{2} + \frac{2}{\frac{3}{2}}\right) = \frac{17}{12}, \quad \ldots$$

Diese Folge hat also die Eigenschaft, dass die Quadrate der Folgenglieder gegen 2 konvergieren. In der Tat ist $a_2^2 = \frac{289}{144}$ schon ziemlich nahe an 2.

Beweis.

(1) Der Beweis dieser Aussage erfolgt in Übungsaufgabe 4.1.
(2) Der Beweis dieser Aussage erfolgt ebenfalls in Übungsaufgabe 4.1.
(3) Aus (1) und (2) erhalten wir, dass für alle $n \in \mathbb{N}$ gilt: $|a_n| = a_n \leq a_1$. Die Folge ist also in der Tat beschränkt.
(4) Nach (1) und (3) ist die Folge $(a_n)_{n\in\mathbb{N}}$ monoton fallend und beschränkt. Es folgt nun aus dem Konvergenzsatz 4.1, dass die Folge konvergiert.
(5) Nach (4) wissen wir, dass die Folge $(a_n)_{n\in\mathbb{N}}$ konvergiert. Wir setzen $a := \lim\limits_{n\to\infty} a_n$. Dann gilt:

$$a = \lim_{n\to\infty} a_n = \lim_{n\to\infty} a_{n+1} = \lim_{n\to\infty} \frac{1}{2}\left(a_n + \frac{z}{a_n}\right) = \frac{1}{2}\overbrace{\left(\lim_{n\to\infty} a_n + \frac{z}{\lim\limits_{n\to\infty} a_n}\right)}^{=a+\frac{z}{a}}.$$

Verschieben der Folgenglieder ändert den Grenzwert nicht   Definition von a_{n+1} folgt aus den Grenzwertregeln 2.3

Wir haben also gezeigt, dass $a = \frac{1}{2}(a + \frac{z}{a})$. Durch Auflösen nach z sehen wir, dass gilt $a^2 = z$. ∎

4.2. Teilfolgen und der Satz von Bolzano-Weierstraß. In diesem Abschnitt wollen wir den Satz von Bolzano-Weierstraß formulieren und beweisen. Dieser ist einer der wichtigsten Bausteine der Analysis. Bevor wir diesen Satz formulieren können, müssen wir noch folgende elementare Definition einführen.

Definition. Es sei $(a_n)_{n\in\mathbb{N}}$ eine Folge von reellen Zahlen, und es sei $n_1 < n_2 < \ldots$ eine streng monoton steigende Folge von natürlichen Zahlen. Dann bezeichnen wir die Folge

$$(a_{n_k})_{k\in\mathbb{N}} = (a_{n_1}, a_{n_2}, a_{n_3}, \ldots)$$

als Teilfolge von $(a_n)_{n\in\mathbb{N}}$.

Beispiel. Wir betrachten die Folge

$$(a_n)_{n\in\mathbb{N}} = (3 + \tfrac{1}{n})_{n\in\mathbb{N}} = (4, 3\tfrac{1}{2}, 3\tfrac{1}{3}, 3\tfrac{1}{4}, 3\tfrac{1}{5}, 3\tfrac{1}{6}, 3\tfrac{1}{7}, 3\tfrac{1}{8}, 3\tfrac{1}{9}, \ldots)$$

Wir betrachten nun die Indizes $n_k = 2k + 1$, $k \in \mathbb{N}$. Dann ist

$$(a_{n_k})_{k\in\mathbb{N}} = (3 + \tfrac{1}{2k+1})_{k\in\mathbb{N}} = (\qquad 3\tfrac{1}{3}, \qquad 3\tfrac{1}{5}, \qquad 3\tfrac{1}{7}, \qquad 3\tfrac{1}{9}, \ldots)$$

eine Teilfolge der ursprünglichen Folge.

Lemma 4.3. (Teilfolgen-Grenzwert-Lemma) Es sei $(a_n)_{n\in\mathbb{N}}$ eine Folge von reellen Zahlen. Wenn die Folge $(a_n)_{n\in\mathbb{N}}$ konvergiert, dann konvergiert auch jede Teilfolge von $(a_n)_{n\in\mathbb{N}}$ gegen den gleichen Grenzwert.

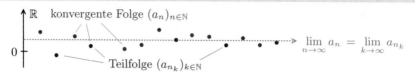

Beweis. Es sei $(a_n)_{n\in\mathbb{N}}$ eine Folge mit Grenzwert a. Es sei $n_1 < n_2 < \dots$ eine streng monoton steigende Folge von natürlichen Zahlen. Wir müssen zeigen, dass $\lim_{k\to\infty} a_{n_k} = a$.

Es sei also $\epsilon > 0$. Es folgt aus $\lim_{n\to\infty} a_n = a$, dass es ein $N \in \mathbb{N}$ gibt, so dass $|a_n - a| < \epsilon$ für alle $n \geq N$. Nachdem $n_1 < n_2 < \dots$ eine streng monoton steigende Folge von natürlichen Zahlen ist, gilt für jedes $k \in \mathbb{N}$, dass $n_k \geq k$. Für alle $k \geq N$ gilt also: $|a_{n_k} - a| < \epsilon$. ■

Satz 4.4. (Monotone-Teilfolgen-Satz) Jede Folge von reellen Zahlen besitzt eine *monotone* Teilfolge.

Beweis. Es sei also $(a_n)_{n\in\mathbb{N}}$ eine Folge von reellen Zahlen. Wir sagen $n \in \mathbb{N}$ ist eine *Spitze*, wenn für alle $m > n$ gilt: $a_m \leq a_n$.
1. Fall. Es gibt unendlich viele Spitzen. Dann gibt es eine Folge $n_1 < n_2 < n_3 < \dots$ von Spitzen. Die zugehörige Teilfolge $(a_{n_k})_{k\in\mathbb{N}}$ ist monoton fallend.
2. Fall. Wenn es nur endlich viele Spitzen gibt, dann gibt es ein $k_1 \in \mathbb{N}$, welches größer als alle Spitzen ist. Da k_1 keine Spitze ist, gibt es ein $k_2 > k_1$ mit $a_{k_2} > a_{k_1}$. Da k_2 ebenfalls keine Spitze sein kann, gibt es ein $k_3 > k_2$ mit $a_{k_3} > a_{k_2}$. Wir fahren nun iterativ so fort und erhalten eine monoton steigende Teilfolge. ■

Wir wenden uns jetzt dem Hauptresultat dieses Abschnitts zu, welches wir in diesem Buch oft verwenden werden.

Satz 4.5. (Satz von Bolzano-Weierstraß) Jede beschränkte Folge von reellen Zahlen besitzt eine Teilfolge, welche in $\mathbb{R}$ konvergiert.

Beispiel. Wir betrachten die Folge
$$a_n = \begin{cases} 7, & \text{wenn } n \leq 10, \\ 1 + \frac{1}{n}, & \text{wenn } n > 10 \text{ Primzahl}, \\ 4 - \frac{1}{n^2}, & \text{wenn } n > 10 \text{ keine Primzahl}. \end{cases}$$
Diese Folge divergiert, aber die Folge ist offensichtlich beschränkt. Wir betrachten zuerst die Teilfolge, welche den geradzahligen Indizes entspricht, d.h. wir betrachten die Teilfolge
$$(a_2, a_4, a_6, a_8, a_{10}, a_{12}, a_{14}, a_{16}, \dots) = (7, 7, 7, 7, 7, 4 - \tfrac{1}{12^2}, 4 - \tfrac{1}{14^2}, 4 - \tfrac{1}{16^2}, \dots).$$
Diese konvergiert offensichtlich gegen 4. Wir können aber auch die Teilfolge betrachten, welche durch die „Primzahl-Indizes" gegeben ist, d.h. wir betrachten die Teilfolge
$$(a_2, a_3, a_5, a_7, a_{11}, a_{13}, a_{17}, \dots) = (7, 7, 7, 7, 1\tfrac{1}{11}, 1\tfrac{1}{13}, 1\tfrac{1}{17}, 1\tfrac{1}{19}, \dots)$$

Diese konvergiert offensichtlich gegen 1. Wir haben in diesem Fall also zwei konvergente Teilfolgen gefunden, welche gegen zwei verschiedene Grenzwerte konvergieren.

Beweis des Satzes von Bolzano-Weierstraß 4.5. Es sei $(a_n)_{n\in\mathbb{N}}$ eine beschränkte Folge von reellen Zahlen. Der Monotone-Teilfolgen-Satz 4.4 besagt, dass $(a_n)_{n\in\mathbb{N}}$ eine monotone Teilfolge besitzt. Diese ist natürlich ebenfalls beschränkt. Es folgt nun aus dem Konvergenzsatz 4.1 für monotone Folgen, dass diese Teilfolge konvergiert. ∎

4.3. Cauchy-Folgen. In diesem Abschnitt führen wir den wichtigen Begriff der Cauchy-Folge ein. Wir verwenden dabei ein letztes Mal den Begriff des angeordneten Körpers.

Definition. Es sei K ein angeordneter Körper, und es sei $(a_n)_{n\in\mathbb{N}}$ eine Folge in K. Wir sagen:

$$(a_n)_{n\in\mathbb{N}} \text{ heißt Cauchy-Folge} \quad :\Longleftrightarrow \quad \underset{\epsilon>0}{\forall}\ \underset{N\in\mathbb{N}}{\exists}\ \underset{n,m\geq N}{\forall}\ |a_n - a_m| < \epsilon.$$

Bemerkung. Anschaulich gesprochen ist $(a_n)_{n\in\mathbb{N}}$ eine Cauchy-Folge, wenn sich die Folgenglieder gegenseitig „beliebig nahe kommen".

Beispiel. Es sei K ein angeordneter Körper. Wir betrachten die Folge $((-1)^n)_{n\in\mathbb{N}}$. Diese ist keine Cauchy-Folge, denn beispielsweise gibt es für $\epsilon = 1$ kein $N \in \mathbb{N}$, welches die gewünschte Bedingung erfüllt.

Die Definition einer Cauchy-Folge ähnelt der Definition einer konvergenten Folge, und es stellt sich die Frage, was der Zusammenhang zwischen diesen beiden Begriffen ist. Der folgende Satz gibt uns eine halbe Antwort auf diese Frage:

Satz 4.6. Es sei K ein angeordneter Körper. Jede konvergente Folge in K ist auch eine Cauchy-Folge.

Beispiel. Es sei $(a_n)_{n\in\mathbb{N}}$ eine Folge in K. Satz 4.6 besagt insbesondere, dass, wenn $(a_n)_{n\in\mathbb{N}}$ keine Cauchy-Folge ist, dann ist $(a_n)_{n\in\mathbb{N}}$ auch keine konvergente Folge. Aus dieser Beobachtung und dem obigen Beispiel folgt also, wie schon auf Seite 34 behauptet, dass die Folge $((-1)^n)_{n\in\mathbb{N}}$ divergiert.

Beweis von Satz 4.6. Es sei K ein angeordneter Körper, und es sei $(a_n)_{n\in\mathbb{N}}$ eine konvergente Folge in K. Wir bezeichnen mit a den Grenzwert der Folge. Per Definition gilt also:

$$(*) \qquad \underset{\rho>0}{\forall}\ \underset{N\in\mathbb{N}}{\exists}\ \underset{n\geq N}{\forall}\ |a_n - a| < \rho.$$

Wir müssen zeigen, dass die Folge $(a_n)_{n\in\mathbb{N}}$ eine Cauchy-Folge ist. Es sei also $\epsilon > 0$.

Wir müssen ein $N \in \mathbb{N}$ finden, so dass für alle $n, m \geq N$ die Ungleichung $|a_n - a_m| < \epsilon$ gilt. Wir verwenden nun folgenden Standardtrick, welcher aus der Dreiecksungleichung folgt:

$$|a_n - a_m| = |(a_n - a) + (a - a_m)| \leq |a_n - a| + |a_m - a|.$$

Wir setzen $\rho = \frac{\epsilon}{2}$. Es folgt aus $(*)$ dass es ein $N \in \mathbb{N}$ gibt, so dass für alle $m \geq N$ gilt: $|a_m - a| < \rho = \frac{\epsilon}{2}$. Für alle $n, m \geq N$ gilt dann in der Tat, dass

$$|a_n - a_m| \underset{\substack{\uparrow \\ \text{siehe Diskussion in blau}}}{\leq} |a_n - a| + |a_m - a| \underset{\substack{\uparrow \\ \text{denn } n, m \geq N}}{<} \rho + \rho = \frac{\epsilon}{2} + \frac{\epsilon}{2} = \epsilon.$$

∎

Die Aussage von Satz 4.6 gilt für jeden angeordneten Körper. Im Allgemeinen gilt die Umkehrung von Satz 4.6 jedoch nicht. Beispielsweise wird in Übungsaufgabe 4.2 gezeigt, dass es Cauchy-Folgen im Körper der rationalen Zahlen $\mathbb{Q}$ gibt, welche nicht gegen eine Zahl in $\mathbb{Q}$ konvergieren.

Glücklicherweise ist die Lage im Körper der reellen Zahlen anders:

Satz 4.7. (Cauchy-Folgen–Konvergenzsatz) Jede Cauchy-Folge von reellen Zahlen konvergiert gegen eine reelle Zahl.

Beweis. Es sei $(a_n)_{n \in \mathbb{N}}$ eine Cauchy-Folge von reellen Zahlen.

Behauptung 1. Die Cauchy-Folge ist beschränkt.

Beweis. Da $(a_n)_{n \in \mathbb{N}}$ eine Cauchy-Folge ist, gibt es insbesondere ein $N \in \mathbb{N}$, so dass für alle $m, n \geq N$ gilt: $|a_m - a_n| < 1$. Wie im Beweis des Beschränktheits-Satzes 2.2 sieht man nun leicht, dass die Folge $(a_n)_{n \in \mathbb{N}}$ durch $\max\{|a_1|, \ldots, |a_{N-1}|, |a_N| + 1\}$ beschränkt ist.   ⊞

Da $(a_n)_{n \in \mathbb{N}}$ also eine beschränkte Folge ist, gibt es nach dem Satz 4.5 von Bolzano-Weierstraß eine Teilfolge $(a_{n_k})_{k \in \mathbb{N}}$, welche gegen ein $a \in \mathbb{R}$ konvergiert. Es genügt nun, folgende Behauptung zu beweisen:

Behauptung 2. Es gilt $\lim\limits_{n \to \infty} a_n = a$.

Beweis. Es sei also $\epsilon > 0$.

(1) Da $(a_n)_{n \in \mathbb{N}}$ eine Cauchy-Folge ist, gibt es ein $N \in \mathbb{N}$, so dass für alle $m, n \geq N$ gilt: $|a_m - a_n| < \frac{\epsilon}{2}$.

(2) Da $\lim\limits_{k \to \infty} a_{n_k} = a$ gibt es ein $K \in \mathbb{N}$ mit $n_K \geq N$, so dass $|a_{n_k} - a| < \frac{\epsilon}{2}$.

Es sei nun $n \geq \max\{K, N\}$. Dann gilt:

$$|a_n - a| = \underbrace{|a_n - a_{n_K}|}_{< \frac{\epsilon}{2},\ \text{da } n, n_K \geq N} + |a_{n_K} - a| < \frac{\epsilon}{2} + \frac{\epsilon}{2} = \epsilon.$$

$\blacksquare$

4.4. Dezimaldarstellung von reellen Zahlen. In diesem Abschnitt wollen wir zeigen, dass jede reelle Zahl eine (fast eindeutige) Dezimaldarstellung besitzt.

Satz 4.8. Es sei $d \in \mathbb{N}$ mit $d > 1$.

(1) Für jede Folge $(a_n)_{n \in \mathbb{N}}$ von natürlichen Zahlen $a_n \in \{0, 1, 2, 3, \ldots, d - 1\}$ konvergiert die Reihe $\sum\limits_{n \geq 1} \frac{a_n}{d^n}$.

(2) Für jedes $z \in [0, 1)$ gibt es eine Folge $(a_n)_{n \in \mathbb{N}}$ mit $a_n \in \{0, 1, 2, 3, \ldots, d - 1\}$, so dass

$$\sum_{n=1}^{\infty} \frac{a_n}{d^n} = z.$$

Beweis. Es sei $d \in \mathbb{N}$ mit $d > 1$.

(1) Es sei $(a_n)_{n \in \mathbb{N}}$ eine Folge von natürlichen Zahlen $a_n \in \{0, \ldots, d - 1\}$. Per Definition müssen wir also zeigen, dass die Folge der Partialsummen $s_k := \sum\limits_{n=1}^{k} \frac{a_n}{d^n}$ in $\mathbb{R}$ konvergiert.

Nach dem Konvergenzsatz 4.1 genügt es zu zeigen, dass diese Folge monoton steigend und beschränkt ist. Wir zeigen dies in den folgenden beiden Argumenten:

- Für alle $k \in \mathbb{N}$ gilt $s_{k+1} = s_k + \frac{a_{k+1}}{d^{k+1}} \geq s_k$, also ist die Folge monoton steigend.
- Für jedes $k \in \mathbb{N}$ gilt

$$|s_k| = s_k = \sum_{n=1}^{k} \frac{a_n}{d^n} \underset{\uparrow}{<} \sum_{n=1}^{k} \frac{d}{d^n} = \sum_{n=1}^{k} \frac{1}{d^{n-1}} = \sum_{n=0}^{k-1} \left(\frac{1}{d}\right)^n = \frac{1 - (\frac{1}{d})^n}{1 - \frac{1}{d}} \underset{\uparrow}{<} \frac{1}{1 - \frac{1}{d}}.$$

$\qquad\qquad\qquad\qquad\quad$ denn $a_n < d$ $\qquad\qquad\qquad\qquad\qquad\qquad$ Potenz-Summen-Satz 1.26

Wir haben also gezeigt, dass die Folge $(s_n)_{n \in \mathbb{N}}$ der Partialsummen beschränkt ist.

(2) Es sei also $z \in [0,1)$ beliebig. Wir definieren eine Folge $(a_n)_{n \in \mathbb{N}}$ wie folgt:[19]

$$a_1 := \lfloor z \cdot d \rfloor, \text{ und iterativ definieren wir } a_n := \left\lfloor \left(z - \sum_{i=1}^{n-1} \frac{a_i}{d^i}\right) \cdot d^n \right\rfloor \text{ für } n = 2, 3, \ldots$$

Es folgt leicht aus der nächsten Behauptung, dass für alle $n \in \mathbb{N}$ gilt: $a_n \in \{0, \ldots, d-1\}$.

Behauptung. Für alle $n \in \mathbb{N}$ gilt
$$0 \leq z - \sum_{i=1}^{n} \frac{a_i}{d^i} < \frac{1}{d^n}.$$

Beweis. Für $n \in \mathbb{N}$ gilt in der Tat

denn für jedes $z \in \mathbb{R}$ gilt $z - \lfloor z \rfloor \in [0,1)$
$$z - \sum_{i=1}^{n} \frac{a_i}{d^i} = \frac{1}{d^n} \cdot \left(\left(z - \sum_{i=1}^{n} \frac{a_i}{d^i}\right) \cdot d^n\right) = \frac{1}{d^n} \cdot \left(\left(z - \sum_{i=1}^{n-1} \frac{a_i}{d^i}\right) \cdot d^n - a_n\right) \overset{\downarrow}{\in} \left[0, \frac{1}{d^n}\right). \quad \boxplus$$

Es folgt aus der Behauptung, zusammen mit Satz 2.7 angewandt auf $x = \frac{1}{d}$ und dem Sandwichsatz 2.6, dass
$$z - \sum_{n=1}^{\infty} \frac{a_n}{d^n} = \lim_{n \to \infty} \left(z - \sum_{i=1}^{n} \frac{a_i}{d^i}\right) = 0.$$

Dies entspricht aber genau der Aussage, welche wir beweisen wollten. ∎

Definition.

(1) Es sei $(a_n)_{n \in \mathbb{N}}$ eine Folge mit $a_n \in \{0, 1, 2, 3, \ldots, 9\}$. Wir definieren:

$$\underbrace{0,a_1\, a_2\, a_3 \ldots}_{\substack{\text{dieser Ausdruck} \\ \text{wird hier definiert}}} \quad := \quad \underbrace{\sum_{n=1}^{\infty} \frac{a_n}{10^n}}_{\substack{\text{konvergiert} \\ \text{nach Satz 4.8}}}.$$

(2) Es sei $z \in [0,1)$. Wenn $z = 0{,}a_1\, a_2\, a_3 \ldots$, dann nennen wir die rechte Seite eine Dezimaldarstellung von z. Aus Satz 4.8 (1), angewandt auf $d = 10$, folgt, dass jedes $z \in [0,1)$ eine Dezimaldarstellung besitzt.

Bemerkung. Dezimaldarstellungen von reellen Zahlen sind im Allgemeinen nicht eindeutig. Beispielsweise gilt:

$$0{,}0999999\ldots = \sum_{n=2}^{\infty} \frac{9}{10^n} = 9 \cdot \sum_{n=2}^{\infty} \left(\frac{1}{10}\right)^n = 9 \cdot \left(\sum_{n=0}^{\infty} \left(\frac{1}{10}\right)^n - 1 - \frac{1}{10}\right)$$
$$\underset{\uparrow}{=} 9 \cdot \left(\frac{1}{1 - \frac{1}{10}} - 1 - \frac{1}{10}\right) = \frac{1}{10} = 0{,}10000\ldots$$

Berechnung der geometrischen Reihe in Satz 2.14

Ganz ähnlich kann man viele weitere Beispiele konstruieren. Beispielsweise ist
$$0{,}312400000\ldots = 0{,}312399999999\ldots$$

Der nächste Satz sagt, dass alle Beispiele von reellen Zahlen mit nicht eindeutiger Dezimaldarstellung von dem Typ in der Bemerkung sind.

Satz 4.9. Es seien $(a_n)_{n \in \mathbb{N}}$ und $(b_n)_{n \in \mathbb{N}}$ zwei verschiedene Folgen, deren Folgenglieder in $\{0, 1, 2, \ldots, 9\}$ liegen. Es gilt:

$$\sum_{n=1}^{\infty} \frac{a_n}{10^n} = \sum_{n=1}^{\infty} \frac{b_n}{10^n} \quad \Longleftrightarrow \quad \begin{cases} \text{es gibt } k \in \mathbb{N}_0 \text{ und } c_1, \ldots, c_k \in \{0, 1, \ldots, 9\}, c_k \neq 9 \text{ mit} \\ (a_1, a_2, \ldots) = (c_1, c_2, \ldots, c_{k-1}, c_k, 9, 9, 9, \ldots), \\ (b_1, b_2, \ldots) = (c_1, c_2, \ldots, c_{k-1}, c_k + 1, 0, 0, 0, \ldots), \\ \text{oder analog mit } (a_n)_{n \in \mathbb{N}} \text{ und } (b_n)_{n \in \mathbb{N}} \text{ vertauscht.} \end{cases}$$

---

[19]Für $w \in \mathbb{R}$ bezeichnen wir, wie auf Seite 17, mit $\lfloor w \rfloor \in \mathbb{Z}$ das Abrunden von w.

Beweis. Es seien $(a_n)_{n\in\mathbb{N}}$ und $(b_n)_{n\in\mathbb{N}}$ zwei verschiedene Folgen, deren Folgenglieder in $\{0,1,2,\ldots,9\}$ liegen.

Die „$\Leftarrow$"-Richtung des Satzes wird genau wie in der obigen Bemerkung bewiesen. Es genügt nun also die „$\Rightarrow$"-Richtung des Satzes zu beweisen. Wir nehmen also an, dass

$$(*) \qquad \sum_{n=1}^{\infty} \frac{a_n}{10^n} = \sum_{n=1}^{\infty} \frac{b_n}{10^n}.$$

Da die Folgen verschieden sind, gibt es ein $k \in \mathbb{N}$, so dass $a_i = b_i$ für $i = 1,\ldots, k-1$, aber so, dass $a_k \neq b_k$. Indem wir notfalls die beiden Folgen vertauschen, können wir annehmen, dass $b_k > a_k$. Wir wollen zeigen, dass $b_k = a_k + 1$, und dass für alle $n \in \mathbb{N}$ gilt $b_{k+n} = 0$ und $a_{k+n} = 9$. Wir beweisen zuerst folgende Behauptung:

Behauptung 1. Es gilt:
$$\sum_{n=1}^{\infty} \frac{a_{n+k} - b_{n+k}}{10^n} = b_k - a_k.$$

Beweis. Es gilt:

der Term $b_k - a_k$ hebt sich mit
dem Term für $n = 0$ weg $\qquad$ Substitution $m = n + k$

$$\sum_{n=1}^{\infty} \frac{a_{n+k} - b_{n+k}}{10^n} \overset{\downarrow}{=} (b_k - a_k) + \sum_{n=0}^{\infty} \frac{a_{n+k} - b_{n+k}}{10^n} \overset{\downarrow}{=} (b_k - a_k) + 10^k \cdot \sum_{m=k}^{\infty} \frac{a_m - b_m}{10^m}$$

$$\overset{\uparrow}{=} (b_k - a_k) + 10^k \cdot \left(\sum_{m=1}^{\infty} \frac{a_m}{10^m} - \sum_{m=1}^{\infty} \frac{b_m}{10^m} \right) \overset{\uparrow}{=} b_k - a_k.$$

da $a_m = b_m$ für $m = 1,\ldots,k-1$ $\qquad\qquad$ da nach Voraussetzung $(*)$ gilt $\qquad$ ⊞

Es verbleibt nun, folgende Behauptung zu beweisen:

Behauptung 2. Es ist $b_k - a_k = 1$ und für alle $n \in \mathbb{N}$ gilt: $a_{n+k} - b_{n+k} = 9$.

Beweis. Wir beginnen mit der Beobachtung, dass gilt:

folgt aus Behauptung 1

$$1 \leq b_k - a_k \overset{\downarrow}{=} \sum_{n=1}^{\infty} \frac{a_{n+k} - b_{n+k}}{10^n} \leq \sum_{n=1}^{\infty} \frac{9}{10^n} = \frac{9}{10} \cdot \sum_{n=0}^{\infty} \frac{1}{10^n} = \frac{9}{10} \cdot \frac{1}{1 - \frac{1}{10}} = 1.$$

da $b_k > a_k$ $\qquad$ die Ungleichheit folgt aus $a_{n+k} - b_{n+k} \in \{-9,\ldots,9\}$; $\qquad$ folgt aus der Berechnung
die Gleichheit gilt zudem nur, wenn $\qquad\qquad$ der geometrischen Reihe
für alle $k \in \mathbb{N}$ gilt: $a_{n+k} - b_{n+k} = 9$ $\qquad\qquad$ in Satz 2.14

Nachdem links und rechts 1 steht, müssen alle Ungleichungen auch schon Gleichungen gewesen sein. Also folgt nach der Diskussion, dass $b_k - a_k = 1$, und dass $a_{n+k} - b_{n+k} = 9$ für alle $k \in \mathbb{N}$. ∎

Wir beschließen den Abschnitt mit folgendem Korollar zu Satz 4.8.

Korollar 4.10. Jede reelle Zahl ist der Grenzwert einer monoton steigenden Folge von rationalen Zahlen.

Beweis. Es sei $x \in \mathbb{R}$. Wir setzen $a_0 = \lfloor x \rfloor$. Dann ist $x - a_0 \in [0,1)$. Also gibt es nach Satz 4.8 eine Folge $(a_n)_{n\in\mathbb{N}}$ mit $a_n \in \{0,1,2,3,\ldots,9\}$, so dass gilt:

$\in\mathbb{Q}$

$$x = a_0 + \sum_{n=1}^{\infty} \frac{a_n}{10^n} = \lim_{k\to\infty} \overbrace{\left(a_0 + \sum_{n=1}^{k} \frac{a_n}{10^n} \right)}$$

$$= \text{Grenzwert der monoton steigenden rationalen Folge } k \mapsto a_0 + \sum_{n=1}^{k} \frac{a_n}{10^n}. \qquad ∎$$

4.5. Injektive, surjektive und bijektive Abbildung. Bevor wir mit der Diskussion von rationalen und reellen Zahlen fortfahren, führen wir folgende ganz allgemeine Definition ein.

Definition. Es sei $f\colon X \to Y$ eine Abbildung zwischen zwei Mengen.
(1) Wir sagen f ist injektiv, wenn für alle $x_1 \neq x_2 \in X$ gilt, dass auch $f(x_1) \neq f(x_2)$. Mit anderen Worten: f ist injektiv, wenn aus $f(x_1) = f(x_2)$ folgt, dass $x_1 = x_2$.
(2) Wir bezeichnen $f(X) := \{f(x)\,|\,x \in X\} \subset Y$ als das Bild von f, oder manchmal auch als den Wertebereich von f.
(3) Wir sagen f ist surjektiv, wenn $f(X) = Y$. Mit anderen Worten: f ist surjektiv genau dann, wenn es zu jedem $y \in Y$ ein $x \in X$ mit $f(x) = y$ gibt.
(4) Wenn f sowohl surjektiv als auch injektiv ist, dann nennen wir f bijektiv. Mit anderen Worten: f ist bijektiv, wenn es zu jedem $y \in Y$ *genau* ein $x \in X$ mit $f(x) = y$ gibt.

Beispiel. In der folgenden Tabelle betrachten wir einige Beispiele von Abbildungen:

$a\colon \mathbb{N} \to \mathbb{N}$ $n \mapsto n$	injektiv	surjektiv
$b\colon \mathbb{N} \to \mathbb{Z}$ $n \mapsto n$	injektiv	nicht surjektiv, da $-2 \notin b(\mathbb{N})$
$c\colon \mathbb{N} \to \mathbb{N}$ $n \mapsto n^2$	injektiv	nicht surjektiv, da $2 \notin c(\mathbb{N})$
$d\colon \mathbb{Z} \to \mathbb{N}_0$ $n \mapsto n^2$	nicht injektiv, da $d(-1) = d(1)$	nicht surjektiv, da $2 \notin d(\mathbb{Z})$
$e\colon \mathbb{Z} \to \{x^2\,|\,x \in \mathbb{N}_0\}$ $n \mapsto n^2$	nicht injektiv, da $e(-1) = e(1)$	surjektiv
$f\colon \mathbb{Z} \to \mathbb{Z}$ $n \mapsto 3 \cdot n + 7$	injektiv	nicht surjektiv, da $0 \notin f(\mathbb{Z})$
$g\colon \mathbb{Q} \to \mathbb{Q}$ $n \mapsto 3 \cdot n + 7$	injektiv	surjektiv
$h\colon \mathbb{N} \to \mathbb{Z}$ $n \mapsto (-1)^n \cdot \lfloor \frac{n}{2} \rfloor$	injektiv	surjektiv

4.6. Abzählbare und überabzählbare Mengen. Die Definitionen des vorherigen Abschnitts erlauben es uns jetzt folgende Definition einzuführen.

Definition. Eine Menge A heißt abzählbar, wenn A die leere Menge ist, oder wenn es eine surjektive Abbildung $\mathbb{N} \to A$ gibt. Eine Menge, welche überabzählbar ist, heißt überabzählbar.

Beispiel.
(1) Die Menge $\mathbb{N}$ ist abzählbar, denn die Identitätsabbildung $\mathbb{N} \to \mathbb{N}$, d.h. die Abbildung $n \mapsto n$, ist offensichtlich surjektiv.
(2) Die Menge $\mathbb{Z}$ ist abzählbar, denn wir haben gerade im vorherigen Abschnitt explizit eine surjektive Abbildung $h\colon \mathbb{N} \to \mathbb{Z}$ angegeben.
(3) Die Menge $\{A, B, C, \ldots, X, Y, Z\}$ der Buchstaben des Alphabets ist abzählbar. Beispielsweise ist folgende Abbildung offensichtlich surjektiv:

$$\mathbb{N} \to \{A, B, \ldots, Z\}$$
$$n \mapsto \begin{cases} \text{der } n\text{-te Buchstabe des Alphabets,} & \text{wenn } n \leq 26, \\ Z, & \text{sonst.} \end{cases}$$

(4) Man kann das vorherige Beispiel problemlos verallgemeinern und ganz analog zeigen, dass jede endliche Menge abzählbar ist.

Satz 4.11. Jede Teilmenge einer abzählbaren Menge ist wiederum abzählbar.

Beweis. Es sei A eine abzählbare Menge und B eine Teilmenge. Wenn B die leere Menge ist, dann gibt es nichts zu zeigen. Wir nehmen nun also an, dass B nichtleer ist und wir wählen ein $b \in B$. Da A abzählbar ist, gibt es eine surjektive Abbildung $f \colon \mathbb{N} \to A$. Die Abbildung

$$\mathbb{N} \to B$$
$$n \mapsto \begin{cases} f(n), & \text{wenn } f(n) \in B, \\ b, & \text{wenn } f(n) \notin B \end{cases}$$

ist offensichtlich surjektiv. ∎

Der folgende Satz ist deutlich überraschender als unsere bisherigen Aussagen über Abzählbarkeit:

Satz 4.12. Die Menge $\mathbb{Q}$ der rationalen Zahlen ist abzählbar.

Beweis. Wir betrachten das folgende quadratische unendliche Schema:

$$
\begin{array}{ccccccccc}
0 & \to & \frac{1}{1} & \to & -\frac{1}{1} & & \frac{2}{1} & \to & -\frac{2}{1} & & \frac{3}{1} & \to & -\frac{3}{1} & \cdots \\
& & & \swarrow & & \nearrow & & \swarrow & & \nearrow & & \swarrow & & \\
& & \frac{1}{2} & & -\frac{1}{2} & & \frac{2}{2} & & -\frac{2}{2} & & & & & \\
& & \downarrow & \nearrow & & \swarrow & & \nearrow & & & & & & \\
& & \frac{1}{3} & & -\frac{1}{3} & & \frac{2}{3} & & \cdot\cdot\cdot & & & & & \\
& & & \swarrow & & \nearrow & & \swarrow & & & & & & \\
& & \frac{1}{4} & & -\frac{1}{4} & & \frac{2}{4} & & & & & & & \\
& & \vdots & & & \cdot\cdot\cdot & & & & & & & &
\end{array}
$$

Es ist klar, dass jede rationale Zahl in diesem Schema auftaucht. Wir definieren nun eine Abbildung $f \colon \mathbb{N} \to \mathbb{Q}$, indem wir $k \in \mathbb{N}$ die k-te rationale Zahl in der obigen Aufführung von rationalen Zahlen zuordnen. Diese Abbildung ist offensichtlich surjektiv. ∎

Der folgende Satz besagt, dass, im Gegensatz zu der Menge $\mathbb{Q}$ der rationalen Zahlen, die Menge $\mathbb{R}$ der reellen Zahlen überabzählbar ist:

Satz 4.13. Die Menge $\mathbb{R}$ aller reellen Zahlen ist überabzählbar.

Beweis. Nach Satz 4.11 genügt es zu zeigen, dass das Intervall $[0, 1)$ überabzählbar ist. Wir müssen also zeigen, dass es keine surjektive Abbildung $f \colon \mathbb{N} \to [0, 1)$ gibt. Mit anderen Worten: Wir wollen folgende Aussage beweisen:

Aussage. Für jede Abbildung $f \colon \mathbb{N} \to [0, 1)$ gibt es ein $x \in [0, 1)$, welches nicht im Bild von f liegt.

Es sei also $f \colon \mathbb{N} \to [0, 1)$ eine Abbildung. Wir schreiben die Zahlen $f(1), f(2), \ldots$ in Dezimaldarstellung:

$$
\begin{aligned}
f(1) &= 0{,}a_{11}\, a_{12}\, a_{13} \ldots \\
f(2) &= 0{,}a_{21}\, a_{22}\, a_{23} \ldots \\
f(3) &= 0{,}a_{31}\, a_{32}\, a_{33} \ldots \\
&\vdots
\end{aligned}
$$

Wir müssen ein $x \in [0, 1)$ finden, welches nicht im Bild von f liegt, d.h. welches von allen $f(n)$ verschieden ist. Wir betrachten die reelle Zahl

$$x := 0,c_1 c_2 c_3 \ldots \qquad \text{wobei jeweils } c_n := \begin{cases} 7, & \text{falls } a_{nn} \in \{0, \ldots, 4\} \\ 3, & \text{falls } a_{nn} \in \{5, \ldots, 9\}. \end{cases}$$

Wir haben die Ziffern c_n so gewählt, dass diese niemals 0 oder 9 werden. Es folgt also aus Satz 4.9, dass die Dezimaldarstellung von x eindeutig ist. Es genügt nun zu zeigen, dass x nicht im Bild von f liegt. Mit anderen Worten, es genügt, folgende Behauptung zu beweisen:

Behauptung. Für alle $n \in \mathbb{N}$ gilt $x \neq f(n)$.

Beweis. Es sei also $n \in \mathbb{N}$. Wir betrachten die Dezimaldarstellungen

$$\begin{aligned} x &= 0,c_1 \quad c_2 \quad c_3 \quad \ldots \quad c_n \quad \ldots, \quad \text{sowie} \\ f(n) &= 0,a_{n1} \ a_{n2} \ a_{n3} \ldots a_{nn} \ldots \end{aligned}$$

Nachdem wir c_n so gewählt haben, dass $c_n \neq a_{nn}$, unterscheiden sich die Dezimaldarstellungen in der n-ten Ziffer. Wir haben jedoch oben angemerkt, dass die Dezimaldarstellung von x eindeutig ist. Es folgt also, dass in der Tat $x \neq f(n)$. ∎

Bemerkung. Eine leichte Abwandlung des Beweises von Satz 4.13 zeigt auch, dass jedes Intervall der Form $[a, b]$ mit $a < b$ überabzählbar ist. Da die Menge der rationalen Zahlen abzählbar ist, folgt, dass solch ein Intervall überabzählbar viele irrationale Zahlen enthält.

Übungsaufgaben zu Kapitel 4.

Aufgabe 4.1. Es sei $z > 0$ eine reelle Zahl. Wir definieren wie folgt eine Folge $(a_n)_{n \in \mathbb{N}_0}$:

$$a_0 := z \quad \text{und iterativ setzen wir} \quad a_{n+1} := \frac{1}{2} \cdot \left(a_n + \frac{z}{a_n} \right) \quad \text{für } n = 0, 1, 2, 3, \ldots$$

(a) Zeigen Sie, dass für alle $n \in \mathbb{N}$ gilt: $a_n^2 \geq z$.
   Hinweis. Wenn $r - s$ ein Quadrat ist, dann ist $r - s \geq 0$, also ist $r \geq s$.
(b) Zeigen Sie, dass für alle $n \in \mathbb{N}_0$ gilt: $a_n > 0$.
(c) Zeigen Sie, dass für alle $n \geq 1$ gilt: $a_{n+1} \leq a_n$.
(d) Ist die Folge $(a_n)_{n \in \mathbb{N}_0}$ für jedes $z > 0$ monoton fallend?

Aufgabe 4.2. Zeigen Sie, dass es eine Cauchy-Folge im Körper der rationalen Zahlen $\mathbb{Q}$ gibt, welche nicht gegen eine Zahl in $\mathbb{Q}$ konvergiert.
Hinweis. Man muss eigentlich nur noch einige der Ergebnisse dieses Kapitels geschickt kombinieren.

Aufgabe 4.3. Es sei $(a_n)_{n \in \mathbb{N}}$ eine Folge von reellen Zahlen, so dass für alle $m, n \in \mathbb{N}$ gilt: $|a_n - a_m| < \frac{1}{m \cdot n}$. Zeigen Sie, dass die Folge konvergiert.

Aufgabe 4.4.

(a) Es sei $(a_n)_{n \in \mathbb{N}}$ eine beschränkte Folge von reellen Zahlen, welche *nicht* konvergiert. Zeigen Sie, dass es dann zwei Teilfolgen $(a_{n_k})_{k \in \mathbb{N}}$ und $(a_{m_k})_{k \in \mathbb{N}}$ mit verschiedenen Grenzwerten gibt.
(b) Gibt es eine Folge von reellen Zahlen, so dass es Teilfolgen mit unendlich vielen verschiedenen Grenzwerten gibt?

Aufgabe 4.5. Es seien $a, b \in \mathbb{R}$ mit $a < b$.
(a) Zeigen Sie: Das offene Intervall (a, b) enthält unendlich viele irrationale Zahlen.
(b) Zeigen Sie: Das offene Intervall (a, b) enthält unendlich viele rationale Zahlen.

Aufgabe 4.6. Es sei I eine Menge, z. B. $I = \mathbb{N}$, $I = \{1, \ldots, 23\}$ oder $I = \mathbb{R}$.

(a) Wir betrachten
$$\{0,1\}^I := \text{Menge aller Abbildungen } I \to \{0,1\}.$$

Zeigen Sie, dass es keine surjektive Abbildung $I \to \{0,1\}^I$ gibt.

Hinweis. Sie müssen also für jede Abbildung $f \colon I \to \{0,1\}^I$ ein Element $\varphi \in \{0,1\}^I$ angeben, welches nicht im Bild von f liegt. Mit der richtigen Idee ist der Beweis nur wenige Zeilen lang.

(b) Wir bezeichnen mit $\mathcal{P}(I)$ die Potenzmenge von I, d.h. die Menge aller Teilmengen von I. Zeigen Sie, dass es eine Bijektion zwischen $\{0,1\}^I$ und der Potenzmenge $\mathcal{P}(I)$ gibt.

Aufgabe 4.7.

(a) Gibt es eine bijektive Abbildung $\mathbb{Z} \to \mathbb{Z} \setminus \{0\}$?

(b) Gibt es eine bijektive Abbildung $\mathbb{Q} \to \mathbb{Q} \setminus \{0\}$?

(c) Gibt es eine bijektive Abbildung $\mathbb{R} \to \mathbb{R} \setminus \{0\}$?

(d) Gibt es eine surjektive Abbildung $\mathbb{R} \to \mathbb{R}^2$?

5. Konvergenz von Reihen

In Abschnitt 2.5 haben wir Reihen eingeführt und relativ kurz diskutiert. Die Hauptanwendung der Reihen bis zu diesem Zeitpunkt war die Dezimaldarstellung der reellen Zahlen. In diesem Kapitel werden wir den Begriff der Reihen und der Konvergenz viel ausführlicher behandeln.

5.1. Erinnerung an Reihen. Im Folgenden erinnern wir und erweitern etwas den Begriff der Reihe, welchen wir in Abschnitt 2.5 eingeführt haben.

Definition. Es sei $w \in \mathbb{N}_0$, und es sei $(a_n)_{n \geq w}$ eine Folge von reellen Zahlen.

(1) Für $k \in \mathbb{N}_{\geq w}$ definieren wir

$$k\text{-te Partialsumme der Folge } (a_n)_{n \geq w} := \sum_{n=w}^{k} a_n = a_w + a_{w+1} + \cdots + a_k.$$

(2) Wir definieren

$$\text{Reihe } \sum_{n \geq w} a_n := \text{die Folge der Partialsummen der Folge } (a_n)_{n \in \mathbb{N}_0}$$

$$= \text{die Folge} \quad a_w$$
$$a_w + a_{w+1}$$
$$a_w + a_{w+1} + a_{w+2}$$
$$\vdots$$

(3) *Wenn* die Reihe $\sum_{n \geq w} a_n$ konvergiert, d.h. *wenn* die Folge der Partialsummen konvergiert, dann schreiben wir

$$\sum_{n=w}^{\infty} a_n := \text{Grenzwert der Reihe } \sum_{n \geq w} a_n := \lim_{k \to \infty} \sum_{n=w}^{k} a_n.$$

Zudem schreiben wir:

$$\sum_{n=w}^{\infty} a_n := \pm\infty, \qquad \text{wenn die Reihe } \sum_{n \geq w} a_n \text{ bestimmt gegen } \pm\infty \text{ divergiert.}$$

Beispiel. Wir betrachten die Reihe $\sum_{n \geq 2} \frac{1}{n \cdot (n-1)}$. Die k-te Partialsumme beträgt

$$\sum_{n=2}^{k} \frac{1}{n \cdot (n-1)} \underset{\underset{\text{raffiniertes Umformen}}{\uparrow}}{=} \sum_{n=2}^{k} \left(\frac{1}{n-1} - \frac{1}{n} \right) \underset{\uparrow}{=} \overset{n=2}{\overbrace{\left(1 - \frac{1}{2}\right)}} + \overset{n=3}{\overbrace{\left(\frac{1}{2} - \frac{1}{3}\right)}} + \cdots + \overset{n=k}{\overbrace{\left(\frac{1}{k-1} - \frac{1}{k}\right)}} \underset{\uparrow}{=} 1 - \frac{1}{k}.$$

Ausschreiben der Summe · alle anderen Terme heben sich weg

Also folgt

$$\sum_{n=2}^{\infty} \frac{1}{n \cdot (n-1)} = \lim_{k \to \infty} \sum_{n=2}^{k} \frac{1}{n \cdot (n-1)} = \lim_{k \to \infty} \left(1 - \frac{1}{k}\right) = 1.$$

Wir erinnern als Nächstes an folgenden Satz:

Satz 2.14. (Satz über die geometrische Reihe) Für jedes $z \in \mathbb{R}$ gilt:

$$\sum_{n=0}^{\infty} z^n = \begin{cases} \frac{1}{1-z}, & \text{falls } |z| < 1, \\ +\infty, & \text{falls } z \geq 1, \\ \text{divergent}, & \text{falls } z \leq -1. \end{cases}$$

© Der/die Autor(en), exklusiv lizenziert an
Springer-Verlag GmbH, DE, ein Teil von Springer Nature 2023
S. Friedl, *Analysis 1*, https://doi.org/10.1007/978-3-662-67359-1_6

Wir erinnern auch noch an folgenden Satz:[20]

Satz 2.15. (Reihenregeln) Es seien $\sum_{n\geq w} a_n$ und $\sum_{n\geq w} b_n$ zwei Reihen, welche jeweils konvergieren oder bestimmt divergieren. Dann gelten folgende Aussagen:

(1) $$\sum_{n=w}^{\infty} (a_n + b_n) \;=\; \sum_{n=w}^{\infty} a_n + \sum_{n=w}^{\infty} b_n,$$ *wenn* die Summe „+" auf der rechten Seite in der Tabelle auf Seite 36 definiert wurde.

(2) Für $\lambda \in \mathbb{R}$ gilt $\quad \sum_{n=w}^{\infty} \lambda \cdot a_n \;=\; \lambda \cdot \sum_{n=w}^{\infty} a_n.$

(3) Wenn $a_n \leq b_n$ für alle $n \in \mathbb{N}_0$, dann gilt:
$$\sum_{n=w}^{\infty} a_n \;\leq\; \sum_{n=w}^{\infty} b_n.$$

Nachdem wir jetzt Reihen mit „verschiedenen Anfangspunkten" betrachten, wollen wir noch zeigen, ob und wie sich Reihenkonvergenz und der Grenzwert der Reihe ändert, wenn wir den „Anfangspunkt" abändern:

Lemma 5.1. (Reihenanfangspunkt-Lemma) Es sei $(a_n)_{n\geq v}$ eine Folge von reellen Zahlen.

(1) Es sei $w \geq v$. Dann gilt

$$\sum_{n\geq v} a_n \text{ konvergiert} \quad\Longleftrightarrow\quad \sum_{n\geq w} a_n \text{ konvergiert}.$$

Im Falle der Konvergenz gilt zudem:

$$\underbrace{\sum_{n=v}^{\infty} a_n}_{\text{Grenzwert der Reihe}} \;=\; \underbrace{\sum_{n=v}^{w-1} a_n}_{\text{endliche Summe}} \;+\; \underbrace{\sum_{n=w}^{\infty} a_n}_{\text{Grenzwert der Reihe}}.$$

(2) Es sei $(b_n)_{n\geq v}$ eine weitere Folge von reellen Zahlen. Wenn sich die Folgen $(a_n)_{n\geq v}$ und $(b_n)_{n\geq v}$ nur in endlich vielen Folgengliedern unterscheiden, dann konvergiert die Reihe $\sum_{n\geq v} a_n$ genau dann, wenn die Reihe $\sum_{n\geq v} b_n$ konvergiert.

Beispiel. Für $n \in \mathbb{N}_0$ betrachten wir die Folgen

$$a_n := \begin{cases} 10^{10}, & \text{wenn } n \leq 1524, \\ 2^{-n}, & \text{wenn } n > 1524 \end{cases} \qquad \text{und} \qquad b_n := 2^{-n}.$$

Die beiden Folgen unterscheiden sich in genau 1525 Reihengliedern. Es folgt aus Satz 2.14, dass die geometrische Reihe $\sum_{n\geq 0} b_n = \sum_{n\geq 0} 2^{-n} = \sum_{n\geq 0} (\frac{1}{2})^n$ konvergiert. Es folgt nun aus dem Reihenanfangspunkt-Lemma 5.1 (2), dass die etwas mysteriösere Reihe $\sum_{n\geq 0} a_n$ ebenfalls konvergiert.

Beweis.

(1) Diese Aussage folgt leicht aus den Definitionen. Wir überlassen es daher der Leserschaft, den Beweis aufzuschreiben.

---

[20]Streng genommen haben wir damals den Satz der Einfachheit halber nur für $w = 0$ formuliert. Der allgemeine Fall wird natürlich genauso bewiesen wie der Fall $w = 0$.

(2) Nach Voraussetzung gibt es ein $w \in \mathbb{N}_0$, so dass für alle $n \geq w$ gilt $a_n = b_n$. Mit anderen Worten: Es gilt: $\sum\limits_{n \geq w} a_n = \sum\limits_{n \geq w} b_n$. Die gewünschte Aussage folgt nun aus (1). ∎

5.2. Konvergenzkriterien für Reihen.
Im Folgenden wollen wir verschiedene notwendige und hinreichende Kriterien für die Konvergenz von Reihen kennenlernen. Wir beginnen mit einem notwendigen Kriterium für die Konvergenz.

Satz 5.2. (Nullfolgen-Divergenz-Kriterium) Für jede Folge $(a_n)_{n \geq w}$ von reellen Zahlen gilt:

$$\text{die Reihe } \sum_{n \geq w} a_n \text{ konvergiert} \quad \Longrightarrow \quad \text{die Reihenglieder } a_n \text{ bilden eine Nullfolge.}$$

(In Satz 5.4 werden wir sehen, dass die Umkehrung dieser Aussage *nicht* gilt.)

Beweis. Es sei $(a_n)_{n \geq w}$ eine Folge von reellen Zahlen, so dass die Reihe $\sum\limits_{n \geq w} a_n$, also die Folge der Partialsummen $s_n := \sum\limits_{k=w}^{n} a_k$, gegen einen Grenzwert s konvergiert. Wir wollen zeigen, dass $(a_n)_{n \geq w}$ eine Nullfolge ist.

Wir haben also Informationen über das Verhalten der Partialsummen s_n, brauchen nun aber Informationen über die a_n selbst. Wir müssen a_n also durch die Partialsummen ausdrücken. Zum Glück gilt immer $s_n - s_{n-1} = \sum\limits_{k=w}^{n} a_k - \sum\limits_{k=w}^{n-1} a_k = a_n$.

Nun gilt
$$\lim_{n \to \infty} a_n = \lim_{n \to \infty} (s_n - s_{n-1}) = \lim_{n \to \infty} s_n - \lim_{n \to \infty} s_{n-1} = s - s = 0.$$
$$\underset{\text{Reihenregel 2.15 (1)}}{\uparrow} \qquad \underset{\substack{\text{Verschieben der Folgenglieder} \\ \text{ändert den Grenzwert nicht}}}{\uparrow} \quad ∎$$

Das nächste Ziel ist zu bestimmen, für welche $d \in \mathbb{N}$ die Reihe $\sum\limits_{n \geq 1} \frac{1}{n^d}$ konvergiert. Um diese Frage beantworten zu können, benötigen wir folgenden Satz.

Satz 5.3. Es sei $(a_n)_{n \geq w}$ eine Folge von *nichtnegativen* reellen Zahlen.

(1) Wenn die Folge der Partialsummen unbeschränkt ist, dann gilt $\sum\limits_{n=w}^{\infty} a_n = +\infty$.

(2) Wenn die Folge der Partialsummen beschränkt ist, dann konvergiert die Reihe $\sum\limits_{n \geq w} a_n$.

Beweis. Nachdem alle Folgenglieder $a_n \geq 0$ sind, ist die Folge der Partialsummen

$$\left(\sum_{n=w}^{w+k} a_n \right)_{k \in \mathbb{N}_0} = (a_w, \; a_w + a_{w+1}, \; a_w + a_{w+1} + a_{w+2}, \; \ldots)$$

monoton steigend. Der Satz folgt also aus dem Folgendivergenz-Kriterium 2.13 und dem Konvergenzsatz 4.1. ∎

Wir fahren nun mit einem expliziten Beispiel fort:

Definition. Wir bezeichnen die Reihe

$$\sum_{n \geq 1} \frac{1}{n} = \left(1, \; 1 + \tfrac{1}{2}, \; 1 + \tfrac{1}{2} + \tfrac{1}{3}, \; 1 + \tfrac{1}{2} + \tfrac{1}{3} + \tfrac{1}{4}, \; \ldots \right)$$

als die harmonische Reihe.

Satz 5.4. (Divergenz der harmonischen Reihe) Die harmonische Reihe divergiert bestimmt gegen $+\infty$, d.h.
$$\sum_{n=1}^{\infty} \frac{1}{n} = +\infty.$$
Die Umkehrung des Nullfolgen-Divergenz-Kriteriums 5.2 gilt also *nicht*.

Beweis. Nachdem alle Reihenglieder $\frac{1}{n}$ positiv sind, genügt es nach Satz 5.3 (1) folgende Behauptung zu beweisen:

Behauptung. Die Folge der Partialsummen $s_k := \sum_{n=1}^{k} \frac{1}{n}$ ist unbeschränkt.

Beweis. Wir betrachten im Folgenden die Partialsummen, welche zur Zweierpotenz $k = 2^m$ gehören und führen folgende Abschätzung durch:

$$s_k = s_{2^m} = 1+ \frac{1}{2} + \frac{1}{3} + \frac{1}{4} + \frac{1}{5}+\frac{1}{6}+\frac{1}{7}+\frac{1}{8} + \ldots + \frac{1}{2^{m-1}+1} + \cdots + \frac{1}{2^m}$$

$$\geq 1+ \frac{1}{2} + \underbrace{\frac{1}{4}+\frac{1}{4}}_{=2\cdot\frac{1}{4}=\frac{1}{2}} + \underbrace{\frac{1}{8}+\frac{1}{8}+\frac{1}{8}+\frac{1}{8}}_{=4\cdot\frac{1}{8}=\frac{1}{2}} + \ldots + \underbrace{\frac{1}{2^m}+\cdots+\frac{1}{2^m}}_{=2^{m-1}\cdot\frac{1}{2^m}=\frac{1}{2}} = 1+\frac{m}{2}.$$

Wir sehen also, dass die Partialsummen beliebig groß werden. Insbesondere ist die Folge der Partialsummen unbeschränkt. ∎

Für einen festen Exponenten $d \in \mathbb{N}$ betrachten wir die Reihe $\sum_{n\geq1} \frac{1}{n^d}$. Wenn $d = 1$, dann erhalten wir die harmonische Reihe, welche, wie wir gerade gesehen haben, divergiert. Der nächste Satz besagt nun, dass die Reihe konvergiert, sobald der Exponent $d \geq 2$ ist.

Satz 5.5. Für jedes $d \in \mathbb{N}$ mit $d \geq 2$ konvergiert die Reihe $\sum_{n\geq1} \frac{1}{n^d}$.

Beweis. Nachdem alle Reihenglieder $\frac{1}{n^d}$ positiv sind, genügt es nach Satz 5.3 (2) folgende Behauptung zu beweisen:

Behauptung. Die Folge der Partialsummen $s_k = \sum_{n=1}^{k} \frac{1}{n^d}$ ist durch 2 beschränkt.

Beweis. Es sei also $k \in \mathbb{N}$. Dann gilt:

$$\sum_{n=1}^{k} \frac{1}{n^d} \underset{\text{denn } d \geq 2}{\leq} \sum_{n=1}^{k} \frac{1}{n^2} \underset{\text{denn } \frac{1}{n^2} \leq \frac{1}{(n-1)\cdot n}}{\leq} 1+\sum_{n=2}^{k} \frac{1}{(n-1)\cdot n} \underset{\text{siehe Berechnung auf Seite 64}}{=} 1+(1-\tfrac{1}{k}) \leq 1+1.$$
∎

Bemerkung. Satz 5.5 besagt also insbesondere, dass die Reihe $\sum_{n\geq1} \frac{1}{n^2}$ konvergiert. Der Satz macht aber keine Aussage über den Grenzwert der Reihe. In [**K**, Kapitel 15.4] wird gezeigt, dass
$$\sum_{n=1}^{\infty} \frac{1}{n^2} = \frac{\pi^2}{6}.$$
Damit man diese Aussage auch wirklich verstehen kann, muss man aber zuerst π mathematisch präzise einführen. Dies geschieht in unserem Fall in Kapitel 9.2.

Der folgende Satz gibt uns das erste, von einer längeren Liste von hinreichenden Reihen-Konvergenzkriterien:

Satz 5.6. (Leibniz-Kriterium) Für jede *monoton fallende Nullfolge* $(a_n)_{n \geq w}$ von reellen Zahlen konvergiert

$$\sum_{n \geq w} (-1)^n \cdot a_n \qquad \text{(genannt alternierende Reihe)}.$$

Für jedes $m \geq w$ gilt zudem: Der Grenzwert der Reihe $\sum_{n=w}^{\infty} (-1)^n \cdot a_n$ liegt zwischen der m-ten und der $(m+1)$-ten Partialsumme der Reihe.

Beweis der Konvergenz. Um die Notation etwas zu vereinfachen, betrachten wir den Fall $w = 0$. Wie üblich bezeichnen wir mit

$$s_n := \sum_{k=0}^{n} (-1)^k \cdot a_k$$

die n-te Partialsumme der Reihe. Es folgt aus der Vollständigkeit von $\mathbb{R}$, dass es genügt zu zeigen, dass die Folge $(s_n)_{n \in \mathbb{N}_0}$ der Partialsummen eine Cauchy-Folge ist. Mit anderen Worten, wir wollen folgende Aussage beweisen:

$$(*) \qquad \forall_{\epsilon > 0} \ \exists_{N \in \mathbb{N}} \ \forall_{n,m \geq N} \ |s_n - s_m| < \epsilon.$$

Wir müssen nun also die Differenzen $|s_n - s_m|$ zielführend abschätzen.

Behauptung. Für alle $n \geq m \in \mathbb{N}$ gilt $s_n - s_m \in [-a_{m+1}, a_{m+1}]$.

Beweis. Wir betrachten zuerst den Fall, dass n und m beide ungerade sind. In diesem Fall gilt:

die Vorzeichen erhalten wir aus der Voraussetzung, dass n ungerade und m ungerade

$$s_n - s_m \ =\ \sum_{i=m+1}^{n} (-1)^i \cdot a_i \ \overset{\downarrow}{=}\ \underbrace{a_{m+1} - a_{m+2}}_{\geq 0,\ \text{da monoton fallend}} + \ldots + \underbrace{a_{n-1} - a_n}_{\geq 0,\ \text{da monoton fallend}} \ \geq\ 0.$$

alle anderen Terme der Partialsummen heben sich weg

Andererseits gilt

da n ungerade und m ungerade

$$s_n - s_m \ =\ \sum_{i=m+1}^{n} (-1)^i \cdot a_i \ \overset{\downarrow}{=}\ a_{m+1} \underbrace{-a_{m+2} + a_{m+3}}_{\leq 0,\ \text{da monoton fallend}} \cdots \underbrace{-a_{n-2} + a_{n-1}}_{\leq 0,\ \text{da monoton fallend}} - a_n$$

$$\leq\ a_{m+1} - a_n \ \leq\ a_{m+1}.$$

es gilt $a_n > 0$, da $(a_n)_{n \in \mathbb{N}_0}$ eine monoton fallende Nullfolge ist

Wir haben also bewiesen, dass in diesem Fall $s_n - s_m \in [0, a_{m+1}]$. Ganz ähnlich zeigt man auch:

(1) Wenn n gerade und m ungerade, dann ist ebenfalls $s_n - s_m \in [0, a_{m+1}]$.

(2) Wenn n beliebig und m gerade, dann ist $s_n - s_m \in [-a_{m+1}, 0]$. ⊞

Mit dieser Behauptung beweist sich die gewünschte Aussage $(*)$ fast von selbst: Es sei also $\epsilon > 0$. Nachdem $\lim_{n \to \infty} a_n = 0$, existiert ein $N \in \mathbb{N}$, so dass $|a_n| < \epsilon$ für alle $n \geq N$. Es seien nun $n, m \geq N$. Nachdem $|s_n - s_m| = |s_m - s_n|$, können wir, indem wir notfalls m und n vertauschen, annehmen, dass $n \geq m$. Dann gilt:

$$|s_n - s_m| \ \underset{\uparrow}{\leq}\ |a_{m+1}| \ \underset{\uparrow}{<}\ \epsilon.$$

folgt aus der Behauptung   da $m+1 \geq N$ ∎

Beweis der Abschätzung. Wir betrachten wieder nur den Fall $w = 0$. Es sei $m \geq 0$.

(1) Wir betrachten zuerst den Fall, dass m ungerade ist. Im Beweis der vorherigen Behauptung haben wir gesehen, dass für alle $n \geq 0$ gilt $s_n - s_m \in [0, a_{m+1}]$, mit anderen Worten,

es gilt $s_n \in [s_m, s_m + a_{m+1}] = [s_m, s_{m+1}]$. Es folgt aus dem Grenzwertvergleichssatz 2.5, dass auch der Grenzwert $\lim\limits_{n \to \infty} s_n = \sum\limits_{n \geq w} (-1)^n \cdot a_n$ in $[s_m, s_{m+1}]$ liegt.

(2) Wenn m gerade ist, dann zeigt ein ganz ähnliches Argument, dass $\lim\limits_{n \to \infty} s_n \in [s_{m+1}, s_m]$.

In beiden Fällen liegt der Grenzwert der Reihe also zwischen s_m und s_{m+1}. ∎

5.3. Absolute Konvergenz von Reihen. Der folgende Begriff der absoluten Konvergenz spielt im weiteren Verlauf des Buchs eine wichtige Rolle.

Definition. Eine Reihe $\sum\limits_{n \geq w} a_n$ heißt absolut konvergent, wenn die Reihe $\sum\limits_{n \geq w} |a_n|$ über die Beträge konvergiert.

Beispiel. Wir betrachten die Reihe $\sum\limits_{n \geq 1} (-1)^n \cdot \frac{1}{n}$. Es folgt aus dem Leibniz-Kriterium 5.6, dass diese Reihe konvergiert. Die Reihe konvergiert jedoch *nicht absolut*, weil wir in Satz 5.4 gesehen haben, dass die Reihe

$$\sum_{n \geq 1} \left| (-1)^n \cdot \frac{1}{n} \right| = \sum_{n \geq 1} \frac{1}{n}$$

divergiert.

Der folgende Satz besagt hingegen insbesondere, dass jede absolut konvergente Reihe konvergiert:

Satz 5.7. (Reihenbetrag-Satz) Es sei $(a_n)_{n \geq w}$ eine Folge von reellen Zahlen.

(1) Wenn die Reihe $\sum\limits_{n \geq w} a_n$ absolut konvergiert, d.h. wenn die Reihe $\sum\limits_{n \geq w} |a_n|$ über die Beträge konvergiert, dann konvergiert auch die Reihe $\sum\limits_{n \geq w} a_n$.

(2) Im Falle der Konvergenz gilt zudem:

$$\left| \sum_{n=w}^{\infty} a_n \right| \leq \sum_{n=w}^{\infty} |a_n|.$$

Beispiel. Wir betrachten die Folge

$$a_n := \begin{cases} -\frac{1}{n^2}, & \text{wenn } n \text{ Primzahl,} \\ \frac{1}{n^2}, & \text{wenn } n \text{ keine Primzahl.} \end{cases}$$

Es folgt aus Satz 5.5 und aus dem Reihenbetrag-Satz 5.7, dass die Reihe $\sum\limits_{n \geq 1} a_n$ konvergiert.

Beweis des Reihenbetrag-Satzes 5.7. Es sei $(a_n)_{n \geq w}$ eine Folge von reellen Zahlen.

(1) Für $n \geq w$ betrachten wir die Partialsummen

$$s_n := \sum_{k=w}^{n} a_k \qquad \text{und} \qquad t_n := \sum_{k=w}^{n} |a_k|.$$

Aus Satz 4.6 und dem Cauchy-Folgen–Konvergenzsatz 4.7 folgt: Eine Reihe konvergiert genau dann, wenn die Partialsummen eine Cauchy-Folge bilden. Wir müssen also folgende Aussage beweisen:

$$\underbrace{\forall_{\epsilon > 0} \ \exists_{N \in \mathbb{N}} \ \forall_{n,m \geq N} |t_n - t_m| < \epsilon}_{\text{d.h. die Reihe } \sum\limits_{n \geq w} |a_n| \text{ konvergiert}} \implies \underbrace{\forall_{\epsilon > 0} \ \exists_{N \in \mathbb{N}} \ \forall_{n,m \geq N} |s_n - s_m| < \epsilon.}_{\text{d.h. die Reihe } \sum\limits_{n \geq w} a_n \text{ konvergiert}}$$

70

Es sei also $\epsilon > 0$ gegeben. Nach Voraussetzung existiert ein $N \geq w$, so dass für alle $n \geq m \geq N$ gilt $|t_n - t_m| < \epsilon$. Dann gilt aber auch für alle $n \geq m \geq N$, dass

$$|s_n - s_m| \;=\; \left| \sum_{k=m+1}^{n} a_k \right| \;\leq\; \sum_{k=m+1}^{n} |a_k| \;=\; |t_n - t_m| \;<\; \epsilon.$$

alle anderen Terme heben sich weg   Dreiecksungleichung   Wahl von N

(2) Im Falle der Konvergenz gilt zudem

$$\left| \sum_{n=w}^{\infty} a_n \right| \;=\; \left| \lim_{k \to \infty} \sum_{n=w}^{k} a_n \right| \;=\; \lim_{k \to \infty} \left| \sum_{n=w}^{k} a_n \right| \;\leq\; \lim_{k \to \infty} \sum_{n=w}^{k} |a_n| \;=\; \sum_{n=w}^{\infty} |a_n|$$

ganz allgemein gilt $\left| \lim_{k\to\infty} x_k \right| = \lim_{k\to\infty} |x_k|$ Dreiecksungleichung und der Grenzwertvergleichssatz 2.12 ∎

5.4. Weitere Konvergenzkriterien. Im Folgenden geben wir noch viele weitere Konvergenzkriteren für Reihen.

Satz 5.8. (Majoranten-Kriterium) Es seien $(a_n)_{n \geq w}$ und $(b_n)_{n \geq w}$ zwei Folgen von reellen Zahlen. Dann gilt:

$|a_n| \leq b_n$ für alle n und $\sum_{n \geq w} b_n$ konvergiert $\Longrightarrow$ $\sum_{n \geq w} a_n$ konvergiert absolut[21].

Beispiel. Wir wollen zeigen, dass die Reihe $\sum_{n \geq 1} \frac{1}{n^2 + 2}$ konvergiert.

(1) Wir setzen $a_n = \frac{1}{n^2+2}$ und $b_n = \frac{1}{n^2}$. Offensichtlich gilt für alle $n \in \mathbb{N}$, dass $\frac{1}{n^2+2} \leq \frac{1}{n^2}$.

(2) Satz 5.5 besagt, dass die Reihe $\sum_{n \geq 1} \frac{1}{n^2}$ konvergiert.

(3) Es folgt nun aus dem Majoranten-Kriterium 5.8, dass auch unsere ursprüngliche Reihe $\sum_{n \geq 1} \frac{1}{n^2+2}$ konvergiert.

Beweis des Majoranten-Kriteriums 5.8. Es seien $(a_n)_{n \geq w}$ und $(b_n)_{n \geq w}$ zwei Folgen von reellen Zahlen. Wir nehmen an, dass $|a_n| \leq b_n$ für alle n, und dass $\sum_{n \geq w} b_n$ konvergiert. Wir müssen zeigen, dass die Reihe $\sum_{n \geq w} |a_n|$ konvergiert. Da alle Reihenglieder $|a_n|$ nichtnegativ sind, genügt es nach Satz 5.3 (2) folgende Behauptung zu beweisen.

Behauptung. Die Partialsummen der Reihe $\sum_{n \geq w} |a_n|$ sind beschränkt.

Beweis. Für alle $k \geq w$ gilt:

$$\text{k-te Partialsumme von } \sum_{n \geq w} |a_n| \;=\; \sum_{n=w}^{k} |a_n| \;\leq\; \sum_{n=w}^{k} b_n \;\leq\; \sum_{n=w}^{\infty} b_n.$$

per Definition   nach Voraussetzung gilt $|a_n| \leq b_n$ da alle $b_n \geq 0$ und da die Reihe $\sum_{n \geq w} b_n$ konvergiert

Wir sehen also, dass die Folge der Partialsummen der Reihe $\sum_{n \geq w} |a_n|$ durch den Wert $\sum_{n=w}^{\infty} b_n$ beschränkt ist. ∎

Das folgende Minoranten-Kriterium ist ein Zwilling des Majoranten-Kriteriums.

---

[21]Nach dem Reihenbetrag-Satz 5.7 konvergiert also auch die eigentliche Reihe $\sum_{n \geq w} a_n$.

Korollar 5.9. (Minoranten-Kriterium) Es seien $(a_n)_{n \geq w}$ und $(b_n)_{n \geq w}$ zwei Folgen von reellen Zahlen. Dann gilt:

$$|a_n| \leq b_n \text{ für alle } n \quad \text{und} \quad \sum_{n \geq w} a_n \text{ divergiert} \quad \Longrightarrow \quad \sum_{n \geq w} b_n \text{ divergiert.}$$

Beispiel.

Minoranten-Kriterium 5.9

$$\frac{1}{n} \leq \frac{1}{\sqrt{n}} \text{ für alle } n \in \mathbb{N} \quad \text{und} \quad \underbrace{\sum_{n \geq 1} \frac{1}{n} \text{ divergiert}}_{\text{dies wissen wir aus Satz 5.4}} \quad \overset{\downarrow}{\Longrightarrow} \quad \sum_{n \geq 1} \frac{1}{\sqrt{n}} \text{ divergiert.}$$

Beweis des Minoranten-Kriteriums 5.9. Es seien also $(a_n)_{n \geq w}$ und $(b_n)_{n \geq w}$ zwei Folgen von reellen Zahlen, so dass für alle n gilt: $|a_n| \leq b_n$. Das Majoranten-Kriterium 5.8 besagt insbesondere:

$$\sum_{n \geq w} b_n \text{ konvergiert} \quad \Longrightarrow \quad \sum_{n \geq w} a_n \text{ konvergiert.}$$

Aus dem Prinzip der Kontraposition 1.1 erhalten wir folgende Aussage:

$$\sum_{n \geq w} a_n \text{ divergiert} \quad \Longrightarrow \quad \sum_{n \geq w} b_n \text{ divergiert.}$$

Das ist genau die Aussage, welche wir beweisen wollten. ∎

Satz 5.10. (Wurzelkriterium) Es sei $(a_n)_{n \geq w}$ eine Folge von reellen Zahlen. Wenn die Folge $\sqrt[n]{|a_n|}$ konvergiert und der Grenzwert in $[0, 1)$ liegt, dann konvergiert die Reihe $\sum_{n \geq w} a_n$ absolut.[22]

Beispiel. Wir betrachten die Reihe $\sum_{n \geq 2} \left(\frac{1}{2+n}\right)^n$. Da $\lim_{n \to \infty} \sqrt[n]{\left(\frac{1}{2+n}\right)^n} = \lim_{n \to \infty} \frac{1}{2+n} = \frac{1}{2}$ erhalten wir aus dem Wurzelkriterium 5.10, dass die Reihe konvergiert.

Beweis. Es sei $(a_n)_{n \geq w}$ eine Folge von reellen Zahlen. Wir nehmen an, dass $\mu := \lim_{n \to \infty} \sqrt[n]{|a_n|}$ existiert und in $[0, 1)$ liegt. Wir wollen mithilfe des Majoranten-Kriteriums 5.8 zeigen, dass die Reihe $\sum_{n \geq w} |a_n|$ konvergiert.

(a) Da $\mu < 1$ können wir ein $\lambda \in (\mu, 1)$ wählen. Wir wenden die Definition des Grenzwertes $\mu = \lim_{n \to \infty} \sqrt[n]{|a_n|}$ auf $\epsilon := \lambda - \mu > 0$ an und erhalten ein $N \in \mathbb{N}_{\geq w}$, so dass für alle $n \geq N$ gilt: $\sqrt[n]{|a_n|} < \mu + \epsilon = \lambda$.

(b) Für alle $n \geq N$ gilt nach (a) also $|a_n| \leq \lambda^n$.

(c) Da $\lambda \in [0, 1)$ folgt aus Satz 2.14 und dem Reihenanfangspunkt-Lemma 5.1 (1), dass die geometrische Reihe $\sum_{n \geq N} \lambda^n$ konvergiert.

(d) Es folgt aus (b), (c) und dem Majoranten-Kriterium 5.8, dass auch die Reihe $\sum_{n \geq N} |a_n|$ konvergiert.

---

[22]Nach dem Reihenbetrag-Satz 5.7 konvergiert also auch die eigentliche Reihe $\sum_{n \geq w} a_n$.

72

(e) Aus (d) und dem Reihenanfangspunkt-Lemma 5.1 (1) folgt, dass die Reihe $\sum_{n \geq w} |a_n|$ konvergiert. Mit anderen Worten, die Reihe $\sum_{n \geq w} a_n$ konvergiert absolut. ∎

Satz 5.11. (Quotienten-Kriterium) Es sei $(a_n)_{n \geq w}$ eine Folge von reellen Zahlen mit $a_n \neq 0$, so dass der Grenzwert

$$\Theta := \lim_{n \to \infty} \left| \frac{a_{n+1}}{a_n} \right|$$

existiert.

(1) Wenn $\Theta < 1$, dann konvergiert die Reihe $\sum_{n \geq w} a_n$ absolut[23].

(2) Wenn $\Theta > 1$, dann divergiert die Reihe $\sum_{n \geq w} a_n$.

Wir werden im nächsten Beispiel (2) sehen, dass wir bei $\Theta = 1$ keine allgemein gültige Aussage über Konvergenz fällen können.

Beispiel.

(1) Wir betrachten die Folge $a_n = \frac{n+1}{5^n}$. Dann gilt

$$\lim_{n \to \infty} \left| \frac{a_{n+1}}{a_n} \right| = \lim_{n \to \infty} \frac{(n+2) \cdot 5^n}{5^{n+1} \cdot (n+1)} = \lim_{n \to \infty} \frac{n+2}{5 \cdot (n+1)} = \frac{1}{5}.$$

Es folgt also aus Satz 5.11, dass die Reihe $\sum_{n \geq 0} \frac{n+1}{5^n}$ absolut konvergiert und insbesondere auch „ganz normal" konvergiert.

(2) Es sei $k \in \mathbb{N}$. Wir betrachten die Reihe $\sum_{n \geq 1} \frac{1}{n^k}$. In diesem Fall ist

$$\Theta := \lim_{n \to \infty} \left| \frac{a_{n+1}}{a_n} \right| = \lim_{n \to \infty} \left| \frac{n^k}{(n+1)^k} \right| = \lim_{n \to \infty} \frac{1}{(1+\frac{1}{n})^k} = 1.$$

Jedoch gilt:

(a) Wenn $k = 1$, dann divergiert die Reihe $\sum_{n \geq 1} \frac{1}{n^k} = \sum_{n \geq 1} \frac{1}{n}$ nach Satz 5.4.

(b) Wenn $k = 2$, dann konvergiert die Reihe $\sum_{n \geq 1} \frac{1}{n^k} = \sum_{n \geq 1} \frac{1}{n^2}$ nach Satz 5.5.

Wir sehen also: Wenn $\Theta = 1$, dann kann man keine allgemein gültige Aussage treffen.

Beweis von Satz 5.11 (1). Es sei also $(a_n)_{n \geq w}$ eine Folge von reellen Zahlen $a_n \neq 0$, so dass

$$\Theta = \lim_{n \to \infty} \left| \frac{a_{n+1}}{a_n} \right| < 1.$$

Wir müssen zeigen, dass die Reihe $\sum_{n \geq w} |a_n|$ konvergiert. Wir verfahren ganz ähnlich zum Beweis des Wurzel-Kriteriums 5.10.

(a) Da $\Theta < 1$ können wir ein $\lambda \in (\Theta, 1)$ wählen. Wir wenden die Definition des Grenzwertes $\lim_{n \to \infty} |\frac{a_{n+1}}{a_n}| = \Theta$ auf $\epsilon := \lambda - \Theta > 0$ an und erhalten ein $N \in \mathbb{N}_{\geq w}$, so dass für alle $n \geq N$ gilt: $\left| \frac{a_{n+1}}{a_n} \right| < \Theta + \epsilon = \lambda$.

---

[23]Nach dem Reihenbetrag-Satz 5.7 konvergiert also auch die eigentliche Reihe $\sum_{n \geq w} a_n$.

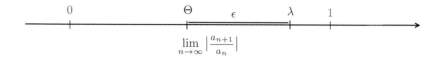

$$\lim_{n\to\infty}\left|\frac{a_{n+1}}{a_n}\right|$$

(b) Nach (a) gilt also für alle $n \geq N$, dass $|a_{n+1}| < \lambda \cdot |a_n|$. Indem wir diese Ungleichung mehrmals anwenden erhalten wir für beliebiges $n \geq N$ folgende Ungleichung:

$$|a_n| < \lambda \cdot |a_{n-1}| < \lambda^2 \cdot |a_{n-2}| < \ldots < \lambda^{n-N} \cdot |a_N| = \lambda^n \cdot \underbrace{\lambda^{-N} \cdot |a_N|}_{=:C}.$$

Für alle $n \geq N$ gilt also $|a_n| \leq \lambda^n \cdot C$.

(c) Da $\lambda \in [0,1)$ folgt aus Satz 2.14 und dem Reihenanfangspunkt-Lemma 5.1, dass die geometrische Reihe $\sum_{n\geq N} \lambda^n \cdot C$ konvergiert.

(d) Es folgt aus (b) und (c) und dem Majoranten-Kriterium 5.8, dass auch die Reihe $\sum_{n\geq N} |a_n|$ konvergiert.

(e) Aus (d) und dem Reihenanfangspunkt-Lemma 5.1 (1) folgt, dass die Reihe $\sum_{n\geq w} |a_n|$ konvergiert. Mit anderen Worten, die Reihe $\sum_{n\geq w} a_n$ konvergiert absolut. ∎

Beweis von Satz 5.11 (2). Es sei also $(a_n)_{n\geq w}$ eine Folge von reellen Zahlen $a_n \neq 0$, so dass
$$\Theta = \lim_{n\to\infty}\left|\frac{a_{n+1}}{a_n}\right| > 1.$$

Wir müssen zeigen, dass die Reihe $\sum_{n\geq w} |a_n|$ divergiert. Wir wählen ein $\lambda \in (1, \Theta)$. Ganz analog zum Beweis von (1) sieht man, dass es ein $N \in \mathbb{N}_0$ gibt, so dass für beliebiges $n \geq N$ gilt $|a_n| \geq \lambda^{n-N} \cdot |a_N|$. Da $\lambda \neq 0$ folgt daraus schon, dass die Folge $(a_n)_{n\in\mathbb{N}_0}$ keine Nullfolge ist. Also folgt aus dem Nullfolgen-Divergenz-Kriterium 5.2, dass die Reihe $\sum_{n\geq w} a_n$ divergiert. ∎

5.5. Umordnung von Reihen. Bevor wir zum eigentlichen Thema dieses Abschnitts kommen, wollen wir noch folgende (suggestive) Notation einführen:

Notation. Für eine konvergente Reihe $\sum_{n\geq 1} a_n$ schreiben wir

$$a_1 + a_2 + a_3 + \ldots := \lim_{k\to\infty} \sum_{n=1}^{k} a_n =: \sum_{n=1}^{\infty} a_n.$$

Beispiel. Mit der gerade eingeführten Notation gilt:

$$\frac{1}{2} - \frac{1}{2} + \frac{1}{3} - \frac{1}{3} + \frac{1}{4} - \frac{1}{4} + \frac{1}{5} - \frac{1}{5} + \ldots = \lim_{k\to\infty} k\text{-te Partialsumme}$$

$$= \lim_{k\to\infty} \begin{cases} \frac{1}{m+2}, & \text{wenn } k=2m+1 \\ 0, & \text{sonst} \end{cases} = 0.$$

Jetzt wenden wir uns dem eigentlichen Thema des Abschnitts zu. Es folgt aus dem Kommutativgesetz, dass es egal ist, in welcher Reihenfolge wir endlich viele reelle Zahlen addieren. Beispielsweise gilt

$$a_1 + a_2 + a_3 = a_3 + a_1 + a_2 = a_2 + a_3 + a_1.$$

Etwas allgemeiner: Wenn $a_1, \ldots, a_n \in \mathbb{R}$ endlich viele reelle Zahlen sind, und wenn zudem $\tau\colon \{1, \ldots, n\} \to \{1, \ldots, n\}$ eine Bijektion ist, dann gilt

$$a_1 + a_2 + a_3 + \cdots + a_n \;=\; a_{\tau(1)} + a_{\tau(2)} + a_{\tau(3)} + \cdots + a_{\tau(n)}.$$

Es stellt sich die Frage, ob die „naive" Verallgemeinerung dieser Aussage auf Reihen ebenfalls gilt. Dies führt uns zu folgender Definition:

Definition. Es sei $\sum\limits_{n \geq w} a_n$ eine Reihe, und es sei $\tau\colon \mathbb{N}_{\geq w} \to \mathbb{N}_{\geq w}$ eine Bijektion. Wir nennen die Reihe $\sum\limits_{n \geq w} a_{\tau(n)}$ eine Umordnung von $\sum\limits_{n \geq w} a_n$.

Es stellt sich nun die Frage, ob Umordnungen die Konvergenz und den Grenzwert einer Reihe abändern können. Das folgende Beispiel bejaht diese Frage:

Beispiel. Wir betrachten noch einmal die obige Reihe. Wir haben gesehen, dass

$$\frac{1}{2} - \frac{1}{2} + \frac{1}{3} - \frac{1}{3} + \frac{1}{4} - \frac{1}{4} + \frac{1}{5} - \frac{1}{5} + \ldots \;=\; 0.$$

Wir betrachten nun jedoch folgende Umordnung:

$$\underbrace{\frac{1}{2} + \frac{1}{3} + \frac{1}{4} - \frac{1}{2}}_{>0} + \underbrace{\frac{1}{5} + \frac{1}{6} - \frac{1}{3}}_{>0} + \underbrace{\frac{1}{7} + \frac{1}{8} - \frac{1}{4}}_{>0} + \ldots$$

Wir sehen also, dass alle Partialsummen dieser Reihe $\geq \frac{1}{2}$ sind. Insbesondere wird diese Reihe definitiv nicht gegen 0 konvergieren. Die umgeordnete Reihe konvergiert also *nicht* gegen den Grenzwert der ursprünglichen Reihe.

Wir haben also gesehen, dass Umordnungen sehr wohl den Grenzwert abändern können. Es gilt sogar folgende ganz allgemeine Aussage:

Satz 5.12. (Riemannscher Umordnungssatz) Es sei $\sum\limits_{n \geq w} a_n$ eine Reihe, welche konvergiert, aber nicht absolut konvergiert.[24]

(1) Für jedes $x \in \mathbb{R}$ existiert eine Umordnung, so dass die umgeordnete Reihe gegen x konvergiert.

(2) Es gibt Umordnungen, welche bestimmt gegen $\pm\infty$ divergieren.

Beispiel. Auf Seite 69 haben wir gesehen, dass die Reihe $\sum\limits_{n \geq 1} (-1)^n \cdot \frac{1}{n}$ konvergiert, aber nicht absolut konvergiert. Der Riemannsche Umordnungssatz impliziert also, dass es zu jedem $x \in \mathbb{R} \cup \{\pm\infty\}$ eine Bijektion $\tau\colon \mathbb{N} \to \mathbb{N}$ mit $\sum\limits_{n=1}^{\infty} (-1)^{\tau(n)} \cdot \frac{1}{\tau(n)} = x$ gibt.

Beweis des Riemannschen Umordnungssatzes 5.12. Wir werden diesen Satz nicht verwenden, und wir werden ihn daher auch nicht beweisen. Ein Beweis wird beispielsweise in [**He**, Satz 32.4] und [**Hi**, Kapitel 19] gegeben. Der Beweis kann auch als anspruchsvolle Übungsaufgabe mit dem vorhandenen Wissensstand durchgeführt werden. ∎

Wir haben jetzt also gesehen, dass eine Umordnung das Konvergenzverhalten einer *nicht absolut konvergenten* Reihe völlig abändern kann. Der folgende Satz besagt nun, dass dieses Problem nicht auftaucht, wenn wir eine *absolut konvergente Reihe* umordnen:

---

[24]Wir haben gezeigt, dass die Reihe $\frac{1}{2} - \frac{1}{2} + \frac{1}{3} - \frac{1}{3} + \frac{1}{4} - \frac{1}{4} + \frac{1}{5} - \frac{1}{5} + \ldots$ konvergiert. Es folgt zudem fast sofort aus der Divergenz der harmonischen Reihe, also aus Satz 5.4, dass unsere Reihe *nicht* absolut konvergiert.

Satz 5.13. (Umordnungssatz) Wenn $\sum\limits_{n \geq w} a_n$ eine Reihe ist, welche absolut konvergiert, dann konvergiert auch jede Umordnung von $\sum\limits_{n \geq w} a_n$ absolut, und gegen denselben Grenzwert.

Der Umordnungssatz spielt in den höheren Analysis-Vorlesungen eine wichtige Rolle. Im weiteren Verlauf der Analysis I werden wir den Umordnungssatz jedoch nicht benötigen. Wir verstecken deswegen den etwas länglichen Beweis im nächsten Abschnitt.

Beispiel. Auf Seite 72 haben wir mithilfe des Quotienten-Kriteriums 5.11 gezeigt, dass die Reihe $\sum\limits_{n \geq 0} \frac{n+1}{(-5)^n}$ absolut konvergiert. In diesem Fall führt also jede Umordnung zum gleichen Ergebnis. Dies ist ein Grund, warum absolute Konvergenz von Reihen eine feine Sache ist.

5.6. Beweis des Umordnungssatzes 5.13. Im Beweis des Umordnungssatzes 5.13 werden wir folgendes Lemma verwenden:

Lemma 5.14. Es sei $\sum\limits_{n \geq 0} b_n$ eine konvergente Reihe. Zu jedem $\epsilon > 0$ gibt es ein $N \in \mathbb{N}$, so dass

$$\left| \sum_{n=N}^{\infty} b_n \right| < \epsilon.$$

Beweis von Lemma 5.14. Es sei also $\sum\limits_{n \geq 0} b_n$ eine konvergente Reihe, und es sei $\epsilon > 0$. Nachdem die Reihe konvergiert, gibt es insbesondere ein $N \in \mathbb{N}_0$, so dass

$$\left| \sum_{n=0}^{\infty} b_n - \sum_{n=0}^{N-1} b_n \right| < \epsilon.$$

Das Lemma folgt aus der Beobachtung, dass nach dem Reihenanfangspunkt-Lemma 5.1 gilt:

$$\sum_{n=0}^{\infty} b_n - \sum_{n=0}^{N-1} b_n = \sum_{n=N}^{\infty} b_n. \qquad \blacksquare$$

Wir wenden uns nun dem eigentlich Beweis des Umordnungssatzes zu.

Beweis des Umordnungssatzes 5.13. Um die Notation etwas zu vereinfachen, betrachten wir nur den Fall $w = 0$. Es sei $\sum\limits_{n \geq 0} a_n$ eine Reihe, welche absolut konvergiert, und es sei $\tau \colon \mathbb{N}_0 \to \mathbb{N}_0$ eine Bijektion. Wir müssen zeigen, dass

$$\sum_{n=0}^{\infty} a_{\tau(n)} = a := \sum_{n=0}^{\infty} a_n.$$

Es sei also $\epsilon > 0$ gegeben. Wir müssen ein $N \in \mathbb{N}_0$ finden, so dass für alle $n \geq N$ gilt:

$$\left| \sum_{k=0}^{n} a_{\tau(k)} - a \right| < \epsilon.$$

Nach Voraussetzung konvergiert die Reihe $\sum\limits_{n \geq 0} |a_n|$. Lemma 5.14 besagt nun, dass es ein $K \in \mathbb{N}_0$ gibt, so dass

$$\sum_{k=K}^{\infty} |a_k| < \frac{\epsilon}{2}.$$

Wir müssen im Folgenden also den Betrag $\left| \sum\limits_{k=0}^{n} a_{\tau(k)} - a \right|$ „klein machen". Nachdem wir Informationen über die Partialsummen der Reihe $\sum\limits_{k \geq 0} a_k$ besitzen, ist es sinnvoll, diese ins Spiel zu bringen.

Für beliebiges $n \in \mathbb{N}_0$ machen wir dazu folgende Abschätzung:

$$\left|\sum_{k=0}^{n} a_{\tau(k)} - a\right| = \left|\sum_{k=0}^{n} a_{\tau(k)} - \sum_{k=0}^{K-1} a_k + \sum_{k=0}^{K-1} a_k - a\right| \leq \left|\sum_{k=0}^{n} a_{\tau(k)} - \sum_{k=0}^{K-1} a_k\right| + \left|a - \sum_{k=0}^{K-1} a_k\right|$$

$$= \left|\sum_{k=0}^{n} a_{\tau(k)} - \sum_{k=0}^{K-1} a_k\right| + \underset{\uparrow}{\left|\sum_{k=K}^{\infty} a_k\right|} \leq \underset{\uparrow}{\left|\sum_{k=0}^{n} a_{\tau(k)} - \sum_{k=0}^{K-1} a_k\right|} + \underbrace{\sum_{k=K}^{\infty} |a_k|}_{<\frac{\epsilon}{2}}$$

Reihenanfangspunkt-Lemma 5.1 (1)   Reihenbetrag-Satz 5.7

$$< \left|\sum_{k=0}^{n} a_{\tau(k)} - \sum_{k=0}^{K-1} a_k\right| + \frac{\epsilon}{2}.$$

Wir müssen also jetzt noch ein $N \in \mathbb{N}_0$ finden, so dass für alle $n \geq N$ der erste Summand $\leq \frac{\epsilon}{2}$ ist.

Die Idee ist nun, n so groß zu wählen, dass alle Summanden der Summe $\sum_{k=0}^{K-1} a_k$ auch schon in der Summe $\sum_{k=0}^{n} a_{\tau(k)}$ auftreten. Wir führen diese Idee nun aus.

Nachdem τ eine Bijektion ist, existiert ein $N \in \mathbb{N}_0$, so dass [25]

$(*)$ $\qquad\qquad \{0, 1, 2, \ldots, K-1\} \subset \{\tau(0), \tau(1), \tau(2), \ldots, \tau(N)\}.$

Dann gilt für alle $n \geq N$:

$$\left|\sum_{l=0}^{n} a_{\tau(l)} - \sum_{k=0}^{K-1} a_k\right| = \underset{\uparrow}{\left|\sum_{k=0,\ldots,n \text{ mit } \tau(k) \geq K} a_{\tau(k)}\right|} \leq \underset{\uparrow}{\sum_{k=0,\ldots,n \text{ mit } \tau(k) \geq K} |a_{\tau(k)}|} \leq \sum_{k=K}^{\infty} |a_k| \underset{\uparrow}{<} \frac{\epsilon}{2}.$$

denn es folgt aus $(*)$, dass es zu jedem   Dreiecksungleichung   nach Wahl von K
$k \in \{1, \ldots, K-1\}$ ein $l \in \{1, \ldots, n\}$ mit
$\tau(l) = k$ gibt

Zusammengefasst erhalten wir also, dass für alle $n \geq N$ gilt:

$$\left|\sum_{k=0}^{n} a_{\tau(k)} - a\right| \underset{\uparrow}{<} \left|\sum_{k=0}^{n} a_{\tau(k)} - \sum_{k=0}^{K-1} a_k\right| + \frac{\epsilon}{2} \underset{\uparrow}{<} \frac{\epsilon}{2} + \frac{\epsilon}{2} = \epsilon.$$

erste Ungleichung   zweite Ungleichung

Wir haben damit gezeigt, dass die Umordnung der Reihe $\sum_{n \geq 0} a_n$ auch gegen $a := \sum_{n=0}^{\infty} a_n$ konvergiert.

Es verbleibt zu zeigen, dass die Reihe $\sum_{n \geq 0} a_n$ auch absolut konvergiert. Dies folgt aus dem obigen Beweis, wenn wir die Reihe $\sum_{n \geq 0} |a_n|$ anstatt der Reihe $\sum_{n \geq 0} a_n$ betrachten. ∎

5.7. Das Cauchy-Produkt für absolut konvergente Reihen. Für endliche Summen gilt, wie wir in Satz 1.13 bewiesen haben, folgendes Distributivgesetz:

$$\left(\sum_{p=0}^{k} a_p\right) \cdot \left(\sum_{q=0}^{l} b_q\right) = \sum_{p=0}^{k} \sum_{q=0}^{l} a_p \cdot b_q,$$

denn jedes Produkt $a_p \cdot b_q$ taucht sowohl auf der linken als auch auf der rechten Seite genau einmal auf. Man kann sich nun fragen, ob eine ähnliche Aussage für Reihen gilt. Es seien

---

[25]Dies sieht man wie folgt: Da τ eine Bijektion ist gibt es für jedes $k \in \mathbb{N}_0$ ein r_k mit $\tau(r_k) = k$. Wir können nun beispielsweise $N = \max\{r_0, \ldots, r_{K-1}\}$ wählen.

beispielsweise $\sum\limits_{p\geq 0} a_p$ und $\sum\limits_{q\geq 0} b_q$ konvergente Reihen. Gilt dann notwendigerweise, dass

$$\left(\sum_{p=0}^{\infty} a_p\right) \cdot \left(\sum_{q=0}^{\infty} b_q\right) = \sum_{n=0}^{\infty} \underbrace{\sum_{k=0}^{n} a_k \cdot b_{n-k}}_{\text{endliche Summe}} \ ?$$

Auf den ersten Blick erscheint das ziemlich logisch, denn auf der rechten Seite taucht jedes Produkt $a_p \cdot b_q$ auch genau einmal auf.

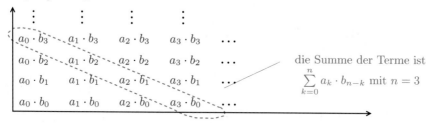

die Summe der Terme ist
$$\sum_{k=0}^{n} a_k \cdot b_{n-k} \text{ mit } n = 3$$

In Übungsaufgabe 5.5 werden Sie sehen, dass die Antwort im Allgemeinen jedoch „Nein" ist. Genauer gesagt: Wir werden sehen, dass es konvergente Reihen $\sum\limits_{p\geq 0} a_p$ und $\sum\limits_{q\geq 0} b_q$ gibt, so dass

$$\left(\sum_{p=0}^{\infty} a_p\right) \cdot \left(\sum_{q=0}^{\infty} b_q\right) \neq \sum_{n=0}^{\infty} \sum_{k=0}^{n} a_k \cdot b_{n-k}.$$

Der folgende Satz besagt nun, dass dieses Problem nicht auftreten kann, wenn die beiden ursprünglichen Reihen *absolut* konvergieren:

Satz 5.15. (Cauchy-Produktformel) Es seien $\sum\limits_{p\geq 0} a_p$ und $\sum\limits_{q\geq 0} b_q$ Reihen, welche *absolut konvergieren*. Dann gilt:
$$\left(\sum_{p=0}^{\infty} a_p\right) \cdot \left(\sum_{q=0}^{\infty} b_q\right) = \sum_{n=0}^{\infty} \sum_{k=0}^{n} a_k \cdot b_{n-k}.$$

5.8. Beweis der Cauchy-Produktformel. Im Beweis von Satz 5.15 werden wir folgendes einfache Lemma benötigen:

Lemma 5.16. Wenn
$$(a_n)_{n\in\mathbb{N}_0} = (a_0, a_1, a_2, a_3, \ldots)$$
eine konvergente Folge ist, dann konvergiert auch die Folge
$$\left(a_{\lfloor \frac{n}{2} \rfloor}\right)_{n\in\mathbb{N}_0} = (a_0, a_0, a_1, a_1, a_2, a_2, \ldots)$$
gegen die gleiche reelle Zahl.

Beweis von Lemma 5.16. Wir setzen $a = \lim\limits_{n\to\infty} a_n$. Wir sollen zeigen, dass $\lim\limits_{n\to\infty} a_{\lfloor \frac{n}{2} \rfloor} = a$. Es sei also $\epsilon > 0$. Dann existiert nach Voraussetzung ein $N \in \mathbb{N}$, so dass $|a_n - a| < \epsilon$ für alle $n \geq N$. Dann gilt aber auch für alle $n \geq 2N$, dass $|a_{\lfloor \frac{n}{2} \rfloor} - a| < \epsilon$. ∎

Beweis von Satz 5.15. Für $n \in \mathbb{N}_0$ schreiben wir
$$Q_n := \{(p,q) \in \mathbb{N}_0 \times \mathbb{N}_0 \,|\, p \leq n \text{ und } q \leq n\},$$
$$D_n := \{(p,q) \in \mathbb{N}_0 \times \mathbb{N}_0 \,|\, p + q \leq n\}.$$

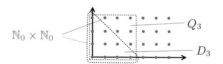

$\mathbb{N}_0 \times \mathbb{N}_0$ Q_3 D_3

Mit anderen Worten: Die Menge Q_n beschreibt das „Quadrat" in $\mathbb{N}_0 \times \mathbb{N}_0$ mit den Eckpunkten $(0,0), (0,n), (n,0)$ und (n,n), und die Menge D_n beschreibt das „Dreieck" in $\mathbb{N}_0 \times \mathbb{N}_0$ mit den Eckpunkten $(0,0), (0,n)$ und $(n,0)$. Für jedes n gilt, dass $Q_{\lfloor \frac{n}{2} \rfloor} \subset D_n \subset Q_n$.

Es seien nun $\sum\limits_{p \geq 0} a_p$ und $\sum\limits_{q \geq 0} b_q$ absolut konvergente Reihen. Dann gilt:

(a) $\quad \left(\sum\limits_{p=0}^{\infty} a_p \right) \cdot \left(\sum\limits_{q=0}^{\infty} b_q \right) \quad = \quad \lim\limits_{\substack{n \to \infty \\ \uparrow}} \left(\sum\limits_{p=0}^{n} a_p \right) \left(\sum\limits_{q=0}^{n} b_q \right) \quad = \quad \lim\limits_{\substack{n \to \infty \\ \uparrow}} \sum\limits_{(p,q) \in Q_n} a_p \cdot b_q$

$\qquad\qquad\qquad\qquad\qquad\qquad\qquad$ Grenzwertregel 2.3 $\qquad\qquad\qquad$ Distributivgesetz

(b) $\quad \left(\sum\limits_{p=0}^{\infty} |a_p| \right) \cdot \left(\sum\limits_{q=0}^{\infty} |b_q| \right) \quad \overset{\downarrow}{=} \quad \lim\limits_{n \to \infty} \left(\sum\limits_{p=0}^{n} |a_p| \right) \left(\sum\limits_{q=0}^{n} |b_q| \right) \quad \overset{\downarrow}{=} \quad \lim\limits_{n \to \infty} \sum\limits_{(p,q) \in Q_n} |a_p \cdot b_q|$.

Zudem ist

(c) $\quad \sum\limits_{d=0}^{\infty} \cdot \sum\limits_{k=0}^{d} a_k b_{d-k} \quad = \quad \lim\limits_{n \to \infty} \sum\limits_{d=0}^{n} \sum\limits_{k=0}^{d} a_k b_{d-k} \quad = \quad \lim\limits_{n \to \infty} \sum\limits_{(p,q) \in D_n} a_p \cdot b_q$.

Nach (a) und (c) genügt es, folgende Behauptung zu beweisen:

Behauptung. $\qquad \lim\limits_{n \to \infty} \left| \sum\limits_{(p,q) \in Q_n} a_p \cdot b_q - \sum\limits_{(p,q) \in D_n} a_p \cdot b_q \right| = 0.$

Beweis. Wir führen folgende Abschätzung durch:

$\qquad\qquad\qquad\qquad\qquad$ denn $D_n \subset Q_n$ $\qquad$ Dreiecksungleichung $\qquad\qquad$ da $Q_n \setminus D_n \subset Q_n \setminus Q_{\lfloor \frac{n}{2} \rfloor}$

$\lim\limits_{n \to \infty} \left| \sum\limits_{(p,q) \in Q_n} a_p \cdot b_q - \sum\limits_{(p,q) \in D_n} a_p \cdot b_q \right| \overset{\downarrow}{=} \lim\limits_{n \to \infty} \left| \sum\limits_{(p,q) \in Q_n \setminus D_n} a_p \cdot b_q \right| \overset{\leq}{} \lim\limits_{n \to \infty} \sum\limits_{(p,q) \in Q_n \setminus D_n} |a_p \cdot b_q| \overset{\downarrow}{=}$

$\qquad\qquad\qquad\qquad\qquad \leq \lim\limits_{n \to \infty} \sum\limits_{(p,q) \in Q_n \setminus Q_{\lfloor \frac{n}{2} \rfloor}} |a_p \cdot b_q|$

$\qquad\qquad\qquad\qquad\qquad = \lim\limits_{n \to \infty} \left(\sum\limits_{(p,q) \in Q_n} |a_p \cdot b_q| - \sum\limits_{(p,q) \in Q_{\lfloor \frac{n}{2} \rfloor}} |a_p \cdot b_q| \right) =: *$

Wir setzen nun $\qquad\qquad\qquad c_n := \sum\limits_{(p,q) \in Q_n} |a_p \cdot b_q|.$

In (b) haben wir gesehen, dass die Folge $(c_n)_{n \in \mathbb{N}_0}$ konvergiert. Mit dieser Notation können wir jetzt die obige Abschätzung weiterführen:

$\qquad * \quad = \quad \lim\limits_{n \to \infty} \left(c_n - c_{\lfloor \frac{n}{2} \rfloor} \right) \quad = \quad \lim\limits_{n \to \infty} c_n - \lim\limits_{\substack{n \to \infty \\ \uparrow}} c_{\lfloor \frac{n}{2} \rfloor} \quad = 0.$

$\qquad\qquad\qquad\qquad\qquad\qquad\qquad\qquad\qquad\qquad\qquad\qquad$ nach Lemma 5.16 $\qquad$ ∎

5.9. Die Exponentialreihe.
In diesem Abschnitt führen wir die Exponentialreihe ein, welche zusammen mit der geometrischen Reihe eine der wichtigsten Reihen überhaupt ist.

Satz 5.17. Für jedes $x \in \mathbb{R}$ konvergiert die Exponentialreihe $\sum\limits_{n \geq 0} \dfrac{x^n}{n!}$ absolut.

Beweis. Es sei $x \in \mathbb{R}$ beliebig. Wir schreiben $a_n := \frac{x^n}{n!}$. Dann gilt:

$$\lim\limits_{n \to \infty} \left| \frac{a_{n+1}}{a_n} \right| = \lim\limits_{n \to \infty} \left| \frac{x^{n+1} \cdot n!}{x^n \cdot (n+1)!} \right| = \lim\limits_{n \to \infty} \frac{|x|}{n+1} = |x| \cdot \lim\limits_{\substack{n \to \infty \\ \uparrow}} \frac{1}{n+1} = 0.$$

$\qquad\qquad\qquad\qquad\qquad$ folgt aus Grenzwertregel 2.3 (3), angewandt auf $\lambda = |x|$

Es folgt aus dieser Berechnung und dem Quotienten-Kriterium 5.11, dass die Exponentialreihe $\sum\limits_{n \geq 0} a_n = \sum\limits_{n \geq 0} \dfrac{x^n}{n!}$ absolut konvergiert. $\qquad$ ∎

Definition. Für $x \in \mathbb{R}$ schreiben wir

$$\exp(x) := \sum_{n=0}^{\infty} \frac{x^n}{n!} = \lim_{k \to \infty} \sum_{n=0}^{k} \frac{x^n}{n!} = \lim_{k \to \infty} \left(\underset{\underset{n=0}{\uparrow}}{1} + \underset{\underset{n=1}{\uparrow}}{x} + \underset{\underset{n=2}{\uparrow}}{\frac{x^2}{2}} + \frac{x^3}{3!} + \cdots + \frac{x^k}{k!} \right)$$

Wir definieren zudem die

Eulersche Zahl $e := \exp(1)$.

Eine Computerberechnung zeigt, dass $e \approx 2.7182818284590\ldots$

Definition. Wir bezeichnen die Funktion

$$\mathbb{R} \to \mathbb{R}$$
$$x \mapsto \exp(x) \qquad \text{als die Exponentialfunktion.}$$

Der folgende Satz beinhaltet die wohl wichtigste Eigenschaft der Exponentialfunktion:

Theorem 5.18. (Funktionalgleichung der Exponentialfunktion) Für alle $x, y \in \mathbb{R}$ gilt
$$\exp(x+y) = \exp(x) \cdot \exp(y).$$

Beweis. Es seien also $x, y \in \mathbb{R}$ gegeben. Dann gilt:

$$\exp(x) \cdot \exp(y) = \left(\sum_{p=0}^{\infty} \frac{x^p}{p!} \right) \cdot \left(\sum_{q=0}^{\infty} \frac{y^q}{q!} \right) \underset{\uparrow}{=} \sum_{n=0}^{\infty} \sum_{k=0}^{n} \frac{x^k}{k!} \cdot \frac{y^{n-k}}{(n-k)!}$$

nach der Cauchy-Produktformel 5.15, diese können wir anwenden, da die Exponentialreihe nach Satz 5.17 *absolut* konvergiert

$$= \sum_{n=0}^{\infty} \sum_{k=0}^{n} \frac{1}{n!} \cdot \frac{n!}{k! \cdot (n-k)!} \cdot x^k \cdot y^{n-k}$$

$$\underset{\uparrow}{=} \sum_{n=0}^{\infty} \frac{1}{n!} \cdot \sum_{k=0}^{n} \binom{n}{k} \cdot x^k \cdot y^{n-k} \underset{\uparrow}{=} \sum_{n=0}^{\infty} \frac{1}{n!} \cdot (x+y)^n = \exp(x+y).$$

nach Definition von $\binom{n}{k} = \dfrac{n!}{k! \cdot (n-k)!}$ \qquad Binomischer Lehrsatz 1.30 ∎

Wir beschließen das Kapitel mit ein paar grundlegenden Eigenschaften der Exponentialfunktion.

Satz 5.19. Die Exponentialfunktion hat folgende Eigenschaften:
(1) Es ist $\exp(0) = 1$.
(2) Für alle $x \in \mathbb{R}$ gilt $\exp(-x) = \frac{1}{\exp(x)}$.
(3) Für alle $x > 0$ gilt $\exp(x) \in (1, \infty)$ und für alle $x < 0$ gilt $\exp(x) \in (0, 1)$.
(4) Für jedes $n \in \mathbb{Z}$ gilt $\exp(n) = e^n := \underbrace{e \cdot \ldots \cdot e}_{n\text{-mal}}$.

Beweis.

(1) Es ist

$$\exp(0) = \sum_{n=0}^{\infty} \frac{0^n}{n!} = \lim_{k \to \infty} \Big(\underbrace{1 + 0 + \frac{0^2}{2} + \frac{0^3}{3!} + \cdots + \frac{0^k}{k!}}_{=1} \Big) = 1.$$

(2) Für $x \in \mathbb{R}$ gilt:

$$\exp(-x) \cdot \exp(x) \underset{\underset{\text{Funktionalgleichung 5.18}}{\uparrow}}{=} \exp(-x+x) = \exp(0) \underset{\underset{\text{siehe (1)}}{\uparrow}}{=} 1, \quad \text{also ist } \exp(-x) = \frac{1}{\exp(x)}.$$

(3) Es sei zuerst $x > 0$. Dann gilt:

80

$$\exp(x) = \sum_{n=0}^{\infty} \frac{x^n}{n!} = 1 + x + \sum_{n=2}^{\infty} \frac{x^n}{n!} = 1 + x + \underbrace{\lim_{k\to\infty} \overset{\text{folgt aus dem Grenzwertvergleichssatz 2.5}}{\underset{>0 \text{ da } x > 0}{\underbrace{\sum_{n=2}^{k} \frac{x^n}{n!}}}}} \geq 1 + x > 1.$$

Es sei nun $x < 0$. Wir haben gerade bewiesen, dass $\exp(-x) \in (1, \infty)$. Es folgt aus (2), dass $\exp(x) = \frac{1}{\exp(-x)}$. Also ist $\exp(x) \in (0, 1)$.

(4) Der Fall $n = 0$ folgt aus (1). Für $n \in \mathbb{N}$ gilt:

$$\exp(n) = \exp(\underbrace{1 + \cdots + 1}_{n\text{-mal}}) \overset{\text{Funktionalgleichung 5.18}}{=} \underbrace{\exp(1) \cdot \ldots \cdot \exp(1)}_{n\text{-mal}} \overset{\text{Definition von } e}{=} \underbrace{e \cdot \ldots \cdot e}_{n\text{-mal}} = e^n.$$

Es sei nun $n < 0$. Wir haben gerade bewiesen, dass $\exp(-n) = e^{-n}$. Es folgt aus (2), dass $\exp(n) = \frac{1}{\exp(-n)}$. Also ist $\exp(n) = \frac{1}{\exp(-n)} = \frac{1}{e^{-n}} = e^n$. ∎

Im nächsten Kapitel werden wir den Graphen einer Funktion einführen. Dies gibt uns eine sehr anschauliche Methode, um ein Gefühl für Funktionen zu entwickeln. Auf Seite 83 werden wir dann auch den Graphen der Exponentialfunktion skizzieren.

Übungsaufgaben zu Kapitel 5.

Aufgabe 5.1. Es sei $(a_n)_{n\geq 1}$ eine Folge von reellen Zahlen, so dass $a_n > 0$ für alle $n \in \mathbb{N}$, und so dass $\lim_{n\to\infty} a_n = 0$. Folgt daraus, dass die alternierende Reihe

$$\sum_{n\geq 1} (-1)^n \cdot a_n$$

konvergiert?

Aufgabe 5.2. Bestimmen Sie, welche der folgenden Reihen konvergieren:

(a) $\sum_{n\geq 1} \frac{1}{n!}$ (b) $\sum_{n\geq 1} \frac{n^2}{2^n}$ (c) $\sum_{n\geq 1} \left(\sum_{k=1}^{n} \frac{\sqrt{k}}{n^4} \right)$

(d) $\sum_{n\geq 1} (1+n)^{-n}$ (f) $\sum_{n\geq 1} \sum_{k=1}^{n} \frac{k}{n^3}$ (e) $\sum_{n\geq 1} (-1)^n \cdot \frac{1}{n + 2 \cdot (-1)^n \cdot n}$.

Aufgabe 5.3.

(a) Für welche $x \in \mathbb{R}$ konvergiert die Reihe $\sum_{n\geq 1} \frac{1}{n} \cdot x^n$?

(b) Für welche $x \in \mathbb{R}$ konvergiert die Reihe $\sum_{n\geq 1} \frac{(2x)^n}{1 + x^n}$?

(c) Für welche $x \in [0, \infty)$ konvergiert die Reihe $\sum_{n\geq 0} \frac{x \cdot n}{1 + 2 \cdot x + 7 \cdot x^3 \cdot n^2}$?

(d) Für welche $x \in \mathbb{R}$ konvergiert die Reihe $\sum_{n\geq 0} \frac{3^n}{n!} \cdot x^{n^2}$?

Aufgabe 5.4. Es sei $\lambda \in (0, 1)$. Für $n \in \mathbb{N}_0$ setzen wir

$$a_n := \begin{cases} \lambda^{n-1}, & \text{wenn } n \text{ gerade,} \\ \lambda^{n+1}, & \text{wenn } n \text{ ungerade.} \end{cases}$$

Mit welchen Konvergenzsätzen können Sie beweisen, dass die Reihe $\sum_{n\geq 0} a_n$ konvergiert?

Aufgabe 5.5. Geben Sie ein Beispiel von konvergenten Reihen $\sum_{p \geq 0} a_p$ und $\sum_{q \geq 0} b_q$, so dass die Reihe

$$\sum_{n \geq 0} \sum_{k=0}^{n} a_k \cdot b_{n-k}$$

nicht konvergiert.

Hinweis. Es folgt aus der Cauchy-Produktformel 5.15, dass die gesuchten Reihen nicht beide absolut konvergieren können.

6. Stetige Funktionen

6.1. Beispiele von Funktionen. Wir haben uns bislang ausführlich mit Folgen und Reihen beschäftigt, aber jetzt wenden wir uns endlich dem eigentlichen Ziel der Analysis zu, nämlich dem Studium von Funktionen.

Definition. Eine Funktion ist eine Abbildung $f\colon D \to \mathbb{R}$, wobei D eine Teilmenge von $\mathbb{R}$ ist. Wir nennen D den Definitionsbereich von f. Wir bezeichnen

$$\mathrm{Graph}(f) := \{(x, f(x)) \in \mathbb{R}^2 \mid x \in D\}$$

als den Graphen von f.

Im Folgenden betrachten wir mehrere Beispiele von Funktionen und deren dazugehörige Graphen. Wie bei Folgen sehen wir dabei, dass der Fantasie bei der Definition von Funktionen keine Grenzen gesetzt sind.

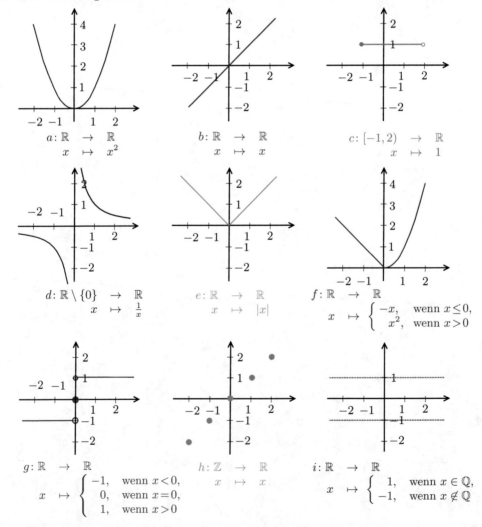

© Der/die Autor(en), exklusiv lizenziert an
Springer-Verlag GmbH, DE, ein Teil von Springer Nature 2023
S. Friedl, *Analysis 1*, https://doi.org/10.1007/978-3-662-67359-1_7

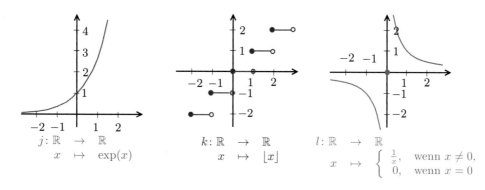

$$j: \mathbb{R} \rightarrow \mathbb{R}$$
$$x \mapsto \exp(x)$$

$$k: \mathbb{R} \rightarrow \mathbb{R}$$
$$x \mapsto \lfloor x \rfloor$$

$$l: \mathbb{R} \rightarrow \mathbb{R}$$
$$x \mapsto \begin{cases} \frac{1}{x}, & \text{wenn } x \neq 0, \\ 0, & \text{wenn } x = 0 \end{cases}$$

Wir können aus dem gegebenen Schatz von Funktionen noch viele weitere konstruieren, indem wir beispielsweise Funktionen addieren, multiplizieren oder verknüpfen.

6.2. Definition von Stetigkeit und erste Eigenschaften. Wir führen nun einen der grundlegendsten und wichtigsten Begriffe der Analysis ein.

Definition. Es sei $f: D \rightarrow \mathbb{R}$ eine Funktion und $x_0 \in D$. Wir definieren

$$f \text{ ist im Punkt } x_0 \text{ stetig} \quad :\Longleftrightarrow \quad \mathop{\forall}\limits_{\epsilon > 0} \mathop{\exists}\limits_{\delta > 0} \mathop{\forall}\limits_{\substack{x \in D \text{ mit} \\ |x - x_0| < \delta}} |f(x) - f(x_0)| < \epsilon.$$

Wir sagen, $f: D \rightarrow \mathbb{R}$ ist stetig, wenn f in jedem Punkt des Definitionsbereichs stetig ist.

Bemerkung.

(1) Wenn man Intervalle den Beträgen vorzieht, dann kann man die Definition von Stetigkeit wie folgt umschreiben:

$$f \text{ ist im Punkt } x_0 \text{ stetig} \quad :\Longleftrightarrow \quad \mathop{\forall}\limits_{\epsilon > 0} \mathop{\exists}\limits_{\delta > 0} \mathop{\forall}\limits_{\substack{x \in D \text{ mit} \\ x \in (x_0 - \delta, x_0 + \delta)}} f(x) \in (f(x_0) - \epsilon, f(x_0) + \epsilon).$$

(2) Anschaulich gilt: Eine Funktion f ist im Punkt x_0 stetig, wenn es für jedes $\epsilon > 0$ ein $\delta > 0$ gibt, so dass der Graph auf dem Intervall $(x_0 - \delta, x_0 + \delta) \cap D$ im Rechteck $(x_0 - \delta, x_0 + \delta) \times (f(x_0) - \epsilon, f(x_0) + \epsilon)$ verläuft. Diese Anschauung wird auch in den Abbildungen skizziert.

(3) Wenn der Definitionsbereich D ein Intervall ist, dann gilt anschaulich: $f: D \rightarrow \mathbb{R}$ ist stetig, genau dann, wenn man den Graphen von f „ohne Absetzen" zeichnen kann.

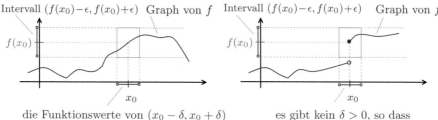

Intervall $(f(x_0) - \epsilon, f(x_0) + \epsilon)$ Graph von f Intervall $(f(x_0) - \epsilon, f(x_0) + \epsilon)$ Graph von f

$f(x_0)$ $f(x_0)$

x_0 x_0

die Funktionswerte von $(x_0 - \delta, x_0 + \delta)$ liegen im Intervall $(f(x_0) - \epsilon, f(x_0) + \epsilon)$

f ist stetig in x_0

es gibt kein $\delta > 0$, so dass die Funktionswerte von $(x_0 - \delta, x_0 + \delta)$ im Intervall $(f(x_0) - \epsilon, f(x_0) + \epsilon)$ liegen

f ist *nicht* stetig in x_0

Das folgende Lemma zeigt, dass konstante Funktionen, die Funktion $f(x) = x$, und allgemeiner, affin lineare Funktionen, stetig sind.

Lemma 6.1. Für jedes beliebige $m \in \mathbb{R}$ und jedes $b \in \mathbb{R}$ ist die affin lineare Funktion

$$\begin{array}{ccc} \mathbb{R} & \to & \mathbb{R} \\ x & \mapsto & m \cdot x + b \end{array} \qquad \text{stetig.}$$

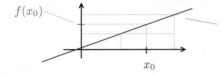

der Graph der Funktion $x \mapsto m \cdot x + b$
ist eine Gerade

Beweis. Es sei $x_0 \in \mathbb{R}$. Wir müssen zeigen, dass die Funktion $x \mapsto mx + b$ im Punkt x_0 stetig ist. Es sei also $\epsilon > 0$.

(1) Wenn $m \neq 0$, dann setzen wir $\delta := \frac{\epsilon}{|m|}$. Dann gilt:

$$|x - x_0| < \delta \implies \frac{1}{|m|} \cdot |\overbrace{(m \cdot x + b)}^{=f(x)} - \overbrace{(m \cdot x_0 + b)}^{=f(x_0)}| < \delta \implies |f(x) - f(x_0)| < |m| \cdot \delta = \epsilon.$$

(2) Wenn $m = 0$, dann gilt für alle $x \in \mathbb{R}$, dass $|f(x) - f(x_0)| = 0 < \epsilon$. Also erfüllt jedes $\delta > 0$, z. B. $\delta = 1$, die gewünschte Bedingung. ∎

Notation. Wenn $f : D \to X$ irgendeine Abbildung ist, und wenn $C \subset D$ eine Teilmenge ist, dann bezeichnet man mit $f|_C$ die Einschränkung von f auf den Definitionsbereich C. Mit anderen Worten: $f|_C$ bezeichnet die Abbildung

$$\begin{array}{ccc} f|_C : C & \to & X \\ c & \mapsto & f(c). \end{array}$$

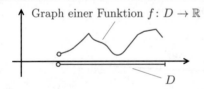

Graph einer Funktion $f : D \to \mathbb{R}$

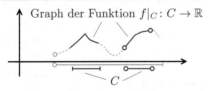

Graph der Funktion $f|_C : C \to \mathbb{R}$

Das folgende Lemma besagt, dass die Einschränkung einer stetigen Funktion auf eine Teilmenge wiederum stetig ist:

Lemma 6.2. Es sei $D \subset \mathbb{R}$ eine Teilmenge, und es sei $f : D \to \mathbb{R}$ eine stetige Funktion. Dann ist für jede Teilmenge $C \subset D$ die Einschränkung $f|_C : C \to \mathbb{R}$ ebenfalls stetig.

Beweis. Es sei $D \subset \mathbb{R}$ eine Teilmenge, es sei $f : D \to \mathbb{R}$ eine stetige Funktion, und es sei $C \subset D$. Es sei $x_0 \in C$ und $\epsilon > 0$. Dann gibt es nach Voraussetzung ein $\delta > 0$, so dass $|f(x) - f(x_0)| < \epsilon$ für alle $x \in (x_0 - \delta, x_0 + \delta) \cap D$. Da $C \subset D$, gilt diese Ungleichung natürlich auch für alle $x \in (x_0 - \delta, x_0 + \delta) \cap C$. Wir haben also gezeigt, dass die Funktion $f|_C$ im Punkt x_0 stetig ist. ∎

Beispiel. Es folgt aus Lemma 6.1 und aus Lemma 6.2, dass die Funktionen

$$\begin{array}{ccc} [-1, 2) & \to & \mathbb{R} \\ x & \mapsto & 1 \end{array} \qquad \text{und} \qquad \begin{array}{ccc} \mathbb{Z} & \to & \mathbb{R} \\ x & \mapsto & x, \end{array}$$

deren Graphen wir auf den Seiten 82 und 83 skizziert haben, stetig sind.

Satz 6.3. Es sei $f\colon [a,b] \to \mathbb{R}$ eine stetige Funktion, und es sei $g\colon [b,c] \to \mathbb{R}$ eine stetige Funktion mit $f(b) = g(b)$. Dann ist die Funktion

$$h\colon [a,c] \to \mathbb{R}$$
$$x \mapsto \begin{cases} f(x), & \text{wenn } x \in [a,b], \\ g(x), & \text{wenn } x \in (b,c] \end{cases}$$

stetig. Die gleiche Aussage gilt auch, wenn f und g auf Intervallen der Form $(a,b]$ oder $(-\infty, b]$ beziehungsweise $[b,c)$ oder $[b,\infty)$ definiert sind.

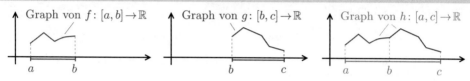

Graph von $f\colon [a,b] \to \mathbb{R}$ Graph von $g\colon [b,c] \to \mathbb{R}$ Graph von $h\colon [a,c] \to \mathbb{R}$

Beweis. Der Beweis des Satzes erfolgt in Übungsaufgabe 6.7.   ∎

Beispiel. Wir betrachten die Betragsfunktion

$$h\colon \mathbb{R} \to \mathbb{R}$$
$$x \mapsto |x| = \begin{cases} -x, & \text{falls } x \leq 0 \\ x, & \text{falls } x > 0. \end{cases}$$

Es folgt aus Lemma 6.1 und Lemma 6.2, dass die Funktionen

$$f\colon (-\infty, 0] \to \mathbb{R} \qquad \text{und} \qquad f\colon [0, \infty) \to \mathbb{R}$$
$$x \to -x \qquad\qquad\qquad x \to x$$

stetig sind. Also folgt aus Lemma 6.3, dass die Betragsfunktion h stetig ist.

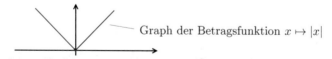

Graph der Betragsfunktion $x \mapsto |x|$

An dieser Stelle wäre es jetzt logisch, die Summe und das Produkt von stetigen Funktionen zu betrachten. Wir diskutieren aber zuerst den Zusammenhang von Stetigkeit und Grenzwerten von Folgen, weil uns dann unsere vorherigen Ergebnisse zu Grenzwerten bei der Diskussion von Stetigkeit das Leben deutlich erleichtern werden.

6.3. Stetigkeit von Funktionen und Grenzwerte von Folgen. Der folgende Satz verbindet den neuen Begriff der Stetigkeit mit dem vertrauten Begriff des Grenzwertes einer Folge von reellen Zahlen:

Satz 6.4. (Folgen-Stetigkeitssatz) Es sei $f\colon D \to \mathbb{R}$ eine Funktion, und es sei $x_0 \in D$. Dann gilt:

f ist stetig im Punkt x_0	$\Longleftrightarrow$	Für jede Folge $(a_n)_{n \in \mathbb{N}}$ in D mit $\lim\limits_{n \to \infty} a_n = x_0$ gilt, dass auch $\lim\limits_{n \to \infty} f(a_n) = f(x_0)$.

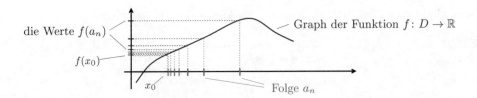

die Werte $f(a_n)$ — Graph der Funktion $f\colon D \to \mathbb{R}$

$f(x_0)$

x_0 — Folge a_n

Bemerkung. Es sei $f\colon D \to \mathbb{R}$ eine Funktion, und es sei $(a_n)_{n\in\mathbb{N}}$ eine konvergente Folge in D, welche gegen einen Punkt in D konvergiert. Dann besagt die „$\Rightarrow$"-Richtung des Folgen-Stetigkeitssatzes 6.4, dass gilt:

$$f \text{ ist stetig im Grenzwert } \lim_{n\to\infty} a_n \quad\Longrightarrow\quad \lim_{n\to\infty} f(a_n) = f\Big(\lim_{n\to\infty} a_n\Big).$$

Etwas salopp gesagt gilt also: Eine Funktion ist genau dann stetig, wenn wir Grenzwertbildung und Funktion vertauschen können.

Beispiel. Manchmal können wir den Folgen-Stetigkeitssatz 6.4 auch verwenden, um zu zeigen, dass eine gegebene Funktion *nicht* stetig ist. Betrachten wir beispielsweise die Funktion

$$f\colon \mathbb{R} \;\to\; \mathbb{R}$$
$$x \;\mapsto\; \begin{cases} x-2, & \text{wenn } x \le 3, \\ x-1, & \text{wenn } x > 3 \end{cases}$$

und die Folge $3 + \frac{1}{n}$, welche in der nächsten Abbildung skizziert sind. Dann gilt:

$$\lim_{n\to\infty} f\Big(\underbrace{3 + \tfrac{1}{n}}_{>3}\Big) \;=\; \lim_{n\to\infty}\Big(2 + \tfrac{1}{n}\Big) \;=\; 2 \neq 1 \;=\; f(3) \;=\; f\Big(\lim_{n\to\infty}\big(3 + \tfrac{1}{n}\big)\Big).$$

Es folgt also aus dem Prinzip der Kontraposition 1.1 und der obigen Bemerkung, dass die Funktion f an der Stelle $\lim_{n\to\infty}\big(3 + \frac{1}{n}\big) = 3$ *nicht* stetig ist.

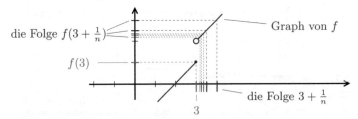

die Folge $f(3 + \frac{1}{n})$ — Graph von f

$f(3)$

die Folge $3 + \frac{1}{n}$

3

Wir beweisen die „$\Rightarrow$"-Richtung und die „$\Leftarrow$"-Richtung des Folgen-Stetigkeitssatzes 6.4 getrennt.

Beweis der „$\Rightarrow$"-Richtung des Folgen-Stetigkeitssatzes 6.4. Für eine beliebige Folge $(a_n)_{n\in\mathbb{N}}$ in D müssen wir beweisen:

$$f \text{ stetig in } x_0 \text{ und } \lim_{n\to\infty} a_n = x_0 \quad\Longrightarrow\quad \lim_{n\to\infty} f(a_n) = f(x_0).$$

Mit anderen Worten, wir müssen beweisen:

$$\underset{\epsilon>0}{\forall}\; \underset{\delta>0}{\exists}\; \underset{\substack{x\in D \text{ mit} \\ |x-x_0|<\delta}}{\forall}\; |f(x)-f(x_0)|<\epsilon \quad\text{und}\quad \underset{\mu>0}{\forall}\; \underset{N\in\mathbb{N}}{\exists}\; \underset{n\ge N}{\forall}\; |a_n-x_0|<\mu$$

$$\Longrightarrow\quad \underset{\epsilon>0}{\forall}\; \underset{N\in\mathbb{N}}{\exists}\; \underset{n\ge N}{\forall}\; |f(a_n)-f(x_0)|<\epsilon.$$

Es sei also $\epsilon > 0$. Nachdem f im Punkt x_0 stetig ist, existiert ein $\delta > 0$, so dass für alle $x \in D$ gilt:
$$|x - x_0| < \delta \stackrel{(1)}{\Longrightarrow} |f(x) - f(x_0)| < \epsilon.$$
Wir wenden die Definition von $\lim\limits_{n \to \infty} a_n = x_0$ auf $\mu = \delta$ an. Es gibt also ein $N \in \mathbb{N}$, so dass
$$n \geq N \stackrel{(2)}{\Longrightarrow} |a_n - x_0| < \delta.$$
Dann gilt aber auch, dass
$$n \geq N \stackrel{(2)}{\Longrightarrow} |a_n - x_0| < \delta \stackrel{(1)}{\Longrightarrow} |f(a_n) - f(x_0)| < \epsilon. \qquad \blacksquare$$

Beweis der „⇐"-Richtung des Folgen-Stetigkeitssatzes 6.4. Wir wollen also folgende Behauptung beweisen:

$$\overbrace{\underset{\epsilon > 0}{\forall} \ \underset{\delta > 0}{\exists} \ \underset{\substack{x \in D \text{ mit} \\ |x - x_0| < \delta}}{\forall} |f(x) - f(x_0)| < \epsilon}^{f \text{ ist im Punkt stetig } x_0} \quad \Longleftarrow \quad \underset{\substack{\text{Folge } (a_n)_{n \in \mathbb{N}} \text{ in } D \\ \text{mit } \lim a_n = x_0}}{\forall} \ \lim_{n \to \infty} f(a_n) = f(x_0).$$

Aus dem Prinzip der Kontraposition 1.1 folgt, dass es genügt, folgende Behauptung zu beweisen:

Behauptung.

$$\underset{\epsilon > 0}{\exists} \ \underset{\delta > 0}{\forall} \ \underset{\substack{x \in D \text{ mit} \\ |x - x_0| < \delta}}{\exists} |f(x) - f(x_0)| \geq \epsilon \quad \Longrightarrow \quad \underset{\substack{\text{Folge } (a_n)_{n \in \mathbb{N}} \text{ in } D \\ \text{mit } \lim a_n = x_0}}{\exists} \ \begin{array}{l} f(a_n) \text{ konvergiert} \\ \text{nicht gegen } f(x_0). \end{array}$$

Beweis. Wir wählen also ein $\epsilon > 0$ mit der links genannten Eigenschaft. Für jedes $n \in \mathbb{N}$ wenden wir die Eigenschaft auf $\delta = \frac{1}{n}$ an und erhalten daher jeweils ein $a_n \in D$ mit folgenden Eigenschaften:

$$\text{(i)} \quad |a_n - x_0| < \frac{1}{n} \qquad \text{und} \qquad \text{(ii)} \quad |f(a_n) - f(x_0)| \geq \epsilon.$$

Dann folgt leicht aus (i) und der Definition von Konvergenz von Folgen, dass $\lim\limits_{n \to \infty} a_n = x_0$. Zudem folgt aus (ii), dass die Folge $(f(a_n))_{n \in \mathbb{N}}$ *nicht* gegen $f(x_0)$ konvergiert. $\qquad \blacksquare$

6.4. Eigenschaften von stetigen Funktionen. Der folgende Satz besagt insbesondere, dass die Summe und das Produkt von stetigen Funktionen wiederum stetig sind:

Satz 6.5. Es seien $f, g \colon D \to \mathbb{R}$ Funktionen, welche im Punkt $x_0 \in D$ stetig sind. Zudem sei $\lambda \in \mathbb{R}$. Die Funktionen

$$\begin{array}{ccc} f + g \colon D & \to & \mathbb{R} \\ x & \mapsto & f(x) + g(x) \end{array} \qquad \begin{array}{ccc} f \cdot g \colon D & \to & \mathbb{R} \\ x & \mapsto & f(x) \cdot g(x) \end{array} \qquad \begin{array}{ccc} \lambda \cdot f \colon D & \to & \mathbb{R} \\ x & \mapsto & \lambda \cdot f(x) \end{array}$$

sind ebenfalls im Punkt x_0 stetig. Wenn $g(x) \neq 0$ für alle $x \in D$, dann ist auch die Funktion

$$\begin{array}{ccc} \frac{f}{g} \colon D & \to & \mathbb{R} \\ x & \mapsto & \frac{f(x)}{g(x)} \end{array} \qquad \text{im Punkt } x_0 \text{ stetig.}$$

Beweis.

Wenn man die Definitionen und Aussagen mal verdaut hat, dann sieht man, dass der Satz eigentlich sofort aus den Grenzwertregeln 2.3 und dem Folgen-Stetigkeitssatz 6.4 folgt.

Wir zeigen im Folgenden, dass die Funktion $f + g$ im Punkt x_0 stetig ist. Nach dem Folgen-Stetigkeitssatz 6.4 genügt es, folgende Behauptung zu beweisen:

Behauptung. Für jede Folge $(a_n)_{n \in \mathbb{N}}$ im Definitionsbereich D mit $\lim\limits_{n \to \infty} a_n = x_0$ gilt die Gleichheit: $\lim\limits_{n \to \infty} (f+g)(a_n) = (f+g)(x_0)$.

Beweis. Es sei also $(a_n)_{n \in \mathbb{N}}$ eine Folge in D mit $\lim\limits_{n \to \infty} a_n = x_0$. Dann gilt:

$$
\begin{array}{ll}
\overset{\text{Definition der Funktion } f+g}{\downarrow} & \overset{\text{Grenzwertregel 2.3 (1)}}{\downarrow} \\
\lim\limits_{n \to \infty} (f+g)(a_n) \;=\; \lim\limits_{n \to \infty} (f(a_n) + g(a_n)) \;=\; \lim\limits_{n \to \infty} f(a_n) + \lim\limits_{n \to \infty} g(a_n) \\
\phantom{\lim\limits_{n \to \infty} (f+g)(a_n)} \;=\; \underset{\uparrow}{f(x_0) + g(x_0)} \qquad\qquad\;\; =\; \underset{\uparrow}{(f+g)(x_0)}.
\end{array}
$$

folgt aus dem Folgen-Stetigkeitssatz 6.4, da f und g stetig   Definition der Funktion $f+g$

Alle anderen Aussagen des Satzes werden ganz analog auf die Grenzwertregeln 2.3 zurückgeführt. ∎

Definition. Es seien $a_0, \dots, a_n \in \mathbb{R}$ mit $a_n \neq 0$ gegeben. Wir nennen

$$
\begin{array}{rcl}
\mathbb{R} & \to & \mathbb{R} \\
x & \mapsto & a_0 + a_1 \cdot x + a_2 \cdot x^2 + \cdots + a_n \cdot x^n
\end{array}
$$

eine Polynomfunktion von Grad n. Es seien $p, q \colon \mathbb{R} \to \mathbb{R}$ zwei Polynomfunktionen. Dann nennen wir

$$
\begin{array}{rcl}
\{x \in \mathbb{R} \mid q(x) \neq 0\} & \to & \mathbb{R} \\
x & \mapsto & \dfrac{p(x)}{q(x)}
\end{array}
$$

eine rationale Funktion.

Beispiel. Beispielsweise ist

$$
\begin{array}{rcl}
\mathbb{R} & \to & \mathbb{R} \\
x & \mapsto & -3x^3 + \sqrt{2}x^4 + \frac{2}{3}x^5
\end{array}
\qquad \text{bzw.} \qquad
\begin{array}{rcl}
\mathbb{R} \setminus \{\pm\sqrt{2}\} & \to & \mathbb{R} \\
x & \mapsto & \dfrac{x^3 + 7x + 2}{x^2 - 2}
\end{array}
$$

eine Polynomfunktion bzw. eine rationale Funktion.

Satz 6.6. Polynomfunktionen und rationale Funktionen sind stetig.

Beweis. Es folgt aus Lemma 6.1 und Satz 6.5, dass die Funktionen $x \mapsto x^n = x \cdot \ldots \cdot x$ und Linearkombinationen von solchen Funktionen stetig sind. Dies bedeutet gerade, dass Polynomfunktionen stetig sind. Aus Satz 6.5 folgt nun auch, dass rationale Funktionen stetig sind. ∎

Der folgende Satz besagt insbesondere, dass die Verknüpfung von stetigen Funktionen wiederum stetig ist:

Satz 6.7. Es seien $f \colon D \to \mathbb{R}$ und $g \colon E \to \mathbb{R}$ zwei Funktionen, so dass $f(D) \subset E$, d.h. so dass die Funktion $x \mapsto g(f(x))$ auf D definiert ist. Wenn f im Punkt $x_0 \in D$ stetig ist und wenn g im Punkt $f(x_0) \in E$ stetig ist, dann ist die Funktion

$$
\begin{array}{rcl}
g \circ f \colon D & \to & \mathbb{R} \\
x & \mapsto & g(\underbrace{f(x)}_{\in E})
\end{array}
\qquad \text{im Punkt } x_0 \text{ stetig.}
$$

Beispiel. Wir betrachten die Funktionen[26] $f(x) = x^2 - 2$ und $g(x) = |x|$. Es folgt aus Satz 6.7 und der Diskussion auf Seite 85, dass die Verknüpfung $(g \circ f)(x) = |x^2 - 2|$ stetig ist.

Beweis von Satz 6.7. Wir müssen zeigen, dass die Funktion $g \circ f \colon D \to \mathbb{R}$ im Punkt x_0 stetig ist. Wir verwenden dazu das Stetigkeitskriterium aus dem Folgen-Stetigkeitssatz 6.4. Es sei also $(a_n)_{n \in \mathbb{N}}$ eine Folge in D mit $\lim_{n \to \infty} a_n = x_0$. Wir müssen folgende Behauptung beweisen:

Behauptung. Es ist $(g \circ f)(x_0) = \lim_{n \to \infty} (g \circ f)(a_n)$.

Beweis. Es gilt:

$$
\begin{aligned}
(g \circ f)(x_0) &= g(f(x_0)) &&= g\big(f\big(\lim_{n \to \infty} a_n\big)\big) \\
&= g\big(\lim_{n \to \infty} f(a_n)\big) &&= \lim_{n \to \infty} g(f(a_n)) \quad = \quad \lim_{n \to \infty} (g \circ f)(a_n).
\end{aligned}
$$

folgt aus dem Folgen-Stetigkeitssatz 6.4 und der Voraussetzung, dass f im Punkt $x_0 = \lim_{n \to \infty} a_n$ stetig ist

folgt aus dem Folgen-Stetigkeitssatz 6.4 und der Voraussetzung, dass g im Punkt $f(x_0) = \lim_{n \to \infty} f(a_n)$ stetig ist ∎

6.5. Stetigkeit der Exponentialfunktion. Die Abbildung des Graphen der Exponentialfunktion auf Seite 83 legt natürlich nahe, dass die Exponentialfunktion stetig ist. Dies ist in der Tat der Fall, wie wir jetzt beweisen werden.

Satz 6.8. Die Exponentialfunktion $\exp \colon \mathbb{R} \to \mathbb{R}$ ist stetig.

Beweis. Wir wollen zuerst zeigen, dass die Funktion $\exp$ im Punkt 0 stetig ist. Dazu benötigen wir folgende Abschätzung:

Behauptung. Für alle $|x| < \frac{1}{2}$ gilt $|\exp(x) - 1| \leq 2 \cdot |x|$.

Beweis. Es sei also $|x| < \frac{1}{2}$. Dann gilt:

Reihenanfangspunkt-Lemma 5.1 (1)   Reihenregel 2.15   Substitution $m = n-1$

$$
\begin{aligned}
|\exp(x) - 1| &= \left| \sum_{n=0}^{\infty} \frac{x^n}{n!} - 1 \right| = \left| \sum_{n=1}^{\infty} \frac{x^n}{n!} \right| = |x| \cdot \left| \sum_{n=1}^{\infty} \frac{x^{n-1}}{n!} \right| = |x| \cdot \left| \sum_{m=0}^{\infty} \frac{x^m}{(m+1)!} \right| \\
&\leq |x| \cdot \sum_{m=0}^{\infty} \frac{|x|^m}{(m+1)!} \leq |x| \cdot \sum_{m=0}^{\infty} \frac{1}{2^m} = |x| \cdot \frac{1}{1 - \frac{1}{2}} = 2 \cdot |x|.
\end{aligned}
$$

Reihenbetrag-Satz 5.7   nach der Reihenregel 2.15 da $|x| < \frac{1}{2}$ und $n! \geq 1$ folgt aus der Berechnung der geometrischen Reihe in Satz 2.14 ⊞

Wir wenden uns nun wieder dem Beweis der Stetigkeit von $\exp$ im Punkt 0 zu. Es sei also $\epsilon > 0$. Wir setzen $\delta = \min\{\frac{\epsilon}{2}, \frac{1}{2}\}$. Für alle $|x| < \delta$ gilt dann

$$
|\exp(x) - \exp(0)| = |\exp(x) - 1| \leq 2 \cdot |x| < 2 \cdot \frac{\epsilon}{2} = \epsilon.
$$

folgt aus der Behauptung, da $|x| < \delta \leq \frac{1}{2}$ da $|x| < \delta \leq \frac{\epsilon}{2}$

---

[26]Bei einer Funktion muss man immer angeben, was der Definitionsbereich sein soll. Beispielsweise sind die Funktionen
$$
\begin{array}{ccc}
\mathbb{R} & \to & \mathbb{R} \\
x & \mapsto & x^2
\end{array}
\quad \text{und} \quad
\begin{array}{ccc}
[0,1] & \to & \mathbb{R} \\
x & \mapsto & x^2
\end{array}
$$
verschieden, nachdem diese Funktionen verschiedene Definitionsbereiche besitzen. Wenn wir nun schreiben, „$f(x) = x^2 - 2$" oder „$f(x) = \frac{1}{x}$" oder „$f(x) = \frac{x}{2-|x|}$", ohne eine Angabe des Definitionsbereichs, dann ist der Definitionsbereich die Menge aller reellen Zahlen, für die die rechte Seite Sinn ergibt.

Wir müssen noch zeigen, dass exp in jedem beliebigen Punkt stetig ist. Es sei also $x_0 \in \mathbb{R}$. Für $x \in \mathbb{R}$ gilt nach der Funktionalgleichung 5.18, dass $\exp(x) = \exp(x - x_0) \cdot \exp(x_0)$. Daraus folgt, dass folgende Gleichheit von Funktionen vorliegt:

$$(x \mapsto \exp(x)) \;=\; \underbrace{(z \mapsto z \cdot \exp(x_0))}_{\substack{=:\,h(z),\text{ stetig}\\ \text{nach Lemma 6.1}}} \circ \underbrace{(y \mapsto \exp(y))}_{\substack{=:\,g(y),\text{ stetig in }0\\ \text{wie gerade bewiesen}}} \circ \underbrace{(x \mapsto x - x_0)}_{\substack{=:\,f(x),\text{ stetig}\\ \text{nach Lemma 6.1}}} \;.$$

Wir haben gerade bewiesen, dass die mittlere Funktion im Punkt 0 stetig ist. Nachdem f in x_0 stetig ist, nachdem g in $f(x_0) = 0$ stetig ist und nachdem h in $g(f(x_0)) = \exp(0) = 1$ stetig ist, folgt nun aus Satz 6.7, dass die Verknüpfung der Funktionen rechts im Punkt x_0 stetig ist. Genau das galt es zu beweisen. ∎

6.6. Grenzwerte von Funktionen. Wir führen jetzt den Begriff des Grenzwertes von Funktionen ein. Dieser Begriff ist verwandt mit dem Begriff des Grenzwertes von Folgen und mit dem Begriff der Stetigkeit von Funktionen.

Definition. Im Folgenden sei $f\colon D \to \mathbb{R}$ eine Funktion, und es sei $x_0 \in \mathbb{R}$.

(1) Wir nehmen nun an, dass es ein $\eta > 0$ mit $(x_0 - \eta, x_0) \subset D$ gibt.[27] Für $a \in \mathbb{R}$ schreiben wir[28]

$$\lim_{x \nearrow x_0} f(x) = a \quad :\Longleftrightarrow \quad \forall_{\epsilon > 0} \; \exists_{\delta > 0} \; \forall_{\substack{x \in D \text{ mit} \\ x \in (x_0 - \delta, x_0)}} \quad |f(x) - a| < \epsilon,$$

und wir nennen $\lim\limits_{x \nearrow x_0} f(x)$ den linksseitigen Grenzwert von f am Punkt x_0.[29]

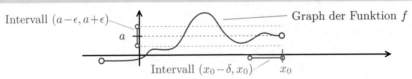

Intervall $(a - \epsilon, a + \epsilon)$ — Graph der Funktion f

a

Intervall $(x_0 - \delta, x_0)$ — x_0

Definition.

(2) Wenn es ein $\eta > 0$ gibt, so dass $(x_0, x_0 + \eta) \subset D$, dann schreiben wir[30]

$$\lim_{x \searrow x_0} f(x) = a \quad :\Longleftrightarrow \quad \forall_{\epsilon > 0} \; \exists_{\delta > 0} \; \forall_{\substack{x \in D \text{ mit} \\ x \in (x_0, x_0 + \delta)}} \quad |f(x) - a| < \epsilon,$$

und wir nennen $\lim\limits_{x \searrow x_0} f(x)$ den rechtsseitigen Grenzwert von f am Punkt x_0.

(3) Wenn sowohl $\lim\limits_{x \nearrow x_0} f(x)$ als auch $\lim\limits_{x \searrow x_0} f(x)$ definiert sind und wenn die Grenzwerte übereinstimmen, dann schreiben wir

$$\lim_{x \to x_0} f(x) \;:=\; \lim_{x \nearrow x_0} f(x) \;=\; \lim_{x \searrow x_0} f(x),$$

und wir nennen $\lim\limits_{x \to x_0} f(x)$ den Grenzwert von f am Punkt x_0.

---

[27]Die Aussage, dass es ein $\eta > 0$ gibt mit $(x_0 - \eta, x_0) \subset D$ bedeutet, dass die Funktion f „links" von x_0 definiert ist. Diese Bedingung führt dazu, dass der Grenzwert, wenn dieser denn existiert, eindeutig bestimmt ist. Der Beweis der Eindeutigkeit ist dem Beweis von Satz 2.1 ähnlich.

[28]Die Notation $x \nearrow x_0$ soll suggerieren, dass x „von unten", also „von links", gegen x_0 strebt.

[29]Der linksseitige bzw. rechtsseitige Grenzwert von f am Punkt x_0 wird in der Literatur manchmal auch mit $\lim\limits_{x \to x_0^-} f(x)$ bzw. $\lim\limits_{x \to x_0^+} f(x)$ bezeichnet.

Beispiel. In der folgenden Abbildung zeigen wir die Graphen zweier Funktionen, und wir geben verschiedene links- und rechtsseitige Grenzwerte an. Man beachte, dass für Grenzwerte an einem Punkt x_0 die Funktion am Punkt x_0 gar nicht definiert sein muss. Wenn die Funktion doch am Punkt x_0 definiert ist, dann gilt trotzdem: *Die Funktionswerte am Punkt x_0 sind für den Grenzwert $\lim\limits_{x \to x_0} f(x)$ völlig irrelevant.*

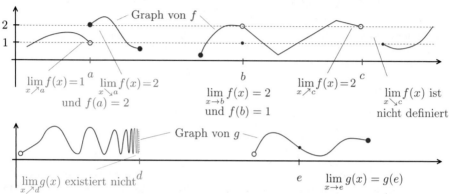

$$\lim_{x \nearrow a} f(x) = 1 \quad a \quad \lim_{x \searrow a} f(x) = 2$$
$$\text{und } f(a) = 2$$

$$b$$
$$\lim_{x \to b} f(x) = 2$$
$$\text{und } f(b) = 1$$

$$\lim_{x \nearrow c} f(x) = 2 \quad c$$
$$\lim_{x \searrow c} f(x) \text{ ist}$$
$$\text{nicht definiert}$$

Graph von g

$$\lim_{x \nearrow d} g(x) \text{ existiert nicht} \quad d$$

$$e \quad \lim_{x \to e} g(x) = g(e)$$

Der folgende Satz gibt uns eine extrem nützliche Charakterisierung von Stetigkeit durch Grenzwerte.

Satz 6.9. (Stetigkeit-via-Grenzwert-Satz) Es sei $f \colon D \to \mathbb{R}$ eine Funktion. Zudem sei $x_0 \in D$ ein Punkt, so dass es ein $\eta > 0$ mit $(x_0 - \eta, x_0 + \eta) \subset D$ gibt. Dann gilt:

$$f \text{ ist im Punkt } x_0 \text{ stetig} \quad \Longleftrightarrow \quad \lim_{x \to x_0} f(x) = f(x_0).$$

Beweis. Die Aussage folgt eigentlich sofort aus den Definitionen. Je mehr man hinschreibt, desto verwirrender wird die Lage. Wir schreiben deswegen keine Details auf und überlassen es der Leserschaft, sich das Argument durchzudenken. ∎

Beispiel. Wir betrachten die Funktion

$$f \colon \mathbb{R} \to \mathbb{R}$$
$$x \mapsto \begin{cases} x^2 + 7, & \text{wenn } x < 3, \\ 5 - x, & \text{wenn } x \geq 3. \end{cases}$$

Dann gilt:

$$\lim_{x \nearrow 3} f(x) \;=\; \lim_{x \nearrow 3} (x^2 + 7) \;=\; 3^2 + 7 \;=\; 16.$$

denn die Funktionen f und $x \mapsto x^2+7$ dies folgt aus Satz 6.9, denn die Funktion
stimmen für $x < 3$ überein $x \mapsto x^2+7$ ist stetig in $x = 3$

Mit einem ganz ähnlichen Argument sieht man, dass $\lim\limits_{x \searrow 3} f(x) = \lim\limits_{x \searrow 3} (5 - x) = 2$. Die beiden Grenzwerte stimmen also nicht überein, also existiert der Grenzwert $\lim\limits_{x \to 3} f(x)$ nicht. Insbesondere folgt aus dem Stetigkeit-via-Grenzwert-Satz 6.9, dass die Funktion f im Punkt $x_0 = 3$ *nicht* stetig ist.

Wir führen im Folgenden noch einige weitere unterhaltsame Grenzwertbegriffe von Funktionen ein:

---

[30]Die Notation $x \searrow x_0$ soll suggerieren, dass x „von oben" gegen x_0 strebt.

Definition. Es sei $f \colon D \to \mathbb{R}$ eine Funktion. Zudem sei $x_0 \in D$ ein Punkt, so dass es ein $\eta > 0$ mit $(x_0 - \eta, x_0) \subset D$ gibt. Wir schreiben[31]

$$\lim_{x \nearrow x_0} f(x) = +\infty \quad :\Longleftrightarrow \quad \underset{C \in \mathbb{R}}{\forall} \; \underset{\delta > 0}{\exists} \; \underset{\substack{x \in D \text{ mit} \\ x \in (x_0 - \delta, \, x_0)}}{\forall} \; f(x) > C$$

sowie

$$\lim_{x \nearrow x_0} f(x) = -\infty \quad :\Longleftrightarrow \quad \underset{C \in \mathbb{R}}{\forall} \; \underset{\delta > 0}{\exists} \; \underset{\substack{x \in D \text{ mit} \\ x \in (x_0 - \delta, \, x_0)}}{\forall} \; f(x) < C.$$

Ganz analog definieren wir auch $\lim\limits_{x \searrow x_0} f(x) = +\infty$ und $\lim\limits_{x \searrow x_0} f(x) = -\infty$.

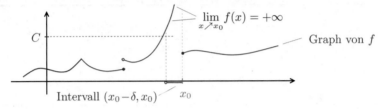

Der folgende Satz, welcher eng mit dem Folgen-Stetigkeitssatz 6.4 verwandt ist, erlaubt es, Grenzwerte für Funktionen auf die uns vertrauten Grenzwerte von Folgen zurückzuführen:

Satz 6.10. (Funktionenfolgen-Grenzwertsatz) Es sei $f \colon D \to \mathbb{R}$ eine Funktion. Zudem sei $x_0 \in D$ ein Punkt, so dass es ein $\eta > 0$ mit $(x_0 - \eta, x_0) \subset D$ gibt. Für jedes $C \in \mathbb{R} \cup \{\pm\infty\}$ gilt:

$$\lim_{x \nearrow x_0} f(x) = C \quad \Longleftrightarrow \quad \begin{array}{l} \text{für jede Folge } (a_n)_{n \in \mathbb{N}} \text{ in } D \cap (-\infty, x_0), \\ \text{mit } \lim\limits_{n \to \infty} a_n = x_0 \text{ gilt: } \lim\limits_{n \to \infty} f(a_n) = C. \end{array}$$

Die analogen Aussagen gelten auch für $\lim\limits_{x \searrow x_0} f(x)$.

Beweis. Der Beweis ist ganz analog zum Beweis des Folgen-Stetigkeitssatzes 6.4. Wir überlassen es der Leserschaft, die Details auszuführen. ∎

Für Grenzwerte von Funktionen gelten nun die gleichen Aussagen wie für Grenzwerte von Folgen:

Satz 6.11. Es seien $f \colon D \to \mathbb{R}$ und $g \colon D \to \mathbb{R}$ zwei Funktionen. Es sei $x_0 \in \mathbb{R}$. Wir nehmen an, dass es ein $\eta > 0$ gibt, so dass $(x_0 - \eta, x_0) \subset D$. Wenn $\lim\limits_{x \nearrow x_0} f(x) \in \mathbb{R} \cup \{\pm\infty\}$ und $\lim\limits_{x \nearrow x_0} g(x) \in \mathbb{R} \cup \{\pm\infty\}$ definiert sind, dann gilt

(1) $$\lim_{x \nearrow x_0} (f(x) + g(x)) = \lim_{x \nearrow x_0} f(x) + \lim_{x \nearrow x_0} g(x)$$

(2) $$\lim_{x \nearrow x_0} (f(x) \cdot g(x)) = \lim_{x \nearrow x_0} f(x) \cdot \lim_{x \nearrow x_0} g(x),$$

wenn die Addition „+" und Multiplikation „·" auf der jeweiligen rechten Seite in den Tabellen auf Seite 36 definiert ist. Die gleichen Aussagen gelten analog auch für den rechtsseitigen Grenzwert $\lim\limits_{x \searrow x_0}$ und für den Grenzwert $\lim\limits_{x \to x_0}$.

Beweis. Der Satz folgt sofort aus der Kombination des Folgen-Stetigkeitssatzes 6.4 mit den Grenzwertregeln 2.3 und 2.8. ∎

---

[31]Die Definition ist inspiriert von der Definition der bestimmten Konvergenz von Folgen, siehe Seite 34.

Bemerkung. Es gelten auch die offensichtlichen Analogien der Grenzwertregeln 2.3 (4), und Grenzwertregel 2.9 sowie dem Grenzwertvergleichssatz 2.12. Die Beweise sind dabei den ursprünglichen Beweisen ganz ähnlich.

Wir führen nun die vorerst letzten Grenzwertbegriffe ein.

Definition. Es sei $f\colon D \to \mathbb{R}$ eine Funktion. Wenn es ein x_0 gibt, so dass $(x_0, \infty) \subset D$, dann schreiben wir für $a \in \mathbb{R}$, dass

$$\lim_{x \to \infty} f(x) = a \quad :\Longleftrightarrow \quad \underset{\epsilon > 0}{\forall} \ \underset{X \in \mathbb{R}}{\exists} \ \underset{\substack{x \in D \text{ mit} \\ x \geq X}}{\forall} \quad |f(x) - a| < \epsilon.$$

Wir bezeichnen $\lim_{x \to \infty} f(x)$ als den **Grenzwert von** f **für** x **gegen** $+\infty$. Zudem definieren wir:

$$\lim_{x \to \infty} f(x) = +\infty \quad :\Longleftrightarrow \quad \underset{C \in \mathbb{R}}{\forall} \ \underset{X \in \mathbb{R}}{\exists} \ \underset{\substack{x \in D \text{ mit} \\ x \geq X}}{\forall} \quad f(x) > C.$$

Ganz analog definieren wir auch $\lim_{x \to \infty} f(x) = -\infty$ sowie die Grenzwerte $\lim_{x \to -\infty} f(x)$.

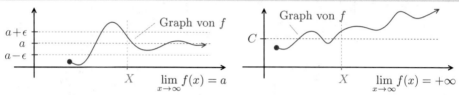

$$X \qquad \lim_{x \to \infty} f(x) = a \qquad\qquad X \qquad \lim_{x \to \infty} f(x) = +\infty$$

Der folgende Satz ist das wenig überraschende Analogon des Funktionenfolgen-Grenzwertsatzes 6.10:

Satz 6.12. Es sei $f\colon D \to \mathbb{R}$ eine Funktion, so dass es ein x_0 mit $(x_0, \infty) \subset D$ gibt. Für jedes $C \in \mathbb{R} \cup \{\pm\infty\}$ gilt:

$$\lim_{x \to \infty} f(x) = C \quad \Longleftrightarrow \quad \begin{array}{l} \text{für jede Folge } (a_n)_{n \in \mathbb{N}} \text{ in } D \\ \text{mit } \lim_{n \to \infty} a_n = \infty \text{ gilt: } \lim_{n \to \infty} f(a_n) = C. \end{array}$$

Die analogen Aussagen gelten auch für $\lim_{x \to -\infty} f(x)$.

Beweis. Der Beweis ist ganz analog zum Beweis des Folgen-Stetigkeitssatzes 6.4. Auch dieses Mal überlassen wir es der Leserschaft, die Details auszuführen. ∎

Wir beschließen diesen Abschnitt mit folgendem Lemma, welches ganz ähnlich wie Korollar 2.11 bewiesen wird.

Lemma 6.13. Es seien $c_0, \ldots, c_d \in \mathbb{R}$ mit $d \geq 1$ und $c_d \neq 0$. Dann gilt:

$$\lim_{x \to \infty} \left(c_0 + c_1 \cdot x + c_2 \cdot x^2 + \cdots + c_{d-1} \cdot x^{d-1} + c_d \cdot x^d \right) = \begin{cases} \infty, & \text{wenn } c_d > 0, \\ -\infty, & \text{wenn } c_d < 0. \end{cases}$$

6.7. Gleichmäßige Stetigkeit. Auf Seite 16 hatten wir offene und abgeschlossene Intervalle eingeführt. Wir führen nun noch einen dritten Typ von Intervallen ein:

Definition. Es seien $a, b \in \mathbb{R}$.

(1) Ein Intervall vom Typ $[a, b]$, $[a, \infty)$ oder $(-\infty, a]$ heißt **abgeschlossen**.
(2) Ein Intervall vom Typ (a, b), (a, ∞) oder $(-\infty, a)$ heißt **offen**.

94

(3) Ein kompaktes Intervall ist ein beschränktes und abgeschlossenes Intervall, das heißt, ein Intervall vom Typ $[a, b]$.

In diesem Abschnitt zeigen wir, dass Funktionen auf kompakten Intervallen gleichmäßig stetig sind. Die Definition von „gleichmäßig stetig" ist auf den ersten, und oft auch auf den zweiten Blick, verwirrend. Dieses Ergebnis über die gleichmäßige Stetigkeit wird aber im späteren Verlauf noch eine wichtige Rolle spielen.

Wir erinnern an die Definition von Stetigkeit. Es sei $f\colon D \to \mathbb{R}$ eine Funktion. Dann gilt per Definition:

$$f \text{ ist stetig} \quad :\Longleftrightarrow \quad \forall_{x_0 \in D} \; \forall_{\epsilon > 0} \; \exists_{\delta > 0} \; \forall_{\substack{x \in D \text{ mit} \\ |x - x_0| < \delta}} \quad |f(x) - f(x_0)| < \epsilon.$$

In der nächsten Abbildung betrachten wir den Graphen der Funktion $f(x) = \frac{1}{x}$, wobei $x \in (0, \infty)$, und wir betrachten den Fall $\epsilon = \frac{1}{2}$. Wir sehen, dass es für $x_0 = a$ möglich ist, ein deutlich größeres δ zu finden als für $x_0 = b$.

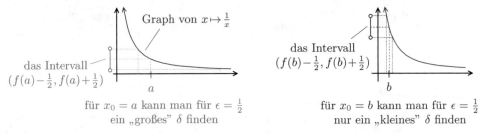

für $x_0 = a$ kann man für $\epsilon = \frac{1}{2}$ ein „großes" δ finden

für $x_0 = b$ kann man für $\epsilon = \frac{1}{2}$ nur ein „kleines" δ finden

Es wäre nun eigentlich praktisch, wenn man für gegebenes $\epsilon > 0$ ein $\delta > 0$ finden könnte, welches für alle $x_0 \in D$ funktioniert. Dies führt uns zu folgender Definition:

Definition. Es sei $f\colon D \to \mathbb{R}$ eine Funktion. Wir definieren:

$$f \text{ gleichmäßig stetig} \quad :\Longleftrightarrow \quad \forall_{\epsilon > 0} \; \exists_{\delta > 0} \; \forall_{x_0 \in D} \; \forall_{\substack{x \in D \text{ mit} \\ |x - x_0| < \delta}} \quad |f(x) - f(x_0)| < \epsilon.$$

Etwas vereinfacht ausgedrückt: Eine Funktion f ist gleichmäßig stetig, wenn „es zu jedem $\epsilon > 0$ ein $\delta > 0$ gibt, welches für alle x_0 passt".

Beispiel. Wir betrachten die Funktionen

$$f\colon (0, 1] \to \mathbb{R} \qquad \text{und} \qquad g\colon [0, \infty) \to \mathbb{R}$$
$$x \mapsto \frac{1}{x}, \qquad\qquad\qquad x \mapsto \sqrt{x}.$$

In Übungsaufgabe 6.9 wird gezeigt, dass die stetige Funktion $f\colon (0, 1] \to \mathbb{R}$ *nicht* gleichmäßig stetig ist, und wir werden sehen, dass die Funktion $g\colon [0, \infty) \to \mathbb{R}$ gleichmäßig stetig ist.

Während also stetige Funktionen auf (halb-) offenen Intervallen nicht gleichmäßig stetig sein müssen, ist die Lage für stetige Funktionen auf kompakten Intervallen viel zufriedenstellender:

Satz 6.14. Jede stetige Funktionen, welche auf einem kompakten Intervall definiert ist, ist auch gleichmäßig stetig.

Beweis. Es sei $f\colon [a, b] \to \mathbb{R}$ eine stetige Funktion. Wir wollen zeigen, dass f auch gleichmäßig stetig ist. Wir führen ein Widerspruchsbeweis durch. Nehmen wir also an, dass f nicht gleichmäßig stetig ist. Dies bedeutet:

$$(*) \qquad \exists_{\epsilon > 0} \; \forall_{\delta > 0} \; \exists_{y \in [a, b]} \; \exists_{\substack{x \in [a, b] \text{ mit} \\ |x - y| < \delta}} \quad |f(x) - f(y)| \geq \epsilon.$$

Es sei also solch ein $\epsilon > 0$ für den Rest des Beweises gewählt.

Der Gedanke ist nun, die Formulierung der Stetigkeit über Folgen, siehe den Folgen-Stetigkeitssatz 6.4, ins Spiel zu bringen. Dazu brauchen wir eine konvergente Folge in $[a, b]$. Eine erste Folge erhalten wir dadurch, dass wir die obige Aussage auf $\delta = \frac{1}{n}$, $n \in \mathbb{N}$ anwenden. Diese Folge muss nicht notwendigerweise konvergieren. Mithilfe des Satzes 4.5 von Bolzano–Weierstraß erhalten wir aber eine konvergente Teilfolge. Das reicht für unsere Zwecke.

Für jedes $n \in \mathbb{N}$ wenden wir $(*)$ auf $\delta = \frac{1}{n}$ an und erhalten $x_n, y_n \in [a, b]$, so dass gilt:

(a) $\quad |x_n - y_n| < \dfrac{1}{n}$ $\qquad$ und $\qquad$ (b) $\quad |f(x_n) - f(y_n)| \geq \epsilon$.

Die Folge $(x_n)_{n \in \mathbb{N}}$ ist beschränkt (weil sie in $[a, b]$ liegt), insbesondere existiert nach dem Satz 4.5 von Bolzano–Weierstraß eine Teilfolge $(x_{n_k})_{k \in \mathbb{N}}$, welche konvergiert. Wir setzen $c := \lim\limits_{k \to \infty} x_{n_k}$.

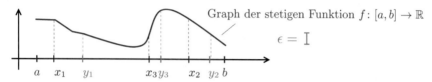

Graph der stetigen Funktion $f \colon [a, b] \to \mathbb{R}$

$\epsilon = \mathrm{I}$

$a \quad x_1 \quad y_1 \qquad x_3 y_3 \quad x_2 \quad y_2\, b$

Behauptung. Es gilt auch $\lim\limits_{k \to \infty} y_{n_k} = c.$

Beweis. Nach (a) gilt für alle $n \in \mathbb{N}$, dass $|x_n - y_n| < \frac{1}{n}$. Insbesondere gilt für alle $k \in \mathbb{N}$, dass $x_{n_k} - \frac{1}{n_k} < y_{n_k} < x_{n_k} + \frac{1}{n_k}$. Nachdem die linke und die rechte Folge gegen c konvergieren, folgt aus dem Sandwichsatz 2.6, dass auch die mittlere Folge y_{n_k} gegen c konvergiert. $\boxplus$
Also gilt:

$$\lim_{k \to \infty} \underbrace{f(x_{n_k}) - f(y_{n_k})}_{|\ldots| \geq \epsilon \text{ nach (b)}} \overset{\downarrow}{=} f\Big(\lim_{k \to \infty} x_{n_k} \Big) - f\Big(\lim_{k \to \infty} y_{n_k} \Big) = f(c) - f(c) = 0.$$

folgt aus dem Folgen-Stetigkeitssatz 6.4, da f stetig

Dies führt nun jedoch zu einem Widerspruch, denn zum einen gilt nach (b) für alle $k \in \mathbb{N}$, dass $|f(x_{n_k}) - f(y_{n_k})| \geq \epsilon$, zum anderen wurde gerade gezeigt, dass die Folge gegen 0 konvergiert. $\blacksquare$

6.8. Der Zwischenwertsatz. In diesem Abschnitt beweisen wir einige wichtige Sätze über stetige Funktionen. Wir beginnen das Kapitel mit folgendem Satz:

Satz 6.15. (Beschränktheitssatz) Jede stetige Funktion auf einem kompakten Intervall ist beschränkt. Mit anderen Worten: Wenn $f \colon [a, b] \to \mathbb{R}$ eine stetige Funktion ist, dann existiert ein $C \in \mathbb{R}$, so dass für alle $x \in [a, b]$ gilt: $|f(x)| \leq C$.

Beispiel. Die Aussage des Satzes gilt nicht, wenn wir stetige Funktionen auf nicht-kompakten Intervallen betrachten. Beispielsweise ist die Funktion

$$\begin{aligned} f \colon (0, 1] &\to \mathbb{R} \\ x &\mapsto \tfrac{1}{x} \end{aligned}$$

stetig und unbeschränkt.

Beweis des Beschränktheitssatzes 6.15. Es sei $f\colon [a,b] \to \mathbb{R}$ eine stetige Funktion. Wir führen einen Widerspruchsbeweis durch, d.h. wir nehmen an, dass es kein solches C gibt. Mit anderen Worten, wir nehmen an, dass gilt:

($*$) Für alle $C \in \mathbb{R}$ existiert ein $x \in [a,b]$ mit $|f(x)| > C$.

> Wie im Beweis von Satz 6.14 wollen wir wieder die Formulierung der Stetigkeit über Folgen, siehe den Folgen-Stetigkeitssatz 6.4 ins Spiel zu bringen. Dazu brauchen wir eine konvergente Folge in $[a,b]$. Eine Folge erhalten wir erst einmal dadurch, dass wir ($*$) auf $C = n$, $n \in \mathbb{N}$ anwenden. Die Folge $x_n \in [a,b]$, welche wir erhalten, muss nicht notwendigerweise konvergieren. Mithilfe des Satzes 4.5 von Bolzano–Weierstraß erhalten wir jedoch eine konvergente Teilfolge. Das reicht für unsere Zwecke.

Aus ($*$) folgt, dass es zu jedem $n \in \mathbb{N}$ ein $x_n \in [a,b]$ gibt, so dass $|f(x_n)| > n$. Die Folge $(x_n)_{n \in \mathbb{N}}$ von reellen Zahlen ist beschränkt, also existiert nach dem Satz 4.5 von Bolzano–Weierstraß eine Teilfolge $(x_{n_k})_{k \in \mathbb{N}}$, welche konvergiert. Wir setzen $x := \lim\limits_{k \to \infty} x_{n_k}$. Nachdem $a \leq x_{n_k} \leq b$, folgt aus dem Grenzwertvergleichssatz 2.5, dass auch $a \leq x \leq b$, das heißt $x \in [a,b]$. Insbesondere sehen wir also, dass $x = \lim\limits_{k \to \infty} x_{n_k}$ im Definitionsbereich der Funktion f liegt.

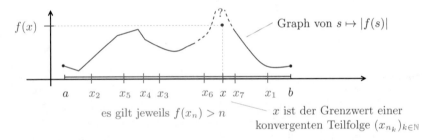

$$+\infty \quad \underset{\uparrow}{=} \quad \lim_{k \to \infty} |f(x_{n_k})| \quad \underset{\uparrow}{=} \quad \left| f\left(\lim_{k \to \infty} x_{n_k} \right) \right| \quad = \quad |f(x)| \quad \in \mathbb{R}.$$

folgt aus $|f(x_{n_k})| > n_k \geq k$ folgt aus dem Folgen-Stetigkeitssatz 6.4, da f stetig und daher auch $|f|$ stetig ist

Wir haben also einen Widerspruch erhalten. ∎

Definition. Es sei $D \subset \mathbb{R}$, und es sei $f\colon D \to \mathbb{R}$ eine Funktion. Wir sagen:

(1) f besitzt ein Minimum, wenn es $x_{\min} \in D$ gibt mit $f(x_{\min}) \leq f(x)$ für alle $x \in D$.

(2) f besitzt ein Maximum, wenn es $x_{\max} \in D$ gibt mit $f(x_{\max}) \geq f(x)$ für alle $x \in D$.

Beispiel. In der Abbildung unten sehen wir eine stetige Funktion auf einem kompakten Intervall $[a,b]$. Diese besitzt ein Minimum und ein Maximum. Wir sehen zudem eine stetige Funktion auf dem offenen Intervall $(1,4)$, welche zwar beschränkt ist, aber weder ein Minimum noch ein Maximum besitzt.

Satz 6.16. (Satz über die Existenz von Maximum und Minimum) Jede stetige Funktion auf einem nichtleeren kompakten Intervall besitzt ein Maximum und ein Minimum.

Beweis von Satz 6.16. Es sei also $f\colon [a,b] \to \mathbb{R}$ eine stetige Funktion auf dem kompakten Intervall $[a,b]$ mit $a \leq b$. Wir zeigen im Folgenden, dass f Maximum besitzt, der Beweis

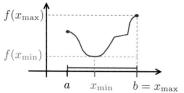

jede stetige Funktion $f\colon [a,b] \to \mathbb{R}$ besitzt ein Maximum und ein Minimum

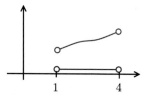

diese stetige Funktion $f\colon (1,4) \to \mathbb{R}$ besitzt weder ein Maximum noch ein Minimum

der Existenz eines Minimums verläuft ganz analog. Wir wollen also folgende Behauptung beweisen:

Behauptung. Es gibt ein $x_1 \in [a,b]$, so dass für alle $x \in [a,b]$ gilt: $f(x) \leq f(x_1)$.

Beweis. Es folgt aus Satz 6.15, dass die Menge $f([a,b])$ beschränkt ist. Zudem ist die Menge nichtleer $f([a,b])$. Also existiert nach dem Supremum-Existenzsatz 3.2 das Supremum $y_1 := \sup(f([a,b]))$. Es folgt nun aus dem Supremum-Folgen-Satz 3.3 (1), dass es eine Folge $(z_n)_{n \in \mathbb{N}}$ in $f([a,b])$ gibt, welche gegen y_1 konvergiert. Für jedes $n \in \mathbb{N}$ wählen wir jetzt ein $c_n \in [a,b]$ mit $f(c_n) = z_n$.

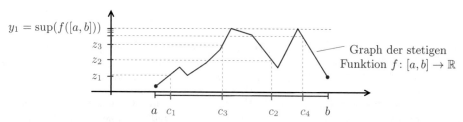

Graph der stetigen Funktion $f\colon [a,b] \to \mathbb{R}$

Nachdem die Folge $(c_n)_{n \in \mathbb{N}}$ beschränkt ist, existiert nach dem Satz 4.5 von Bolzano–Weierstraß eine Teilfolge $(c_{n_k})_{k \in \mathbb{N}}$, welche konvergiert. Wir setzen $x_1 := \lim_{k \to \infty} c_{n_k}$. Wie im Beweis von Satz 6.15 sehen wir, dass $x_1 \in [a,b]$. Zudem gilt:

$$f(x_1) = f\big(\lim_{k \to \infty} c_{n_k}\big) \overset{\downarrow}{=} \lim_{k \to \infty} f(c_{n_k}) = \lim_{k \to \infty} z_{n_k} \overset{\downarrow}{=} \lim_{n \to \infty} z_n = y_1 := \sup(f([a,b])).$$

folgt aus Satz 6.4, da f stetig   Teilfolgen-Grenzwert-Lemma 4.3

Per Definition ist das Supremum $\sup(f([a,b]))$ eine obere Schranke für $f([a,b])$. Es folgt, dass $f(x_1) = \sup(f([a,b]) \geq f(x)$ für alle $x \in [a,b]$. ∎

Der folgende Satz besagt insbesondere, dass eine stetige Funktion f auf einem kompakten Intervall $[a,b]$ jeden Wert zwischen $f(a)$ und $f(b)$ als Funktionswert annimmt:

Satz 6.17. (Zwischenwertsatz) Es sei $f\colon I \to \mathbb{R}$ eine stetige Funktion auf einem Intervall I. Für jede Zahl y_0 zwischen zwei Funktionswerten $f(a)$ und $f(b)$ existiert ein x_0 zwischen a und b, so dass $f(x_0) = y_0$.

Beispiel.

(1) Wir betrachten die stetige Funktion

$$\begin{aligned} f\colon \mathbb{R} &\to \mathbb{R} \\ x &\mapsto \exp(x) + x - 2. \end{aligned}$$

zu jedem y_0 zwischen $f(a)$ und $f(b)$ gibt es ein x_0 zwischen a und b mit $f(x_0) = y_0$

Wir wollen zeigen, dass f eine Nullstelle besitzt. Es gilt $f(0) = \underbrace{\exp(0)}_{=1} + 0 - 2 < 0$ und $f(5) = \underbrace{\exp(5)}_{>0} + 5 - 2 > 0$. Da also 0 zwischen $f(0)$ und $f(5)$ liegt, folgt nun aus dem Zwischenwertsatz 6.17, dass es in der Tat ein $x \in [0,5]$ mit $f(x) = \exp(x) + x - 2 = 0$ gibt. Dies ist nur eine Existenzaussage: Wir wissen nun, dass f eine Nullstelle in $[0,5]$ besitzt. Es ist jedoch völlig unklar, wie man solch eine Nullstelle explizit bestimmen kann.

(2) Es sei $c \in \mathbb{R}_{\geq 0}$ und $n \in \mathbb{N}$. Wir betrachten die Funktion

$$\begin{aligned} f \colon \mathbb{R} &\to \mathbb{R} \\ x &\mapsto x^n. \end{aligned}$$

Wir setzen $a = 0$ und $b = \max\{1, c\}$. Dann gilt $f(a) = 0 \leq c \leq \max\{1, c^n\} = f(b)$. Also folgt aus dem Zwischenwertsatz 6.17, dass es ein $d \in \mathbb{R}$ mit $d^n = c$ gibt. Wir haben also einen neuen Beweis für die Existenz von n-ten Wurzeln gefunden.

Beweis des Zwischenwertsatzes 6.17. Es sei $f \colon I \to \mathbb{R}$ eine stetige Funktion auf einem Intervall I. Es seien $a < b$ zwei Punkte in dem Intervall I und es sei y_0 eine Zahl zwischen den Funktionswerten $f(a)$ und (b). Wir betrachten nur den Fall, dass $f(a) \leq f(b)$, der Fall $f(a) > f(b)$ wird fast genauso bewiesen. Es ist also $y_0 \in [f(a), f(b)]$. Wir müssen zeigen, dass es ein $x_0 \in [a, b]$ mit $f(x_0) = y_0$ gibt.

Wie wir gerade gesehen haben, impliziert der Zwischenwertsatz, dass es Wurzeln von nichtnegativen Zahlen gibt. Wir haben die Existenz von Wurzeln schon im Wurzel-Existenzsatz 3.7 bewiesen. Wie wir gleich sehen werden, ist der Beweis des Zwischen-wertsatzes fast identisch zu dem Beweis des Wurzel-Existenzsatzes 3.7. Wir müssen hauptsächlich die Funktion $x \mapsto x^n$ durch unsere Funktion f ersetzen.

Wir setzen $$M := \{x \in [a, b] \mid y_0 \geq f(x)\}.$$

Nachdem $f(a) \leq y_0$, folgt, dass $a \in M$. Die Menge M ist also nichtleer. Die Menge ist zudem offensichtlich durch b nach oben beschränkt. Es folgt also aus dem Supremum-Existenzsatz 3.2, dass M ein Supremum besitzt. Nachdem $\sup(M) \in [a, b]$, genügt es nun, folgende Behauptung zu beweisen:

Behauptung. Für $x_0 := \sup(M)$ gilt $f(x_0) = y_0$.

Beweis. Wir studieren $f(x_0)$, indem wir x_0 als Grenzwert von zwei Folgen schreiben:

(1) Nach dem Supremum-Folgen-Satz 3.3 (1) gibt es eine Folge $(a_n)_{n \in \mathbb{N}}$ von *Zahlen in M* mit $\lim\limits_{n \to \infty} a_n = x_0$.

(2) Für $n \in \mathbb{N}$ setzen wir $b_n = \min\{x_0 + \frac{1}{n}, b\} \in [a, b]$.

Dann gilt:

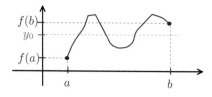

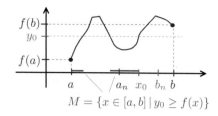

$$M = \{x \in [a, b] \mid y_0 \geq f(x)\}$$

folgt aus dem Folgen-Stetigkeitssatz 6.4, da die Funktion f stetig ist

$$y_0 \geq \lim_{n \to \infty} f(a_n) = f\left(\lim_{n \to \infty} a_n\right) = f(x_0) = f\left(\lim_{n \to \infty} b_n\right) = \lim_{n \to \infty} f(b_n) \geq y_0.$$

da $a_n \in M$, gilt $y_0 \geq f(a_n)$; die Ungleichung folgt nun aus dem Grenzwertvergleichssatz 2.5

da x_0 eine obere Schranke für M ist, gilt für alle $c \in (x_0, b]$, dass $f(c) > y_0$, zudem gilt nach Voraussetzung, dass $f(b) \geq y_0$, insbesondere gilt also $f(b_n) \geq y_0$; die Ungleichung folgt nun wieder aus dem Grenzwertvergleichssatz 2.5

Wir haben also gezeigt, dass $y_0 \geq f(x_0) \geq y_0$. Also ist $f(x_0) = y_0$. ∎

Satz 6.18. Jede Polynomfunktion von *ungeradem* Grad besitzt eine Nullstelle.

Beweis. Der Satz wird in Übungsaufgabe 6.11 mithilfe des Zwischenwertsatzes 6.17 bewiesen. ∎

Beispiel. Der gerade formulierte Satz 6.18 impliziert also beispielsweise, dass die Polynomfunktion $f(x) = 3 - x^2 + 7x^3 - 2x^4 - 2x^5 + 3x^7$ von Grad 7 eine Nullstelle besitzt. Der Satz macht aber keine Aussage, ob oder wie man die Nullstellen berechnen kann. In der Vorlesung „Algebra" wird üblicherweise bewiesen, dass es für Polynomfunktionen von Grad ≥ 5 keine allgemeine Lösungsformel mit geschachtelten Wurzelausdrücken geben kann.

Wir beschließen das kurze Kapitel mit folgendem Satz:

Satz 6.19. Jede stetige Funktion $f \colon I \to \mathbb{R}$ auf einem Intervall I, welche nur Werte in $\mathbb{Z}$ annimmt, ist konstant.

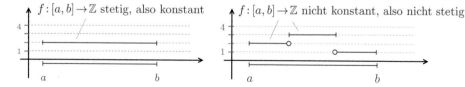

Beweis. Der Beweis des Satzes ist der Inhalt von Übungsaufgabe 6.14. ∎

Beispiel. In den Anwendungen ist folgende, zu Satz 6.19 äquivalente Formulierung oft wichtiger: wenn eine Funktion $f \colon [a, b] \to \mathbb{Z}$ nicht konstant ist, dann kann sie nicht stetig sein. Funktionen $f \colon [a, b] \to \mathbb{Z}$, welche nicht konstant sind, gibt es in der Tat überall. Hier sind ein paar etwas salopp formulierte Beispiele:

$$\text{Bestrafungsfunktion} \quad : [0, 1000000] \quad \to \quad \mathbb{N}_0$$
$$\text{Wert von gestohlenem Gut} \quad \mapsto \quad \text{Anzahl der Monate im Gefängnis}$$

$$\text{Notenfunktion} \quad : [0, 100] \quad \to \quad \{1, 2, 3, 4, 5, 6\}$$
$$\text{Punkte in Klausur} \quad \to \quad \text{Note in Klausur}$$

$$\text{Rechtefunktion} \quad : [0, 100] \quad \to \quad \mathbb{N}_0$$
$$\text{Lebensalter} \quad \to \quad \text{Anzahl der Führerscheine, welche man machen darf}$$

In allen Fällen ist die Funktion nicht-konstant, damit nach Satz 6.19 nicht-stetig und damit letztendlich problematisch.

Übungsaufgaben zu Kapitel 6.

Aufgabe 6.1. Geben Sie eine sorgfältige Skizze des Graphen der Funktion

$$\gamma \colon \mathbb{R} \quad \to \quad \mathbb{R}$$
$$x \quad \mapsto \quad \left| x - \lfloor x \rfloor - \tfrac{1}{2} \right|.$$

Hinweis. Wie immer bedeutet $\lfloor a \rfloor$ die reelle Zahl a „abgerundet".

Aufgabe 6.2. Zeichnen Sie die Graphen der Funktionen

$$f \colon \mathbb{R} \to \mathbb{R} \qquad g \colon \mathbb{R} \to \mathbb{R} \qquad\qquad h \colon \mathbb{R} \to \mathbb{R} \qquad k \colon \mathbb{R} \to \mathbb{R}$$
$$x \mapsto x - \lfloor x \rfloor \qquad x \mapsto \max(x^2, 3 - x) \qquad x \mapsto |x^2 - 2| \qquad x \mapsto \sqrt{2 - x^2}.$$

Für zwei reelle Zahlen $a, b \in \mathbb{R}$ bezeichnen wir hierbei mit $\max(a, b)$ das Maximum der beiden Zahlen.

Aufgabe 6.3.

(a) Eine Funktion $f \colon \mathbb{R} \to \mathbb{R}$ heißt *streng monoton steigend*, wenn für alle $x_1, x_2 \in \mathbb{R}$ gilt

$$x_1 > x_2 \quad \implies \quad f(x_1) > f(x_2).$$

Zeigen Sie, dass die Exponentialfunktion $\exp \colon \mathbb{R} \to \mathbb{R}$ streng monoton steigend ist.

(b) Zeigen Sie, dass die Exponentialfunktion $\exp \colon \mathbb{R} \to \mathbb{R}$ unbeschränkt ist. Zur Erinnerung: Eine Funktion $f \colon D \to \mathbb{R}$ heißt *beschränkt*, wenn es ein $C \in \mathbb{R}$ gibt, so dass für alle $x \in D$ gilt: $|f(x)| \leq C$. Andernfalls heißt die Funktion *unbeschränkt*.

(c) Beweisen Sie folgende Aussage:
$$\lim_{x \to \infty} \exp(x) = +\infty.$$

Aufgabe 6.4.

(a) Wir betrachten die Funktion

$$g \colon \mathbb{R} \quad \to \quad \mathbb{R}$$
$$x \quad \mapsto \quad \begin{cases} x, & \text{falls } x \in \mathbb{Q}, \\ 0, & \text{falls } x \in \mathbb{R} \setminus \mathbb{Q}. \end{cases}$$

Ist die Funktion g im Punkt $x_0 = 0$ stetig?

(b) Ist die Funktion
$$h \colon \mathbb{Z} \quad \to \quad \mathbb{R}$$
$$n \quad \mapsto \quad (-1)^n$$

stetig?

(c) Ist die Funktion

$$h: \{x \in [-3,4] \mid x \neq 0\} \quad \to \quad \mathbb{R}$$
$$x \quad \mapsto \quad \tfrac{1}{x}$$

stetig?

Aufgabe 6.5. Existiert der Grenzwert

$$\lim_{x \to \infty} \frac{\lfloor x^2 \rfloor}{x^2} \, ?$$

Wenn ja, bestimmen Sie den Grenzwert.

Aufgabe 6.6. Es sei $f: (0, \infty) \to \mathbb{R}$ eine beschränkte stetige Funktion. Existiert der Grenzwert $\lim_{x \searrow 0} f(x)$ notwendigerweise? Mit anderen Worten: Ist es immer der Fall, dass der Grenzwert $\lim_{x \searrow 0} f(x)$ existiert, oder gibt es eine solche Funktion, so dass der Grenzwert $\lim_{x \searrow 0} f(x)$ nicht existiert?

Aufgabe 6.7. Es seien $f: [a, b] \to \mathbb{R}$ und $g: [b, c] \to \mathbb{R}$ stetige Funktionen mit $f(b) = g(b)$. Zeigen Sie, dass die Funktion

$$h: [a, c] \quad \to \quad \mathbb{R}$$
$$x \quad \mapsto \quad \begin{cases} f(x), & \text{wenn } x \in [a, b], \\ g(x), & \text{wenn } x \in (b, c] \end{cases}$$

im Punkt b stetig ist.

Aufgabe 6.8. Gibt es ein $a \in \mathbb{R}$, so dass die Funktion

$$f: \mathbb{R} \quad \to \quad \mathbb{R}$$
$$x \quad \mapsto \quad \begin{cases} \exp(1/x), & \text{für } x \neq 0, \\ a, & \text{für } x = 0 \end{cases}$$

stetig ist?

Aufgabe 6.9. Wir betrachten die Funktionen

$$f: (0, 1] \quad \to \quad \mathbb{R} \qquad \text{und} \qquad g: [0, \infty) \quad \to \quad \mathbb{R}$$
$$x \quad \mapsto \quad \tfrac{1}{x}, \qquad \qquad \qquad x \quad \mapsto \quad \sqrt{x}.$$

(a) Zeigen Sie, dass die Funktion $f: (0, 1] \to \mathbb{R}$ nicht gleichmäßig stetig ist.
(b) Zeigen Sie, dass die Funktion $g: [0, \infty) \to \mathbb{R}$ gleichmäßig stetig ist.

Aufgabe 6.10. Es sei $f: \mathbb{R} \to \mathbb{R}$ eine Funktion, und es sei $r \in \mathbb{R}$. Wir nehmen an, dass für jede Folge $(a_n)_{n \in \mathbb{N}}$ von reellen Zahlen mit $\lim_{n \to \infty} a_n = \infty$ gilt, dass $\lim_{n \to \infty} f(a_n) = r$. Zeigen Sie, dass $\lim_{x \to \infty} f(x) = r$.

Aufgabe 6.11.

(a) Es sei $f: \mathbb{R} \to \mathbb{R}$ eine Funktion. Was sind die Definitionen von $\lim_{x \to \infty} f(x) = +\infty$ und von $\lim_{x \to -\infty} f(x) = -\infty$?

(b) Es sei $f: \mathbb{R} \to \mathbb{R}$ eine stetige Funktion mit

$$\lim_{x \to -\infty} f(x) = -\infty \qquad \text{und} \qquad \lim_{x \to +\infty} f(x) = +\infty.$$

Zeigen Sie, dass f eine Nullstelle besitzt, d.h. zeigen Sie, dass es ein $x \in \mathbb{R}$ gibt, so dass $f(x) = 0$.

Bemerkung. Es folgt aus dieser Aufgabe, dass jede Polynomfunktion von ungeradem Grad eine Nullstelle besitzt.

Aufgabe 6.12. Es sei $f \colon [a,b] \to \mathbb{R}$ eine *stetige* Funktion, so dass $f(x) \in [a,b]$ für alle $x \in [a,b]$. Zeigen Sie, dass es ein $x \in [a,b]$ mit $f(x) = x$ gibt.

Aufgabe 6.13. Es sei $E := \{0\} \cup \{\frac{1}{n} \mid n \in \mathbb{N}\}$. Ist jede stetige Funktion $f \colon E \to \mathbb{R}$ beschränkt?

Aufgabe 6.14. Zeigen Sie: Jede stetige Funktion $f \colon I \to \mathbb{R}$ auf einem Intervall I, welche nur Werte in $\mathbb{Z}$ annimmt, ist konstant.

Aufgabe 6.15. Besitzt die Gleichung $\exp(2x^3 + 1) = -3 - x$ eine Lösung in $\mathbb{R}$?

Aufgabe 6.16. Es sei $f \colon I \to \mathbb{R}$ eine stetige Funktion auf einem Intervall. Satz 6.16 besagt, dass wenn $I = [a,b]$ ein kompaktes Intervall ist, dann besitzt f sowohl ein Maximum als auch ein Minimum. Nehmen wir nun an, dass $I = (a,b]$ ein halb-offenes Intervall ist, wobei $a < b \in \mathbb{R}$. Besitzt dann f zumindest ein Maximum *oder* ein Minimum?

7. Umkehrfunktionen

In diesem Kapitel führen wir zuerst ganz allgemein den Begriff der Umkehrfunktion ein. Dieser Begriff führt zu vielen wichtigen neuen Funktionen, beispielsweise der Wurzelfunktion und der Logarithmusfunktion.

7.1. (Streng) monotone Funktionen. Bevor wir uns den Umkehrfunktionen zuwenden, wollen wir erst (streng) monotone Funktionen einführen und diskutieren.

Definition. Es sei $D \subset \mathbb{R}$, und es sei $f \colon D \to \mathbb{R}$ eine Funktion.

(1) f heißt monoton steigend, wenn für $x_1, x_2 \in D$ gilt: $x_1 < x_2 \Rightarrow f(x_1) \le f(x_2)$.
(2) f heißt *streng* monoton steigend, wenn für $x_1, x_2 \in D$ gilt: $x_1 < x_2 \Rightarrow f(x_1) < f(x_2)$.
(3) f heißt monoton fallend, wenn für $x_1, x_2 \in D$ gilt: $x_1 < x_2 \Rightarrow f(x_1) \ge f(x_2)$.
(4) f heißt streng monoton fallend, wenn für $x_1, x_2 \in D$ gilt: $x_1 < x_2 \Rightarrow f(x_1) > f(x_2)$.

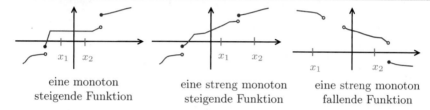

eine monoton   eine streng monoton   eine streng monoton
steigende Funktion   steigende Funktion   fallende Funktion

Lemma 7.1.

(1) Die Exponentialfunktion $\exp \colon \mathbb{R} \to \mathbb{R}$ ist streng monoton steigend.
(2) Es sei $k \in \mathbb{N}$. Die Funktionen

$$\text{(a)} \quad \begin{aligned} [0,\infty) &\to \mathbb{R} \\ x &\mapsto x^k \end{aligned} \quad \text{und} \quad \text{(b)} \quad \begin{aligned} \mathbb{R} &\to \mathbb{R} \\ x &\mapsto x^{2k+1} \end{aligned} \quad \text{sind streng monoton steigend.}$$

Die Funktion

$$\text{(c)} \quad \begin{aligned} (0,\infty) &\to \mathbb{R} \\ x &\mapsto \frac{1}{x^k} \end{aligned} \quad \text{ist streng monoton fallend.}$$

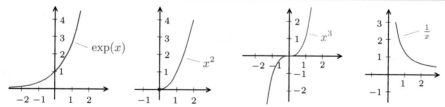

Beweis.

(1) Es seien also $x_1, x_2 \in \mathbb{R}$ mit $x_1 < x_2$. Dann gilt:

$$\exp(x_1) \;=\; \exp(x_2 + \overset{>0}{\overbrace{(x_1 - x_2)}}) \;=\; \exp(x_2) \cdot \exp(x_1 - x_2) \;<\; \exp(x_2).$$

Funktionalgleichung 5.18   es ist $x_1 < x_2$, also $x_1 - x_2 < 0$, also folgt aus Satz 5.19 (3), dass $\exp(x_1 - x_2) \in (0,1)$

(2) Die Aussagen folgen leicht aus den Ordnungsaxiomen und den Anordnungsregeln 1.19 (2) und (3). Das „Austüfteln" der Details führt zu mehr Verwirrung als Erkenntnis, und wir beenden damit auch schon den Beweis. ■

© Der/die Autor(en), exklusiv lizenziert an
Springer-Verlag GmbH, DE, ein Teil von Springer Nature 2023
S. Friedl, *Analysis 1*, https://doi.org/10.1007/978-3-662-67359-1_8

Mithilfe des folgenden Lemmas können wir für monotone Funktionen in vielen Fällen den Wertebereich ohne großen Aufwand bestimmen:

Lemma 7.2. Es sei $f\colon D \to \mathbb{R}$ eine stetige, streng monoton steigende Funktion.

(1) Wenn $[a,b] \subset D$ ein kompaktes Intervall ist, dann ist $f([a,b]) = [f(a), f(b)]$.

(2) Wenn $(a,b) \subset D$ ein offenes Intervall ist, wobei $-\infty \le a < b \le \infty$, dann ist[32][33]

$$f((a,b)) = \left(\lim_{x \searrow a} f(x) \,,\, \lim_{x \nearrow b} f(x) \right).$$

Zudem gelten die offensichtlichen Abänderungen für Intervalle vom Typ $(a,b]$, $[a,b)$, $(-\infty, b]$ sowie $[a, \infty)$.

Wenn f monoton fallend ist, dann gelten im Prinzip die gleichen Aussagen, man muss nur rechts die Intervallgrenzen vertauschen.

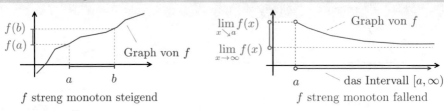

f streng monoton steigend f streng monoton fallend

Beispiel. Wir betrachten die monoton fallende Funktion

$$f\colon (0, \infty) \to \mathbb{R}$$
$$x \mapsto \tfrac{1}{x}.$$

Dann gilt:

$$f([1, \infty)) \underset{\uparrow}{=} \left(\lim_{x \to \infty} f(x) \,,\, f(1) \right] = \left(\lim_{x \to \infty} \tfrac{1}{x} \,,\, 1 \right] = (0, 1].$$

folgt aus Lemma 7.2; da f streng monoton *fallend* ist, werden die Grenzen allerdings vertauscht

Beweis von Lemma 7.2. Es sei $f\colon D \to \mathbb{R}$ eine monoton steigende Funktion.

(1) Es sei $[a,b] \subset D$ ein kompaktes Intervall. Wir sollen zeigen, dass $f([a,b]) = [f(a), f(b)]$. In diesem Fall haben wir also zwei Mengen X und Y gegeben, und wir wollen zeigen, dass $X = Y$. Es genügt zu zeigen, dass $X \subset Y$ und $X \supset Y$. Wenn man nun zeigen will, dass $X \subset Y$, dann muss man zeigen, dass jedes $x \in X$ auch in Y enthalten ist.

($\subset$) Wir zeigen zuerst, dass $f([a,b]) \subset [f(a), f(b)]$. Dies folgt aus folgender Beobachtung:

$$x \in [a,b] \implies a \le x \le b \underset{\uparrow}{\implies} f(a) \le f(x) \le f(b) \implies f(x) \in [f(a), f(b)].$$

denn f ist monoton steigend

($\supset$) Wir zeigen nun, dass $f([a,b]) \supset [f(a), f(b)]$. Es sei also $y \in [f(a), f(b)]$. Der Zwischenwertsatz 6.17 besagt, dass es ein $x \in [a,b]$ mit $f(x) = y$ gibt. Also ist $y \in f([a,b])$.

---

[32]Hierbei interpretieren wir natürlich $\lim\limits_{x \searrow -\infty} f(x)$ als $\lim\limits_{x \to -\infty} f(x)$ und ganz analog $\lim\limits_{x \nearrow \infty} f(x)$ als $\lim\limits_{x \to \infty} f(x)$.

[33]Analog zum Folgendivergenz-Kriterium 2.13 und Satz 4.1 kann man zeigen, dass die „Grenzwerte" in $\mathbb{R} \cup \{\pm\infty\}$ existieren.

(2) Es sei beispielsweise $[a, \infty) \subset D$ ein halb-offenes, unbeschränktes Intervall mit der Eigenschaft, dass $\lim_{x \to \infty} f(x) = \infty$. Dann gilt:

$$f\left([a, \infty)\right) \quad = \quad f\left(\bigcup_{n \in \mathbb{Z}} [a, n]\right) \quad = \quad \bigcup_{n \in \mathbb{Z}} f([a, n]) \quad = \quad \bigcup_{n \in \mathbb{Z}} [f(a), f(n)] \quad = \quad [f(a), \infty).$$

allgemein gilt für eine beliebige
Abbildung g, dass $g(X \cup Y) = g(X) \cup g(Y)$
    nach dem
ersten Fall
    da f monoton steigend ist
und da $\lim_{x \to \infty} f(x) = +\infty$

Die anderen Aussagen werden ganz analog bewiesen. ∎

7.2. Die Definition von Umkehrfunktionen. Wir erinnern an folgende Definition von Seite 60:

Definition. Eine Abbildung $f\colon X \to Y$ zwischen zwei Mengen heißt injektiv, wenn für alle $x_1 \neq x_2 \in X$ gilt, dass auch $f(x_1) \neq f(x_2)$.

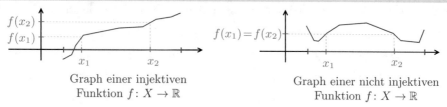

Graph einer injektiven
Funktion $f\colon X \to \mathbb{R}$

Graph einer nicht injektiven
Funktion $f\colon X \to \mathbb{R}$

Beispiel. Es folgt eigentlich sofort aus den Definitionen, dass jede streng monotone Funktion $f\colon D \to \mathbb{R}$ injektiv ist. Man sieht das auch gut in der Abbildung von streng monotonen Funktionen auf Seite 103.

Definition. Es sei $f\colon D \to \mathbb{R}$ eine injektive Funktion. Dann existiert zu jedem $a \in f(D)$ genau ein $b \in D$ mit der Eigenschaft $f(b) = a$. Dieses b wird mit $f^{-1}(a)$ bezeichnet und die Funktion

$$f^{-1}\colon f(D) \quad \to \quad \mathbb{R}$$
$$a \quad \mapsto \quad f^{-1}(a) := \text{das einzige } b \in D \text{ mit } f(b) = a$$

heißt die Umkehrfunktion von f^{34}. Insbesondere gilt für $a \in f(D)$ und $b \in D$:

$$(*) \qquad\qquad f^{-1}(a) = b \quad \Longleftrightarrow \quad f(b) = a.$$

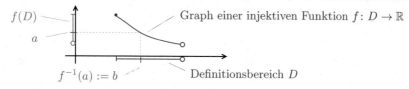

Graph einer injektiven Funktion $f\colon D \to \mathbb{R}$

Lemma 7.3. (Umkehrfunktion-Einsetz-Lemma) Es sei $f\colon D \to \mathbb{R}$ eine injektive Funktion.

(1)   Für alle $x \in D$ gilt: $f^{-1}(f(x)) \quad = \quad x,$
(2)   Für alle $y \in f(D)$ gilt: $f(f^{-1}(y)) \quad = \quad y.$

Beweis.

(1) Es sei $x \in D$. Es folgt aus $(*)$, angewandt auf $a = f(x)$ und $b = x$, dass $f^{-1}(f(x)) = x$.

---

^{34}Die Umkehrfunktion f^{-1} besitzt den Wertebereich D, wir könnten also auch etwas genauer $f^{-1}\colon f(D) \to D$ anstatt $f^{-1}\colon f(D) \to \mathbb{R}$ schreiben.

(2) Es sei $y \in f(D)$. Es folgt nun aus $(*)$, angewandt auf $a = y$ und $b = f^{-1}(y)$, dass $f(f^{-1}(y)) = y$. ∎

Lemma 7.4. Es sei $f \colon D \to \mathbb{R}$ eine injektive Funktion. Dann gilt:

$$\mathrm{Graph}(f^{-1}) \; = \; \text{Spiegelbild von } \mathrm{Graph}(f) \text{ bezüglich der } xy\text{–Diagonale.}$$

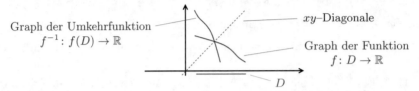

Graph der Umkehrfunktion $f^{-1} \colon f(D) \to \mathbb{R}$ — xy–Diagonale — Graph der Funktion $f \colon D \to \mathbb{R}$ — D

Beweis. Zur Erinnerung: Der Graph einer Funktion $g \colon E \to \mathbb{R}$ ist definiert als

$$\mathrm{Graph}(g) \; := \; \{(x, g(x)) \in \mathbb{R}^2 \mid x \in E\}.$$

Wir wenden uns nun dem eigentlichen Beweis des Lemmas zu. Es sei $(x, y) \in \mathbb{R}^2$. Dann gilt:

$$(x, y) \in \mathrm{Graph}(f^{-1}) \iff y = f^{-1}(x) \underset{\text{nach } (*)}{\iff} f(y) = x \underset{\text{denn } (y, x) = (y, f(y)).}{\iff} (y, x) \in \mathrm{Graph}(f).$$

Wir sehen also, dass wir den Graphen von f^{-1} aus dem Graphen von f durch Vertauschen der x- und der y-Koordinate erhalten. Mit anderen Worten: Wir erhalten den Graphen der Umkehrfunktion f^{-1}, indem wir den Graphen von f an der xy–Diagonale spiegeln. ∎

Im weiteren Verlauf werden wir mehrmals folgendes Lemma verwenden:

Lemma 7.5. (Monotonie-der-Umkehrfunktion-Lemma) Wenn $f \colon D \to \mathbb{R}$ streng monoton steigend (bzw. fallend) ist, dann ist die Umkehrfunktion $f^{-1} \colon f(D) \to \mathbb{R}$ ebenfalls streng monoton steigend (bzw. fallend).

Beweis. Wir betrachten zuerst den Fall, dass $f \colon D \to \mathbb{R}$ streng monoton steigend ist. Wir wollen zeigen, dass dann auch $f^{-1} \colon f(D) \to \mathbb{R}$ streng monoton steigend ist. Für beliebige $y_1, y_2 \in f(D)$ gilt dann:

$$y_1 < y_2 \underset{\text{aus Lemma 7.3 folgt } f(f^{-1}(y_i)) = y_i}{\iff} f(f^{-1}(y_1)) < f(f^{-1}(y_2)) \underset{\text{da } f \text{ streng monoton steigend}}{\iff} f^{-1}(y_1) < f^{-1}(y_2).$$

Wir haben also gezeigt, dass $f^{-1} \colon f(D) \to \mathbb{R}$ streng monoton steigend ist. Der Fall, dass $f \colon D \to \mathbb{R}$ streng monoton fallend ist, wird ganz analog bewiesen. ∎

7.3. Stetigkeit von Umkehrfunktionen. Es stellt sich nun folgende Frage: Wenn $f \colon D \to \mathbb{R}$ injektiv ist und wenn f stetig ist, folgt dann, dass die Umkehrfunktion f^{-1} ebenfalls stetig ist? Das folgende Beispiel zeigt, dass die Antwort im Allgemeinen „Nein" ist:

Beispiel. In der Abbildung sehen wir den Graphen einer Funktion $f \colon [0, 1] \cup (2, 3] \to \mathbb{R}$, welche sowohl stetig als auch injektiv ist. Wir sehen zudem den Graphen der Umkehrfunktion $f^{-1} \colon [0, 2] \to \mathbb{R}$. Die Umkehrfunktion ist im Punkt $x_0 = 1$ jedoch *nicht* stetig.

Wir sehen also, dass die Umkehrfunktion im Allgemeinen nicht stetig ist, aber wir sehen auch, dass zumindest in dem obigen Beispiel die Nicht-Stetigkeit von f^{-1} an der „Zerrissenheit" des Definitionsbereiches von f liegt. Wir werden deswegen im Folgenden Funktionen betrachten, welche auf einem Intervall definiert sind.

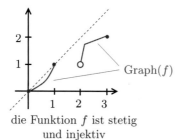

die Funktion f ist stetig
und injektiv

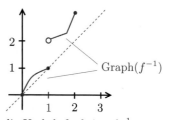

die Umkehrfunktion f^{-1}
ist im Punkt $x_0 = 1$ *nicht* stetig

Satz 7.6. (Satz über die Stetigkeit der Umkehrfunktion) Wenn $f \colon I \to \mathbb{R}$ eine streng monotone Funktion ist, welche auf einem Intervall I definiert ist,[35] dann ist die Umkehrfunktion $f^{-1} \colon f(I) \to \mathbb{R}$ stetig.

Beweis. Wir betrachten zuerst den Fall, dass $I = \mathbb{R}$, und dass $f \colon I \to \mathbb{R}$ eine streng monoton steigende Funktion ist. Es sei also $y_0 \in f(\mathbb{R})$. Wir wollen zeigen, dass f^{-1} im Punkt y_0 stetig ist. Wir setzen $x_0 := f^{-1}(y_0)$. Wir wollen also zeigen, dass

$$\underset{\epsilon > 0}{\forall} \ \underset{\delta > 0}{\exists} \ \underset{y \in (y_0 - \delta, y_0 + \delta)}{\forall} \ f^{-1}(y) \in (x_0 - \epsilon, x_0 + \epsilon).$$

Es sei nun $\epsilon > 0$. Nachdem f streng monoton steigend ist, folgt, dass

$$f(x_0 - \epsilon) \ < \ y_0 \ = \ f(x_0) \ < \ f(x_0 + \epsilon).$$

Wir wählen nun ein $\delta > 0$, so dass [36]

$$(y_0 - \delta, y_0 + \delta) \ \subset \ (f(x_0 - \epsilon), f(x_0 + \epsilon)).$$

Dann gilt für $y \in \mathbb{R}$, dass

$$
\begin{aligned}
y \in (y_0 - \delta, y_0 + \delta) \ &\Longrightarrow \ y_0 - \delta < y < y_0 + \delta \\
&\underset{\uparrow}{\Longrightarrow} \ f(x_0 - \epsilon) < y < f(x_0 + \epsilon)
\end{aligned}
$$

Wahl von δ

$$\underset{\uparrow}{\Longrightarrow} \ f^{-1}(f(x_0 - \epsilon)) < f^{-1}(y) < f^{-1}(f(x_0 + \epsilon))$$

aus dem Monotonie-der-Umkehrfunktion-Lemma 7.5 folgt,
dass f^{-1} streng monoton steigend ist

$$\underset{\uparrow}{\Longrightarrow} \ x_0 - \epsilon < f^{-1}(y) < x_0 + \epsilon \ \Longrightarrow \ f^{-1}(y) \in (x_0 - \epsilon, x_0 + \epsilon).$$

folgt aus dem Umkehrfunktion-Einsetz-Lemma 7.3

Wir müssen nun noch die Fälle betrachten, dass I ein beliebiges Intervall ist oder dass f streng monoton fallend ist. Diese Fälle werden ganz ähnlich bewiesen. ∎

In den folgenden beiden Abschnitten betrachten wir die Umkehrfunktionen der Funktionen $x \mapsto x^k$ und der Exponentialfunktion.

---

[35]Wir setzen hier also *nicht* voraus, dass f stetig ist. Dies ist kein Fehler. Wenn f streng monoton ist, dann ist die Umkehrfunktion stetig, selbst wenn f nicht stetig ist. Es ist hilfreich den Graphen von solchen Funktionen explizit aufzuzeichnen.

[36]Beispielsweise könnten wir $\delta := \min\{f(x_0 + \epsilon) - y_0, y_0 - f(x_0 - \epsilon)\}$ setzen.

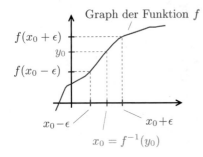

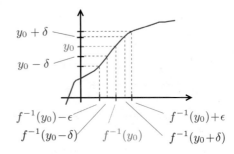

7.4. Die Wurzelfunktionen.

Wie gerade angekündigt wollen wir nun die Umkehrfunktion der Funktionen $x \mapsto x^k$ auf $[0, \infty)$ studieren.

Definition. Es sei $k \in \mathbb{N}$. Nach Lemma 7.1 ist die Funktion

$$f \colon [0, \infty) \to \mathbb{R}$$
$$x \mapsto x^k$$

streng monoton steigend, und wir haben in Satz 6.6 gesehen, dass diese Funktion stetig ist. Zudem gilt

folgt aus Lemma 7.2, da f streng monoton steigend   Lemma 6.13

$$f([0,\infty)) \overset{\downarrow}{=} [f(0), \lim_{x \to \infty} f(x)) = [0, \lim_{x \to \infty} x^k) \overset{\downarrow}{=} [0,\infty).$$

Die zugehörige Umkehrfunktion

$$[0,\infty) \to \mathbb{R}$$
$$x \mapsto f^{-1}(x) = \sqrt[k]{x}$$

folgt aus der Definition von $\sqrt[k]{x}$ auf Seite 49

heißt die k-te Wurzelfunktion. Es folgt aus Satz 7.6, dass die k-Wurzelfunktion stetig ist.

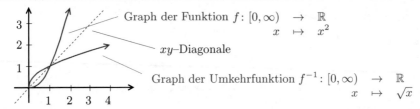

7.5. Die Logarithmusfunktion.

Wir fassen zuerst die wichtigsten Eigenschaften der Exponentialfunktion zusammen.

Satz 7.7. (Satz über die Exponentialfunktion) Die Exponentialfunktion

$$\exp \colon \mathbb{R} \to \mathbb{R}$$
$$x \mapsto \exp(x) = \sum_{n=0}^{\infty} \frac{x^n}{n!}$$

besitzt folgende Eigenschaften:

(1) $\exp(0) = 1$.
(2) $\exp(1) =: e$ ist die Eulersche Zahl, es gilt $e \approx 2{,}718281828\ldots$.
(3) Für alle $x, y \in \mathbb{R}$ gilt $\exp(x+y) = \exp(x) \cdot \exp(y)$ (Funktionalgleichung).

(4) Für alle $x \in \mathbb{R}$ gilt $\qquad \exp(-x) = \frac{1}{\exp(x)}$.

(5) Für alle $n \in \mathbb{Z}$ gilt $\qquad \exp(n) = e^n$.

(6) Für alle $x \in (-\infty, 0)$ gilt $\exp(x) \in (0,1)$ und für alle $x \in (0, \infty)$ gilt $\exp(x) \in (1, \infty)$.

(7) Die Exponentialfunktion ist streng monoton steigend.

(8) Die Exponentialfunktion ist stetig.

(9) Es ist $\lim\limits_{x \to \infty} \exp(x) = +\infty$ und $\lim\limits_{x \to -\infty} \exp(x) = 0$.

(10) $\exp(\mathbb{R}) = (0, \infty)$.

Beweis.

(1)–(8) Die ersten acht Aussagen haben wir in Theorem 5.18, Satz 5.19, Satz 6.8 und Lemma 7.1 bewiesen.

(9) (a) Es folgt aus (5) und dem Potenzwachstumssatz 2.7, dass die Funktionswerte der Exponentialfunktion nach oben unbeschränkt sind. Es folgt nun aus der strengen Monotonie der Exponentialfunktion, ganz ähnlich wie im Folgendivergenz-Kriterium 2.13, dass $\lim\limits_{x \to \infty} \exp(x) = +\infty$.

   (b) Diese Aussage folgt aus (9a), der Eigenschaft (4) und den Analoga der Grenzwertregeln 2.9.

(10) Es ist

$$\exp(\mathbb{R}) = \exp((-\infty, \infty)) \overset{\overset{\text{folgt aus Lemma 7.2, da exp monoton steigend ist}}{\downarrow}}{=} \left(\lim_{x \to -\infty} \exp(x), \lim_{x \to \infty} \exp(x) \right) \overset{\overset{\text{folgt aus (9)}}{\downarrow}}{=} (0, \infty) \blacksquare$$

Definition. Die Umkehrfunktion der Exponentialfunktion exp wird die Logarithmusfunktion $\ln\colon (0, \infty) \to \mathbb{R}$ genannt.

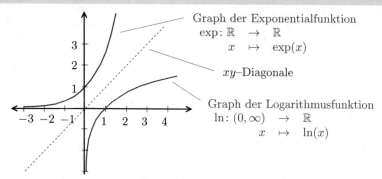

Graph der Exponentialfunktion
$$\exp\colon \mathbb{R} \to \mathbb{R}$$
$$x \mapsto \exp(x)$$

xy–Diagonale

Graph der Logarithmusfunktion
$$\ln\colon (0, \infty) \to \mathbb{R}$$
$$x \mapsto \ln(x)$$

Satz 7.8. (Satz über die Logarithmusfunktion) Die Logarithmusfunktion

$$\ln\colon (0, \infty) \to \mathbb{R}$$
$$x \mapsto \ln(x)$$

hat folgende Eigenschaften:

(0) Für alle $x \in \mathbb{R}$ gilt $\ln(\exp(x)) = x$, und für alle $x \in (0, \infty)$ gilt $\exp(\ln(x)) = x$.

(1) $\ln(1) = 0$.

(2) $\ln(e) = 1$.

(3) Für alle $x, y \in (0, \infty)$ gilt $\quad \ln(x \cdot y) = \ln(x) + \ln(y) \quad$ (Funktionalgleichung).

(4) Für alle $x \in (0, \infty)$ gilt $\qquad \ln(\frac{1}{x}) = -\ln(x)$.

(5) Für alle $n \in \mathbb{Z}$ gilt $\qquad \ln(e^n) = n$.

(6) Für alle $x \in (0,1)$ ist $\ln(x) \in (-\infty, 0)$, und für alle $x \in (1,\infty)$ ist $\ln(x) \in (0,\infty)$.
(7) Die Logarithmusfunktion ist streng monoton steigend.
(8) Die Logarithmusfunktion ist stetig.
(9) Es ist $\lim\limits_{x\to\infty} \ln(x) = +\infty$ und $\lim\limits_{x\searrow 0} \ln(x) = -\infty$.

Beweis.

(0) Diese Aussage folgt aus dem Umkehrabbildung-Einsetz-Lemma 7.3.
(1) Es ist $\ln(1) = \ln(\exp(0)) = 0$.
(2) Es ist $\ln(e) = \ln(\exp(1)) = 1$.
(3) Es seien also $x, y \in (0,\infty)$. Dann gilt:

$$\ln(x \cdot y) \; = \; \ln(\exp(\ln(x)) \cdot \exp(\ln(y))) \; = \; \ln(\exp(\ln(x) + \ln(y))) \; = \; \ln(x) + \ln(y).$$

folgt aus (0)   folgt aus der Funktionalgleichung 7.7 (3)   folgt aus (0)

(4) Es sei $x \in (0,\infty)$. Dann gilt:

$$0 \; = \; \ln(1) \; = \; \ln(x \cdot \tfrac{1}{x}) \; = \; \ln(x) + \ln(\tfrac{1}{x}), \quad \text{also ist } \ln(\tfrac{1}{x}) = -\ln(x).$$

folgt aus (1)   folgt aus (3)

(5) Für jedes $n \in \mathbb{Z}$ gilt $\ln(e^n) = \ln(\exp(n)) = n$.
(6) Die Aussage folgt sofort aus Satz 7.7 (6) über die Exponentialfunktion.
(7) Nachdem die Exponentialfunktion streng monoton steigend ist, folgt aus dem Monotonie-der-Umkehrfunktion-Lemma 7.5, dass die Logarithmusfunktion ebenfalls streng monoton steigend ist.
(8) Nachdem die Exponentialfunktion streng monoton steigend und auf dem Intervall $\mathbb{R} = (-\infty, \infty)$ definiert ist, folgt aus Satz 7.6, dass die Logarithmusfunktion stetig ist.
(9) (a) Es folgt aus (5), dass für beliebiges $C \in \mathbb{R}$ gilt: $\ln(\exp(C)) = C$. Dies impliziert, dass die Logarithmusfunktion ln nach oben unbeschränkt ist. Nachdem die Logarithmusfunktion zudem streng monoton steigend ist, folgt, ganz ähnlich wie beim Folgendivergenz-Kriterium 2.13, dass $\lim\limits_{x\to\infty} \ln(x) = +\infty$.

 (b) Wir beginnen mit einer Vorbemerkung: Es folgt leicht aus den Definitionen, dass für jede Funktion $f \colon (0,\infty) \to \mathbb{R}$ gilt: $\lim\limits_{x\searrow 0} f(x) = \lim\limits_{x\to\infty} f(\tfrac{1}{x})$. Wir sehen nun, dass

$$\lim_{x\searrow 0} \ln(x) \; = \; \lim_{x\to\infty} \ln(\tfrac{1}{x}) \; = \; \lim_{x\to\infty} -\ln(x) \; = \; -\lim_{x\to\infty} \ln(x) \; = \; -\infty.$$

siehe Vorbemerkung   folgt aus (4)   Aussage (9a)   ∎

7.6. Potenzen von reellen Zahlen. Es sei $a \in \mathbb{R}$ und $n \in \mathbb{N}_0$. Auf Seite 10 haben wir definiert:

$$a^n := \underbrace{a \cdot \ldots \cdot a}_{n\text{-mal}}, \quad \text{sowie } a^0 := 1, \text{ und für } a \neq 0 \text{ haben wir definiert } a^{-n} := \frac{1}{a^n}.$$

Wir wollen nun den Bereich der möglichen Exponenten erweitern. Es sei beispielsweise $s = \tfrac{p}{q}$ (mit $p \in \mathbb{Z}$ und $q \in \mathbb{N}$) eine rationale Zahl, dann können wir für $a \in (0,\infty)$ folgende Definition einführen:

$$a^s := a^{\frac{p}{q}} := (\sqrt[q]{a})^p, \quad \text{wobei die } q\text{-te Wurzel } \sqrt[q]{x} \text{ für } x \geq 0 \text{ auf Seite 49 definiert wurde.}$$

Für $a = 2$ wird der Graph der Funktion $\mathbb{Q} \to \mathbb{R}$, $x \mapsto 2^x$ in der Abbildung unten skizziert. Der Graph legt nahe, dass man diese Funktion auch als eine stetige Funktion auf ganz $\mathbb{R}$ fortsetzen kann. Mit anderen Worten: Es sollte möglich sein, a^x für jeden Exponenten $x \in \mathbb{R}$ „vernünftig" definieren zu können. Wir führen dies nun mit folgender, vielleicht überraschenden Definition durch.

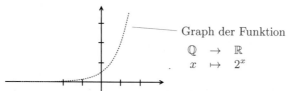

Graph der Funktion
$$\begin{array}{ccc} \mathbb{Q} & \to & \mathbb{R} \\ x & \mapsto & 2^x \end{array}$$

Definition. Es sei $a \in (0, \infty)$ und $x \in \mathbb{R}$. Wir definieren

$$a^x := \exp(x \cdot \ln(a)).$$

(Wir müssen uns hier auf $a \in (0, \infty)$ beschränken, da $\ln(a)$ nur für positive a definiert ist.)

Beispiel.

(1) Nachdem $\ln(e) = 1$, gilt für alle $x \in \mathbb{R}$, dass $e^x = \exp(x)$.
(2) Wir haben jetzt also Potenzen a^x für beliebige $a \in (0, \infty)$ und $x \in \mathbb{R}$ definiert. Beispielsweise haben wir jetzt definiert, was $(2 + \sqrt{2})^{-e+\sqrt{3}}$ sein soll.

Der folgende Satz besagt nun, dass die Definition von „a hoch x" alle Eigenschaften erfüllt, die man erwarten würde. Der Satz kann insbesondere als Verallgemeinerung der Potenzregeln 1.14 aufgefasst werden:

Satz 7.9. (Potenzregeln)

(1) Es seien $a, b \in (0, \infty)$ und $x, y \in \mathbb{R}$, zudem sei $n \in \mathbb{N}_0$. Dann gilt:

(a) $a^0 = 1$,
(b) $a^x \cdot a^y = a^{x+y}$
(c) $a^{-x} = \frac{1}{a^x}$

(d) $(a^x)^y = a^{xy}$
(e) $a^x \cdot b^x = (ab)^x$
(f) $a^n = \underbrace{a \cdot \ldots \cdot a}_{n\text{-mal}}.$

(2) Für $a \in (0, \infty)$ sowie $s = \frac{p}{q}$ mit $p \in \mathbb{Z}$ und $q \in \mathbb{N}$ gilt $a^s = (\sqrt[q]{a})^p$.
(3) Für jedes $a \in (0, \infty)$ ist die Funktion

$$\begin{array}{ccc} \mathbb{R} & \to & \mathbb{R} \\ a & \mapsto & a^x \end{array} \qquad \text{stetig.}$$

Bemerkung. Es folgt aus Satz 7.9 (2), dass die zwei Definitionen von Potenzen a^s mit rationalem Exponenten $s \in \mathbb{Q}$ übereinstimmen.

Beweis der Potenzregeln 7.9. Es seien also $a, b \in (0, \infty)$ und $x, y \in \mathbb{R}$.

(1) (a) Es ist $a^0 = \exp(\ln(a) \cdot 0) = \exp(0) = 1$.
    (b) Es ist

$$a^x \cdot a^y \overset{\underset{\text{per Definition}}{\downarrow}}{=} \exp(x \cdot \ln a) \cdot \exp(y \cdot \ln a) \overset{\underset{\text{Funktionalgleichung 5.18}}{\downarrow}}{=} \exp(x \cdot \ln a + y \cdot \ln a)$$
$$= \exp((x + y) \cdot \ln a) \underset{\underset{\text{per Definition}}{\uparrow}}{=} a^{x+y}.$$

(c)–(e) Diese drei Aussagen folgen ebenfalls leicht aus den Definitionen und den Eigenschaften der Exponentialfunktion und der Logarithmusfunktion. Diese Aussagen werden in Übungsaufgabe 7.4 bewiesen.

(f) Für jedes $n \in \mathbb{N}_0$ gilt

$$a^n \;=\; a^{1+\cdots+1} \;=\; \overbrace{a \cdots a}^{n\text{-mal}}.$$

↑
folgt aus (b)

(2) Es seien $a \in (0, \infty)$ und $s = \frac{p}{q}$ mit $p \in \mathbb{Z}$ und $q \in \mathbb{N}$. Dann gilt:

$$\left(a^{\frac{p}{q}}\right)^q \;=\; a^{\frac{p}{q}\cdot q} \;=\; a^p \;=\; \left((\sqrt[q]{a})^q\right)^p \;=\; \left((\sqrt[q]{a})^p\right)^q.$$

↑ ↑ ↑
folgt aus (1d) Definition von $\sqrt[q]{a}$ folgt aus (1d)

Lemma 7.1 besagt, dass $x \mapsto x^q$ auf $[0, \infty)$ injektiv ist. Also folgt, dass $a^{\frac{p}{q}} = (\sqrt[q]{a})^p$.

(3) Es sei $a \in (0, \infty)$. Wir sollen zeigen, dass die Funktion

$$\begin{aligned}\mathbb{R} &\to \mathbb{R}\\ x &\mapsto a^x = \exp(x \cdot \ln(a))\end{aligned}$$

stetig ist. Diese Funktion ist die Verknüpfung der stetigen Funktionen $x \mapsto x \cdot \ln(a)$ und $y \mapsto \exp(y)$ ist. Nach Satz 6.7 ist auch die Verknüpfung dieser beiden Funktionen, d.h. die Funktion $x \mapsto a^x = \exp(x \cdot \ln(a))$, stetig. ∎

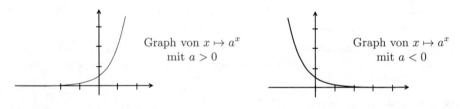

Graph von $x \mapsto a^x$
mit $a > 0$

Graph von $x \mapsto a^x$
mit $a < 0$

Übungsaufgaben zu Kapitel 7.

Aufgabe 7.1. Es sei $a < b$, und es sei $f \colon [a, b] \to \mathbb{R}$ eine stetige *injektive* Funktion. Zeigen Sie: f ist streng monoton steigend oder streng monoton fallend.

Aufgabe 7.2. Wir betrachten die Funktion

$$\begin{aligned}f \colon (0, \infty) &\to \mathbb{R}\\ x &\mapsto \ln(x) + 2x\end{aligned}$$

(a) Zeigen Sie, dass f streng monoton steigend ist.
(b) Bestimmen Sie $f^{-1}(2)$.

Aufgabe 7.3.

(a) Es sei $a > 1$. Zeigen Sie, dass die Funktion $x \mapsto a^x$ auf ganz $\mathbb{R}$ streng monoton steigend ist.
(b) Es sei $a \in (0, 1)$. Zeigen Sie, dass die Funktion $x \mapsto a^x$ auf ganz $\mathbb{R}$ streng monoton fallend ist.

Aufgabe 7.4. Es seien $a, b \in (0, \infty)$ und $x, y \in \mathbb{R}$. Zeigen Sie, dass

(a) $\ln(a^x) = x \cdot \ln(a)$.
(b) $(a^x)^y = a^{xy}$.
(c) $a^x \cdot b^x = (ab)^x$.
(d) $a^{-x} = \frac{1}{a^x}$.

Aufgabe 7.5. Bestimmen Sie $\displaystyle \lim_{n \to \infty} \left(\sqrt{n + \sqrt{n}} - \sqrt{n}\right)$.

Aufgabe 7.6. In Lemma 7.2 haben wir vorausgesetzt, dass f streng monoton steigend ist. Gelten die Aussagen (1) und (2) des Satzes auch für Funktionen, welche nur monoton steigend sind?

Aufgabe 7.7. Für welche $x \in \mathbb{R} \setminus \{0\}$ konvergiert die Reihe $\sum\limits_{n=1}^{\infty} \dfrac{n^x}{x^n}$?

Aufgabe 7.8. Für $a \in \mathbb{R}$ führt der kleine Max folgende Rechnung durch:

$$-a = (\sqrt{-a})^2 = ((-a)^{\frac{1}{2}})^2 = ((-a)^2)^{\frac{1}{2}} = \sqrt{a^2} = a.$$

Wo ist bei dieser Rechnung der Haken?

8. Die komplexen Zahlen

In diesem Kapitel führen wir den Körper der komplexen Zahlen ein. Dieser spielt in allen Bereichen der Mathematik eine wichtige Rolle.

8.1. Der Körper der komplexen Zahlen.

Definition.

(1) Wir bezeichnen mit

$$\mathbb{C} \;:=\; \{a + bi \,|\, a, b \in \mathbb{R}\}$$

genannt imaginäre Einheit

die Menge aller formalen Summen $a+bi$, wobei i ein fest gewähltes Symbol ist, welches die imaginäre Einheit genannt wird. Wir nennen $\mathbb{C}$ die Menge der komplexen Zahlen.

(2) Für $a \in \mathbb{R}$ schreiben wir $a+0i = a$ und $0+ai = ai$. Insbesondere fassen wir die reellen Zahlen als Teilmenge der komplexen Zahlen auf.

(3) Wir können komplexe Zahlen wie folgt addieren:

$$(x + yi) + (x' + y'i) \;:=\; (x + x') + (y + y')i, \qquad \text{wobei } x, y, x', y' \in \mathbb{R}.$$

Zudem können wir komplexe Zahlen wie folgt mit einer reellen Zahl λ multiplizieren:

$$\lambda \cdot (x + yi) \;:=\; \lambda x + \lambda y i, \qquad \text{wobei } x, y, \lambda \in \mathbb{R}.$$

Man kann nun leicht überprüfen, dass $\mathbb{C}$ mit dieser Addition und dieser Skalarmultiplikation ein 2-dimensionaler reeller Vektorraum ist.

Bemerkung. Es folgt eigentlich sofort aus den Definitionen, dass die Abbildung

$$\begin{aligned} \mathbb{R}^2 &\mapsto \mathbb{C} \\ (x, y) &\mapsto x + yi \end{aligned}$$

ein Isomorphismus von reellen Vektorräumen ist. Wir stellen uns deswegen die komplexen Zahlen bildlich auch als die 2-dimensionale Ebene vor.

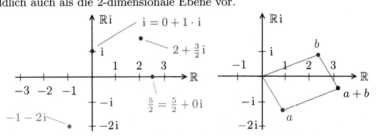

Der folgende Satz besagt nun, dass man auf der Menge der komplexen Zahlen eine Multiplikation einführen kann, so dass alle Körperaxiome erfüllt sind:

Satz 8.1. Die Menge $\mathbb{C}$ der komplexen Zahlen mit

Addition $(x + yi) + (x' + y'i) := (x + x') + (y + y')i,$	mit $x, y, x', y' \in \mathbb{R}$,
Multiplikation $(x + yi) \cdot (x' + y'i) := (xx' - yy') + (xy' + x'y)i,$	mit $x, y, x', y' \in \mathbb{R}$,

ist ein Körper.

Bemerkung.

(1) Salopp gesprochen ist die Multiplikation

$$(x + yi) \cdot (x' + y'i) \;=\; (xx' - yy') + (xy' + x'y)i$$

gegeben durch „naives" Ausmultiplizieren und indem wir $i^2 = -1$ setzen.

© Der/die Autor(en), exklusiv lizenziert an
Springer-Verlag GmbH, DE, ein Teil von Springer Nature 2023
S. Friedl. *Analysis 1*. https://doi.org/10.1007/978-3-662-67359-1_9

(2) Die Addition von komplexen Zahlen entspricht der üblichen Addition in $\mathbb{R}^2$. Die Multiplikation von komplexen Zahlen erscheint hingegen sehr unintuitiv. Im nächsten Kapitel werden wir eine geometrische Interpretation der Multiplikation nachliefern.

Beweis von Satz 8.1. Wir müssen also jetzt zeigen, dass alle Körperaxiome von Seite 4 erfüllt sind.

(A1)–(A4) Elementares Nachrechnen zeigt, dass die Additionsaxiome (A1) bis (A4) mit dem additiv neutralen Element $0 = 0 + 0\mathrm{i}$ erfüllt sind.

(M1) Das Assoziativgesetz zeigt man durch explizites Nachrechnen.

(M2) Die Definition der Multiplikation ist symmetrisch in $x + y\mathrm{i}$ und $x' + y'\mathrm{i}$, also ist die Multiplikation kommutativ.

(M3) (Existenz eines multiplikativ neutralen Elements) Für alle $x + y\mathrm{i} \in \mathbb{C}$ gilt
$$(x + y\mathrm{i}) \cdot 1 \;=\; (x + y\mathrm{i}) \cdot (1 + 0\mathrm{i}) \;=\; x + y\mathrm{i},$$
d.h. $1 = 1 + 0\mathrm{i}$ ist ein multiplikativ neutrales Element.

(M4) (Existenz von multiplikativen Inversen) Es sei also $x + y\mathrm{i} \in \mathbb{C} \setminus \{0\}$. Dann ist
$$
\begin{aligned}
(x + y\mathrm{i}) \cdot \frac{1}{x^2 + y^2}(x - y\mathrm{i}) &= \frac{1}{x^2 + y^2}(x + y\mathrm{i}) \cdot (x - y\mathrm{i}) \\
&= \frac{1}{x^2 + y^2}(x^2 + y^2) \;=\; 1.
\end{aligned}
$$
Also gilt:
$$(x + y\mathrm{i})^{-1} \;=\; \frac{1}{x^2 + y^2} \cdot (x - y\mathrm{i}) \;=\; \frac{x}{x^2 + y^2} - \frac{y}{x^2 + y^2}\mathrm{i}.$$

(D) Das Distributivgesetz zeigt man ebenfalls durch explizites Nachrechnen. ∎

Definition. Für eine reelle Zahl $a \geq 0$ schreiben wir
$$\sqrt{-a} \;:=\; \sqrt{a} \cdot \mathrm{i}.$$
Dann gilt in der Tat:
$$\sqrt{-a}^2 \;=\; (\sqrt{a} \cdot \mathrm{i})^2 \;=\; \sqrt{a}^2 \cdot \mathrm{i}^2 \;=\; a \cdot (-1) \;=\; -a.$$

Folgendes Lemma beweist man leicht durch explizites Nachrechnen:

Lemma 8.2. (Mitternachtsformel) Es sei $p(x) = ax^2 + bx + c$ ein Polynom, wobei $a, b, c \in \mathbb{R}$ und $a \neq 0$. Die komplexen Zahlen
$$z_\pm \;:=\; \frac{-b \pm \sqrt{b^2 - 4ac}}{2a} \;\in\; \mathbb{C}$$
haben die Eigenschaft, dass $p(z_\pm) = 0$. Insbesondere besitzt also jedes reelle quadratische Polynom Nullstellen in $\mathbb{C}$.

Beispiel. Die Lösung der Gleichung $x^2 + 2x + 5 = 0$ ist gegeben durch die beiden komplexen Zahlen
$$z_\pm \;=\; \frac{-2 \pm \sqrt{4 - 20}}{2} \;=\; \frac{-2 \pm \sqrt{-16}}{2} \;=\; -1 \pm 2\mathrm{i}.$$

Es gibt auch Lösungsformeln für Polynome von Grad 3 und 4. In der Algebravorlesung wird jedoch bewiesen, dass es keine derartige Lösungsformel für Polynome von Grad ≥ 5 geben kann. Desto überraschender ist dann vielleicht folgender Satz, welcher normalerweise in der Vorlesung „Funktionentheorie" bewiesen wird:

Satz 8.3. (Fundamentalsatz der Algebra) Es sei $p(x) = a_0 + a_1 x + \cdots + a_k x^k$ ein beliebiges Polynom mit komplexen Koeffizienten, wobei $k \geq 1$ und $a_k \neq 0$. Dann existiert ein $z \in \mathbb{C}$ mit $p(z) = 0$.

Im Folgenden wollen wir weitere wichtige Begriffe über komplexe Zahlen einführen:

Definition. Für $z = x + y\mathrm{i} \in \mathbb{C}$ mit $x, y \in \mathbb{R}$ heißt

$$
\begin{aligned}
\mathrm{Re}(z) &:= \mathrm{Re}(x + y\mathrm{i}) &:= x && \text{der Realteil von } z = x + y\mathrm{i}, \\
\mathrm{Im}(z) &:= \mathrm{Im}(x + y\mathrm{i}) &:= y && \text{der Imaginärteil von } z = x + y\mathrm{i}, \\
\overline{z} &:= \overline{x + y\mathrm{i}} &:= x - y\mathrm{i} && \text{die zu } z = x + y\mathrm{i} \text{ konjugiert komplexe Zahl.}
\end{aligned}
$$

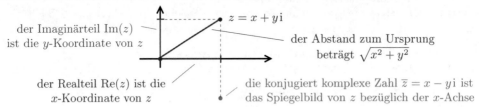

der Imaginärteil $\mathrm{Im}(z)$ ist die y-Koordinate von z

der Abstand zum Ursprung beträgt $\sqrt{x^2 + y^2}$

der Realteil $\mathrm{Re}(z)$ ist die x-Koordinate von z

die konjugiert komplexe Zahl $\overline{z} = x - y\mathrm{i}$ ist das Spiegelbild von z bezüglich der x-Achse

Das folgende Lemma fasst einige elementare Eigenschaften der gerade eingeführten Begriffe zusammen.

Lemma 8.4. Es seien $w, z \in \mathbb{C}$. Dann gilt:

$$
\begin{aligned}
&(1) && \mathrm{Re}(z) = \tfrac{1}{2}(z + \overline{z}) && && (a) && \overline{w + z} = \overline{w} + \overline{z} \\
&(2) && \mathrm{Im}(z) = \tfrac{1}{2\mathrm{i}}(z - \overline{z}) && \text{und} && (b) && \overline{w \cdot z} = \overline{w} \cdot \overline{z}.
\end{aligned}
$$

Zudem gilt $\overline{\overline{z}} = z$.

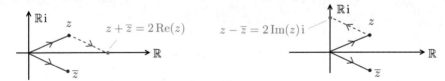

$z + \overline{z} = 2\,\mathrm{Re}(z)$ $z - \overline{z} = 2\,\mathrm{Im}(z)\mathrm{i}$

Beweis. Alle diese Aussagen können durch elementares Nachrechnen bewiesen werden. Es seien also $w = u + v\mathrm{i}$ und $z = x + y\mathrm{i}$ komplexe Zahlen. Dann gilt in der Tat

$$
\begin{aligned}
&(1) && \mathrm{Re}(z) = x = \tfrac{1}{2}(x + y\mathrm{i} + x - y\mathrm{i}) = \tfrac{1}{2}\left(x + y\mathrm{i} + \overline{x + y\mathrm{i}}\right) = \tfrac{1}{2}(z + \overline{z}) \\
&(2) && \mathrm{Im}(z) = y = \tfrac{1}{2\mathrm{i}}(x + y\mathrm{i} - x + y\mathrm{i}) = \tfrac{1}{2\mathrm{i}}\left(x + y\mathrm{i} - \overline{(x + y\mathrm{i})}\right) = \tfrac{1}{2\mathrm{i}}(z - \overline{z})
\end{aligned}
$$

und es gilt

$$
\begin{aligned}
&(a) && \overline{w + z} = \overline{u + x + (v + y)\mathrm{i}} = u + x - v\mathrm{i} - y\mathrm{i} = \overline{w} + \overline{z} \\
&(b) && \overline{w \cdot z} = \overline{ux - vy + (uy + vx)\mathrm{i}} = ux - vy - (uy + vx)\mathrm{i} = (u - v\mathrm{i})(x - y\mathrm{i}) = \overline{w} \cdot \overline{z}.
\end{aligned}
$$

Zudem gilt $\overline{\overline{z}} = \overline{\overline{x + y\mathrm{i}}} = \overline{x - y\mathrm{i}} = x + y\mathrm{i} = z$. ∎

Definition. Es sei $z = x + y\mathrm{i}$ eine komplexe Zahl. Wir bezeichnen

$$
|z| := \sqrt{x^2 + y^2}
$$

als den Betrag von z.

Beispiel. Der Betrag $|z| := \sqrt{x^2 + y^2}$ einer komplexen Zahl $z = x + y\mathrm{i}$ ist gerade der euklidische Abstand von $z = x + y\mathrm{i}$ zum Ursprung. Es folgt beispielsweise, dass für $r > 0$ die Menge $\{w \in \mathbb{C} \,|\, |w - z| \le r\}$ gerade die „abgeschlossene" Kreisscheibe mit Mittelpunkt z und Radius r ist.

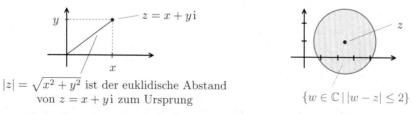

$|z| = \sqrt{x^2 + y^2}$ ist der euklidische Abstand
von $z = x + y\mathrm{i}$ zum Ursprung

$\{w \in \mathbb{C} \,|\, |w - z| \le 2\}$

Folgender Satz ist verwandt mit den Betragsregeln 1.20.

Satz 8.5. (Betragsregeln) Es seien $w, z \in \mathbb{C}$. Dann gilt:

$$
\begin{array}{lll}
(1) & |z| \ge 0 & \text{und es gilt: } |z| = 0 \iff z = 0, \\
(2) & |z| = \sqrt{z \cdot \overline{z}}, & \text{insbesondere ist } |z|^2 = z \cdot \overline{z}, \\
(3) & |\overline{z}| = |z|, & \\
(4) & |w \cdot z| = |w| \cdot |z|, & \\
(5) & |z| \ge |\operatorname{Re}(z)| & \text{und } |z| \ge |\operatorname{Im}(z)|, \\
(6) & |w + z| \le |w| + |z| & \text{(Dreiecksungleichung)}.
\end{array}
$$

Zudem gilt für $z \ne 0$ folgende Gleichheit:

$$
(7) \qquad z^{-1} = \frac{1}{|z|^2} \cdot \overline{z}
$$

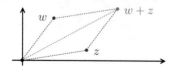

die Dreiecksungleichung besagt, dass
$$|w + z| \le |w| + |z|$$

Beweis. Alle diese Aussagen können größtenteils durch elementares Nachrechnen bewiesen werden. Es seien also $w = u + v\mathrm{i}$ und $z = x + y\mathrm{i}$ komplexe Zahlen mit $u, v, x, y \in \mathbb{R}$.

(1) Es ist $|z| = \sqrt{x^2 + y^2} \ge 0$. Wenn $z = 0$, dann ist natürlich $|z| = 0$. Umgekehrt, wenn $|z| = 0$, dann ist auch $x^2 + y^2 = 0$, d.h. $x = 0$ und $y = 0$.

(2) Es ist $\sqrt{z \cdot \overline{z}} = \sqrt{(x + y\mathrm{i})(x - y\mathrm{i})} = \sqrt{x^2 + y^2} = |z|$.

(3) Es ist $|\overline{z}| = |x - y\mathrm{i}| = \sqrt{x^2 + (-y)^2} = \sqrt{x^2 + y^2} = |x + y\mathrm{i}| = |z|$.

(4) Es gilt:
$$
|w \cdot z| \underset{\substack{\uparrow \\ \text{folgt aus (2)}}}{=} \sqrt{wz \cdot \overline{wz}} \underset{\substack{\uparrow \\ \text{Lemma 8.4 (b)}}}{=} \sqrt{w \cdot \overline{w} \cdot z \cdot \overline{z}} = \sqrt{w\overline{w}} \cdot \sqrt{z\overline{z}} \underset{\substack{\uparrow \\ \text{folgt aus (2)}}}{=} |w| \cdot |z|.
$$

(5) Es ist $|z| = \sqrt{x^2 + y^2} \ge \sqrt{x^2} = |x| = |\operatorname{Re}(z)|$. Die zweite Ungleichung wird ganz analog bewiesen.

(6) Es ist
$$
\begin{aligned}
|w + z|^2 &\underset{\substack{\uparrow \\ \text{folgt aus (2)}}}{=} (w + z) \cdot (\overline{w} + \overline{z}) \overset{= \overline{wz}}{=} w\overline{w} + w\overline{z} + \overbrace{z\overline{w}}^{} + z\overline{z} \underset{\substack{\downarrow \\ \text{Lemma 8.4 (1)}}}{=} |w|^2 + 2\operatorname{Re}(w\overline{z}) + |z|^2 \\
&\underset{\substack{\uparrow \\ \text{folgt aus (5)}}}{\le} |w|^2 + 2|w\overline{z}| + |z|^2 \underset{\substack{\uparrow \\ \text{folgt aus (3) und (4)}}}{=} |w|^2 + 2|w| \cdot |z| + |z|^2 = (|w| + |z|)^2.
\end{aligned}
$$

Aus der Monotonie von $x \mapsto x^2$ auf $\mathbb{R}_{\ge 0}$ folgt nun, dass $|w + z| \le |w| + |z|$.

118

(7) Es ist
$$z \cdot \frac{1}{|z|^2} \cdot \overline{z} \;=\; \underset{\underset{\text{folgt aus (2)}}{\uparrow}}{\frac{1}{z\overline{z}} \cdot z\overline{z}} \;=\; 1, \quad \text{also ist } z^{-1} = \frac{1}{|z|^2} \cdot \overline{z}.$$

∎

Bemerkung. Wir haben in diesem Abschnitt insbesondere gezeigt, dass $\mathbb{C}$ ein Körper ist. Es stellt sich die Frage, ob man eine Relation „>" auf $\mathbb{C}$ definieren kann, so dass $\mathbb{C}$ ein angeordneter Körper ist. Dies ist allerdings nicht möglich: In einem angeordneten Körper $\mathbb{K}$ gilt nach Satz 1.16, dass $a^2 > 0$ für alle $a \in \mathbb{K} \setminus \{0\}$. Dies impliziert, dass $1 = 1 \cdot 1 > 0$. Aus (O3) folgt dann, dass $0 > -1$. In $\mathbb{C}$ gilt jedoch $i^2 = -1$, welches nach Satz 1.16 positiv sein müsste, wenn $\mathbb{C}$ ein angeordneter Körper wäre.

8.2. Folgen komplexer Zahlen. Wir werden in diesem Kapitel sehen, dass wir ohne größere Probleme die meisten bisherigen Definitionen und Sätze von reellen Folgen und Reihen auf Folgen und Reihen von komplexen Zahlen übertragen können.

Wir beginnen mit der Definition der Konvergenz einer Folge von komplexen Zahlen, welche im Prinzip die gleiche ist wie die Definition, welche wir auf Seite 28 für Folgen reeller Zahlen gegeben haben.

Definition. Es sei $(z_n)_{n\in\mathbb{N}}$ eine Folge von komplexen Zahlen. Für $z \in \mathbb{C}$ definieren wir[37]
$$\lim_{n\to\infty} z_n = z \quad :\Longleftrightarrow \quad \underset{\epsilon>0}{\forall}\; \underset{N\in\mathbb{N}}{\exists}\; \underset{n\geq N}{\forall}\; |z_n - z| < \epsilon.$$

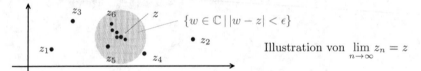

Illustration von $\lim_{n\to\infty} z_n = z$

Für die Konvergenz von Folgen komplexer Zahlen gelten fast die gleichen Aussagen wie in Satz 2.1, dem Beschränktheitssatz 2.2 und den Grenzwertregeln 2.3, mit den fast wortwörtlich gleichen Beweisen. Insbesondere gilt:

(1) Wenn eine Folge komplexer Zahlen konvergiert, dann ist der Grenzwert eindeutig bestimmt.

(2) Eine Folge $(z_n)_{n\in\mathbb{N}}$ komplexer Zahlen, welche konvergiert, ist auch beschränkt, d.h. es gibt ein $C \in \mathbb{R}$, so dass $|z_n| \leq C$ für alle $n \in \mathbb{N}$.

Es seien $(a_n)_{n\in\mathbb{N}}$ und $(b_n)_{n\in\mathbb{N}}$ konvergente Folgen komplexer Zahlen. Dann gilt zudem:

(3)
$$\lim_{n\to\infty}(a_n + b_n) = \lim_{n\to\infty} a_n + \lim_{n\to\infty} b_n,$$

(4)
$$\lim_{n\to\infty}(a_n \cdot b_n) = \lim_{n\to\infty} a_n \cdot \lim_{n\to\infty} b_n,$$

(5) für $\lambda \in \mathbb{C}$ gilt
$$\lim_{n\to\infty} \lambda \cdot a_n = \lambda \cdot \lim_{n\to\infty} a_n,$$

(6) wenn für alle $n \in \mathbb{N}$ gilt $b_n \neq 0$, und wenn $\lim_{n\to\infty} b_n \neq 0$, dann gilt
$$\lim_{n\to\infty} \frac{a_n}{b_n} = \frac{\lim_{n\to\infty} a_n}{\lim_{n\to\infty} b_n}.$$

(7) Als neue Regel erhalten wir noch die Gleichheit
$$\lim_{n\to\infty} \overline{a_n} = \overline{\lim_{n\to\infty} a_n},$$
welche leicht aus (3) und (4) folgt.

---

[37]Hierbei ist ϵ eine positive reelle Zahl und $|z_n - z|$ ist der Betrag der komplexen Zahl $z_n - z$

Der folgende Satz besagt nun, dass man die Konvergenz von Folgen komplexer Zahlen auf die Konvergenz der Real- und Imaginärteile zurückführen kann:

Satz 8.6. Es sei $(z_n)_{n\in\mathbb{N}}$ eine Folge von komplexen Zahlen, und es sei $z \in \mathbb{C}$. Dann gilt:[38]

$$\lim_{n\to\infty} z_n = z \iff \lim_{n\to\infty} \mathrm{Re}(z_n) = \mathrm{Re}(z) \quad \text{und} \quad \lim_{n\to\infty} \mathrm{Im}(z_n) = \mathrm{Im}(z).$$

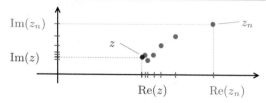

Beweis. Es sei $(z_n)_{n\in\mathbb{N}}$ eine Folge von komplexen Zahlen. Für jedes $n \in \mathbb{N}$ schreiben wir jetzt $z_n = x_n + y_n \mathrm{i}$, wobei $x_n, y_n \in \mathbb{R}$. Wir schreiben zudem $z = x + y\mathrm{i}$, wobei $x, y \in \mathbb{R}$.

Wir zeigen zuerst die „$\Leftarrow$"-Richtung. Wir nehmen nun also an, dass $\lim_{n\to\infty} x_n = x$ und $\lim_{n\to\infty} y_n = y$. Dann gilt:

$$\lim_{n\to\infty} z_n = \lim_{n\to\infty}(x_n + y_n\mathrm{i}) \overset{\text{obige Aussage (3)}}{=} \lim_{n\to\infty} x_n + \lim_{n\to\infty}(y_n\mathrm{i}) \overset{\text{obige Aussage (5) mit } \lambda = \mathrm{i}}{=} \lim_{n\to\infty} x_n + \Big(\lim_{n\to\infty} y_n\Big)\mathrm{i} = x + y\mathrm{i}.$$

Wir zeigen nun die „$\Rightarrow$"-Richtung. Es gilt:

$$\lim_{n\to\infty} \mathrm{Re}(z_n) \overset{\text{Lemma 8.4 (1)}}{=} \lim_{n\to\infty} \tfrac{1}{2}(z_n + \overline{z}_n) \overset{\text{obige Aussagen (3) und (7)}}{=} \tfrac{1}{2}\Big(\lim_{n\to\infty} z_n + \overline{\lim_{n\to\infty} z_n}\Big) = \tfrac{1}{2}(z + \overline{z}) \overset{\text{Lemma 8.4 (1)}}{=} \mathrm{Re}(z).$$

Genauso zeigt man auch, dass $\lim_{n\to\infty} \mathrm{Im}(z_n) = z$. ∎

Die Definition einer Cauchy-Folge komplexer Zahlen ist fast wortwörtlich die gleiche wie die Definition einer Cauchy-Folgen reeller Zahlen, welche wir auf Seite 56 gegeben haben.

Definition. Es sei Folge $(z_n)_{n\in\mathbb{N}}$ eine Folge komplexer Zahlen. Wir sagen:

$$(z_n)_{n\in\mathbb{N}} \text{ heißt Cauchy-Folge} : \iff \underset{\epsilon>0}{\forall} \ \underset{N\in\mathbb{N}}{\exists} \ \underset{n,m\geq N}{\forall} |z_n - z_m| < \epsilon.$$

Satz 8.7. Jede Cauchy-Folge von komplexen Zahlen konvergiert in $\mathbb{C}$.

Beweis. Es sei $(z_n)_{n\in\mathbb{N}}$ eine Cauchy-Folge von komplexen Zahlen. Wir müssen zeigen, dass die Folge $(z_n)_{n\in\mathbb{N}}$ konvergiert. Wir setzen $x_n := \mathrm{Re}(z_n)$ und $y_n := \mathrm{Im}(z_n)$. Es folgt aus Satz 8.6, dass es genügt, folgende Behauptung zu beweisen:

Behauptung. Die reellen Folgen $(x_n)_{n\in\mathbb{N}}$ und $(y_n)_{n\in\mathbb{N}}$ konvergieren.

Beweis. Wir beweisen zuerst, dass die Folge $(x_n)_{n\in\mathbb{N}}$ konvergiert. Nach dem Cauchy-Folgen–Konvergenzsatz 4.7 genügt es zu zeigen, dass die Folge $(x_n)_{n\in\mathbb{N}}$ von reellen Zahlen eine Cauchy-Folge ist. Wir machen dazu folgende Beobachtung: Für beliebige $n, m \in \mathbb{N}$ gilt:

$$|x_n - x_m| = |\mathrm{Re}(z_n) - \mathrm{Re}(z_m)| = |\mathrm{Re}(z_n - z_m)| \overset{}{\leq} |z_n - z_m|.$$

$$\text{die Betragsregel 8.5 (5) besagt, dass } |\mathrm{Re}(w)| \leq |w|$$

---

[38]Die linke Seite betrifft die Konvergenz einer Folge von komplexen Zahlen, während die rechte Seite von der Konvergenz zweier Folgen reeller Zahlen handelt.

Aus dieser Beobachtung und der Voraussetzung, dass $(z_n)_{n\in\mathbb{N}}$ eine Cauchy-Folge ist, folgt sofort, dass $(x_n)_{n\in\mathbb{N}}$ in der Tat eine Cauchy-Folge. Es folgt nun also, dass $(x_n)_{n\in\mathbb{N}}$ eine konvergente Folge ist. Ganz genauso zeigt man auch die Konvergenz der Folge $(y_n)_{n\in\mathbb{N}}$. ∎

8.3. Reihen von komplexen Zahlen. Der Begriff einer Reihe von reellen Zahlen, den wir auf Seite 40 eingeführt haben, überträgt sich auf offensichtliche Weise ins Komplexe.

Definition. Es sei $(a_n)_{n\in\mathbb{N}_0}$ eine Folge von komplexen Zahlen. Wir definieren

$$\text{die Reihe } \sum_{n\geq 0} a_n := \text{die Folge der Partialsummen der Folge } (a_n)_{n\in\mathbb{N}_0}$$
$$= \text{die Folge } (a_0,\ a_0+a_1,\ a_0+a_1+a_2,\ \dots)$$

Wenn die Reihe $\sum_{n\geq 0} a_n$ konvergiert, d.h. wenn die Folge der Partialsummen konvergiert, dann schreiben wir

$$\sum_{n=0}^{\infty} a_n := \text{Grenzwert der Reihe } \sum_{n\geq 0} a_n := \lim_{k\to\infty} \sum_{n=0}^{k} a_n.$$

Für konvergente Reihen gelten dann die üblichen Rechenregeln wie in Satz 2.15.

Beispiel. Der Satz 2.14 über die Konvergenz der geometrischen Reihe verallgemeinert sich problemlos zu folgender Aussage:

$$\text{Für jedes } z\in\mathbb{C} \text{ mit } |z|<1 \text{ gilt} \quad \sum_{n=0}^{\infty} z^n = \frac{1}{1-z}.$$

Definition. Eine Reihe $\sum_{n\geq 0} z_n$ von komplexen Zahlen heißt absolut konvergent, wenn die Reihe $\sum_{n\geq 0} |z_n|$ der Beträge konvergiert.

Bemerkung. Unter Verwendung von Satz 8.7 können wir viele Aussagen über die Konvergenz von reellen Reihen auch auf die Konvergenz von komplexen Reihen übertragen. Insbesondere erhalten wir mit fast wortwörtlich den gleichen Formulierungen und Beweisen folgende Aussagen:

(1) Analog zum Reihenbetrag-Satz 5.7 gilt: Jede absolut konvergente Reihe konvergiert.
(2) Das Majoranten-Kriterium 5.8: Es sei $(a_n)_{n\geq w}$ eine komplexe Folge, und es sei $(b_n)_{n\geq w}$ eine reelle Folge. Dann gilt:

$$b_n \geq |a_n| \text{ für alle } n \quad \text{und} \quad \sum_{n\geq w} b_n \text{ konvergiert} \implies \sum_{n\geq w} a_n \text{ konvergiert absolut.}$$

(3) Das Quotienten-Kriterium 5.11: Es sei $(a_n)_{n\geq 0}$ eine Folge von *komplexen* Zahlen mit $a_n \neq 0$, so dass der Grenzwert

$$\Theta := \lim_{n\to\infty} \left|\frac{a_{n+1}}{a_n}\right|$$

existiert. Wenn $\Theta < 1$, dann konvergiert die Reihe $\sum_{n\geq 0} a_n$ absolut, insbesondere konvergiert dann nach der Verallgemeinerung des Reihenbetrag-Satzes 5.7 auch die Reihe $\sum_{n\geq 0} a_n$. Wenn hingegen $\Theta > 1$, dann divergiert die Reihe.

Satz 8.8.

(1) Für jedes $z \in \mathbb{C}$ konvergiert die Exponentialreihe $\sum_{n \geq 0} \dfrac{z^n}{n!}$ absolut.

(2) Die Exponentialfunktion

$$\exp \colon \mathbb{C} \to \mathbb{C}$$
$$z \mapsto \exp(z) := \sum_{n=0}^{\infty} \frac{z^n}{n!} = \lim_{k \to \infty} \left(1 + z + \frac{z^2}{2} + \ldots + \frac{z^k}{k!} \right)$$

besitzt die folgenden Eigenschaften:

(a) Für alle $z, z' \in \mathbb{C}$ gilt $\quad \exp(z + z') = \exp(z) \cdot \exp(z')$ **(Funktionalgleichung)**.

(b) Für alle $z \in \mathbb{C}$ gilt $\quad \exp(\overline{z}) = \overline{\exp(z)}$.

Beweis.

(1) In Satz 5.17 haben wir gesehen, dass die Exponentialreihe für jedes $z \in \mathbb{R}$ absolut konvergiert. Der Beweis, dass die Exponentialreihe auch für jedes $z \in \mathbb{C}$ absolut konvergiert, ist eigentlich genau der gleiche, wir müssen nur die oben kurz angeschnittene Verallgemeinerung des Quotienten-Kriteriums 5.11 auf komplexe Reihen verwenden. Der Vollständigkeit halber führen wir das Argument aus. Es sei also $z \in \mathbb{C}$ beliebig. Wir schreiben $a_n := \frac{z^n}{n!}$. Dann gilt:

$$\lim_{n \to \infty} \left| \frac{a_{n+1}}{a_n} \right| = \lim_{n \to \infty} \left| \frac{z^{n+1} \cdot n!}{z^n \cdot (n+1)!} \right| = \lim_{n \to \infty} \frac{|z|}{n+1} = |z| \cdot \lim_{n \to \infty} \frac{1}{n+1} = 0.$$

Es folgt aus dieser Berechnung und dem Quotienten-Kriterium 5.11, dass die Exponentialreihe $\sum_{n \geq 0} a_n = \sum_{n \geq 0} \frac{z^n}{n!}$ absolut konvergiert.

(2) (a) In Theorem 5.18 haben wir die Aussage für den Fall bewiesen, dass $z, z' \in \mathbb{R}$. Der Beweis überträgt sich jedoch wortwörtlich auf den Fall, dass z und z' beliebige komplexe Zahlen sind.

(b) Diese Aussage folgt den folgenden allgemeinen Beobachtungen:

- Für jede konvergente Reihe $\sum_{n \geq 0} z_n$ gilt folgende Gleichheit:

$$\sum_{n=0}^{\infty} \overline{w_n} = \lim_{k \to \infty} \sum_{n=0}^{k} \overline{w_n} = \lim_{k \to \infty} \overline{\sum_{n=0}^{k} w_n} = \overline{\sum_{n=0}^{\infty} w_n},$$

auf Seite 118 haben wir gesehen, dass sich Grenzwert und komplexe Konjugation vertauschen lassen

- Für $z \in \mathbb{C}$ und $n \in \mathbb{N}_0$ folgt aus $\overline{a \cdot b} = \overline{a} \cdot \overline{b}$, dass $\overline{\dfrac{z^n}{n!}} = \dfrac{\overline{z}^n}{n!}$. ∎

Übungsaufgaben zu Kapitel 8.

Aufgabe 8.1. Bestimmen Sie die komplexe Zahl $z = x + y\mathrm{i}$, welche die Gleichung

$$2 \cdot z + 3 - 5\mathrm{i} = \frac{1}{2 - \mathrm{i}} \cdot z + 7 + \mathrm{i}$$

erfüllt.

Aufgabe 8.2. Was ist die geometrische Bedeutung der Multiplikation mit i? Anders gefragt, was ist eine geometrische Beschreibung der Abbildung

$$\mathbb{C} \to \mathbb{C}$$
$$z \mapsto \mathrm{i} \cdot z\,?$$

Aufgabe 8.3. Bestimmen Sie eine komplexe Zahl $z = a + bi \in \mathbb{C}$ mit $z^2 = i$.

Aufgabe 8.4.

(a) Wir betrachten die Folge

$$a_n := \left(2 + \frac{i^n}{n^2} + \frac{i}{3^{\sqrt{2} \cdot n}} \right)^3$$

mit $n \in \mathbb{N}$. Bestimmen Sie, ob die Folge konvergiert. Im Falle der Konvergenz bestimmen Sie zudem den Grenzwert.

(b) Wir betrachten die Folge

$$b_n = 2 + i^n \cdot \frac{n-1}{3n+i},$$

mit $n \in \mathbb{N}$. Bestimmen Sie, ob die Folge konvergiert. Im Falle der Konvergenz bestimmen Sie zudem den Grenzwert.

Bemerkung. Es gelten die offensichtlichen Verallgemeinerungen der Aussagen über die Konvergenz und Grenzwerte von Folgen reeller Zahlen zu Folgen komplexer Zahlen. Beispielsweise gilt die offensichtliche Verallgemeinerung des Teilfolgen-Grenzwert-Lemmas 4.3: Wenn eine Folge von komplexen Zahlen konvergiert, dann konvergiert auch jede Teilfolge gegen den gleichen Grenzwert.

Aufgabe 8.5. Es sei $(a_n)_{n \in \mathbb{N}}$ eine Folge von *komplexen* Zahlen, welche gegen 0 konvergiert. Wir nehmen an, dass für alle $n \in \mathbb{N}$ gilt: $|a_{n+1}| < |a_n|$. Folgt daraus, dass die Reihe $\sum\limits_{n \geq 0} (-1)^n \cdot a_n$ konvergiert?

Aufgabe 8.6. Bestimmen Sie, welche der folgenden Reihen von komplexen Zahlen konvergieren:

(a) $\displaystyle\sum_{n=1}^{\infty} \left(\frac{1-i}{2+i} \right)^n$ (b) $\displaystyle\sum_{n=0}^{\infty} i^n \cdot \frac{1}{n+3}$

(c) $\displaystyle\sum_{n=0}^{\infty} \left(\frac{i+1}{i-1} \right)^n$ (d) $\displaystyle\sum_{n=0}^{\infty} \frac{i - 2n^2 + n}{3i + n + (5+3i) \cdot n^3}$.

Bemerkung. Bevor Sie die Aufgabe bearbeiten, überlegen Sie sich, was die Verallgemeinerungen des Nullfolgenkriteriums 5.2, des Majoranten-Kriteriums 5.8, des Minoranten-Kriteriums 5.9 und des Quotienten-Kriteriums 5.11 besagen.

9. Trigonometrische Funktionen

9.1. Definition von Sinus und Kosinus.
Das folgende Lemma macht die etwas überraschende Aussage, dass für jede reelle Zahl $t \in \mathbb{R}$ die komplexe Zahl $\exp(t\mathrm{i})$ auf dem Kreis mit Radius 1 um den Ursprung liegt.

Lemma 9.1. Für alle $t \in \mathbb{R}$ gilt $|\exp(t\mathrm{i})| = 1$.

Beweis. Für $t \in \mathbb{R}$ gilt:

$$
|\exp(t\mathrm{i})|^2 \overset{\substack{\text{Betragsregel 8.5 (2)}\\\downarrow}}{=} \exp(t\mathrm{i}) \cdot \overline{\exp(t\mathrm{i})} \overset{\substack{\text{Satz 8.8 (2b)}\\\downarrow}}{=} \exp(t\mathrm{i}) \cdot \exp(\overline{t\mathrm{i}}) \overset{\substack{\text{da } t \in \mathbb{R}\\\downarrow}}{=} \exp(t\mathrm{i}) \cdot \exp(-t\mathrm{i})
$$

$$
\overset{\underset{\text{Funktionalgleichung 8.8 (2a)}}{\uparrow}}{=} \exp(t\mathrm{i} - t\mathrm{i}) = \exp(0) = 1.
$$

Nachdem Beträge immer ≥ 0 sind, folgt nun auch, dass $|\exp(t\mathrm{i})| = 1$. ∎

Analog zur Definition auf Seite 111 führen wir nun folgende Notation ein:

Notation. Für $z \in \mathbb{C}$ schreiben wir $e^z := \exp(z) := \sum_{n=0}^{\infty} \dfrac{z^n}{n!}$.

Beispiel. Mit dieser Notation können wir bekannte Aussagen neu formulieren:
(1) Für alle $z, w \in \mathbb{C}$ gilt: $e^{z+w} = e^z \cdot e^w$ (Funktionalgleichung 8.8).
(2) Lemma 9.1 besagt, dass für alle $t \in \mathbb{R}$ gilt: $|e^{t\mathrm{i}}| = 1$.

Definition. Für $t \in \mathbb{R}$ definieren wir

$$
\begin{aligned}
\sin(t) &:= \operatorname{Im}(e^{t\mathrm{i}}), &&\text{genannt Sinus von } t\\
\cos(t) &:= \operatorname{Re}(e^{t\mathrm{i}}), &&\text{genannt Kosinus von } t.
\end{aligned}
$$

Bemerkung. Für jedes $z \in \mathbb{C}$ gilt $z = \operatorname{Re}(z) + \operatorname{Im}(z)\mathrm{i}$. Also gilt *per Definition* für jedes $t \in \mathbb{R}$ folgende Gleichheit:
$$
e^{t\mathrm{i}} = \cos(t) + \sin(t)\mathrm{i} \qquad \text{(Eulersche Formel)}
$$

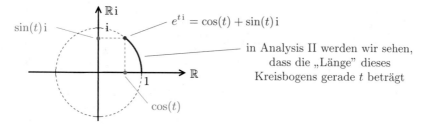

in Analysis II werden wir sehen, dass die „Länge" dieses Kreisbogens gerade t beträgt

Bemerkung. Lemma 9.1 besagt, dass die komplexe Zahl $e^{t\mathrm{i}}$ auf dem Einheitskreis um den „Ursprung" in $\mathbb{C} = \mathbb{R}^2$ liegt. Der Sinus von t ist nun die „y-Koordinate" von $e^{t\mathrm{i}}$ und der Kosinus von t ist die „x-Koordinate" von $e^{t\mathrm{i}}$. Die anschauliche Bedeutung von $e^{t\mathrm{i}}$ ist hierbei, dass, zumindest für „kleine" t, der Kreisbogen zwischen $1 \in \mathbb{C}$ und $e^{t\mathrm{i}}$ gerade die „Länge" t besitzt. Damit diese Aussage Sinn ergibt, müssen wir allerdings erst noch sauber definieren, was „Länge" eigentlich heißen soll. Wir werden den Begriff „Länge" erst in Analysis II einführen, wenn wir Analysis in einem beliebigen $\mathbb{R}^n$ behandeln.

Die folgenden Lemmata und Sätze beinhalten einige grundlegende Aussagen über Sinus und Kosinus:

© Der/die Autor(en), exklusiv lizenziert an
Springer-Verlag GmbH, DE, ein Teil von Springer Nature 2023
S. Friedl, *Analysis 1*, https://doi.org/10.1007/978-3-662-67359-1_10

Lemma 9.2. Für $t \in \mathbb{R}$ gilt

$$\begin{align} (1) \quad \sin(-t) &= -\sin(t) \\ (2) \quad \cos(-t) &= \cos(t). \end{align}$$

Beweis. Es sei also $t \in \mathbb{R}$. Dann gilt:

$$(1) \quad \sin(-t) \underset{\substack{\uparrow \\ \text{per Definition}}}{=} \operatorname{Im}\left(e^{-t\,\mathrm{i}}\right) \underset{\substack{\uparrow \\ \text{aus } t \in \mathbb{R} \text{ folgt } -t\mathrm{i} = \overline{t\mathrm{i}}}}{=} \operatorname{Im}\left(e^{\overline{t\mathrm{i}}}\right) \underset{\substack{\uparrow \\ \text{Satz 8.8 (2b)}}}{=} \operatorname{Im}\left(\overline{e^{t\mathrm{i}}}\right) \underset{\substack{\uparrow \\ \text{Definition des komplex Konjugierten}}}{=} -\operatorname{Im}\left(e^{t\,\mathrm{i}}\right) = -\sin(t)$$

$$(2) \quad \cos(-t) \overset{\downarrow}{=} \operatorname{Re}\left(e^{-t\,\mathrm{i}}\right) \overset{\downarrow}{=} \operatorname{Re}\left(e^{\overline{t\mathrm{i}}}\right) \overset{\downarrow}{=} \operatorname{Re}\left(\overline{e^{t\mathrm{i}}}\right) \overset{\downarrow}{=} \operatorname{Re}\left(e^{t\,\mathrm{i}}\right) = \cos(t). \quad \blacksquare$$

Lemma 9.3. Für $t \in \mathbb{R}$ gilt $\quad \sin(t)^2 + \cos(t)^2 = 1$.

Beweis. Es gilt:
$$\sin(t)^2 + \cos(t)^2 = \operatorname{Im}(e^{t\mathrm{i}})^2 + \operatorname{Re}(e^{t\mathrm{i}})^2 \underset{\substack{\uparrow \\ \text{Definition des Betrags der komplexen Zahl } e^{t\mathrm{i}}}}{=} |e^{t\mathrm{i}}|^2 \underset{\substack{\uparrow \\ \text{Lemma 9.1}}}{=} 1. \quad \blacksquare$$

Ein Vorteil der Definition von Kosinus und Sinus mithilfe der komplexen Exponentialfunktion ist, dass sich nun die Additionstheoreme sehr leicht beweisen lassen.

Satz 9.4. (Additionstheoreme) Für alle $x, y \in \mathbb{R}$ gilt:

$$\begin{align} \sin(x+y) &= \sin(x) \cdot \cos(y) + \cos(x) \cdot \sin(y), \\ \cos(x+y) &= \cos(x) \cdot \cos(y) - \sin(x) \cdot \sin(y). \end{align}$$

Beweis.

Der geniale Trick ist, dass man Sinus und Kosinus nicht getrennt betrachtet, sondern zur komplexen Exponentialfunktion zusammenfasst. Die Additionstheoreme folgen dann leicht aus der Funktionalgleichung 8.8 (2a) der Exponentialfunktion. Bei den Additionstheoremen ist es am einfachsten, wenn man sich diese Beweisidee merkt. Aus der Beweisidee kann man sich dann problemlos die Additionstheoreme herleiten. Das ist viel einfacher, als zu versuchen, sich die Additionstheoreme auswendig zu merken.

Es seien $x, y \in \mathbb{R}$. Dann gilt: $\qquad$ dies folgt aus der Funktionalgleichung $e^{w+z} = e^w \cdot e^z$

$$\begin{align} \cos(x+y) + \sin(x+y)\mathrm{i} &= e^{(x+y)\mathrm{i}} = e^{x\mathrm{i}+y\mathrm{i}} \overset{\downarrow}{=} e^{x\mathrm{i}} \cdot e^{y\mathrm{i}} \\ &= (\cos(x) + \sin(x)\mathrm{i}) \cdot (\cos(y) + \sin(y)\mathrm{i}) \\ &\underset{\uparrow}{=} \cos(x) \cdot \cos(y) - \sin(x) \cdot \sin(y) + (\sin(x) \cdot \cos(y) + \cos(x) \cdot \sin(y))\mathrm{i}. \end{align}$$

folgt durch Ausmultiplizieren

Der Satz folgt nun aus dem Vergleich der Realteile und der Imaginärteile. $\qquad \blacksquare$

Satz 9.5. (Reihendarstellungssatz) Für alle $x \in \mathbb{R}$ gilt:

$$\begin{align} \sin(x) &= \sum_{k=0}^{\infty} (-1)^k \cdot \frac{x^{2k+1}}{(2k+1)!} = \lim_{k \to \infty}\left(x - \frac{x^3}{3!} + \frac{x^5}{5!} - \ldots (-1)^k \cdot \frac{x^{2k+1}}{(2k+1)!}\right) \\ \cos(x) &= \sum_{k=0}^{\infty} (-1)^k \cdot \frac{x^{2k}}{(2k)!} = \lim_{k \to \infty}\left(1 - \frac{x^2}{2!} + \frac{x^4}{4!} - \ldots (-1)^k \cdot \frac{x^{2k}}{(2k)!}\right) \end{align}$$

Zudem gilt: Beide Reihen konvergieren absolut.

Bemerkung. Der Reihendarstellungssatz 9.5 besagt insbesondere, dass wir $\sin(x)$ und $\cos(x)$ als Reihen beschreiben können. Dies ist wichtig, weil man dadurch in der Praxis $\sin(x)$ und $\cos(x)$ annäherungsweise ausrechnen kann.

Beweis von Satz 9.5. Es sei $x \in \mathbb{R}$. Ganz analog zum Beweis der absoluten Konvergenz der Exponentialreihe kann man auch hier problemlos mithilfe des Quotienten-Kriteriums 5.11 zeigen, dass die beiden angegebenen Reihen absolut konvergieren. Zudem gilt:

wir wollen den Ausdruck wieder in Real- und Imaginärteil aufteilen: da $\mathrm{i}^n \in \{-1, 1\}$ wenn n gerade, und $\mathrm{i}^n \in \{-\mathrm{i}, \mathrm{i}\}$ wenn n ungerade, teilen wir die Reihe in n gerade und n ungerade auf

$$\cos(x) + \sin(x)\,\mathrm{i} = e^{x\,\mathrm{i}} = \sum_{n=0}^{\infty} \frac{(x\,\mathrm{i})^n}{n!} = \sum_{n=0}^{\infty} \mathrm{i}^n \cdot \frac{x^n}{n!} \overset{\downarrow}{=} \underset{n \text{ gerade}}{\sum} \mathrm{i}^n \cdot \frac{x^n}{n!} + \underset{n \text{ ungerade}}{\sum} \mathrm{i}^n \cdot \frac{x^n}{n!}$$

wir können die Reihe zerlegen, weil die Reihen rechts, wie gerade gesehen, konvergieren

$$= \sum_{k=0}^{\infty} \mathrm{i}^{2k} \cdot \frac{x^{2k}}{(2k)!} + \mathrm{i} \cdot \sum_{k=0}^{\infty} \mathrm{i}^{2k} \cdot \frac{x^{2k+1}}{(2k+1)!}$$

$$\overset{\uparrow}{=} \sum_{k=0}^{\infty} (-1)^k \cdot \frac{x^{2k}}{(2k)!} + \left(\sum_{k=0}^{\infty} (-1)^k \cdot \frac{x^{2k+1}}{(2k+1)!} \right) \mathrm{i}.$$

denn $\mathrm{i}^{2k} = (\mathrm{i}^2)^k = (-1)^k$

Die Aussage des Satzes folgt nun, indem man den Realteil und den Imaginärteil zu Beginn und am Ende vergleicht. ∎

Satz 9.6. (Stetigkeit der Sinus- und der Kosinusfunktion) Die Funktionen

$$\begin{array}{ccc} \mathbb{R} & \to & \mathbb{R} \\ t & \mapsto & \sin(t) \end{array} \quad \text{und} \quad \begin{array}{ccc} \mathbb{R} & \to & \mathbb{R} \\ t & \mapsto & \cos(t) \end{array} \quad \text{sind stetig.}$$

Beweis. Wir zeigen im Folgenden, dass die Sinusfunktion stetig ist. Der Beweis, dass die Kosinusfunktion stetig ist, verläuft ganz analog. Aus dem Folgen-Stetigkeitssatz 6.4 folgt, dass es genügt, folgende Behauptung zu beweisen:

Behauptung. Für jede konvergente Folge $(a_n)_{n \in \mathbb{N}}$ in $\mathbb{R}$ gilt $\lim_{n \to \infty} \sin(a_n) = \sin\left(\lim_{n \to \infty} a_n \right)$.

Beweis. Wir setzen $a := \lim_{n \to \infty} a_n$. Es gilt:

Definition von Sinus   Satz 8.6   Funktionalgleichung 8.8 (2a)

$$\lim_{n \to \infty} \sin(a_n) \overset{\downarrow}{=} \lim_{n \to \infty} \mathrm{Im}(e^{a_n \mathrm{i}}) \overset{\downarrow}{=} \mathrm{Im}\left(\lim_{n \to \infty} e^{a_n \mathrm{i}} \right) \overset{\downarrow}{=} \mathrm{Im}\left(\lim_{n \to \infty} e^{a \mathrm{i}} \cdot e^{(a_n - a)\mathrm{i}} \right)$$

$$= \mathrm{Im}\left(e^{a \mathrm{i}} \cdot \lim_{n \to \infty} e^{(a_n - a)\mathrm{i}} \right) \overset{\uparrow}{=} \mathrm{Im}(e^{a \mathrm{i}} \cdot 1) = \sin(a).$$

das gleiche Argument wie im Beweis von Satz 6.8 zeigt, dass für alle $z \in \mathbb{C}$ mit $|z| < \frac{1}{2}$ gilt: $|e^z - 1| \leq 2 \cdot |z|$; aus $\lim_{n \to \infty} (a_n - a) = 0$ folgt nun, dass $\lim_{n \to \infty} e^{(a_n - a)\mathrm{i}} = 1$ ∎

9.2. Definition von π. Wir wollen in diesem Abschnitt „π" einführen. Die Zahl π wird in der Schule als der halbe Umfang eines Kreises von Radius 1 eingeführt. Das Problem, welches sich nun stellt, ist: Wie ist denn der „Umfang" eines Kreises definiert? Wir werden diese Frage erst in Analysis II beantworten. Wir führen im Folgenden π auf eine andere Weise ein. Wir werden später in Analysis II sehen, dass die Definition von π, welche wir im Folgenden geben werden, tatsächlich der Definition über den Umfang eines Kreises entspricht.

Wir wollen nun also eine vernünftige Definition von π, mit den Hilfsmitteln, welche uns zur Verfügung stehen, geben. Die Idee ist, dass wir π über die Nullstelle(n) der Kosinusfunktion einführen. Dazu müssen wir uns aber erst einmal davon überzeugen, dass die Kosinusfunktion, so wie wir sie definiert haben, überhaupt eine Nullstelle besitzt.

Wir beginnen diese Diskussion mit der Bemerkung, dass für alle $x \in \mathbb{R}$ gilt:

Reihendarstellungssatz 9.5 $\qquad$ $k=0$ $\quad$ $k=1$ $\quad$ $k=2$ $\qquad$ Summand

$$\cos(x) = \sum_{k=0}^{\infty} (-1)^k \cdot \frac{x^{2k}}{(2k)!} = 1 - \frac{x^2}{2} + \frac{x^4}{24} + \sum_{k=3}^{\infty} (-1)^k \cdot \frac{x^{2k}}{(2k)!}$$

$$\sin(x) = \sum_{k=0}^{\infty} (-1)^k \cdot \frac{x^{2k+1}}{(2k+1)!} = x - \frac{x^3}{6} + \frac{x^5}{120} + \sum_{k=3}^{\infty} (-1)^k \cdot \frac{x^{2k+1}}{(2k+1)!}.$$

Das folgende Lemma besagt nun, dass sich für $x \in [0,2]$ die Werte von $\sin(x)$ und $\cos(x)$ an den Partialsummen orientieren. Insbesondere erhalten wir durch dieses Lemma eine gewisse Kontrolle über $\sin(x)$ und $\cos(x)$ für $x \in [0,2]$.

Satz 9.7. (Abschätzungssatz) Für $x \in [0,2]$ gilt

(1) $\quad 1 - \dfrac{x^2}{2} \leq \cos(x) \leq 1 - \dfrac{x^2}{2} + \dfrac{x^4}{24}$ $\qquad$ und $\qquad$ (2) $\quad x - \dfrac{x^3}{6} \leq \sin(x) \leq x - \dfrac{x^3}{6} + \dfrac{x^5}{120}.$

Bemerkung. Es folgt sehr leicht aus dem Abschätzungssatz 9.7, dass $\cos(0) = 1$, dass $\cos(2) < 0$ und dass für alle $x \in (0,2]$ gilt: $\sin(x) > 0$.

Graph von $1-\frac{x^2}{2}$ $\quad$ Graph von $1-\frac{x^2}{2}+\frac{x^4}{24}$ $\qquad$ Graph von $x-\frac{x^3}{6}$ $\quad$ Graph von $x-\frac{x^3}{6}+\frac{x^5}{120}$

 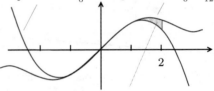

hier liegen die Werte von $\cos(x)$ für $x \in [0,2]$ $\qquad$ hier liegen die Werte von $\sin(x)$ für $x \in [0,2]$

Beweis des Abschätzungssatzes 9.7. Für den Beweis des Satzes benötigen wir folgende Behauptung:

Behauptung. Es sei $(a_k)_{k \geq 2m}$ eine monoton fallende Folge von nichtnegativen reellen Zahlen. Dann gilt:

$$\sum_{k=2m}^{\infty} (-1)^k \cdot a_k \in [0, a_{2m}].$$

Beweis. Diese Aussage folgt sofort aus dem Reihenanfangspunkt-Lemma 5.1 (1) und der „zudem-Aussage" des Leibniz-Kriteriums 5.6. $\qquad\qquad\qquad\qquad\qquad\qquad$ ⊞
Wir wenden uns jetzt dem eigentlichen Beweis zu.

(1) $\quad$ (a) Wie gerade besprochen, gilt $\cos(x) = 1 - \dfrac{x^2}{2} + \sum\limits_{k=2}^{\infty} (-1)^k \cdot \dfrac{x^{2k}}{(2k)!}.$

$\quad$ (b) Wir müssen also zeigen, dass für alle $x \in [0,2]$ gilt: $\sum\limits_{k=2}^{\infty} (-1)^k \cdot \dfrac{x^{2k}}{(2k)!} \in \left[0, \dfrac{x^4}{24}\right].$

$\quad$ (c) Nach der Behauptung genügt es zu zeigen, dass für $x \in [0,2]$ die Folge $a_k := \dfrac{x^{2k}}{(2k)!}$
$\qquad$ für $k \geq 2$ monoton fallend ist.

$\quad$ (d) Für $x \in [0,2]$ und $k \geq 2$ gilt:

$$\frac{a_{k+1}}{a_k} = \frac{x^{2k+2}}{(2k+2)!} \cdot \frac{(2k)!}{x^{2k}} = \frac{x^2}{(2k+2) \cdot (2k+1)} \underset{\underset{\text{denn } x \in [0,2]}{\uparrow}}{\leq} \frac{4}{(2k+2) \cdot (2k+1)} \underset{\underset{\text{denn } k \geq 2}{\uparrow}}{<} 1.$$

$\qquad$ Also ist die Folge $a_k := \dfrac{x^{2k}}{(2k)!}$ für $k \geq 2$ monoton fallend.

(2) Der Beweis der Ungleichungen für $\sin(x)$ verläuft ganz analog zum Beweis von (1). ∎

Satz 9.8. Die Einschränkung der Kosinusfunktion auf das Intervall $[0, 2]$ ist streng monoton fallend.

Für den Beweis von Satz 9.8 müssen wir die Werte der Kosinusfunktion an verschiedenen Punkten vergleichen. Folgendes Lemma ermöglicht dieses Unterfangen:

Lemma 9.9. Für $x, y \in \mathbb{R}$ gilt:

$$(1) \qquad \cos(x) - \cos(y) \;=\; -2 \cdot \sin\left(\tfrac{x+y}{2}\right) \cdot \sin\left(\tfrac{x-y}{2}\right),$$

$$(2) \qquad \sin(x) - \sin(y) \;=\; 2 \cdot \cos\left(\tfrac{x+y}{2}\right) \cdot \sin\left(\tfrac{x-y}{2}\right).$$

Beweis von Lemma 9.9. Es seien $x, y \in \mathbb{R}$. Wir setzen $u := \tfrac{x+y}{2}$ und $v := \tfrac{x-y}{2}$. Dann gilt:

$$
\cos(x) - \cos(y) \;\overset{\underset{\text{da } u+v=x \text{ und } u-v=y}{\downarrow}}{=}\; \cos(u+v) - \cos(u-v) \;\overset{\underset{\text{Additionstheorem 9.4}}{\downarrow}}{=}
$$
$$
= (\cos(u)\cdot\cos(v) - \sin(u)\cdot\sin(v)) \;-\; (\cos(u)\cdot\cos(-v) - \sin(u)\cdot\sin(-v))
$$
$$
\underset{\uparrow}{=} -2\cdot\sin(u)\cdot\sin(v) \;=\; -2\cdot\sin\left(\tfrac{x+y}{2}\right)\cdot\sin\left(\tfrac{x-y}{2}\right).
$$

aus Lemma 9.2 folgt, dass $\cos(-v) = \cos(v)$ und $\sin(-v) = -\sin(v)$, also heben sich zwei Terme weg, und zwei Terme sind gleich

Diese Aussage über $\sin(x) - \sin(y)$ wird ganz ähnlich bewiesen. ∎

Beweis von Satz 9.8. Wir wollen also zeigen, dass die Einschränkung der Kosinusfunktion auf das Intervall $[0, 2]$ streng monoton fallend ist. Es seien also $x_2 > x_1$ zwei reelle Zahlen in $[0, 2]$. Wir müssen zeigen, dass $\cos(x_2) < \cos(x_1)$. Mit anderen Worten: Wir müssen zeigen, dass $\cos(x_2) - \cos(x_1) < 0$. In der Tat gilt:

$$
\cos(x_2) - \cos(x_1) \;\overset{\underset{\text{nach Lemma 9.9 (1)}}{\downarrow}}{=}\; -2 \cdot \sin\Big(\underbrace{\tfrac{x_2 + x_1}{2}}_{\substack{\in (0,2],\text{ da } x_1, x_2 \in [0,2] \\ \text{und da } x_2 > x_1}} \Big) \cdot \sin\Big(\underbrace{\tfrac{x_2 - x_1}{2}}_{\substack{\in (0,2],\text{ da } x_1, x_2 \in [0,2] \\ \text{und da } x_2 > x_1}} \Big) \overset{\underset{\text{nach dem Abschätzungssatz 9.7 (2) sind diese Sinuswerte positiv}}{\downarrow}}{<} 0.
$$

∎

Definition. Nachdem $\cos(0) > 0$ und $\cos(2) < 0$, gibt es nach dem Zwischenwertsatz 6.17 ein $x \in (0, 2)$, so dass $\cos(x) = 0$. Satz 9.8 besagt, dass der Kosinus auf dem Intervall $[0, 2]$ streng monoton fallend ist. Es gibt also genau eine Nullstelle im Intervall $[0, 2]$. Wir definieren jetzt

$$\pi := 2 \cdot \text{die Nullstelle der Kosinusfunktion auf dem Intervall } [0, 2].$$

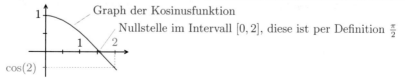

Graph der Kosinusfunktion

Nullstelle im Intervall $[0, 2]$, diese ist per Definition $\tfrac{\pi}{2}$

Beispiel. Es gilt:

$$
\sin\left(\tfrac{\pi}{2}\right)^2 \;\overset{\underset{\text{Lemma 9.3}}{\uparrow}}{=}\; 1 - \cos\left(\tfrac{\pi}{2}\right)^2 \;\overset{\underset{\text{per Definition von } \pi}{\uparrow}}{=}\; 1 - 0 = 1 \quad\Longrightarrow\quad \sin\left(\tfrac{\pi}{2}\right) \;\overset{\underset{\text{denn } \sin(x) \geq 0 \text{ für } x \in [0, 2]}{\uparrow}}{=}\; 1.
$$

Wir erhalten insbesondere

(a) $\qquad e^{\frac{\pi}{2}\mathrm{i}} \;=\; \cos(\tfrac{\pi}{2}) + \sin(\tfrac{\pi}{2})\mathrm{i} \;=\; \mathrm{i}.$

Daraus können wir auch herleiten, dass, wie in der nächsten Abbildung illustriert, gilt:

$$
\begin{aligned}
\text{(b)} \qquad e^{\pi\mathrm{i}} &= \left(e^{\frac{\pi}{2}\mathrm{i}}\right)^2 = \mathrm{i}^2 &&= -1,\\
\text{(c)} \qquad e^{\frac{3\pi}{2}\mathrm{i}} &= \left(e^{\frac{\pi}{2}\mathrm{i}}\right)^3 = (-1)\cdot \mathrm{i} &&= -\mathrm{i},\\
\text{(d)} \qquad e^{2\pi\mathrm{i}} &= \left(e^{\frac{\pi}{2}\mathrm{i}}\right)^4 = (-i)\cdot \mathrm{i} &&= 1.
\end{aligned}
$$

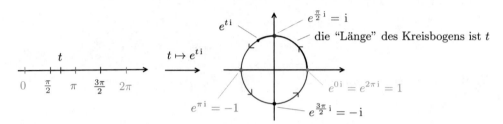

Bemerkung. Die Gleichung $e^{\pi\mathrm{i}} = -1$, welche wir gerade in (b) formuliert haben, ist äquivalent zu $e^{\pi\mathrm{i}} + 1 = 0$. Diese Gleichung wird manchmal als die schönste Gleichung der Mathematik bezeichnet, da diese $e, \pi, \mathrm{i}, 1$ und 0 in Verbindung setzt.

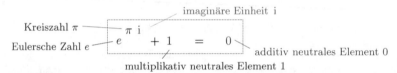

Das folgende Lemma zeigt, dass die Sinus- und die Kosinusfunktion 2π-periodisch sind:

Lemma 9.10. Für $t \in \mathbb{R}$ gilt:

$$
\begin{aligned}
\cos(t + \tfrac{\pi}{2}) &= -\sin(t) &&\text{und} &&& \sin(t + \tfrac{\pi}{2}) &= \cos(t),\\
\cos(t + \pi) &= -\cos(t) &&\text{und} &&& \sin(t + \pi) &= -\sin(t),\\
\cos(t + 2\pi) &= \cos(t) &&\text{und} &&& \sin(t + 2\pi) &= \sin(t)
\end{aligned}
$$

Beweis. Es sei $t \in \mathbb{R}$. Dann gilt:

$$
\begin{aligned}
\cos(t + \tfrac{\pi}{2}) + \sin(t + \tfrac{\pi}{2})\mathrm{i} &= e^{\mathrm{i}(t + \frac{\pi}{2})} = e^{t\mathrm{i}} \cdot e^{\frac{\pi}{2}\mathrm{i}} = e^{t\mathrm{i}} \cdot \mathrm{i} &&= -\sin(t) + \cos(t)\mathrm{i},\\
\cos(t + \pi) + \sin(t + \pi)\mathrm{i} &= e^{\mathrm{i}(t + \pi)} = e^{t\mathrm{i}} \cdot e^{\pi\mathrm{i}} = e^{t\mathrm{i}} \cdot (-1) &&= -\cos(t) - \sin(t)\mathrm{i},\\
\cos(t + 2\pi) + \sin(t + 2\pi)\mathrm{i} &= e^{\mathrm{i}(t + 2\pi)} = e^{t\mathrm{i}} \cdot e^{2\pi\mathrm{i}} = e^{t\mathrm{i}} \cdot 1 &&= \cos(t) + \sin(t)\mathrm{i}.
\end{aligned}
$$

Die Aussagen folgen, wie so oft, durch Vergleich der Real- und Imaginärteile. ∎

Bemerkung. Die Symmetrieeigenschaften aus Lemma 9.2 und Lemma 9.10 zusammen mit dem Graphen in der Abbildung auf Seite 127 geben uns nun in etwa die Graphen der Sinusfunktion und der Kosinusfunktion auf ganz $\mathbb{R}$.

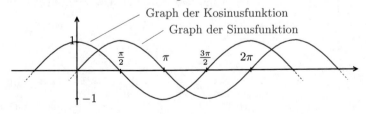

Wir beschließen diesen Abschnitt mit einer meiner Lieblingsfunktionen.

Beispiel. In der folgenden Abbildung sehen wir den Graphen der Funktion $f\colon \mathbb{R} \setminus \{0\} \to \mathbb{R}$, welche gegeben ist durch $x \mapsto \sin(\frac{1}{x})$. Für alle $k \in \mathbb{Z}$ gilt

$$f\left(\frac{1}{2k \cdot \pi + \frac{\pi}{2}}\right) = 1 \quad \text{und} \quad f\left(\frac{1}{2k \cdot \pi + \frac{3\pi}{2}}\right) = -1 \quad \text{und falls } k \neq 0 \text{ gilt:} \quad f\left(\frac{1}{k \cdot \pi}\right) = 0.$$

Wir sehen also, dass diese Funktion im Intervall $[-1, 1]$ unendlich viele Nullstellen besitzt und sogar jede Zahl in $[-1, 1]$ von unendlich vielen x im Intervall $(0, 1]$ angenommen wird. Diese Funktion f ist der Ursprung für viele weitere Funktionen mit unerwarteten Eigenschaften.

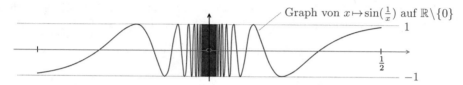

Graph von $x \mapsto \sin(\frac{1}{x})$ auf $\mathbb{R} \setminus \{0\}$

9.3. Polarkoordinatendarstellung von komplexen Zahlen.

Satz 9.11. (Satz über die Polarkoordinatendarstellung) Zu jeder Zahl $z \in \mathbb{C} \setminus \{0\}$ existiert genau ein $r \in \mathbb{R}_{>0} = \{x \in \mathbb{R} \mid x > 0\}$ und genau ein $\varphi \in [0, 2\pi)$, so dass

$$z = r \cdot e^{\varphi i}.$$

Definition. Zu jeder Zahl $z \in \mathbb{C} \setminus \{0\}$ existiert also genau ein $r \in \mathbb{R}_{>0}$ und genau ein $\varphi \in [0, 2\pi)$, so dass $z = r \cdot e^{\varphi i}$. Dieses Zahlenpaar (r, φ) nennt man die Polarkoordinaten von z.

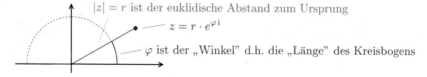

$|z| = r$ ist der euklidische Abstand zum Ursprung

$z = r \cdot e^{\varphi i}$

φ ist der „Winkel" d.h. die „Länge" des Kreisbogens

Beweis des Satzes 9.11 über die Polarkoordinatendarstellung. Es sei $z \in \mathbb{C} \setminus \{0\}$. Wir zeigen zuerst die Existenz von $r \in \mathbb{R}_{>0}$ und $\varphi \in [0, 2\pi)$ mit $z = r \cdot e^{\varphi i}$. Wir setzen $w := \frac{z}{|z|}$. Man beachte, dass $|w| = 1$. Wir wollen nun im Folgenden zeigen, dass es ein $\varphi \in [0, 2\pi)$ mit $w = e^{\varphi i} = \cos(\varphi) + \sin(\varphi) i$ gibt. Wir schreiben $w = x + y i$, wobei $x, y \in \mathbb{R}$. Nachdem $|w| = 1$, folgt aus $|w|^2 = x^2 + y^2$, dass $|x| \leq 1$ und auch $|y| \leq 1$.

Behauptung 1. Es gibt ein $\psi \in [0, \pi]$ mit $\cos(\psi) = x$.

Beweis. Per Definition gilt $\cos(0) = 1$ und aus Lemma 9.10 folgt: $\cos(\pi) = -\cos(0) = -1$. Die Kosinusfunktion ist stetig, also existiert nach dem Zwischenwertsatz 6.17 ein $\psi \in [0, \pi]$, so dass $\cos(\psi) = x$. ⊞

Behauptung 2. Es ist $\sin(\psi) = y$ oder $\sin(\psi) = -y$.

Beweis. Wir müssen also zeigen, dass $\sin(\psi)^2 = y^2$. Dies ist in der Tat der Fall, denn

$$\sin(\psi)^2 \underset{\substack{\uparrow \\ \text{folgt aus Lemma 9.3}}}{=} 1 - \cos(\psi)^2 = 1 - x^2 = \underbrace{x^2 + y^2}_{=|w|^2 = 1} - x^2 = y^2.$$

⊞

Behauptung 3. Es gibt ein $\varphi \in [0, 2\pi)$ mit $e^{\varphi \mathrm{i}} = w$.

Beweis. Wenn $\sin(\psi) = y$, dann gilt natürlich, dass

$$e^{\psi \mathrm{i}} = \cos(\psi) + \sin(\psi)\mathrm{i} = x + y\mathrm{i} = w.$$

Andererseits, wenn $\sin(\psi) = -y$, dann gilt:

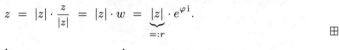

$$e^{(2\pi - \psi)\mathrm{i}} = \cos(2\pi - \psi) + \sin(2\pi - \psi)\mathrm{i} \overset{\text{Lemma 9.2}}{=} \cos(-\psi) + \sin(-\psi)\mathrm{i} \overset{\text{Lemma 9.10}}{=} \cos(\psi) - \sin(\psi)\mathrm{i}$$
$$= x + y\mathrm{i} = w.$$

Nachdem $2\pi - \psi \in [\pi, 2\pi]$, haben wir also ein $\varphi \in [0, 2\pi]$ mit $w = e^{\varphi \mathrm{i}}$ gefunden. Nachdem $e^{2\pi \mathrm{i}} = e^{0\mathrm{i}}$, gibt es auch ein $\varphi \in [0, 2\pi)$ mit $w = e^{\varphi \mathrm{i}}$. Nun gilt

$$z = |z| \cdot \frac{z}{|z|} = |z| \cdot w = \underbrace{|z|}_{=:r} \cdot e^{\varphi \mathrm{i}}.$$

$\boxplus$

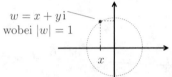

$w = x + y\mathrm{i}$
wobei $|w| = 1$

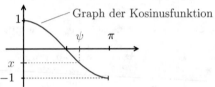

Graph der Kosinusfunktion

Es verbleibt zu zeigen, dass r und $\varphi \in [0, 2\pi)$ eindeutig bestimmt sind. Es ist klar, dass r eindeutig bestimmt ist, da $r = r \cdot 1 = r \cdot |e^{\varphi \mathrm{i}}| = |r \cdot e^{\varphi \mathrm{i}}| = |z|$. Die Kosinusfunktion ist auf $[0, \pi]$ streng monoton fallend.[39] Man kann damit auch leicht zeigen, dass $\varphi \in [0, 2\pi)$ eindeutig bestimmt ist. Die Ausarbeitung der Details verbleibt hierbei eine freiwillige Übungsaufgabe.

■

Bemerkung. Mit Satz 9.11 können wir jetzt die Multiplikation von komplexen Zahlen geometrisch interpretieren. Es seien also $z, w \in \mathbb{C}$. Nach Satz 9.11 können wir $w = r \cdot e^{\varphi \mathrm{i}}$ und $z = s \cdot e^{\psi \mathrm{i}}$ schreiben. Dann gilt:

$$w \cdot z = r \cdot e^{\varphi \mathrm{i}} \cdot s \cdot e^{\psi \mathrm{i}} = r \cdot s \cdot e^{(\varphi + \psi)\mathrm{i}}.$$

Wir sehen also, dass sich die „Winkel"[40] addieren und die Beträge multiplizieren.

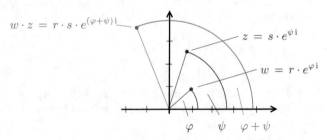

$w \cdot z = r \cdot s \cdot e^{(\varphi + \psi)\mathrm{i}}$

$z = s \cdot e^{\psi \mathrm{i}}$

$w = r \cdot e^{\varphi \mathrm{i}}$

---

[39]In der Tat folgt aus $\sin(\frac{\pi}{2} - x) = \sin(\frac{\pi}{2} + x)$ und aus dem Abschätzungssatz 9.7, dass $\sin(x) > 0$ für $x \in (0, \pi)$. Es folgt dann aus dem Beweis von Satz 9.8, dass die Kosinusfunktion auf $[0, \pi]$ streng monoton fallend ist.

[40]Wir setzen das Wort „Winkel" in Anführungszeichen, weil wir den Begriff Winkel nicht eingeführt haben.

9.4. Die Einheitswurzeln. Wir beschließen das Kapitel mit folgendem Satz, welchen wir zwar nicht verwenden werden, der aber in vielen weiteren Mathematikvorlesungen eine wichtige Rolle spielt.

Satz 9.12. Es sei $n \in \mathbb{N}$. Dann gilt für $z \in \mathbb{C}$, dass

$$z^n = 1 \iff z = e^{2\pi i k/n}, \qquad \text{wobei } k \in \{0, \ldots, n-1\}.$$

Beweis. Wir beginnen mit einer Vorbemerkung. Für $z \in \mathbb{C}$ und $m \in \mathbb{N}_0$ gilt:

$$(e^z)^m = \underbrace{e^z \cdot \ldots \cdot e^z}_{m\text{-mal}} = e^{z+\cdots+z} = e^{z \cdot m}.$$

Wir beweisen nur die „$\Longleftarrow$"-Richtung. Es sei also $k \in \{0, \ldots, n-1\}$. Dann gilt:

$$z = e^{2\pi i \frac{k}{n}} \implies z^n = \left(e^{2\pi i \frac{k}{n}}\right)^n \underset{\underset{\text{Vorbemerkung}}{\uparrow}}{=} e^{2\pi i \frac{k}{n} \cdot n} = e^{2\pi i \cdot k} \underset{\underset{\text{Vorbemerkung}}{\uparrow}}{=} \left(e^{2\pi i}\right)^k = 1^k = 1.$$

Die „$\Longrightarrow$"-Richtung folgt ziemlich leicht aus dem Satz über die Polarkoordinatendarstellung. Nachdem wir die Aussage nicht verwenden werden, wollen wir die Details nicht ausführen. ∎

Definition. Die komplexen Zahlen $z = e^{2\pi i k/n}$, $k = 0, \ldots, n-1$ werden oft als die n-ten **Einheitswurzeln** bezeichnet.

Die letzte Abbildung des Kapitels zeigt die 3-ten, 6-ten sowie die 8-ten Einheitswurzeln.

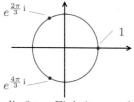
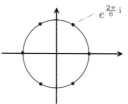
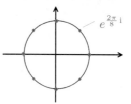

die 3-ten Einheitswurzeln   die 6-ten Einheitswurzeln   die 8-ten Einheitswurzeln

Übungsaufgaben zu Kapitel 9.

Aufgabe 9.1. Beweisen Sie, dass für alle $x \in \mathbb{R}$ gilt: $\sin(x)^2 = \frac{1}{2} \cdot (1 - \cos(2x))$.

Aufgabe 9.2. Es seien $x, y \in \mathbb{R}$. Lemma 9.9 besagt, dass

$$\cos(x) - \cos(y) = -2 \cdot \sin\left(\frac{x+y}{2}\right) \cdot \sin\left(\frac{x-y}{2}\right).$$

Formulieren und beweisen Sie eine analoge Aussage für die Differenz $\sin(x) - \sin(y)$.

Aufgabe 9.3.

(a) Skizzieren Sie den Graphen der Funktion

$$\begin{aligned} f : \mathbb{R} &\to \mathbb{R} \\ x &\mapsto \begin{cases} x \cdot \sin(\frac{1}{x}), & \text{wenn } x \neq 0, \\ 0, & \text{wenn } x = 0. \end{cases} \end{aligned}$$

(b) Ist diese Funktion f stetig?

Aufgabe 9.4.

(a) Wir betrachten die Abbildung

$$\begin{aligned} \gamma\colon \mathbb{R} &\rightarrow \mathbb{C} \\ t &\mapsto e^{t\,\mathrm{i}} = \cos(t) + \sin(t)\,\mathrm{i}. \end{aligned}$$

Beschreiben Sie diese Abbildung anschaulich.

(b) Was ist das Bild der Exponentialfunktion $\exp\colon \mathbb{C} \rightarrow \mathbb{C}$?

10. Differentiation

10.1. Definition der Ableitung und erste Eigenschaften.

Definition. Es sei $f\colon (a,b) \to \mathbb{R}$ eine Funktion [41], es sei $x_0 \in (a,b)$, und es sei $h \neq 0$ mit $x_0 + h \in (a,b)$. Dann gilt:

$$\begin{matrix} \text{Steigung der Geraden durch die beiden Punkte} \\ (x_0, f(x_0)) \text{ und } (x_0 + h, f(x_0 + h)) \text{ auf dem Graphen von } f \end{matrix} = \frac{f(x_0 + h) - f(x_0)}{h}.$$

Wir bezeichnen diesen Wert als Differenzenquotient von f bei x_0 bezüglich h.

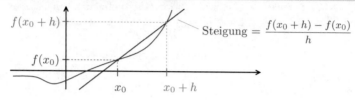

$$\text{Steigung} = \frac{f(x_0 + h) - f(x_0)}{h}$$

Die Frage ist nun: Wie verhält sich der Differenzenquotienten, wenn h „immer kleiner wird". Mathematisch heißt das, dass wir den Grenzwert des Differenzenquotienten mit $h \to 0$ betrachten, *falls dieser Grenzwert existiert.*

Definition. Es sei $f\colon (a,b) \to \mathbb{R}$ eine Funktion, und es sei $x_0 \in (a,b)$. Wir sagen, f ist differenzierbar in x_0, wenn der Grenzwert

$$f'(x_0) := \lim_{h \to 0} \frac{f(x_0 + h) - f(x_0)}{h}$$

existiert [42]. Wir nennen $f'(x_0)$ die Ableitung von f im Punkt x_0.

Bemerkung. Es folgt direkt aus den Definitionen, dass

$$\lim_{h \to 0} \frac{f(x_0 + h) - f(x_0)}{h} = \lim_{x \to x_0} \frac{f(x) - f(x_0)}{x - x_0}.$$

Manchmal werden wir den Ausdruck auf der rechten Seite bevorzugen.

Definition. Es sei $f\colon (a,b) \to \mathbb{R}$ eine Funktion. Wenn f differenzierbar in einem Punkt $x_0 \in (a,b)$ ist, dann bezeichnen wir die Funktion

$$\begin{aligned} \ell\colon \mathbb{R} &\to \mathbb{R} \\ x &\mapsto f(x_0) + f'(x_0) \cdot (x - x_0) \end{aligned}$$

als die Linearisierung von f am Punkt x_0. Zudem bezeichnen wir den Graphen der Linearisierung als die Tangente an den Graphen von f am Punkt x_0.

Bemerkung. Die anschauliche Bedeutung der Differenzierbarkeit von f im Punkt x_0 ist, dass f in der „Nähe von x_0" durch eine lineare Funktion „approximiert" werden kann. Mit anderen Worten: Der Graph von f kann in der „Nähe von $(x_0, f(x_0))$" durch eine Gerade mit Steigung $f'(x_0)$ „approximiert" werden.

---

[41] In diesem Kapitel betrachten wir nur Funktionen, welche auf offenen Intervallen (a,b) definiert sind. Hierbei gilt, dass $-\infty \leq a < b \leq \infty$.

[42] Wir betrachten also die Funktion
$$\begin{aligned} (a - x_0, 0) \cup (0, b - x_0) &\to \mathbb{R} \\ h &\mapsto \tfrac{f(x_0 + h) - f(x_0)}{h}, \end{aligned}$$
und wir betrachten dann den Grenzwert mit $h \to 0$ für diese Funktion.

© Der/die Autor(en), exklusiv lizenziert an
Springer-Verlag GmbH, DE, ein Teil von Springer Nature 2023
S. Friedl, *Analysis 1*, https://doi.org/10.1007/978-3-662-67359-1_11

134

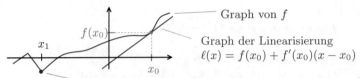

Graph von f

Graph der Linearisierung
$\ell(x) = f(x_0) + f'(x_0)(x - x_0)$

an diesem Punkt kann der Graph nicht durch eine Gerade „approximiert" werden; f ist also im Punkt x_1 nicht differenzierbar

Definition. Es sei $f\colon (a,b) \to \mathbb{R}$ eine Funktion. Wir nennen f differenzierbar, wenn f in jedem Punkt $x_0 \in (a,b)$ differenzierbar ist. Wir nennen dann die Funktion

$$\begin{aligned} f'\colon (a,b) &\to \mathbb{R} \\ x &\mapsto f'(x) \end{aligned} \qquad \text{die erste Ableitung von } f.$$

Für eine Funktion, deren Definitionsbereich eine Vereinigung von offenen Intervallen ist, definieren wir die Differenzierbarkeit, indem wir jedes offene Intervall getrennt betrachten.

Notation. Wenn eine Funktion in einer Variablen x gegeben ist, dann schreiben wir manchmal $\frac{df}{dx} := \frac{d}{dx}f := f'$ und $\left.\frac{df}{dx}\right|_{x=x_0} := f'(x_0)$.

Lemma 10.1. Es seien $m, d \in \mathbb{R}$. Dann ist $x \mapsto m \cdot x + d$ differenzierbar, und es gilt[43][44]

$$\frac{d}{dx}(m \cdot x + d) = m \qquad \text{oder knapper:} \qquad (m \cdot x + d)' = m.$$

Beweis. Wir betrachten die Funktion $f(x) = m \cdot x + d$. Es sei $x_0 \in \mathbb{R}$. Dann gilt:

$$f'(x_0) = \lim_{h \to 0} \frac{f(x_0 + h) - f(x_0)}{h} = \lim_{h \to 0} \frac{(m \cdot (x_0 + h) + d) - (m \cdot x_0 + d)}{h} = \lim_{h \to 0} \frac{m \cdot h}{h} = m. \qquad \blacksquare$$

Der folgende Satz gibt uns ein hilfreiches Kriterium für Differenzierbarkeit:

Satz 10.2. (Differenzierbarkeitskriterium) Es sei $f\colon (a,b) \to \mathbb{R}$ eine Funktion und $x_0 \in (a,b)$. Dann gilt:

f ist im Punkt x_0 differenzierbar $\quad \Longleftrightarrow \quad$ Es gibt eine Funktion $\varphi\colon (a,b) \to \mathbb{R}$, welche *stetig in* x_0 ist, so dass[45] $f(x) - f(x_0) = (x - x_0) \cdot \varphi(x)$ für alle $x \in (a,b)$.

Zudem gilt im Falle der Differenzierbarkeit, dass $\varphi(x_0) = f'(x_0)$.

Beweis. Wir schicken dem eigentlichen Beweis zwei Vorbemerkungen voraus:

(1) Wie auf Seite 133 angemerkt, gilt: $\lim_{h \to 0} \frac{f(x_0+h)-f(x_0)}{h} = \lim_{x \to x_0} \frac{f(x)-f(x_0)}{x-x_0}$.

---

[44]Wenn wir einen Ausdruck in x angeben, dann meinen wir damit, wie schon in Fußnote 26 erklärt, die Funktion, welche auf der Teilmenge von $\mathbb{R}$ definiert ist, für den dieser Ausdruck definiert ist. Mit $m \cdot x + d$ meinen wir also die auf ganz $\mathbb{R}$ definierte Funktion $x \mapsto m \cdot x + d$.

[44]Hier sieht man auch gleich den Sinn und Zweck der Notation $\frac{d}{dx}$, nachdem diese in Erinnerung ruft, was eigentlich die Variable ist.

[45]Für $x \neq x_0$ ist also $\varphi(x) = \frac{f(x)-f(x_0)}{x-x_0}$; dies ist gerade die Steigung der Gerade durch die Punkte $(x, f(x))$ und $(f(x_0), x_0)$ auf dem Graphen der Funktion f.

(2) Nach dem Stetigkeit-via-Grenzwert-Satz 6.9 gilt:

$$\varphi \text{ ist im Punkt } x_0 \text{ stetig} \iff \lim_{x \to x_0} \varphi(x) = \varphi(x_0).$$

Wir wenden uns nun dem eigentlichen Beweis des Satzes zu. Wir zeigen zuerst die „⇒"-Richtung. Wir nehmen also an, dass f im Punkt x_0 differenzierbar ist. Wir setzen

$$\varphi \colon (a,b) \ \to \ \mathbb{R}$$
$$x \ \mapsto \ \begin{cases} \dfrac{f(x) - f(x_0)}{x - x_0}, & \text{wenn } x_0 \neq x, \\ f'(x_0), & \text{wenn } x = x_0. \end{cases}$$

Es folgt aus (1) und (2), dass φ im Punkt x_0 stetig ist. Alle anderen Aussagen über φ sind sowieso erfüllt.

Wir beweisen nun die „⇐"-Richtung. Wir nehmen also an, dass es eine solche Funktion φ gibt. Dann gilt:

$$\lim_{h \to 0} \frac{f(x_0 + h) - f(x_0)}{h} \underset{\underset{\text{folgt aus (1)}}{\uparrow}}{=} \lim_{x \to x_0} \frac{f(x) - f(x_0)}{x - x_0} \underset{\underset{\text{Wahl von } \varphi}{\uparrow}}{=} \lim_{x \to x_0} \varphi(x) \underset{\underset{\substack{\text{folgt aus (2), da } \varphi \text{ im} \\ \text{Punkt } x_0 \text{ stetig ist}}}{\uparrow}}{=} \varphi(x_0).$$

Wir haben also bewiesen, dass f im Punkt x_0 differenzierbar ist und dass $\varphi(x_0) = f'(x_0)$. ∎

Lemma 10.3. Es sei $f \colon (a,b) \to \mathbb{R}$ eine Funktion, und es sei $x_0 \in (a,b)$. Dann gilt:

$$f \text{ ist differenzierbar im Punkt } x_0 \implies f \text{ ist stetig im Punkt } x_0.$$

Beweis. Es sei $f \colon (a,b) \to \mathbb{R}$ eine Funktion, welche im Punkt $x_0 \in (a,b)$ differenzierbar ist. Nach dem Differenzierbarkeitskriterium 10.2 gibt es eine Funktion $\varphi \colon (a,b) \to \mathbb{R}$, welche *stetig in x_0* ist, so dass

$$f(x) \ = \ f(x_0) + (x - x_0) \cdot \varphi(x) \qquad \text{für alle } x \in (a,b).$$

Die konstante Funktion $x \mapsto f(x_0)$ und die lineare Funktion $x \mapsto x - x_0$ sind natürlich stetig. Zudem ist nach Voraussetzung die Funktion $x \mapsto \varphi(x)$ im Punkt x_0 stetig. Also folgt aus Satz 6.5 und der obigen Gleichheit, dass $x \mapsto f(x)$ im Punkt x_0 stetig ist. ∎

Satz 10.4. (Ableitungsregeln) Es seien $f, g \colon (a,b) \to \mathbb{R}$ Funktionen, welche im Punkt $x \in (a,b)$ differenzierbar sind. Zudem sei $\lambda \in \mathbb{R}$. Dann sind die Funktionen $f + g$, $\lambda \cdot f$ und $f \cdot g$ ebenfalls im Punkt x differenzierbar, und es gilt:

(1) $(f + g)'(x) \ = \ f'(x) + g'(x)$

(2) $(\lambda f)'(x) \ = \ \lambda \cdot f'(x)$

(3) $(f \cdot g)'(x) \ = \ f'(x) \cdot g(x) + f(x) \cdot g'(x)$ (**Produktregel**).

Wenn $g(x) \neq 0$, dann ist die Funktion $\frac{f}{g}$ im Punkt x differenzierbar, und es gilt:

(4) $\left(\dfrac{f}{g} \right)'(x) \ = \ \dfrac{g(x) \cdot f'(x) - g'(x) \cdot f(x)}{g(x)^2}$ (**Quotientenregel**).

Beweis. Es seien $f, g \colon (a,b) \to \mathbb{R}$ Funktionen, welche im Punkt $x \in (a,b)$ differenzierbar sind. Es folgt leicht aus den Definitionen, dass die ersten beiden Aussagen gelten.

Wir beweisen nun die Produktregel. Es ist

$$(f \cdot g)'(x) \ = \ \lim_{h \to 0} \tfrac{1}{h} \left(f(x + h) \cdot g(x + h) - f(x) \cdot g(x) \right) \ =$$

Wir wollen jetzt in den Ausdruck $f(x+h)\cdot g(x+h) - f(x)\cdot g(x)$ die beiden Differenzen $f(x+h) - f(x)$ und $g(x+h) - g(x)$ einführen, welche in den Definitionen von $f'(x)$ und $g'(x)$ auftauchen. Wir wenden jetzt genau den gleichen Trick wie im Beweis der Grenzwertregeln 2.3 an, wir führen nämlich eine geschickte Nullergänzung durch.

$$
\begin{aligned}
&= \lim_{h\to 0} \tfrac{1}{h}\big(f(x+h)\cdot g(x+h) - f(x)\cdot g(x+h) + f(x)\cdot g(x+h) - f(x)\cdot g(x)\big) \\
&= \lim_{h\to 0} \tfrac{1}{h}\big(f(x+h)\cdot g(x+h) - f(x)\cdot g(x+h)\big) + \lim_{h\to 0} \tfrac{1}{h}\big(f(x)\cdot g(x+h) - f(x)\cdot g(x)\big) \\
&= \underbrace{\lim_{h\to 0} \tfrac{1}{h}\big(f(x+h) - f(x)\big)}_{=f'(x)} \cdot \underbrace{\lim_{h\to 0} g(x+h)}_{=g(x),\ \text{weil } g \text{ stetig}} + f(x)\cdot \underbrace{\lim_{h\to 0} \tfrac{1}{h}\big(g(x+h) - g(x)\big)}_{=g'(x)} \\
&= f'(x)\cdot g(x) + f(x)\cdot g'(x).
\end{aligned}
$$

Wir wenden uns nun dem Beweis der Quotientenregel zu. Wir betrachten erst einmal die Funktion $\frac{1}{g}$. Dann gilt:[46]

$$
\begin{aligned}
\lim_{h\to 0} \tfrac{1}{h}\Big(\tfrac{1}{g(x+h)} - \tfrac{1}{g(x)}\Big) &= \lim_{h\to 0} \frac{1}{g(x+h)\cdot g(x)} \cdot \frac{g(x) - g(x+h)}{h} \\
&= \lim_{h\to 0} \frac{1}{g(x+h)\cdot g(x)} \cdot \lim_{h\to 0} \frac{g(x) - g(x+h)}{h} = \frac{1}{g(x)^2}\cdot g'(x).
\end{aligned}
$$

Der allgemeine Fall von $\frac{f}{g}$ folgt nun aus diesem Spezialfall, der Produktregel und der Beobachtung, dass $\frac{f}{g} = f\cdot\frac{1}{g}$. Beispielsweise gilt für die Ableitung am Punkt x, dass

$$
\begin{aligned}
\Big(\tfrac{f}{g}\Big)'(x) = \big(f\cdot\tfrac{1}{g}\big)'(x) &\overset{\text{Produktregel}}{=} f'(x)\cdot\tfrac{1}{g(x)} + f(x)\cdot\big(\tfrac{1}{g}\big)'(x) \overset{\text{obiger Spezialfall}}{=} f'(x)\cdot\tfrac{1}{g(x)} + f(x)\cdot\tfrac{g'(x)}{g(x)^2} \\
&= \frac{g(x)\cdot f'(x) - g'(x)\cdot f(x)}{g(x)^2}. \qquad\blacksquare
\end{aligned}
$$

Beispiel. In Übungsaufgabe 10.2 wird mithilfe der Ableitungsregeln gezeigt, dass für jedes $n\in\mathbb{Z}$ gilt:
$$
\frac{d}{dx}\,x^n = n\cdot x^{n-1}.
$$

10.2. Ableitung der Exponentialfunktion, des Sinus und des Kosinus. Wir erinnern daran, dass nach der Definition auf Seite 79 und nach dem Reihendarstellungssatz 9.5 gilt:

$$
\exp(x) = 1 + x + \frac{x^2}{2} + \sum_{n=3}^{\infty} \frac{x^n}{n!} \quad\text{sowie}\quad \sin(x) = x - \frac{x^3}{3!} + \frac{x^5}{5!} + \sum_{k=3}^{\infty} (-1)^k \cdot \frac{x^{2k+1}}{(2k+1)!}.
$$

Um die Ableitungen der Exponentialfunktion und der trigonometrischen Funktionen bestimmen zu können, müssen wir erst einige grundlegende Grenzwerte berechnen.

Satz 10.5.   (1) $\displaystyle\lim_{x\to 0} \frac{\exp(x) - 1}{x} = 1$ und   (2) $\displaystyle\lim_{x\to 0} \frac{\sin(x)}{x} = 1$.

Beweis von Satz 10.5 (1). [47] Für den Beweis von Satz 10.5 benötigen wir folgende, zuerst etwas unmotiviert wirkende Behauptung.

---

[46]Der besseren Lesbarkeit wegen unterschlagen wir im Argument folgenden subtilen Punkt: Nach Voraussetzung ist $g(x) \neq 0$. Nach Lemma 10.3 wissen wir, dass g im Punkt x stetig ist. Also gibt es ein $\epsilon > 0$ so, dass für alle $h \in (-\epsilon, \epsilon)$ gilt, dass $g(x+h) \neq 0$. Insbesondere ergibt es Sinn, $g(x+h)$ im Nenner zu erlauben.

[47]Bevor man den technisch etwas anspruchsvollen Beweis liest, kann es hilfreich sein, sich die Aussage des Satzes mithilfe der obigen Reihendarstellungen von $\exp(x)$ und $\sin(x)$ plausibel zu machen.

Behauptung 1. Für alle $x \in \mathbb{R}$ mit $|x| \leq \frac{1}{2}$ gilt $\left| \sum\limits_{m=0}^{\infty} \dfrac{x^m}{(m+2)!} \right| \leq 2.$

Beweis. Es sei also $|x| \leq \frac{1}{2}$. Dann gilt:

$$\left| \sum_{m=0}^{\infty} \frac{x^m}{(m+2)!} \right| \leq \sum_{m=0}^{\infty} \left| \frac{x^m}{(m+2)!} \right| = \sum_{m=0}^{\infty} \frac{|x|^m}{(m+2)!} \leq \sum_{m=0}^{\infty} \left(\tfrac{1}{2} \right)^m = \frac{1}{1 - \frac{1}{2}} = 2.$$

folgt aus dem Reihenbetrag-Satz 5.7   folgt aus der Reihenregel 2.15, da $|x| \leq \frac{1}{2}$ und $(m+2)! \geq 1$ nach Satz 2.14, da dies eine geometrische Reihe ist   ⊞

Behauptung 2. Es seien $f, g \colon (-\eta, \eta) \to \mathbb{R}$ zwei Funktionen, so dass $\lim\limits_{x \to 0} f(x) = 0$ und so dass g beschränkt ist, dann gilt $\lim\limits_{x \to 0} f(x) \cdot g(x) = 0.$

Beweis. Die Behauptung folgt aus Satz 2.4 zusammen mit dem Funktionenfolgen-Grenzwertsatz 6.10.   ⊞

Wir wenden uns jetzt dem eigentlichen Beweis der Aussage zu. Nachdem es manchmal leichter ist zu zeigen, dass ein Ergebnis „0" ist, beweisen wir lieber die äquivalente Aussage: $\lim\limits_{x \to 0} \frac{1}{x} \big(\exp(x) - 1 - x \big) = 0.$ In der Tat gilt:

$$\lim_{x \to 0} \frac{1}{x} \big(\exp(x) - 1 - x \big) = \lim_{x \to 0} \frac{1}{x} \left(1 + x + \sum_{n=2}^{\infty} \frac{x^n}{n!} - 1 - x \right) = \lim_{x \to 0} \frac{1}{x} \cdot \sum_{n=2}^{\infty} \frac{x^n}{n!}$$

denn $\frac{1}{x} \cdot x^n = x \cdot x^{n-2}$ ↓   Substitution $m = n - 2$ ↓   Behauptung 2 ↓

$$= \lim_{x \to 0} x \cdot \sum_{n=2}^{\infty} \frac{x^{n-2}}{n!} = \lim_{x \to 0} x \cdot \underline{\sum_{m=0}^{\infty} \frac{x^m}{(m+2)!}} = 0.$$

nach Behauptung 1 ist für $|x| \leq \frac{1}{2}$ der Betrag durch 2 beschränkt   ∎

Beweis von Satz 10.5 (2). Der Beweis verläuft ganz analog zum Beweis von Teil (1). In der Tat gilt:

$$\lim_{x \to 0} \frac{1}{x} \big(\sin(x) - x \big) = \lim_{x \to 0} \frac{1}{x} \left(x + \sum_{n=1}^{\infty} (-1)^n \cdot \frac{x^{2n+1}}{(2n+1)!} - x \right)$$

$$= \lim_{x \to 0} \frac{1}{x} \cdot \sum_{n=1}^{\infty} (-1)^n \cdot \frac{x^{2n+1}}{(2n+1)!}$$

$$= \lim_{x \to 0} x \cdot \sum_{n=1}^{\infty} (-1)^n \cdot \frac{x^{2n-1}}{(2n+1)!} = \lim_{x \to 0} x \cdot \underline{\sum_{m=0}^{\infty} (-1)^{m+1} \cdot \frac{x^{2m+1}}{(2m+3)!}} = 0.$$

Substitution $m = n - 1$ für $|x| \leq \frac{1}{2}$ ist der Betrag wiederum durch 2 beschränkt

Aus dieser Berechnung folgt sofort, dass $\lim\limits_{x \to 0} \frac{\sin(x)}{x} = 1.$ ∎

Mithilfe von Satz 10.5 können wir jetzt die Ableitungen der Exponentialfunktion, der Sinusfunktion und der Kosinusfunktion bestimmen.

Satz 10.6. Auf dem Definitionsbereich $\mathbb{R}$ gilt:

(1) $\dfrac{d}{dx} \exp(x) = \exp(x)$ (2) $\dfrac{d}{dx} \sin(x) = \cos(x)$ (3) $\dfrac{d}{dx} \cos(x) = -\sin(x).$

Beweis. Wir betrachten zuerst die Exponentialfunktion. Es gilt:

$$\frac{d}{dx}\exp(x) \overset{\substack{\text{Definition der Ableitung}\\\downarrow}}{=} \lim_{h\to0}\frac{\exp(x+h)-\exp(x)}{h} \overset{\substack{\text{Funktionalgleichung 5.18}\\\downarrow}}{=} \lim_{h\to0}\frac{\exp(x)\cdot\exp(h)-\exp(x)}{h}$$

$$= \exp(x)\cdot\underbrace{\lim_{h\to0}\frac{\exp(h)-1}{h}}_{=\,1,\text{ nach Satz 10.5}} = \exp(x)\cdot1 = \exp(x).$$

Wir wenden uns nun der Sinusfunktion zu. Wir führen folgende Berechnung durch:

$$\frac{d}{dx}\sin(x) = \lim_{h\to0}\frac{\sin(x+h)-\sin(x)}{h} \overset{\substack{\text{nach Lemma 9.9 (2)}\\\downarrow}}{=} \lim_{h\to0}\frac{2\cos\left(x+\frac{h}{2}\right)\sin\left(\frac{h}{2}\right)}{h}$$

$$= \underbrace{\lim_{h\to0}\cos\left(x+\frac{h}{2}\right)}_{\substack{=\,\cos(x),\text{ weil }\cos\text{ nach}\\\text{Satz 9.6 stetig ist}}} \cdot \underbrace{\lim_{h\to0}\frac{\sin\left(\frac{h}{2}\right)}{\frac{h}{2}}}_{\substack{=\,1\text{ nach Satz 10.5}\\\text{und Substitution }x=\frac{h}{2}}} = \cos(x).$$

Mit ganz ähnlichen Argumenten zeigt man, dass $\frac{d}{dx}\cos(x) = -\sin(x)$; siehe dazu Übungsaufgabe 10.3. ∎

10.3. Die Kettenregel und die Umkehrregel.

Satz 10.7. (Kettenregel) Es seien $f\colon (a,b)\to\mathbb{R}$ und $g\colon(c,d)\to\mathbb{R}$ zwei Funktionen mit $f((a,b))\subset(c,d)$. Wenn f im Punkt $x_0\in(a,b)$ differenzierbar ist und wenn g im Punkt $f(x_0)$ differenzierbar ist, dann ist $g\circ f$ im Punkt x_0 differenzierbar und es gilt

$$(g\circ f)'(x_0) = g'(f(x_0))\cdot f'(x_0).$$

Beweis. Wir setzen $y_0 := f(x_0)$. Nach dem Differenzierbarkeitskriterium 10.2 „⇒" gibt es Funktionen

(1) $\alpha\colon(a,b)\to\mathbb{R}$ mit $\quad f(x)-f(x_0) = (x-x_0)\cdot\alpha(x),\quad$ wobei α stetig in x_0 ist,
(2) $\beta\colon(c,d)\to\mathbb{R}$ mit $\quad g(y)-g(y_0) = (y-y_0)\cdot\beta(y),\quad$ wobei β stetig in y_0 ist.

Es gilt nun:

$$(g\circ f)(x)-(g\circ f)(x_0) = g(f(x))-g(\overset{\substack{=y_0}}{\overbrace{f(x_0)}}) \overset{\substack{\text{Anwenden von (2) auf }y=f(x)\\\downarrow}}{=} (f(x)-f(x_0))\cdot\beta(f(x)).$$

$$\overset{\substack{\uparrow\\\text{Anwenden von (1)}}}{=} (x-x_0)\cdot\alpha(x)\cdot\beta(f(x)).$$

Zudem folgt aus Satz 6.7, dass die Funktion $x\mapsto\alpha(x)\cdot\beta(f(x))$ im Punkt x_0 stetig ist. Es folgt also aus dem Differenzierbarkeitskriterium 10.2 „⇐", dass die Funktion $g\circ f$ im Punkt x_0 differenzierbar ist. Zudem gilt

$$(g\circ f)'(x_0) \overset{\uparrow}{=} \alpha(x_0)\cdot\beta(f(x_0)) \overset{\uparrow}{=} f'(x_0)\cdot g'(f(x_0)).$$

folgt aus dem letzten Satz des Differenzierbarkeitskriteriums 10.2 ∎

Korollar 10.8. Für jedes $a\in(0,\infty)$ gilt $\qquad \dfrac{d}{dx}a^x = a^x\cdot\ln(a).$

Beweis. Für alle $x \in \mathbb{R}$ gilt:

denn nach Satz 10.6 gilt $\exp' = \exp$
$\downarrow$

$$\underset{\underset{\text{Definition von } a^x}{\uparrow}}{\frac{d}{dx}a^x} = \underset{\underset{\substack{\text{Kettenregel 10.7 mit} \\ f(x) = \ln(a) \cdot x \text{ und } g(x) = \exp(x)}}{\uparrow}}{\frac{d}{dx}\exp(\ln(a) \cdot x)} = \exp'(\ln(a) \cdot x) \cdot (\ln(a) \cdot x)' = \exp(\ln(a) \cdot x) \cdot \ln(a) = \underset{\underset{\text{Definition von } a^x}{\uparrow}}{a^x \cdot \ln(a).}$$
■

Satz 10.9. (Umkehrregel) Es sei $f \colon (a, b) \to \mathbb{R}$ eine stetige und streng monotone Funktion. Wenn f in einem Punkt $x_0 \in (a, b)$ differenzierbar ist mit $f'(x_0) \neq 0$, dann ist die Umkehrfunktion f^{-1} im Punkt $y_0 := f(x_0)$ differenzierbar und es gilt:

$$(f^{-1})'(y_0) = \frac{1}{f'(f^{-1}(y_0))}.$$

Bemerkung. Die Aussage der Umkehrregel wird in der nächsten Abbildung illustriert:

(1) Aus Lemma 7.4 wissen wir, dass wir den Graphen der Umkehrfunktion f^{-1} erhalten, indem wir den Graphen von f an der xy-Diagonale spiegeln.

(2) Ganz analog zu (1) erhalten wir die Tangente an den Graphen von f^{-1} am Punkt $(y_0, f^{-1}(y_0)) = (f(x_0), x_0)$, indem wir die Tangente an den Graphen von f am Punkt $(x_0, f(x_0))$ an der xy-Diagonale spiegeln.

(3) Ganz allgemein gilt jedoch: Wenn wir eine Gerade mit Steigung m an der xy-Diagonale spiegeln, dann erhalten wir eine Gerade mit Steigung $\frac{1}{m}$.

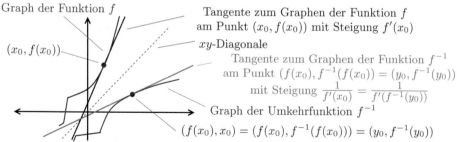

Graph der Funktion f

Tangente zum Graphen der Funktion f am Punkt $(x_0, f(x_0))$ mit Steigung $f'(x_0)$

$(x_0, f(x_0))$

xy-Diagonale

Tangente zum Graphen der Funktion f^{-1} am Punkt $(f(x_0), f^{-1}(f(x_0))) = (y_0, f^{-1}(y_0))$ mit Steigung $\frac{1}{f'(x_0)} = \frac{1}{f'(f^{-1}(y_0))}$

Graph der Umkehrfunktion f^{-1}

$(f(x_0), x_0) = (f(x_0), f^{-1}(f(x_0))) = (y_0, f^{-1}(y_0))$

die Graphen und Tangenten von f und f^{-1} sind Spiegelbilder bzgl. der xy-Diagonale

Beweis der Umkehrregel 10.9. Es sei $f \colon (a, b) \to \mathbb{R}$ eine stetige und streng monotone Funktion und zudem sei $x_0 \in (a, b)$. Wir betrachten im Folgenden den Fall, dass f streng monoton steigend ist. Der Fall, dass f streng monoton fallend ist, wird ganz ähnlich bewiesen. Es folgt nun aus Lemma 7.2, dass die Umkehrfunktion auf dem offenen Intervall $(f(a), f(b))$ definiert ist.

Wir nehmen nun an, dass f im Punkt x_0 differenzierbar ist mit $f'(x_0) \neq 0$.

(1) Nach dem Differenzierbarkeitskriterium 10.2 gibt es eine Funktion $\varphi \colon (a, b) \to \mathbb{R}$, welche *stetig in x_0* ist, mit

$$(*) \qquad f(x) - f(x_0) = (x - x_0) \cdot \varphi(x).$$

Wir wollen nun mithilfe des Differenzierbarkeitkriteriums 10.2 zeigen, dass die Umkehrfunktion $f^{-1} \colon (f(a), f(b)) \to \mathbb{R}$ im Punkt $y_0 = f(x_0)$ differenzierbar ist. Für beliebiges $y \in (f(a), f(b))$ folgt aus $(*)$, angewandt auf $x := f^{-1}(y)$ und $x_0 := f^{-1}(y_0)$, dass

$$y - y_0 = (f^{-1}(y) - f^{-1}(y_0)) \cdot \varphi(f^{-1}(y)).$$

Also ist

$$f^{-1}(y) - f^{-1}(y_0) = \frac{1}{\varphi(f^{-1}(y))} \cdot (y - y_0).$$

Es folgt aus Satz 7.6 und Satz 6.7, dass die Abbildung $y \mapsto \frac{1}{\varphi(f^{-1}(y))}$ im Punkt y_0 stetig ist. Also ist die Funktion f^{-1} nach dem Differenzierbarkeitskriterium 10.2 im Punkt y_0 differenzierbar.

(2) Es verbleibt die Ableitung der Umkehrfunktion im Punkt y_0 zu bestimmen:[48][49][50]

$$(f \circ f^{-1})(y) = y \Rightarrow \underbrace{\frac{d}{dy}\Big|_{y=y_0} (f \circ f^{-1})(y)}_{\substack{= f'(f^{-1}(y_0)) \cdot (f^{-1})'(y_0) \\ \text{nach der Kettenregel 10.7}}} = \underbrace{\frac{d}{dy}\Big|_{y=y_0} y}_{=1} \Rightarrow (f^{-1})'(y_0) = \frac{1}{f'(f^{-1}(y_0))}.$$

$\blacksquare$

Mithilfe der Umkehrregel 10.9 können wir jetzt die Ableitung der Logarithmusfunktion bestimmen und erhalten ein an sich überraschendes Ergebnis.

Korollar 10.10. Auf $\mathbb{R}$ gilt $\quad \frac{d}{dx} \ln(x) = \frac{1}{x}$.

Beweis. Es ist

$$\frac{d}{dx} \ln(x) = \underset{\uparrow}{\frac{1}{\exp'(\ln(x))}} = \underset{\uparrow}{\frac{1}{\exp(\ln(x))}} = \frac{1}{x}.$$

 Umkehrregel 10.9 angewandt auf $f(x) = \exp(x)$ $\qquad\qquad$ denn nach Satz 10.6 gilt $\exp' = \exp$ $\quad$ $\blacksquare$

Zudem können wir jetzt die Ableitungen von beliebigen Potenzfunktionen x^s bestimmen:

Korollar 10.11. Für alle $s \in \mathbb{R}$ gilt[51] $\quad \frac{d}{dx} x^s = s \cdot x^{s-1}$ $\quad$ als Funktion auf $(0, \infty)$.

Beweis. Es sei $s \in \mathbb{R}$. Es gilt:

 denn nach Satz 10.6 gilt $\exp' = \exp$ und
 nach Korollar 10.10 gilt $\ln(x)' = \frac{1}{x}$

$$\frac{d}{dx} x^s = \underset{\uparrow}{\frac{d}{dx} \exp(\ln(x) \cdot s)} = \underset{\uparrow}{\exp'(\ln(x) \cdot s) \cdot (\ln(x) \cdot d)'} = \underbrace{\exp(\ln(x) \cdot s)}_{= x^s, \text{ per Definition}} \cdot \frac{1}{x} \cdot s = x^{s-1} \cdot s.$$

 Definition von x^s $\qquad$ Kettenregel 10.7 angewandt auf
 $f(x) = \ln(x) \cdot s$ und $g(x) = \exp(x)$ $\qquad\qquad\qquad$ $\blacksquare$

Beispiel. Es gilt:

$$\frac{d}{dx} \sqrt{x} = \frac{d}{dx} x^{\frac{1}{2}} = \underset{\uparrow}{\frac{1}{2} \cdot x^{\frac{1}{2}-1}} = \frac{1}{2} \cdot \frac{1}{\sqrt{x}} \quad \text{als Funktion auf } (0, \infty).$$

 Korollar 10.11

---

[48]Die folgende Berechnung ersetzt nicht den gerade erst erbrachten Beweis, dass die Umkehrfunktion im Punkt y_0 differenzierbar ist, denn in dieser Berechnung verwenden wir ja die Kettenregel und hierbei verwenden wir schon implizit, dass wir in (1) gezeigt haben, dass f^{-1} im Punkt y_0 differenzierbar ist.

[49]Wir hätten die Ableitung von f^{-1} auch in (1) mithilfe des Nachsatzes des Differenzierbarkeitskriteriums 10.2 bestimmen können, aber das Argument, welches wir jetzt geben, kann man sich leichter merken.

[50]Mit diesem an sich einfachen Beweis kann man sich auch jederzeit leicht die Formel für die Ableitung der Umkehrfunktion herleiten.

[51]Für beliebiges $d \in \mathbb{R}$ ist die Funktion $x \mapsto x^d$ nur für $x \in (0, \infty)$ definiert. Für $d \in \mathbb{N}_0$ ist die Funktion auf ganz $\mathbb{R}$ und für $d \in \mathbb{Z}$ immerhin noch auf $\mathbb{R} \setminus \{0\}$ definiert. Mithifle der Produkt- und der Quotientenregel kann man für $d \in \mathbb{Z}$ die Ableitungsregel $\frac{d}{dx} x^d = d \cdot x^{d-1}$ beweisen, siehe Übungsaufgabe 10.2.

10.4. Stetig differenzierbare Funktionen. Jetzt, da wir den Begriff der Ableitung an jedem Punkt eingeführt haben, bietet es sich an, folgende Definition einzuführen.

Definition. Es sei $f\colon (a,b) \to \mathbb{R}$ eine differenzierbare Funktion. Wir erhalten dann also aus f eine neue Funktion, nämlich die erste Ableitungsfunktion (oder kurz „1. Ableitung")

$$
\begin{aligned}
f'\colon (a,b) &\to \mathbb{R} \\
x &\mapsto f'(x).
\end{aligned}
$$

Wir können uns nun fragen, was für Eigenschaften die Ableitungsfunktion besitzt. Ausgehend von den Beispielen, welche wir bis jetzt betrachtet haben, könnte man meinen, dass die Ableitung immer stetig ist. Das folgende Beispiel zeigt jedoch, dass dies nicht notwendigerweise der Fall ist:

Beispiel. Wir betrachten die Funktion

$$
\begin{aligned}
f\colon \mathbb{R} &\to \mathbb{R} \\
x &\mapsto \begin{cases} x^2 \cdot \sin(\frac{1}{x}), & \text{wenn } x \neq 0, \\ 0, & \text{wenn } x = 0. \end{cases}
\end{aligned}
$$

In Übungsaufgabe 10.6 wird gezeigt, dass die Funktion in jedem Punkt differenzierbar ist. Insbesondere ist dies auch im Punkt $x = 0$ der Fall. Dort beträgt die Ableitung 0. Die Ableitungsfunktion von f ist also gegeben durch

$$
\begin{aligned}
f'\colon \mathbb{R} &\to \mathbb{R} \\
x &\mapsto \begin{cases} 2x \cdot \sin(\frac{1}{x}) - \cos(\frac{1}{x}), & \text{wenn } x \neq 0, \\ 0, & \text{wenn } x = 0. \end{cases}
\end{aligned}
$$

In Übungsaufgabe 10.6 wird gezeigt, dass diese Ableitungsfunktion im Punkt $x = 0$ *nicht* stetig ist.

Graph der Funktion $\sin(\frac{1}{x})$, $x \neq 0$ Graph der Funktion $x^2 \cdot \sin(\frac{1}{x})$, $x \neq 0$

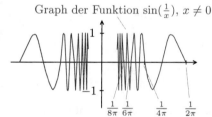
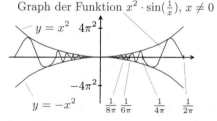

Dieses leicht verstörende Beispiel führt uns zu folgender Definition, welche im Folgenden öfter eine Rolle spielen wird:

Definition. Es sei $f\colon (a,b) \to \mathbb{R}$ eine Funktion. Wenn f differenzierbar ist und wenn zudem f' stetig ist, dann heißt f stetig differenzierbar.

Wir beschließen das Kapitel mit folgender, fast schon selbsterklärenden Definition:

Definition. Es sei $f\colon (a,b) \to \mathbb{R}$ eine differenzierbare Funktion. Wenn die Ableitung f' differenzierbar ist, dann schreiben wir

$$
f^{(2)} := f'' := (f')',
$$

142

genannt die zweite Ableitung von f. Allgemeiner, wenn die $(n-1)$-te Ableitung von f differenzierbar ist, dann definieren wir die n-te Ableitung von f als

$$f^{(n)} := (f^{(n-1)})',$$

und wir sagen, f ist n-fach differenzierbar.

Beispiel. Wir betrachten die Funktion

$$f\colon \mathbb{R} \to \mathbb{R}$$
$$x \mapsto \begin{cases} -x^2, & \text{wenn } x \le 0, \\ x^2, & \text{wenn } x > 0. \end{cases}$$

Man kann ohne große Mühe zeigen, dass die Funktion f differenzierbar ist mit Ableitung

$$f'\colon \mathbb{R} \to \mathbb{R}$$
$$x \mapsto \begin{cases} -2x, & \text{wenn } x \le 0, \\ 2x, & \text{wenn } x > 0. \end{cases}$$

Mit anderen Worten: Es ist $f'(x) = 2 \cdot |x|$. Die Funktion f' ist stetig, jedoch ist die Funktion f' im Punkt $x = 0$ nicht differenzierbar. Also ist die ursprüngliche Funktion f stetig differenzierbar, jedoch nicht zweimal differenzierbar.

Übungsaufgaben zu Kapitel 10.

Aufgabe 10.1. Gibt es eine Funktion $f\colon \mathbb{R} \to \mathbb{R}$, welche in genau einem Punkt differenzierbar ist?

Aufgabe 10.2. Zeigen Sie nur mithilfe von Satz 10.4, dass für alle $n \in \mathbb{Z}$ gilt

$$\frac{d}{dx}x^n = n \cdot x^{n-1}.$$

Verwenden Sie die Definition von $x^n = \underbrace{x \cdot \ldots \cdot x}_{n\text{-mal}}$, welche wir auf Seite 10 gegeben haben.

Aufgabe 10.3. Zeigen Sie, dass die Kosinusfunktion differenzierbar ist und dass gilt:

$$\frac{d}{dx}\cos(x) = -\sin(x).$$

Aufgabe 10.4.

(a) Bestimmen Sie die Ableitung der Funktion $x \mapsto 4^{x^2-3}$.
(b) Bestimmen Sie die Ableitung der Funktion $x \mapsto \frac{1}{\sqrt{\sin(2x)+3}}$.

Aufgabe 10.5. Es sei $d \in \mathbb{R}$. Wir betrachten die Funktion

$$f_d\colon \mathbb{R} \to \mathbb{R}$$
$$x \mapsto \begin{cases} x^d, & \text{wenn } x > 0, \\ 0, & \text{wenn } x = 0, \\ |x|^d, & \text{wenn } x < 0. \end{cases}$$

(a) Für welche $d \in \mathbb{R}$ ist die Funktion f_d stetig?
(b) Für welche $d \in \mathbb{R}$ ist die Funktion f_d differenzierbar?

Aufgabe 10.6. Wir betrachten die Funktion

$$f \colon \mathbb{R} \ \to \ \mathbb{R}$$
$$x \ \mapsto \ \begin{cases} x^2 \cdot \sin(\frac{1}{x}), & \text{wenn } x \neq 0, \\ 0, & \text{wenn } x = 0. \end{cases}$$

(a) Zeigen Sie, dass die Funktion f im Punkt $x_0 = 0$ differenzierbar ist mit Ableitung $f'(0) = 0$.

(b) Es folgt aus (a) und aus den üblichen Rechenregeln, dass die Ableitungsfunktion von f durch die Funktion

$$f' \colon \mathbb{R} \ \to \ \mathbb{R}$$
$$x \ \mapsto \ \begin{cases} 2x \cdot \sin(\frac{1}{x}) - \cos(\frac{1}{x}), & \text{wenn } x \neq 0, \\ 0, & \text{wenn } x = 0 \end{cases}$$

gegeben ist. Zeigen Sie, dass diese Funktion im Punkt $x_0 = 0$ nicht stetig ist.

Aufgabe 10.7. Wir betrachten die Funktion

$$g \colon (0, \infty) \ \to \ \mathbb{R}$$
$$x \ \mapsto \ \ln(x) + 2x^3$$

Diese Funktion ist streng monoton steigend und differenzierbar, insbesondere besitzt g also eine differenzierbare Umkehrfunktion g^{-1}. Bestimmen Sie die Ableitung der Umkehrfunktion g^{-1} am Punkt 2.

11. Der Mittelwertsatz der Differentialrechnung

11.1. Globale und lokale Extrema von Funktionen. Wir führen nun die Begriffe eines globalen und lokalen Maximums und Minimums ein.

Definition. Es sei $D \subset \mathbb{R}$ eine Teilmenge, es sei $f \colon D \to \mathbb{R}$ eine Funktion, und es sei $x_0 \in D$.

(1) Wir sagen, f nimmt bei x_0 ein globales Maximum an, wenn gilt:
$$f(x_0) \geq f(x) \qquad \text{für alle } x \in D.$$

(2) Wir sagen, f nimmt bei x_0 ein lokales Maximum an, wenn gilt:

Es gibt ein $\delta > 0$, so dass $\quad f(x_0) \geq f(x) \quad$ für alle $x \in D$ mit $x \in (x_0 - \delta, x_0 + \delta)$.

Ganz analog definieren wir ein lokales und globales Minimum. Wir sagen, f nimmt bei x_0 ein lokales Extremum an, wenn f bei x_0 ein lokales Maximum oder ein lokales Minimum annimmt.

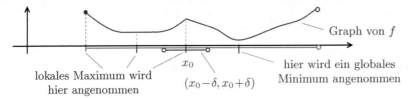

lokales Maximum wird hier angenommen $\qquad$ x_0 $\qquad$ $(x_0 - \delta, x_0 + \delta)$ $\qquad$ hier wird ein globales Minimum angenommen $\qquad$ Graph von f

Definition. Für ein beliebiges Intervall der Form $[a, b]$, $(a, b]$ oder $[a, b)$ bezeichnen wir das Intervall (a, b) als das Innere des Intervalls.

Satz 11.1. Es sei I ein Intervall, und es sei $f \colon I \to \mathbb{R}$ eine stetige Funktion, welche im Inneren des Intervalls differenzierbar ist.[52] Zudem sei $x_0 \in I$ ein Punkt im Inneren des Intervalls. Wenn f ein lokales Extremum in x_0 annimmt, dann ist $f'(x_0) = 0$.

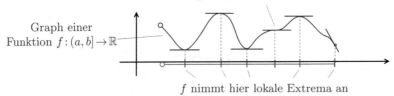

Ableitung ist 0, obwohl kein lokales Extremum vorliegt

Graph einer Funktion $f \colon (a, b] \to \mathbb{R}$

f nimmt hier lokale Extrema an

Bemerkung. Die Umkehrung der Aussage von Satz 11.1 gilt nicht: Wenn $f'(x_0) = 0$, bedeutet das nicht, dass bei x_0 ein lokales Extremum vorliegt. Wenn wir beispielsweise die Funktion $f(x) = x^3$ auf $\mathbb{R}$ betrachten, dann ist $f'(x) = 3x^2$, also ist $f'(0) = 0$, aber bei 0 liegt kein lokales Extremum vor.

Beweis von Satz 11.1. Es sei I ein Intervall, und es sei $f \colon I \to \mathbb{R}$ eine stetige Funktion, welche im Inneren des Intervalls differenzierbar ist. Zudem sei $x_0 \in I$ ein Punkt im Inneren des Intervalls. Wir nehmen an, dass f bei x_0 ein lokales Minimum annimmt. (Der Fall, dass ein lokales Maximum vorliegt, wird ganz analog bewiesen.) Es gibt also per Definition ein $\delta > 0$, so dass $f(x_0 + h) \geq f(x_0)$ für alle $h \in (-\delta, \delta)$.

---

[52]Wenn also beispielsweise $f \colon [a, b) \to \mathbb{R}$ eine Funktion ist, dann fordern wir, dass f auf dem Intervall (a, b) differenzierbar ist. Im Punkt a fordern wir, dass f stetig ist, aber auch nicht mehr.

S. Friedl, *Analysis 1*, https://doi.org/10.1007/978-3-662-67359-1_12

Nachdem x_0 im Inneren des Intervalls liegt und nachdem f differenzierbar ist, existiert also der Grenzwert

$$f'(x_0) = \lim_{h \to 0} \frac{f(x_0 + h) - f(x_0)}{h}.$$

Nach der Definition des Grenzwertes $\lim\limits_{h \to 0}$ einer Funktion (siehe Seite 90) müssen die links- und rechtsseitigen Grenzwerte $\lim\limits_{h \nearrow 0}$ und $\lim\limits_{h \searrow 0}$ existieren, und diese müssen mit $f'(x_0)$ über-einstimmen. Es gilt also:

$$f'(x_0) = \underbrace{\lim_{h \nearrow 0} \frac{f(x_0+h)-f(x_0)}{h}}_{\substack{\text{für } h \in (-\delta,0) \text{ gilt:} \\ h<0 \text{ und } f(x_0+h) \geq f(x_0), \\ \text{also ist der Bruch} \leq 0}} \leq 0, \quad \text{und es gilt } f'(x_0) = \underbrace{\lim_{h \searrow 0} \frac{f(x_0+h)-f(x_0)}{h}}_{\substack{\text{für } h \in (0,\delta) \text{ gilt:} \\ h>0 \text{ und } f(x_0+h) \geq f(x_0), \\ \text{also ist der Bruch} \geq 0}} \geq 0.$$

Wir haben also gezeigt, dass $f'(x_0) \leq 0$ und $f'(x_0) \geq 0$. Dies impliziert, dass $f'(x_0) = 0$. ∎

Bemerkung. Es sei $f : [a,b] \to \mathbb{R}$ eine stetige Funktion auf einem kompakten Intervall. Nach Satz 6.16 nimmt f ein globales Maximum an. Es gibt nun zwei Möglichkeiten:

(1) Das globale Maximum wird in den Endpunkten a oder b angenommen.
(2) Das globale Maximum wird im Inneren (a,b) des Intervalls angenommen. Wenn f auf (a,b) differenzierbar ist, dann muss nach Satz 11.1 die Ableitung an diesem Punkt null sein.

Die Beobachtung erlaubt es uns oft, das globale Maximum einer explizit gegebenen Funktion zu bestimmen. Die gleiche Diskussion gilt natürlich auch für Minima anstatt Maxima.

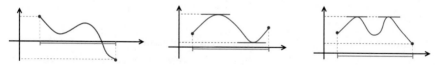

die globalen Extrema werden am am Rand angenommen oder im Inneren angenommen, wenn es im Inneren angenommen wird, dann gilt dort $f'(x_0) = 0$

11.2. Mittelwertsatz der Differentialrechnung.
Der folgende Satz ist einer der ganz zentra-len Sätze der Analysis I:

Satz 11.2. (Mittelwertsatz der Differentialrechnung) Es seien $a, b \in \mathbb{R}$ mit $a < b$, und es sei $f : [a,b] \to \mathbb{R}$ eine stetige Funktion, welche auf (a,b) differenzierbar ist. Dann gibt es ein $\xi \in (a,b)$, so dass $\quad f'(\xi) = \frac{f(b)-f(a)}{b-a}$.

Bemerkung. Wir können uns $\frac{f(b)-f(a)}{b-a}$ als die „durchschnittliche Steigung" der Funktion $f : [a,b] \to \mathbb{R}$ vorstellen. Der Mittelwertsatz der Differentialrechnung besagt also, dass es ein $\xi \in (a,b)$ gibt, so dass an dem Punkt ξ die Ableitung, d.h. die Steigung der Tangente im Punkt $(\xi, f(\xi))$, gerade der durchschnittlichen Steigung entspricht.

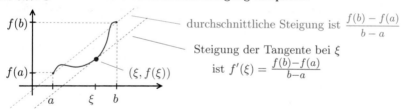

durchschnittliche Steigung ist $\frac{f(b) - f(a)}{b - a}$

Steigung der Tangente bei ξ

ist $f'(\xi) = \frac{f(b)-f(a)}{b-a}$

Wir beweisen den Mittelwertsatz zuerst für den Spezialfall, dass $f(a) = f(b)$. Dieser Spezialfall ist schon so wichtig, dass er als eigener Satz formuliert wird.

Satz 11.3. (Satz von Rolle) Es seien $a, b \in \mathbb{R}$ mit $a < b$, und es sei $g \colon [a, b] \to \mathbb{R}$ eine stetige Funktion, welche auf (a, b) differenzierbar ist. Wenn $g(a) = g(b)$, dann gibt es ein $\xi \in (a, b)$, so dass $g'(\xi) = 0$.

Beweis des Satzes von Rolle. Da g stetig ist, existieren nach Satz 6.16 zwei reelle Zahlen $x_0, x_1 \in [a, b]$, so dass

$$g(x_0) \leq g(x) \leq g(x_1) \qquad \text{für alle } x \in [a, b].$$

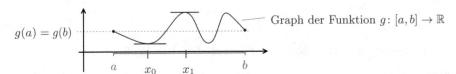

Bei x_0 liegt also insbesondere ein lokales Minimum und bei x_1 liegt insbesondere ein lokales Maximum vor.

(1) Wenn $x_0 \in (a, b)$, dann folgt aus Satz 11.1, dass $g'(x_0) = 0$. Also sind wir fertig.

(2) Genauso, wenn $x_1 \in (a, b)$, dann folgt wiederum aus Satz 11.1, dass $g'(x_1) = 0$. Wir sind also wiederum fertig.

(3) Wenn x_0 und x_1 auf den Endpunkten des Intervalls liegen, dann folgt aus $g(a) = g(b)$, dass $g(a) = g(b)$ sowohl der maximale als auch der minimale Funktionswert ist. Es folgt also, dass, die Funktion g konstant ist. Dies bedeutet aber, dass $g'(x) = 0$ für alle $x \in (a, b)$. ∎

Beweis des Mittelwertsatzes der Differentialrechnung.

Wenn $f(a) = f(b)$, dann ist die gewünschte Aussage gerade der Satz von Rolle 11.3. In der Tat werden wir nun den allgemeinen Fall mit einem kleinen Trick auf den Satz von Rolle 11.3 zurückführen.

Wir betrachten die Funktion
$$g \colon [a, b] \to \mathbb{R}$$
$$x \mapsto f(x) - \frac{f(b) - f(a)}{b - a} \cdot (x - a),$$

welche auf dem Intervall $[a, b]$ definiert ist. Diese Funktion ist stetig, und sie ist differenzierbar auf (a, b). Durch explizites Einsetzen sieht man, dass $g(a) = f(a) = g(b)$. Nach dem Satz von Rolle 11.3 existiert also ein $\xi \in (a, b)$, so dass $g'(\xi) = 0$. Nachdem

$$g'(x) = f'(x) - \frac{f(b) - f(a)}{b - a},$$

folgt also wie gewünscht, dass
$$f'(\xi) = \frac{f(b) - f(a)}{b - a}.$$ ∎

Im Folgenden wollen wir einen Zusammenhang zwischen Monotonie und Ableitung herleiten. In der folgenden Abbildung erinnern wir dazu noch einmal an den Begriff der (strengen) Monotonie, welchen wir auf Seite 103 eingeführt haben.

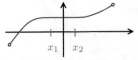

monoton steigende Funktion

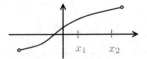

streng monoton steigende Funktion

Satz 11.4. (Monotoniesatz) Es sei $I \subset \mathbb{R}$ ein Intervall, und es sei $f : I \to \mathbb{R}$ eine stetige Funktion, welche im Inneren des Intervalls differenzierbar ist. Dann gilt:

(1) $f'(x) \geq 0$ für alle inneren Punkte x von I $\iff$ f ist monoton steigend.
(2) $f'(x) > 0$ für alle inneren Punkte x von I $\implies$ f ist streng monoton steigend.

Zudem gelten die offensichtlichen analogen Aussagen für (streng) monoton fallende Funktionen.

Bemerkung. Im Allgemeinen gilt in (2) nicht die Umkehrung. Wir betrachten beispielsweise die Funktion $f(x) = x^3$, deren Graphen wir unten skizzieren. Diese Funktion ist streng monoton steigend, aber es gilt $f'(0) = 0$, d.h. die Ableitung ist nicht immer positiv.

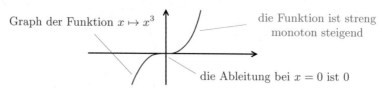

Graph der Funktion $x \mapsto x^3$ — die Funktion ist streng monoton steigend

die Ableitung bei $x = 0$ ist 0

Beispiel. Wir betrachten die Funktion

$$f : [0, \infty) \to \mathbb{R}$$
$$x \mapsto \sqrt{x} = x^{\frac{1}{2}}$$

Nach der Diskussion auf Seite 108 ist diese Funktion stetig. Nach Korollar 10.11 ist die Funktion $x \mapsto \sqrt{x}$ auf dem offenen Intervall $(0, \infty)$ differenzierbar und für jedes $x \in (0, \infty)$ gilt:

$$f'(x) = \frac{1}{2} \cdot x^{\frac{1}{2} - 1} = \frac{1}{2} \cdot \frac{1}{\sqrt{x}} > 0.$$

Es folgt also aus dem Monotoniesatz 11.4, dass die Funktion streng monoton steigend ist.[53]

Graph von $x \mapsto \sqrt{x} = x^{\frac{1}{2}}$

Beweis des Monotoniesatzes 11.4. Es sei $I \subset \mathbb{R}$ ein Intervall, und es sei $f : I \to \mathbb{R}$ eine stetige Funktion, welche im Inneren des Intervalls differenzierbar ist.

(1) Wir beweisen zuerst die „$\Leftarrow$"-Richtung. Es sei also f monoton steigend. Dann gilt für alle inneren Punkte x des Intervalls I:

$$f'(x) = \lim_{h \searrow 0} \underbrace{\frac{f(x+h) - f(x)}{h}} \geq 0.$$

da $h > 0$ und f monoton steigend ist,
ist der Zähler ≥ 0 und der Nenner > 0,
also ist der Quotient ≥ 0

Wir beweisen nun die „$\Rightarrow$"-Richtung. Es sei also $f'(x) \geq 0$ für alle x im Inneren des Intervalls I. Wir müssen also folgende Behauptung beweisen:

Behauptung. Für alle $x_2 > x_1$ gilt $f(x_2) \geq f(x_1)$.

---

[53]In diesem speziellen Fall folgt die Aussage auch schon aus der in Lemma 7.1 bewiesenen Tatsache, dass die Funktion $x \mapsto x^2$ streng monoton auf $[0, \infty)$ ist, und dass nach dem Monotonie-der-Umkehrfunktion-Lemma 7.5 dann auch die Umkehrfunktion streng monoton ist.

Beweis. Wir führen einen Widerspruchsbeweis durch. Wir nehmen nun also an, dass es $x_2 > x_1$ in I gibt, so dass $f(x_2) < f(x_1)$. Wenn wir den Mittelwertsatz 11.2 auf die Einschränkung von f auf das Intervall $[x_1, x_2]$ anwenden, erhalten wir ein $\xi \in (x_1, x_2)$, so dass

$$f'(\xi) = \frac{f(x_2) - f(x_1)}{x_2 - x_1}, \quad \text{für dieses } \xi \text{ gilt also:} \quad f'(\xi) = \underset{\underset{\text{da } x_2 > x_1 \text{ und } f(x_2) < f(x_1)}{\uparrow}}{\frac{f(x_2) - f(x_1)}{x_2 - x_1} < 0}$$

im Widerspruch zur Voraussetzung, dass $f'(x) \geq 0$ für alle x im Inneren von I.

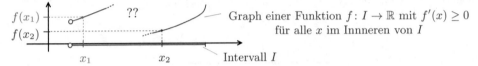

Graph einer Funktion $f\colon I \to \mathbb{R}$ mit $f'(x) \geq 0$ für alle x im Innneren von I

Intervall I

(2) Die zweite Aussage des Satzes wird eigentlich genau wie die „$\Rightarrow$"-Richtung von (1) mithilfe eines Widerspruchsbeweises bewiesen. Die Details in Übungsaufgabe 11.6 werden in ausgearbeitet. ∎

Korollar 11.5. Es sei I ein Intervall, und es sei $f\colon I \to \mathbb{R}$ eine stetige Funktion, welche im Inneren des Intervalls differenzierbar ist. Wenn $f'(x) = 0$ für alle x im Inneren von I ist, dann ist f konstant.

Beispiel. Wir betrachten die Funktion $f(x) = \sin^2(x) + \cos^2(x)$. Für alle $x \in \mathbb{R}$ gilt:

aus $(x^n)' = n \cdot x^{n-1}$ und aus der Kettenregel 10.7 folgt: $(f(x)^n)' = n \cdot f(x)^{n-1} \cdot f'(x)$

$$
\begin{aligned}
f'(x) = (\sin^2(x) + \cos^2(x))' &= 2\sin(x)\cdot\sin'(x) + 2\cdot\cos(x)\cdot\cos'(x) \\
&= 2\sin(x)\cdot\cos(x) + 2\cos(x)\cdot(-\sin(x)) = 0.
\end{aligned}
$$

nach Satz 10.6 gilt $\sin'(x) = \cos(x)$ und $\cos'(x) = -\sin(x)$

Aus Korollar 11.5 folgt also die uns natürlich schon längst bekannte Tatsache, dass die Funktion $x \mapsto \sin^2(x) + \cos^2(x)$ eine konstante Funktion ist.

Beweis von Korollar 11.5. Es sei I ein Intervall, und es sei $f\colon I \to \mathbb{R}$ eine stetige Funktion, welche im Inneren des Intervalls differenzierbar ist, und so dass $f'(x) = 0$ für alle x im Inneren von I. Es folgt aus dem Monotoniesatz 11.4, dass f sowohl monoton steigend als auch monoton fallend ist. Das ist nur möglich, wenn f konstant ist.[54] ∎

Es sei I ein Intervall, und es sei $f\colon I \to \mathbb{R}$ eine stetige Funktion, welche im Inneren des Intervalls differenzierbar ist. Zudem sei $x_0 \in I$ ein Punkt im Inneren des Intervalls. In Satz 11.1 haben wir gesehen: Wenn f ein lokales Extremum in x_0 annimmt, dann ist $f'(x_0) = 0$. Andererseits haben wir auch gesehen, dass aus $f'(x_0) = 0$ nicht notwendigerweise folgt, dass bei x_0 ein lokales Extremum vorliegt.

Der nächste Satz besagt nun, dass wir in vielen Fällen mithilfe der 2. Ableitung doch die Aussage treffen können, dass ein lokales Extremum vorliegt. Für die Formulierung des Satzes erinnern wir an die Definition des lokalen Extremums, und wir führen eine neue, eng verwandte Definition ein.

---

[54]Man kann die Aussage natürlich auch leicht direkt mithilfe des Mittelwertsatzes 11.2 beweisen.

Definition. Es sei $D \subset \mathbb{R}$ eine Teilmenge, es sei $f \colon D \to \mathbb{R}$ eine Funktion, und es sei $x_0 \in D$.

(1) Wie auf Seite 144 sagen wir, f nimmt bei x_0 ein lokales Maximum an, wenn gilt:

Es gibt ein $\delta > 0$, so dass $f(x_0) \geq f(x)$ für alle $x \in D$ mit $x \in (x_0 - \delta, x_0 + \delta)$.

(2) Wir sagen, f nimmt bei x_0 ein *striktes* lokales Maximum an, wenn gilt:

Es gibt ein $\delta > 0$, so dass $f(x_0) > f(x)$ für alle $x_0 \neq x \in D$ mit $x \in (x_0 - \delta, x_0 + \delta)$.

Ganz analog definieren wir den Begriff des strikten lokalen Minimums.

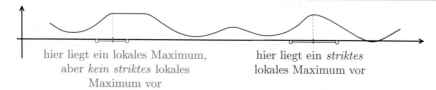

hier liegt ein lokales Maximum,   hier liegt ein *striktes*
aber *kein striktes* lokales   lokales Maximum vor
Maximum vor

Satz 11.6. Es sei I ein Intervall, und es sei $f \colon I \to \mathbb{R}$ eine stetige Funktion, welche im Inneren des Intervalls *zweifach* differenzierbar ist. Zudem sei $x_0 \in I$ ein Punkt im Inneren des Intervalls.

(1) Wenn $f'(x_0) = 0$ und $f''(x_0) > 0$, dann liegt bei x_0 ein striktes lokales Minimum vor.
(2) Wenn $f'(x_0) = 0$ und $f''(x_0) < 0$, dann liegt bei x_0 ein striktes lokales Maximum vor.

Beispiel. Wir betrachten die Funktion $f(x) = x^2$. Dann ist $f'(x) = 2x$ und $f''(x) = 2$. Also gilt $f'(0) = 0$ und $f''(0) = 2$, und f nimmt in der Tat in $x = 0$ ein lokales Minimum an.

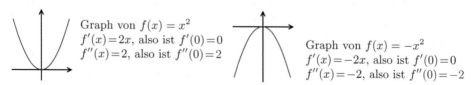

Graph von $f(x) = x^2$
$f'(x) = 2x$, also ist $f'(0) = 0$
$f''(x) = 2$, also ist $f''(0) = 2$

Graph von $f(x) = -x^2$
$f'(x) = -2x$, also ist $f'(0) = 0$
$f''(x) = -2$, also ist $f''(0) = -2$

Beweis von Satz 11.6. Es sei I ein Intervall, und es sei $f \colon I \to \mathbb{R}$ eine stetige Funktion, welche im Inneren des Intervalls *zweifach* differenzierbar ist. Zudem sei $x_0 \in I$ ein Punkt im Inneren des Intervalls.

(1) Wir nehmen nun an, dass $f'(x_0) = 0$ und dass $f''(x_0) > 0$. Es folgt:

$$\lim_{h \to 0} \frac{f'(x_0 + h)}{h} \;=\; \lim_{h \to 0} \frac{f'(x_0 + h) - f'(x_0)}{h} \;=\; f''(x_0) \;>\; 0.$$

$\underset{\text{denn } f'(x_0) = 0}{\uparrow} \qquad\qquad \text{Definition von } f''(x_0) \qquad \underset{\text{nach Voraussetzung}}{\uparrow}$

Aus der Definition des Grenzwertes folgt, dass es ein $\delta > 0$ gibt, so dass [55]

für alle $0 \neq h \in (-\delta, \delta)$ gilt: $\quad \dfrac{f'(x_0 + h)}{h} > 0.$

Indem wir diese Ungleichung mit h multiplizieren und das Vorzeichen von h berücksichtigen, erhalten wir:

(a)   Für alle $h \in (-\delta, 0)$ gilt: $\quad f'(x_0 + h) \;<\; 0.$
(b)   Für alle $h \in (0, \delta)$ gilt: $\quad f'(x_0 + h) \;>\; 0.$

---

[55]Ganz allgemein gilt: wenn $\lim\limits_{t \to a} g(t) = b > 0$, dann folgt aus der Definition des Grenzwertes angewandt beispielsweise auf $\epsilon = \frac{b}{3}$, dass es ein $\delta > 0$ gibt, so dass $g(t) > \frac{2b}{3} > 0$ für alle $t \in (a - \delta, a + \delta)$.

Es folgt nun aus diesen Ungleichungen und dem Monotoniesatz 11.4:

(a) f ist auf dem Intervall $[x_0 - \delta, x_0]$ streng monoton fallend,
(b) f ist auf dem Intervall $[x_0, x_0 + \delta]$ streng monoton steigend.

Dies wiederum impliziert, dass bei x_0 ein striktes lokales Minimum vorliegt.

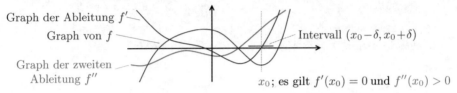

Graph der Ableitung f' Intervall $(x_0 - \delta, x_0 + \delta)$

Graph von f

Graph der zweiten Ableitung f'' x_0; es gilt $f'(x_0) = 0$ und $f''(x_0) > 0$

(2) Diese Aussage wird natürlich ganz ähnlich wie die erste Aussage bewiesen. ∎

Übungsaufgaben zu Kapitel 11.

Aufgabe 11.1. Es sei I ein Intervall, und es sei $f\colon I \to \mathbb{R}$ eine Funktion. Wir sagen f ist auf dem Intervall $[a, b] \subset I$ *nach oben gekrümmt*, wenn für alle $c < d \in [a, b]$ und alle $t \in (c, d)$ gilt:

$$f(c) \cdot \frac{d - t}{d - c} + f(d) \cdot \frac{t - c}{d - c} \; < \; f(t).$$

Wir nehmen nun an, dass f auf $[a, b]$ stetig und auf (a, b) zweifach differenzierbar ist. Zeigen Sie:

f ist auf dem Intervall $[a, b]$ nach oben gekrümmt $\implies$ für alle $t \in (a, b)$ gilt $f''(t) \geq 0$
f ist auf dem Intervall $[a, b]$ nach oben gekrümmt $\impliedby$ für alle $t \in (a, b)$ gilt $f''(t) > 0$.

Bemerkung. Ganz analog kann man auch den Begriff „nach unten gekrümmt" einführen und behandeln.

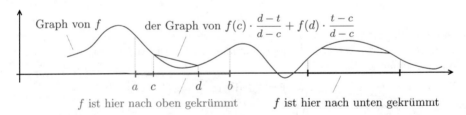

Graph von f der Graph von $f(c) \cdot \dfrac{d - t}{d - c} + f(d) \cdot \dfrac{t - c}{d - c}$

a c d b

f ist hier nach oben gekrümmt f ist hier nach unten gekrümmt

Aufgabe 11.2.

(a) Es sei $f\colon [a, b] \to \mathbb{R}$ eine stetige Funktion, welche auf (a, b) differenzierbar ist. Wir nehmen an, dass es ein $C \in \mathbb{R}$ gibt, so dass für alle $x \in (a, b)$ gilt: $f'(x) \leq C$. Zeigen Sie, dass dann für alle $x \in [a, b]$ gilt:

$$f(x) \; \leq \; f(a) + C \cdot (x - a).$$

(b) Zeigen Sie, dass $\left| \sin\left(14\tfrac{3}{10}\right) - \sin\left(14\tfrac{2}{10}\right) \right| \leq \tfrac{1}{10}$.

Aufgabe 11.3. Es sei $f\colon \mathbb{R} \to \mathbb{R}$ eine differenzierbare Funktion mit der Eigenschaft, dass für alle $x \in \mathbb{R}$ gilt: $f'(x) = f(x)$. Zeigen Sie: Es existiert ein $C \in \mathbb{R}$, so dass $f(x) = C \cdot \exp(x)$ für alle $x \in \mathbb{R}$.
Hinweis. Betrachten Sie die Funktion $g(x) = f(x) \cdot \exp(-x)$.

Aufgabe 11.4. Es sei I ein Intervall, und es sei $f\colon I \to \mathbb{R}$ eine stetige Funktion, welche im Inneren des Intervalls *zweifach* differenzierbar ist. Zudem sei $x_0 \in I$ ein Punkt im Inneren des Intervalls.

(a) Wenn bei x_0 ein lokales Minimum vorliegt, gilt dann: $f''(x_0) \geq 0$?

(b) Wenn bei x_0 ein *striktes* lokales Minimum vorliegt, gilt dann $f''(x_0) > 0$?

Aufgabe 11.5. Es sei $h\colon [0,3] \to \mathbb{R}$ eine stetig differenzierbare Funktion, mit $h(0) = 1$, $h(1) = 2$ und $h(3) = 2$. Zeigen Sie:

(a) Es existiert ein $x \in [0,3]$ mit $h'(x) = \frac{1}{3}$.

(b) Es existiert ein $x \in [0,3]$ mit $h(x) = x$.

(c) Es existiert ein $x \in [0,3]$ mit $h'(x) = \frac{1}{4}$.

Aufgabe 11.6. Es sei $I \subset \mathbb{R}$ ein Intervall, und es sei $f\colon I \to \mathbb{R}$ eine stetige Funktion, welche im Inneren des Intervalls differenzierbar ist. Wir nehmen an, dass $f'(x) > 0$ für alle inneren Punkte x von I. Zeigen Sie, dass f streng monoton steigend ist.

Aufgabe 11.7. Wir betrachten die Funktion

$$f\colon [-2,4] \;\to\; \mathbb{R}$$
$$x \;\mapsto\; \begin{cases} |x+1|, & \text{wenn } x \in [-2,1), \\ -|x^2 - 3|, & \text{wenn } x \in [1,4]. \end{cases}$$

(a) Bestimmen Sie die lokalen Minima und Maxima der Funktion f.

(b) Nimmt f ein globales Maximum und ein globales Minimum an?

Aufgabe 11.8. Zeigen Sie, dass für alle $x \neq 1$ in $(0,\infty)$ gilt: $\ln(x) < x - 1$.

Aufgabe 11.9. Zeigen Sie, dass es genau ein $x \in \mathbb{R}$ mit $e^x = x^2$ gibt.
Hinweis. Betrachten Sie die Fälle $x \leq 0$ und $x \geq 0$ getrennt.

12. Arkusfunktionen und die Regel von L'Hôpital

In diesem Kapitel führen wir zuerst die Umkehrfunktionen der Tangens-, der Sinus- und der Kosinusfunktion ein. Diese werden aus historischen Gründen als „Arkusfunktionen" bezeichnet. Wir bestimmen zudem deren Ableitungen und erhalten dabei überraschende Ergebnisse. Danach führen wir die Regel von L'Hôpital ein. Dies ermöglicht es uns in vielen Fällen, Grenzwerte von Funktionen verblüffend einfach und elegant zu bestimmen.

12.1. Grenzwerte von Quotienten. Bevor wir die Umkehrfunktion der Tangensfunktion betrachten, ist es hilfreich, unseren Begriff von Grenzwerten etwas zu erweitern. Analog zur Diskussion auf Seite 37 führen wir dazu folgende Notation ein.

Notation. Es sei $f\colon (a,b) \to \mathbb{R}$ eine Funktion.

$$\lim_{x \nearrow b} f(x) = 0^+ \quad :\Leftrightarrow \quad \lim_{x \nearrow b} f(x)=0 \ \& \ \text{es gibt ein } \delta>0, \text{ so dass } f(x)>0 \text{ für } x \in (b-\delta,b),$$

$$\lim_{x \nearrow b} f(x) = 0^- \quad :\Leftrightarrow \quad \lim_{x \nearrow b} f(x)=0 \ \& \ \text{es gibt ein } \delta>0, \text{ so dass } f(x)<0 \text{ für } x \in (b-\delta,b).$$

Wir führen die analoge Definition auch für rechtsseitige Grenzwerte ein.

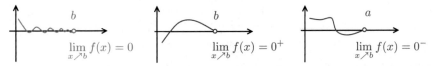

$$\lim_{x \nearrow b} f(x) = 0 \qquad\qquad \lim_{x \nearrow b} f(x) = 0^+ \qquad\qquad \lim_{x \nearrow b} f(x) = 0^-$$

Notation. Analog zur partiellen Multiplikation auf Seite 36 führen wir nun auf der Menge $\mathbb{R} \cup \{\pm\infty\} \cup \{0^{\pm}\}$ folgende partielle Division $\frac{a}{b}$ ein:

$:$	$a<0$	0	$a>0$	$+\infty$	$-\infty$
$b>0$	$\frac{a}{b}$	0	$\frac{a}{b}$	$+\infty$	$-\infty$
0^+	$-\infty$	$*$	$+\infty$	$+\infty$	$-\infty$
0^-	$+\infty$	$*$	$-\infty$	$-\infty$	$+\infty$
$b<0$	$\frac{a}{b}$	0	$\frac{a}{b}$	$-\infty$	$+\infty$
$+\infty$	0	0	0	$*$	$*$
$-\infty$	0	0	0	$*$	$*$

Hierbei bedeutet das Symbol „$*$", dass die Division nicht definiert ist. Beispielsweise gilt also $\frac{\infty}{-2} = -\infty$.

Wir können nun folgenden Satz formulieren.

Satz 12.1. Es seien $f,g\colon (a,b) \to \mathbb{R}$ Funktionen, so dass $g(x) \neq 0$ für alle $x \in (a,b)$ und so dass $\lim_{x \nearrow b} f(x)$ und $\lim_{x \nearrow b} g(x)$ existieren oder bestimmt gegen $\pm\infty$ divergieren. Dann gilt:

$$\lim_{x \nearrow b} \frac{f(x)}{g(x)} = \frac{\displaystyle\lim_{x \nearrow b} f(x)}{\displaystyle\lim_{x \nearrow b} g(x)},$$

wenn der Quotient auf der rechten Seite in der obigen Tabelle definiert ist. Für linksseitige Grenzwerte gelten natürlich die analogen Aussagen.

Beweis. Der Beweis verläuft ganz ähnlich zum Beweis der Grenzwertregel 2.9 (2) und 2.8. ∎

© Der/die Autor(en), exklusiv lizenziert an
Springer-Verlag GmbH, DE, ein Teil von Springer Nature 2023
S. Friedl, *Analysis 1*, https://doi.org/10.1007/978-3-662-67359-1_13

Beispiel. Es ist

$$\lim_{x \nearrow \frac{\pi}{2}} \frac{\sin(x)}{\cos(x)} = \frac{1}{0^+} = +\infty.$$

12.2. Umkehrfunktionen von trigonometrischen Funktionen. Als erstes Beispiel der neuen Grenzwertregel wollen wir die Tangensfunktion studieren.

Definition. Die Tangensfunktion ist definiert als die Funktion

$$\tan : \mathbb{R} \setminus \{\tfrac{\pi}{2} + n \cdot \pi \mid n \in \mathbb{Z}\} \;\to\; \mathbb{R}$$
$$x \;\mapsto\; \tan(x) := \frac{\sin(x)}{\cos(x)}.$$

Der Graph der Tangensfunktion wird in der nächsten Abbildung skizziert.

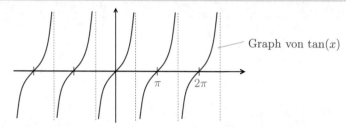

Graph von $\tan(x)$

Lemma 12.2.

(1) Es gilt:
$$\frac{d}{dx} \tan(x) = \frac{1}{\cos(x)^2}.$$

(2) Die Einschränkung der Tangensfunktion auf das Intervall $(-\frac{\pi}{2}, \frac{\pi}{2})$ ist streng monoton steigend.

(3) Es gilt:
$$\lim_{x \searrow -\frac{\pi}{2}} \tan(x) = -\infty \quad \text{und} \quad \lim_{x \nearrow +\frac{\pi}{2}} \tan(x) = +\infty.$$

Beweis.

(1) Es gilt:

$$\frac{d}{dx} \tan(x) = \frac{d}{dx} \frac{\sin(x)}{\cos(x)} \overset{\underset{\text{Quotientenregel, siehe Satz 10.4}}{\downarrow}}{=} \frac{\cos(x) \cdot \sin'(x) - \sin(x) \cdot \cos'(x)}{\cos(x)^2} \overset{\underset{\text{Satz 10.6}}{\downarrow}}{=} \frac{\cos(x)^2 + \sin(x)^2}{\cos(x)^2}$$
$$\underset{\underset{\text{Lemma 9.3}}{\uparrow}}{=} \frac{1}{\cos(x)^2}.$$

(2) Aus (1) folgt, dass die Ableitung der Tangensfunktion auf $(-\frac{\pi}{2}, \frac{\pi}{2})$ positiv ist. Es folgt aus dem Monotoniesatz 11.4, dass die Einschränkung der Tangensfunktion auf das Intervall $(-\frac{\pi}{2}, \frac{\pi}{2})$ streng monoton steigend ist.

(3) Aus Satz 12.1 folgt:
$$\lim_{x \searrow \pm\frac{\pi}{2}} \tan(x) = \lim_{x \searrow \pm\frac{\pi}{2}} \frac{\sin(x)}{\cos(x)} = \frac{\pm 1}{0^+} = \pm\infty. \qquad \blacksquare$$

Definition. Wir betrachten die Funktion $\tan : (-\frac{\pi}{2}, \frac{\pi}{2}) \to \mathbb{R}$. Nach Lemma 12.2 (2) ist die Funktion streng monoton und daher nach der Bemerkung auf Seite 105 injektiv. Zudem folgt aus Lemma 12.2 (3) und Lemma 7.2, dass $\tan((-\frac{\pi}{2}, \frac{\pi}{2})) = (-\infty, \infty) = \mathbb{R}$. Wir bezeichnen die zugehörige Umkehrfunktion

$$\arctan\colon \mathbb{R} \;\to\; (-\tfrac{\pi}{2}, \tfrac{\pi}{2})$$
$$x \;\mapsto\; \arctan(x) := \tan^{-1}(x)$$

als die Arkustangensfunktion oder kurz als den Arkustangens. Der Graph der (Arkus-) Tangensfunktion wird in der nächsten Abbildung skizziert.

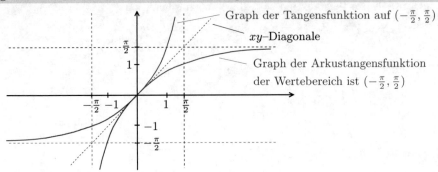

Lemma 12.3.

(1) Auf $\mathbb{R}$ gilt
$$\frac{d}{dx}\arctan(x) = \frac{1}{1+x^2}.$$

(2) Die Arkustangensfunktion ist streng monoton steigend.

(3) Es ist
$$\lim_{x\to-\infty}\arctan(x) = -\frac{\pi}{2} \quad \text{und} \quad \lim_{x\to\infty}\arctan(x) = +\frac{\pi}{2}.$$

Bemerkung. Die Aussage, dass in der Ableitung der Arkustangensfunktion keine trigonometrische Funktion auftaucht, ist überraschend und wird später noch eine sehr wichtige Rolle spielen, wenn wir Stammfunktionen betrachten.

Beweis von Lemma 12.3.

(1) Es gilt:

$$\frac{d}{dx}\arctan(x) \;\underset{\uparrow}{=}\; \frac{1}{\tan'(\arctan(x))} \;\underset{\uparrow}{=}\; \frac{1}{\frac{1}{\cos(\arctan(x))^2}} = \cos(\arctan(x))^2.$$

die Umkehrregel 10.9   nach Lemma 12.2 (1) gilt: $\tan'(x) = \frac{1}{\cos^2(x)}$
besagt: $(f^{-1})'(x) = \frac{1}{f'(f^{-1}(x))}$

Wir müssen also noch zeigen, dass für alle $x \in \mathbb{R}$ gilt: $\cos(\arctan(x))^2 = \frac{1}{1+x^2}$. Wir geben zwei Argumente, eines ist sehr kurz und präzise, das andere ist dafür etwas anschaulicher.

(a) Wir führen folgende Berechnung durch:

wir setzen zwischenzeitlich $y := \arctan(x)$ wir teilen Zähler und Nenner durch $\cos(y)^2$

$$\cos(\arctan(x))^2 \;\overset{\downarrow}{=}\; \cos(y)^2 \;=\; \frac{\cos(y)^2}{\cos(y)^2+\sin(y)^2} \;\overset{\downarrow}{=}\; \frac{1}{1+\frac{\sin(y)^2}{\cos(y)^2}}$$
$$=\; \frac{1}{1+\tan(y)^2} \;\underset{\uparrow}{=}\; \frac{1}{1+x^2}.$$

denn $y = \arctan(x)$

(b) Im anschaulichen Argument betrachten wir der Verständlichkeit halber nur den Fall, dass $x \geq 0$. Wir schreiben $\alpha = \arctan(x) \in (0, \frac{\pi}{2})$. In einem rechtwinkligen

Dreieck mit Winkel α wie in der nächsten Abbildung links gilt, dass

$$\sin(\alpha) \;=\; \frac{\text{Gegenkathete}}{\text{Hypotenuse}} \quad \text{und} \quad \cos(\alpha) \;=\; \frac{\text{Ankathete}}{\text{Hypotenuse}}$$

Also folgt:
$$\tan(\alpha) \;=\; \frac{\text{Gegenkathete}}{\text{Ankathete}}.$$

In der nächsten Abbildung betrachten wir rechts ein rechtwinkliges Dreieck mit Winkel α und Ankathete der Länge 1. Aus $\tan(\alpha) = x$ folgt dann, dass die Länge der Gegenkathete x beträgt. Aus dem Satz von Pythagoras folgt dann, dass die Hypotenuse die Länge $\sqrt{1+x^2}$ besitzt. Zusammengefasst erhalten wir also, dass

$$\cos(\alpha) \;=\; \frac{\text{Ankathete}}{\text{Hypotenuse}} \;=\; \frac{1}{\sqrt{1+x^2}}.$$

Daraus folgt nun aber, dass
$$\cos(\arctan(x))^2 \;=\; \cos(\alpha)^2 \;=\; \tfrac{1}{1+x^2}.$$

(2) Diese Aussage folgt aus Lemma 12.2 (2) und dem Monotonie-der-Umkehrfunktion-Lemma 7.5. Alternativ folgt die Aussage aus (1) und aus dem Monotoniesatz 11.4.

(3) Diese Aussage folgt leicht aus den Definitionen und Lemma 12.2 (3). Der Beweis dazu ist eine freiwillige Übungsaufgabe. ∎

Nachdem uns die Umkehrfunktion der Tangensfunktion so viel Freude bereitet hat, betrachten wir nun auch noch Umkehrfunktionen der Sinus- und Kosinusfunktion.

Definition. Wir betrachten die Einschränkung der Sinusfunktion auf das Intervall $[-\frac{\pi}{2}, \frac{\pi}{2}]$. Nachdem $\frac{d}{dx}\sin(x) = \cos(x) > 0$ für alle $x \in (-\frac{\pi}{2}, \frac{\pi}{2})$, folgt aus dem Monotoniesatz 11.4, dass die Sinusfunktion auf dem Intervall $[-\frac{\pi}{2}, \frac{\pi}{2}]$ streng monoton steigend ist. Die dazugehörige Umkehrfunktion
$$\arcsin \colon [-1,1] \quad \rightarrow \quad [-\tfrac{\pi}{2}, \tfrac{\pi}{2}]$$
wird die Arkussinusfunktion genannt. Ganz analog kann man zeigen, dass die Einschränkung der Kosinusfunktion auf das Intervall $[0, \pi]$ streng monoton fallend ist. Die dazugehörige Umkehrfunktion
$$\arccos \colon [-1,1] \quad \rightarrow \quad [0, \pi]$$
wird die Arkuskosinusfunktion genannt.

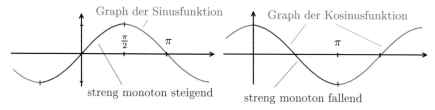

Wir beschließen diesen Abschnitt mit folgendem Lemma, welches als Übungsaufgabe 12.2 bewiesen wird:

Graph der Arkussinusfunktion

Graph der Sinusfunktion auf dem Intervall $[-\frac{\pi}{2}, \frac{\pi}{2}]$

Graph der Arkuskosinusfunktion

Graph der Kosinusfunktion auf dem Intervall $[0, \pi]$

Lemma 12.4. Die Arkussinusfunktion und die Arkuskosinusfunktion sind auf dem Intervall $(-1, 1)$ differenzierbar. Zudem gilt auf dem Intervall $(-1, 1)$:

$$\frac{d}{dx}\arcsin(x) \;=\; \frac{1}{\sqrt{1-x^2}} \qquad \text{und} \qquad \frac{d}{dx}\arccos(x) \;=\; -\frac{1}{\sqrt{1-x^2}}.$$

Auch in diesem Fall sehen wir also, dass die Ableitungen nicht durch trigonometrische Funktionen gegeben sind.

12.3. Die Regel von L'Hôpital. In Satz 12.1 haben wir Grenzwerte der Form $\lim\limits_{x \searrow a} \frac{f(x)}{g(x)}$ betrachtet. Dieser Satz 12.1 macht jedoch keine Aussage für folgende zwei Fälle:

(1) $\lim\limits_{x \searrow a} f(x) = 0$ und $\lim\limits_{x \searrow a} g(x) = 0$ (2) $\lim\limits_{x \searrow a} f(x) = \pm\infty$ und $\lim\limits_{x \searrow a} g(x) = \pm\infty$.

Die Regel von L'Hôpital erlaubt es zum Glück, viele solche Grenzwerte zu bestimmen.

Satz 12.5. (Regel von L'Hôpital) Es seien $f, g\colon (a, b) \to \mathbb{R}$ differenzierbare Funktionen, so dass $g(x) \neq 0$ und $g'(x) \neq 0$ für alle $x \in (a, b)$. Wenn einer der beiden Fälle

(1) $\lim\limits_{x \searrow a} f(x) = 0$ und $\lim\limits_{x \searrow a} g(x) = 0$ oder   (2) $\lim\limits_{x \searrow a} f(x) = \pm\infty$ und $\lim\limits_{x \searrow a} g(x) = \pm\infty$,

eintritt, dann gilt

$$\lim_{x \searrow a} \frac{f(x)}{g(x)} \;=\; \lim_{x \searrow a} \frac{f'(x)}{g'(x)} \quad \in \mathbb{R} \cup \{-\infty\} \cup \{\infty\},$$

wenn der Grenzwert auf der rechten Seite existiert oder bestimmt gegen $\pm\infty$ divergiert. Die Regel von L'Hôpital gilt ganz analog auch für linksseitige Grenzwerte und für beidseitige Grenzwerte.

Beispiel. Es gilt:

$$\lim_{x \searrow 0} \frac{\sqrt{x}}{\sin(x)} \;\overset{\frac{0}{0}\;\text{L'H}}{=\!=}\; \lim_{x \searrow 0} \frac{\frac{1}{2\sqrt{x}}}{\cos(x)} \;=\; \lim_{x \searrow 0} \frac{1}{2\sqrt{x}\cdot\cos(x)} \;=\; \frac{1}{0+} \;=\; +\infty.$$

wir zeigen mit „$\frac{0}{0}$" an, dass die Grenzwerte der Funktionen im Nenner und Zähler jeweils 0 sind, und wir zeigen mit „L'H" an, dass wir die Regel von L'Hôpital 12.5 anwenden

Bei manchen Gelegenheiten muss man die Funktion erst umschreiben, bevor man die Regel von L'Hôpital 12.5 anwenden kann. Beispielsweise gilt:

Vereinfachen des Bruchs

$$\lim_{x \searrow 0} \big(x \cdot \ln(x)\big) \;=\; \lim_{x \searrow 0} \frac{\ln(x)}{\frac{1}{x}} \;\overset{\frac{\infty}{\infty}\;\text{L'H}}{=\!=}\; \lim_{x \searrow 0} \frac{\frac{1}{x}}{-\frac{1}{x^2}} \;\overset{\downarrow}{=}\; \lim_{x \searrow 0} (-x) \;=\; 0.$$

der Grenzwert ist von der Form $0 \cdot \infty$; wir schreiben die Funktion als Bruch um, so dass wir die Regel von L'Hôpital 12.5 anwenden können

Zudem gilt:

der Grenzwert ist von der Form $\infty - \infty$, wir schreiben
die Funktion wiederum als Bruch um

$$\lim_{x \searrow 0} \left(\frac{1}{x} - \frac{1}{\sin(x)} \right) \;\;\overset{\downarrow}{=}\;\; \lim_{x \searrow 0} \frac{\sin(x) - x}{x \cdot \sin(x)} \;\;\overset{\frac{0}{0}\,\text{L'H}}{=}\;\; \lim_{x \searrow 0} \frac{\cos(x) - 1}{x \cdot \cos(x) + \sin(x)}$$

$$\overset{\frac{0}{0}\,\text{L'H}}{=}\;\; \lim_{x \searrow 0} \frac{-\sin(x)}{-x \cdot \sin(x) + 2 \cdot \cos(x)} \;\;=\;\; 0.$$

Für den Beweis der Regel von L'Hôpital 12.5 benötigen wir folgenden Satz:

Satz 12.6. (Verallgemeinerter Mittelwertsatz der Differentialrechnung) Es seien $f, g \colon [a, b] \to \mathbb{R}$ zwei differenzierbare Funktionen. Wenn $g'(x) \neq 0$ für alle $x \in (a, b)$ und wenn $g(a) \neq g(b)$, dann existiert ein $\xi \in (a, b)$ mit

$$\frac{f'(\xi)}{g'(\xi)} \;=\; \frac{f(b) - f(a)}{g(b) - g(a)}.$$

Bemerkung. Wenn $g(x) = x$, dann erhalten wir gerade die Aussage des üblichen Mittelwertsatzes 11.2 der Differentialrechnung.

Beweis des verallgemeinerten Mittelwertsatzes der Differentialrechnung.

Wie wir gerade gesehen haben, ist der Satz eine Verallgemeinerung des Mittelwertsatzes 11.2, welchen wir mithilfe des Satzes von Rolle 11.3 bewiesen haben. Auch den jetzigen Satz können wir mit fast dem gleichen Trick auf den Satz von Rolle 11.3 zurückführen. Wir betrachten die Funktion, welche durch

$$\varphi(x) \;:=\; f(x) - \frac{f(b) - f(a)}{g(b) - g(a)} \cdot (g(x) - g(a))$$

definiert ist. Es gilt $\varphi(a) = f(a)$ und $\varphi(b) = f(a)$. Wir können also den Satz von Rolle 11.3 auf die differenzierbare Funktion φ anwenden und erhalten ein $\xi \in (a, b)$, so dass $\varphi'(\xi) = 0$. Dann gilt:

$$0 \;=\; \varphi'(\xi) \;=\; f'(\xi) - \frac{f(b) - f(a)}{g(b) - g(a)} \cdot g'(\xi).$$

Nach Voraussetzung gilt $g'(\xi) \neq 0$. Wir erhalten also, wie gewünscht, dass

$$\frac{f'(\xi)}{g'(\xi)} \;=\; \frac{f(b) - f(a)}{g(b) - g(a)}. \qquad\blacksquare$$

Beweis der Regel von L'Hôpital 12.5. Wir betrachten nur folgenden Spezialfall der Regel von L'Hôpital: Es seien $f, g \colon [a, \infty) \to \mathbb{R}$ zwei stetige Funktionen, welche auf (a, ∞) differenzierbar sind, so dass $g(x) \neq 0$ und $g'(x) \neq 0$ für alle $x \in (a, \infty)$ und so dass gilt:[56]

(1) $f(a) = g(a) = 0$,

(2) der Grenzwert $\lim_{x \searrow a} \frac{f'(x)}{g'(x)}$ ist eine reelle Zahl.

Alle anderen Fälle der Regel von L'Hôpital werden in [**F**, Kapitel 16] bewiesen.

Wir erinnern zuerst daran, dass für jede Funktion $h \colon (a, \infty) \to \mathbb{R}$ und $d \in \mathbb{R}$ per Definition gilt:

$$\lim_{x \searrow a} h(x) = d \quad :\Longleftrightarrow \quad \underset{\epsilon > 0}{\forall} \; \underset{\delta > 0}{\exists} \; \underset{x \in (a, a + \delta)}{\forall} \; |h(x) - d| < \epsilon.$$

Nach Voraussetzung (2) existiert der Grenzwert

$$d \;:=\; \lim_{x \searrow a} \frac{f'(x)}{g'(x)} \in \mathbb{R}, \qquad \text{und wir müssen zeigen, dass} \qquad \lim_{x \searrow a} \frac{f(x)}{g(x)} \;=\; d.$$

---

[56]Die Voraussetzungen sind beispielsweise erfüllt für $\lim_{x \searrow 0} \frac{\sin(x)}{x}$.

Es sei also $\epsilon > 0$. Nachdem $\lim_{x \searrow a} \frac{f'(x)}{g'(x)} = d$, folgt aus der obigen Definition des rechtsseitigen Grenzwerts, dass es ein $\delta > 0$ gibt, so dass

$(*)$ für alle $\xi \in (a, a + \delta)$ gilt: $\left| \dfrac{f'(\xi)}{g'(\xi)} - d \right| < \epsilon.$

Es genügt nun, folgende Behauptung zu beweisen:

Behauptung. Für alle $x \in (a, a + \delta)$ gilt: $\left| \dfrac{f(x)}{g(x)} - d \right| < \epsilon.$

Beweis. Es sei also $x \in (a, a + \delta)$. Dann gilt:

nach Voraussetzung (1) gilt $f(a) = g(a) = 0$ folgt aus $(*)$, da $\xi \in (a, x) \subset (a, a + \delta)$

$$\left| \frac{f(x)}{g(x)} - d \right| \overset{\downarrow}{=} \left| \frac{f(x) - f(a)}{g(x) - g(a)} - d \right| \underset{\uparrow}{=} \left| \frac{f'(\xi)}{g'(\xi)} - d \right| \overset{\downarrow}{<} \epsilon.$$

der verallgemeinerte Mittelwertsatz besagt, dass es ein $\xi \in (a, x)$
gibt, so dass diese Gleichheit gilt   ∎

Der folgende Satz besagt nun, dass die Regel von L'Hôpital anstatt für Grenzwerte $x \to a$ auch für Grenzwerte $x \to \pm\infty$ angewandt werden kann:

Satz 12.7. (Regel von L'Hôpital) Es seien $f, g: (a, \infty) \to \mathbb{R}$ differenzierbare Funktionen, so dass $g(x) \neq 0$ und $g'(x) \neq 0$ für alle $x \in (a, \infty)$. Wenn einer der beiden Fälle

(1) $\lim\limits_{x \to \infty} f(x) = 0$ und $\lim\limits_{x \to \infty} g(x) = 0$ oder   (2) $\lim\limits_{x \to \infty} f(x) = \pm\infty$ und $\lim\limits_{x \to \infty} g(x) = \pm\infty$,

eintritt, dann gilt $\quad \lim\limits_{x \to \infty} \dfrac{f(x)}{g(x)} = \lim\limits_{x \to \infty} \dfrac{f'(x)}{g'(x)} \quad \in \mathbb{R} \cup \{-\infty\} \cup \{\infty\},$

wenn der Grenzwert auf der rechten Seite existiert oder bestimmt gegen $\pm\infty$ divergiert. Genau die gleiche Aussage gilt auch für den Grenzwert $x \to -\infty$.

Beispiel.

(1) Für jedes $\alpha > 0$ gilt:

$$\lim_{x \to \infty} \frac{\ln(x)}{x^\alpha} \overset{\text{L'H}}{\underset{\uparrow}{=}} \lim_{x \to \infty} \frac{\frac{d}{dx} \ln(x)}{\frac{d}{dx} x^\alpha} \underset{\uparrow}{=} \lim_{x \to \infty} \frac{\frac{1}{x}}{\alpha \cdot x^{\alpha-1}} = \lim_{x \to \infty} \frac{1}{\alpha} \cdot \frac{1}{x^\alpha} \underset{\uparrow}{=} 0.$$

Regel 12.7 von L'Hôpital   Korollar 10.10 und Korollar 10.11   da $\alpha > 0$

Das heißt für $x \to \infty$ wächst die Logarithmusfunktion $\ln(x)$ „langsamer" als jede positive Potenz von x.

(2) Für jedes $n \in \mathbb{N}$ gilt:

$$\lim_{x \to \infty} \frac{e^x}{x^n} \overset{\text{L'H}}{=} \lim_{x \to \infty} \frac{e^x}{n x^{n-1}} \overset{\text{L'H}}{=} \lim_{x \to \infty} \frac{e^x}{n(n-1) x^{n-2}} \overset{\text{L'H}}{=} \ldots \overset{\text{L'H}}{=} \lim_{x \to \infty} \frac{e^x}{n(n-1) \cdot \ldots \cdot 2 \cdot 1} = +\infty.$$

Man kann dieses Argument noch etwas verallgemeinern und wir sehen, dass für alle $a > 1$ und $d \in \mathbb{R}$ gilt:

$$\lim_{x \to \infty} \frac{a^x}{x^d} \overset{\text{L'H}}{\underset{\uparrow}{=}} \ldots \overset{\text{L'H}}{\underset{\uparrow}{=}} \lim_{x \to \infty} \frac{\ln(a)^n \cdot a^x}{d(d-1) \cdots (d+n-1) \cdot x^{d-n}}$$

wir setzen $n := \max\{\lceil d \rceil, 0\}$, und wir wenden die Regel 12.7 von L'Hôpital n-mal an

$$= \lim_{x \to \infty} \frac{\ln(a)^n \cdot a^x}{d(d-1) \cdots (d-n+1)} \cdot x^{n-d} \underset{\uparrow}{=} \infty.$$

da $a > 1$ und $n - d \geq 0$

Das heißt, für $x \to \infty$ wächst jede Exponentialfunktion a^x mit $a > 1$ „schneller" als jede Potenzfunktion x^d mit $d \in \mathbb{R}$.

Im Beweis von Satz 12.7 werden wir folgendes Lemma verwenden:

Lemma 12.8. Es sei $f \colon (0, \infty) \to \mathbb{R}$ eine Funktion. Für jedes $a \in \mathbb{R}$ gilt:

$$\lim_{x \to \infty} f(x) = a \quad \Longleftrightarrow \quad \lim_{x \searrow 0} f\left(\tfrac{1}{x}\right) = a.$$

Die gleiche Aussage gilt auch für bestimmte Divergenz gegen $\pm\infty$.

Beweis von Lemma 12.8. Die Aussage folgt eigentlich sofort aus den Definitionen der beiden Grenzwerte links und rechts, welche wir auf den Seiten 90 und 93 eingeführt haben. ∎

Wir wenden uns jetzt dem Beweis von Satz 12.7 zu.

Beweis von Satz 12.7.

Der Gedanke ist natürlich, dass wir die Aussage von Satz 12.7 mithilfe von Lemma 12.8 auf die ursprüngliche Regel von L'Hôpital 12.5 zurückführen wollen.

Wir setzen $k(x) := f(\tfrac{1}{x})$ und $l(x) := g(\tfrac{1}{x})$. Wir erhalten:

$$
\lim_{x \to \infty} \frac{f(x)}{g(x)} \underset{\substack{\uparrow \\ \text{Lemma 12.8}}}{=} \lim_{x \searrow 0} \frac{k(x)}{l(x)} \underset{\substack{\uparrow \\ \text{gilt nach der ursprünglichen Regel von L'Hôpital 12.5, wenn wir} \\ \text{zeigen können, dass der Grenzwert rechts in } \mathbb{R} \cup \{\pm\infty\} \text{ existiert}}}{=} \lim_{x \searrow 0} \frac{k'(x)}{l'(x)} = \lim_{x \searrow 0} \frac{\tfrac{d}{dx} f(\tfrac{1}{x})}{\tfrac{d}{dx} g(\tfrac{1}{x})}
$$

$$
= \lim_{x \searrow 0} \frac{f'(\tfrac{1}{x}) \cdot \tfrac{-1}{x^2}}{g'(\tfrac{1}{x}) \cdot \tfrac{-1}{x^2}} = \lim_{x \searrow 0} \frac{f'(\tfrac{1}{x})}{g'(\tfrac{1}{x})} = \lim_{x \to \infty} \frac{f'(x)}{g'(x)}.
$$
$$
\underset{\text{Kettenregel 10.7}}{\uparrow} \qquad\qquad \underset{\text{Kürzen}}{\uparrow} \qquad\qquad \underset{\text{Lemma 12.8}}{\uparrow}
$$

Nach Voraussetzung existiert der Grenzwert $\lim\limits_{x \to \infty} \frac{f'(x)}{g'(x)}$ in $\mathbb{R} \cup \{\pm\infty\}$. Wir haben also die Regel von L'Hôpital 12.5 legitim verwendet. ∎

12.4. Grenzwerte von Folgen und Funktionen.

Wir haben jetzt den Begriff Grenzwertbegriff $\to \infty$ zweimal eingeführt, einmal für Folgen und einmal für Funktionen. Hierbei herrscht folgender Zusammenhang:

Lemma 12.9. Es sei $f \colon (0, \infty) \to \mathbb{R}$ eine Funktion. Für $a \in \mathbb{R} \cup \{\pm\infty\}$ gilt:

$$\underbrace{\lim_{x \to \infty} f(x)}_{\substack{\text{Grenzwert der Funktion} \\ f \colon (0,\infty) \to \mathbb{R}}} = a \quad \Longrightarrow \quad \underbrace{\lim_{n \to \infty} f(n)}_{\substack{\text{Grenzwert der Folge} \\ (f(n))_{n \in \mathbb{N}}}} = a.$$

Beweis. Der Satz folgt sofort aus den Definitionen, welche wir auf den Seiten 28 und 93 eingeführt haben. ∎

Beispiel. Wir betrachten die Folge $a_n = (1 + \frac{1}{n})^n$ mit $n \in \mathbb{N}$. Dann gilt:

$$\lim_{n\to\infty} (1+\tfrac{1}{n})^n \;\underset{\uparrow}{=}\; \lim_{x\to\infty} \exp\left(\ln(1+\tfrac{1}{n})\cdot n\right) \;=\; \exp\left(\underset{\uparrow}{\lim_{n\to\infty}} \ln(1+\tfrac{1}{n})\cdot n\right)$$

Definition von Potenzen   folgt aus dem Folgen-Stetigkeitssatz 6.4,
siehe Seite 111   da die Exponentialfunktion stetig ist

$$= \exp\left(\lim_{x\to\infty} \ln(1+\tfrac{1}{x})\cdot x\right) \;=\; \exp\left(\underset{\uparrow}{\lim_{x\to\infty}} \frac{\ln(1+\tfrac{1}{x})}{\tfrac{1}{x}}\right)$$

Lemma 12.9

$$\underset{\uparrow}{\overset{\text{L'H}}{=}} \exp\left(\lim_{x\to\infty} \frac{\frac{1}{1+\frac{1}{x}}\cdot\frac{-1}{x^2}}{\frac{-1}{x^2}}\right) \;=\; \exp\left(\lim_{x\to\infty} \frac{1}{1+\frac{1}{x}}\right) \;=\; \exp(1) \;=\; e.$$

Regel 12.7 von L'Hôpital

Wir sehen also, dass wir mithilfe von Ableitungen und der Regel von L'Hôpital Grenzwerte von Folgen reeller Zahlen bestimmen können, welche ansonsten zumindest nur sehr schwer zu berechnen wären.

Beispiel. Die Umkehrung von Lemma 12.9 gilt nicht. Wenn wir beispielsweise die Funktion $f(x) = \sin(\pi x)$ betrachten, dann gilt für den „Folgengrenzwert", dass

$$\lim_{n\to\infty} f(n) \;=\; \lim_{n\to\infty} \sin(\pi n) \;=\; \lim_{n\to\infty} 0 \;=\; 0,$$

aber der „Funktionengrenzwert" $\lim_{x\to\infty} f(x)$ existiert nicht.

Übungsaufgaben zu Kapitel 12.

Aufgabe 12.1. Zeigen Sie, dass für alle $x \in [-1, 1]$ gilt:

$$\arcsin(x) + \arccos(x) \;=\; \frac{\pi}{2}.$$

Aufgabe 12.2. Zeigen Sie, dass die Arkussinusfunktion und die Arkuskosinusfunktion auf dem Intervall $(-1, 1)$ differenzierbar sind, und zeigen Sie, dass auf dem Intervall $(-1, 1)$ gilt:

$$\frac{d}{dx}\arcsin(x) \;=\; \frac{1}{\sqrt{1-x^2}} \qquad \text{und} \qquad \frac{d}{dx}\arccos(x) \;=\; -\frac{1}{\sqrt{1-x^2}}.$$

Aufgabe 12.3. Bestimmen Sie folgende Grenzwerte:

(a) $\displaystyle\lim_{x\searrow 0} \frac{x - \cos(x)}{x + \sin(x)}$ (b) $\displaystyle\lim_{x\to\infty} \frac{\sin(x) + 2x}{\cos(x) + 3x}$

(c) $\displaystyle\lim_{x\searrow 0} \frac{\exp(x) - 1 - x}{x^2}$ (d) $\displaystyle\lim_{x\searrow \frac{\pi}{2}} \left(\tan(x) + \frac{1}{x-\pi/2}\right)$

(e) $\displaystyle\lim_{x\searrow 0} \cos(x)^{\frac{1}{x^2}}$ (f) $\displaystyle\lim_{t\to\infty} t\cdot\left(\arctan(t) - \frac{\pi}{2}\right)$

Aufgabe 12.4. Bestimmen Sie den Wertebereich der Funktion

$$\begin{aligned}(0, \tfrac{1}{2}] &\to \mathbb{R}\\ x &\mapsto x^{-x}.\end{aligned}$$

Aufgabe 12.5. Wir betrachten die Funktion

$$f\colon [-3, 7] \to \mathbb{R}$$
$$x \mapsto \begin{cases} x\cdot 2^x, & \text{wenn } x < 1, \\ \dfrac{\ln(x)}{x}, & \text{wenn } x \geq 1. \end{cases}$$

(a) Bestimmen Sie $\lim\limits_{x \nearrow 1} f(x)$ und $\lim\limits_{x \searrow 1} f(x)$.

(b) Bestimmen Sie Punkte in $[-3, 7]$, an denen lokale Maxima angenommen werden.

(c) Bestimmen Sie Punkte in $[-3, 7]$, an denen lokale Minima angenommen werden.

(d) Nimmt die Funktion ein globales Maximum an? Nimmt die Funktion ein globales Minimum an?

(e) Bestimmen Sie den Wertebereich der Funktion.

(f) Skizzieren Sie den Graphen der Funktion f.

Aufgabe 12.6. Wir betrachten die Funktion

$$
\begin{aligned}
f \colon (-2, 4] &\to \mathbb{R} \\
x &\mapsto \begin{cases} |x + 1| & \text{wenn } x \in (-2, 0], \\ 1 + x \cdot \ln(x) & \text{wenn } x \in (0, 4]. \end{cases}
\end{aligned}
$$

(a) Bestimmen Sie alle Nullstellen der Funktion f.

(b) In welchen Punkten ist die Funktion f stetig?

(c) Was sind die lokalen Minima und Maxima der Funktion f?

Aufgabe 12.7.

(a) Skizzieren Sie den Graphen von $x \mapsto x \cdot \ln(x)$ auf $(0, \infty)$.

(b) Skizzieren Sie den Graphen der Funktion $x \mapsto \frac{\sin(x)}{x}$ auf $\mathbb{R} \setminus \{0\}$.

13. Das Riemann-Integral

In diesem Kapitel wollen wir das Riemann-Integral einer Funktion $f\colon [a,b] \to \mathbb{R}$ einführen. Die anschauliche Definition des Riemann-Integrals wäre

$$\text{Riemann-Integral } \int_a^b f(x)\,dx \ := \quad \text{Fläche oberhalb der } x\text{-Achse} \\ - \text{ Fläche unterhalb der } x\text{-Achse.}$$

Allerdings haben wir im Moment noch gar keinen Begriff von „Fläche", dieser wird erst später in der Maßtheorie eingeführt. Wir führen deswegen das Riemann-Integral über „Untersummen" und „Obersummen" ein, welche das Problem umgehen, dass wir im Moment über keinen allgemeinen „Flächen"-Begriff verfügen.

Graph von f

$$\int_a^b f(x)\,dx \ \text{„="} \quad \text{Fläche oberhalb der } x\text{-Achse} \\ - \text{ Fläche unterhalb der } x\text{-Achse}$$

13.1. Definition des Riemann-Integrals.

Definition. Eine Zerlegung Z eines Intervalls $[a,b]$ ist eine Menge $Z = \{z_0, z_1, \ldots, z_n\}$ von reellen Zahlen, so dass

$$a = z_0 < z_1 < z_2 < \cdots < z_{n-1} < z_n = b.$$

Es sei nun $f\colon [a,b] \to \mathbb{R}$ eine beschränkte Funktion. Wir definieren

$$\text{die Untersumme} \quad U(f,Z) \ := \ \sum_{k=0}^{n-1} (z_{k+1} - z_k) \cdot \inf f([z_k, z_{k+1}]) \qquad \text{und}$$

$$\text{die Obersumme} \quad O(f,Z) \ := \ \sum_{k=0}^{n-1} (z_{k+1} - z_k) \cdot \sup f([z_k, z_{k+1}])$$

von f bezüglich der Zerlegung Z.

Graph der Funktion $f\colon [a,b] \to \mathbb{R}$ Obersumme bezüglich Z

$z_0 = a \ z_1 \ z_2 \qquad z_3 \qquad z_4 = b$ $z_0 = a \ z_1 \ z_2 \qquad z_3 \qquad z_4 = b$

Zerlegung des Intervalls $[a,b]$ Untersumme bezüglich Z

Beispiel. Wir betrachten die Funktion
$$f\colon [0,1] \ \to \ \mathbb{R}$$
$$x \ \mapsto \ x.$$

Für $n \in \mathbb{N}$ sei $Z_n := \{0, \frac{1}{n}, \ldots, \frac{n-1}{n}, 1\}$ die Zerlegung von $[0,1]$ in n Intervalle der Länge $\frac{1}{n}$. Dann gilt:

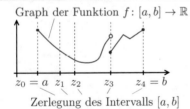

$$U(f,Z_n) = \sum_{k=0}^{n-1} \underbrace{\left(\frac{k+1}{n} - \frac{k}{n}\right)}_{=\frac{1}{n}} \cdot \underbrace{\inf f\left(\left[\frac{k}{n}, \frac{k+1}{n}\right]\right)}_{=\frac{k}{n}} = \frac{1}{n^2} \cdot \sum_{k=0}^{n-1} k \underset{\underset{\text{Lemma 1.27}}{\uparrow}}{=} \frac{1}{n^2} \cdot \frac{(n-1)n}{2} = \frac{n-1}{2n}.$$

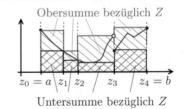

$$O(f,Z_n) = \sum_{k=0}^{n-1} \underbrace{\left(\frac{k+1}{n} - \frac{k}{n}\right)}_{=\frac{1}{n}} \cdot \underbrace{\sup f\left(\left[\frac{k}{n}, \frac{k+1}{n}\right]\right)}_{=\frac{k+1}{n}} = \frac{1}{n^2} \cdot \sum_{k=0}^{n-1} (k+1) = \frac{1}{n^2} \cdot \frac{n(n+1)}{2} = \frac{n+1}{2n}.$$

© Der/die Autor(en), exklusiv lizenziert an
Springer-Verlag GmbH, DE, ein Teil von Springer Nature 2023
S. Friedl, *Analysis 1*, https://doi.org/10.1007/978-3-662-67359-1_14

Definition. Es sei Z eine Zerlegung von $[a,b]$. Eine Verfeinerung der Zerlegung Z ist eine Zerlegung, welche wir aus Z durch Hinzufügen von endlich vielen Punkten in $[a,b]$ erhalten.

Wir fassen im folgenden Lemma einige grundlegende Eigenschaften von Untersummen und Obersummen zusammen:

Lemma 13.1. (Verfeinerungs-Lemma) Es sei $f\colon [a,b] \to \mathbb{R}$ eine beschränkte Funktion.

(1) Wenn Z' eine Verfeinerung einer Zerlegung Z ist, dann gilt
$$U(f,Z) \leq U(f,Z') \qquad \text{und} \qquad O(f,Z') \leq O(f,Z).$$

(2) Es seien Z, Z' zwei Zerlegungen von $[a,b]$, dann gilt
$$U(f,Z') \leq O(f,Z).$$

(3) $\sup\{U(f,Z)\,|\,Z \text{ Zerlegung von } [a,b]\} \leq \inf\{O(f,Z)\,|\,Z \text{ Zerlegung von } [a,b]\}.$[57]

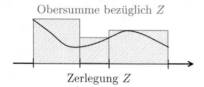

Obersumme bezüglich Z

Zerlegung Z

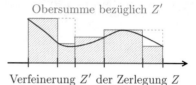

Obersumme bezüglich Z'

Verfeinerung Z' der Zerlegung Z

Beweis. Es sei $f\colon [a,b] \to \mathbb{R}$ eine beschränkte Funktion.

(1) Wir erhalten eine Verfeinerung einer Zerlegung, indem wir zu der Zerlegung endlich viele Punkte hinzufügen. Indem wir diese der Reihe nach hinzufügen, sehen wir, dass es genügt, folgende Behauptung zu beweisen:

Behauptung. Es sei $Z = \{z_0, \dots, z_n\}$ eine Zerlegung und w ein weiterer Punkt in $[a,b]$. Dann gilt $U(f,Z) \leq U(f, Z \cup \{w\})$ und $O(f, Z \cup \{w\}) \leq O(f,Z)$.

Beweis. Es ist $w \in [a,b]$. Also existiert ein $i \in \{0, \dots, n-1\}$, so dass $w \in [z_i, z_{i+1}]$. Dann gilt:

$$
U(f, Z \cup \{w\}) - U(f,Z) \overset{\overset{\text{alle anderen Terme in den Untersummen heben sich weg}}{\downarrow}}{=}
$$
$$
= (w - z_i) \cdot \underbrace{\inf f([w, z_i])}_{\substack{\geq \inf f([z_i, z_{i+1}]) \\ \text{da } w \in [z_i, z_{i+1}]}} + (z_{i+1} - w) \cdot \underbrace{\inf f([z_{i+1}, w])}_{\substack{\geq \inf f([z_i, z_{i+1}]) \\ \text{da } w \in [z_i, z_{i+1}]}} - (z_{i+1} - z_i) \cdot \inf f([z_i, z_{i+1}])
$$
$$
\geq \underbrace{((w - z_i) + (z_{i+1} - w) - (z_{i+1} - z_i))}_{=0} \cdot \inf f([z_i, z_{i+1}]) = 0.
$$

Insbesondere ist also $U(f,Z) \leq U(f, Z \cup \{w\})$. Mit fast dem gleichen Argument zeigt man auch, dass $O(f, Z \cup \{w\}) \leq O(f,Z)$.

(2) (a) Nehmen wir zuerst an, dass $Z = Z'$. Nachdem für eine beliebige beschränkte nichtleere Teilmenge $M \subset \mathbb{R}$ gilt, dass $\inf(M) \leq \sup(M)$, folgt sofort aus den Definitionen, dass $U(f,Z) \leq O(f,Z)$.

(b) Es seien nun Z, Z' zwei beliebige Zerlegungen von $[a,b]$. Dann ist auch die Vereinigung $Z \cup Z'$ eine Zerlegung, und diese ist eine Verfeinerung sowohl von Z als auch

---

[57]Die Menge $\{U(f,Z)\,|\,Z \text{ Zerlegung von } [a,b]\}$ ist also die Menge aller Untersummen, welche bezüglich beliebiger Zerlegungen auftreten. Aus $a \leq b$ folgt, dass diese Menge der Untersummen nichtleer ist und aus (2) folgt, dass diese Menge nach oben beschränkt ist. Nach dem Supremum-Existenzsatz 3.2 existiert daher das Supremum dieser Menge.

von Z'. Also gilt:

$$U(f,Z') \quad \underset{\text{folgt aus (1)}}{\leq} \quad U(f, Z \cup Z') \quad \underset{\text{folgt aus (a)}}{\leq} \quad O(f, Z \cup Z') \quad \underset{\text{folgt aus (1)}}{\leq} \quad O(f,Z).$$

(3) Diese Aussage folgt aus (2) und aus der Definition von Supremum und Infimum. ∎

Im Folgenden sagen wir nun, dass eine Funktion f *integrierbar* ist, wenn die Gleichheit in Verfeinerungs-Lemma 13.1 (3) gilt. Genauer gesagt führen wir folgende Definition ein:

Definition. Eine beschränkte Funktion $f\colon [a,b] \to \mathbb{R}$ heißt integrierbar, wenn

$$\sup\{U(f,Z) \mid Z \text{ Zerlegung von } [a,b]\} \quad = \quad \inf\{O(f,Z) \mid Z \text{ Zerlegung von } [a,b]\}.$$

Wenn f integrierbar ist, dann nennen wir diesen gemeinsamen Wert das Riemann-Integral über f von a bis b, und wir schreiben

$$\int_a^b f(x)\, dx \quad := \quad \underbrace{\inf\{O(f,Z) \mid Z \text{ Zerlegung von } [a,b]\}.}_{=\sup\{U(f,Z)\,\mid\,Z \text{ Zerlegung von } [a,b]\}}$$

Der Einfachheit halber bezeichnen wir das Riemann-Integral oft auch nur als Integral.

Beispiel. Es sei $f\colon [a,b] \to \mathbb{R}$ eine konstante Funktion, das heißt, es gibt ein $c \in \mathbb{R}$, so dass $f(x) = c$ für alle $x \in [a,b]$. Dann gilt für jede Zerlegung $Z = \{z_0, \ldots, z_n\}$ von $[a,b]$, dass

$$U(f,Z) \;=\; \sum_{k=0}^{n-1}(z_{k+1}-z_k) \cdot \underbrace{\inf f([z_k, z_{k+1}])}_{=\,c,\text{ da } f \text{ konstant}} \;=\; \sum_{k=0}^{n-1}(z_{k+1}-z_k) \cdot c \underset{\substack{\text{alle anderen Terme heben sich weg} \\ \text{und es gilt } z_n = b,\, z_0 = a}}{\;=\;} c \cdot (b-a).$$

Genauso zeigt man auch, dass $O(f,Z) = c \cdot (b-a)$. Wir haben also gezeigt, dass f integrierbar ist und dass

$$\int_a^b f(x)\, dx \;=\; c \cdot (b-a).$$

Beispiel. Wir betrachten die sogenannte Dirichlet-Funktion

$$f\colon [1,5] \;\to\; \mathbb{R}$$
$$x \;\mapsto\; \begin{cases} 0, & \text{wenn } x \in \mathbb{Q} \cap [1,5], \\ 2, & \text{andernfalls.} \end{cases}$$

Es sei $Z = \{z_1, \ldots, z_n\}$ eine beliebige Zerlegung des Intervalls $[1,5]$. Dann gilt:

$$U(f,Z) \;=\; \sum_{k=0}^{n-1}(z_{k+1}-z_k) \cdot \underbrace{\inf f([z_k, z_{k+1}])}_{\substack{=\,0,\text{ weil aus Korollar 4.10} \\ \text{folgt, dass } [z_k, z_{k+1}] \\ \text{rationale Zahlen enthält}}} \;=\; \sum_{k=0}^{n-1}(z_{k+1}-z_k) \cdot 0 \;=\; 0$$

$$O(f,Z) \;=\; \sum_{k=0}^{n-1}(z_{k+1}-z_k) \cdot \underbrace{\sup f([z_k, z_{k+1}])}_{\substack{=\,2,\text{ weil } [z_k, z_{k+1}] \text{ nach} \\ \text{der Bemerkung auf Seite 62} \\ \text{irrationale Zahlen enthält}}} \;=\; \sum_{k=0}^{n-1}(z_{k+1}-z_k) \cdot 2 \;=\; (5-1) \cdot 2 = 8.$$

Die Funktion f ist also *nicht integrierbar.* [58]

---

[58]In Analysis III werden wir sehen, dass f Lebesgue-integrierbar ist, und dass das Lebesgue-Integral $4 \cdot 2 = 8$ beträgt.

Der folgende Satz erlaubt es, die Integrabilität einer Funktion zu zeigen, ohne direkt mit Infimum und Supremum zu arbeiten:

Satz 13.2. (Integrabilitätskriterium) Es sei $f \colon [a, b] \to \mathbb{R}$ eine beschränkte Funktion. Es gilt:

$$f \text{ ist integrierbar} \iff \begin{array}{l} \text{es gibt eine Folge von Zerlegungen } (Z_n)_{n \in \mathbb{N}} \\ \text{von } [a, b], \text{ so dass } \lim_{n \to \infty} U(f, Z_n) = \lim_{n \to \infty} O(f, Z_n). \end{array}$$

Zudem gilt: Wenn solch eine Folge von Zerlegungen vorliegt, dann ist

$$\int_a^b f(x)\, dx = \lim_{n \to \infty} U(f, Z_n) = \lim_{n \to \infty} O(f, Z_n).$$

Beweis. Wir beweisen zuerst die „$\Rightarrow$"-Richtung. Wir nehmen also an, dass die Funktion $f \colon [a, b] \to \mathbb{R}$ integrierbar ist. Wir setzen $I := \int_a^b f(x)\, dx$. Per Definition von Riemann-Integrierbarkeit gilt

$$\sup\{U(f, Z) \mid Z \text{ Zerlegung von } [a, b]\} = I = \inf\{O(f, Z) \mid Z \text{ Zerlegung von } [a, b]\}.$$

Nach dem Supremum-Folgen-Satz 3.3 existieren also Folgen von Zerlegungen $(W_n)_{n \in \mathbb{N}}$ und $(W_n')_{n \in \mathbb{N}}$ mit

$$\lim_{n \to \infty} U(f, W_n) = I = \lim_{n \to \infty} O(f, W_n').$$

Also gilt

$$I = \lim_{n \to \infty} U(f, W_n) \underset{\uparrow}{\le} \lim_{n \to \infty} U(f, W_n \cup W_n') \underset{\uparrow}{\le} \lim_{n \to \infty} O(f, W_n \cup W_n') \underset{\uparrow}{\le} \lim_{n \to \infty} O(f, W_n') = I.$$

 Verfeinerungs-Lemma 13.1 (1) $\qquad$ Verfeinerungs-Lemma 13.1 (2) $\qquad$ Verfeinerungs-Lemma 13.1 (1)

Nachdem der erste Ausdruck gleich dem letzten Ausdruck ist, müssen alle Ungleichheiten schon Gleichheiten sein. Die Folge der Zerlegungen $(W_n \cup W_n')_{n \in \mathbb{N}}$ hat also die gewünschte Eigenschaft.

Wir beweisen nun die „$\Leftarrow$"-Richtung. Wir nehmen also an, es gibt eine Folge von Zerlegungen Z_n von $[a, b]$, so dass

$$\lim_{n \to \infty} U(f, Z_n) = \lim_{n \to \infty} O(f, Z_n).$$

Dann gilt:

folgt aus der Definition des Supremums und dem Grenzwertvergleichssatz 2.5

$$\lim_{n \to \infty} U(f, Z_n) \overset{\downarrow}{\le} \sup\{U(f, W) \mid W \text{ Zerlegung von } [a, b]\}$$
$$\le \inf\{O(f, Z) \mid Z \text{ Zerlegung von } [a, b]\} \underset{\uparrow}{\le} \lim_{n \to \infty} O(f, Z_n).$$

 weil nach dem Verfeinerungs-Lemma 13.1 (1) $\qquad$ Definition des Infimums
 immer gilt $U(f, W) \le O(f, Z)$

Wir haben angenommen, dass der erste Ausdruck gleich dem letzten Ausdruck ist. Wir sehen also wiederum, dass alle Ungleichheiten schon Gleichheiten sind. Insbesondere ist f integrierbar. Zudem folgt aus den Gleichheiten, dass das Integral in der Tat der Grenzwert der Folge der Untersummen $U(f, Z_n)$ und der Grenzwert der Obersummen $O(f, Z_n)$ ist. $\blacksquare$

Beispiel.

(1) Wir betrachten die Funktion

$$\begin{array}{rcl} f \colon [0, 1] & \to & \mathbb{R} \\ x & \mapsto & x \end{array}$$

zusammen mit der Folge von Zerlegungen $Z_n := \{0, \frac{1}{n}, \ldots, \frac{n-1}{n}, 1\}$, $n \in \mathbb{N}$. Es gilt:

$$\lim_{n\to\infty} U(f, Z_n) \;\;=\;\; \lim_{n\to\infty} \frac{n-1}{2n} \;=\; \frac{1}{2} \;=\; \lim_{n\to\infty} \frac{n+1}{2n} \;\;=\;\; \lim_{n\to\infty} O(f, Z_n).$$

auf Seite 162 haben wir gezeigt, dass $U(f, Z_n) = \frac{n-1}{2n}$ und $O(f, Z_n) = \frac{n+1}{2n}$

Es folgt also aus dem Integrabilitätskriterium 13.2, dass $\int_0^1 f(x)\,dx = \frac{1}{2}$.

(2) Wir betrachten die Funktion

$$f\colon [-1, 1] \;\to\; \mathbb{R}$$
$$x \;\mapsto\; \begin{cases} 0, & \text{wenn } x \neq 0, \\ \frac{1}{3}, & \text{wenn } x = 0 \end{cases}$$

zusammen mit der unten skizzierten Folge von Zerlegungen $Z_n := \{-1, -\frac{1}{2n}, \frac{1}{2n}, 1\}$.
Dann gilt:

$$U(f, Z_n) \;=\; 0,$$
$$O(f, Z_n) \;=\; \frac{1}{3} \cdot \left(\frac{1}{2n} - \left(-\frac{1}{2n}\right)\right) \;=\; \frac{1}{3n}.$$

Die Grenzwerte dieser Folgen von Untersummen und Obersummen sind jeweils 0. Es folgt aus dem Integrabilitätskriterium 13.2, dass f integrierbar ist mit $\int_{-1}^{1} f(x)\,dx = 0$.

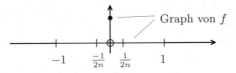

Graph von f

13.2. Eigenschaften des Integrals.

In diesem Kapitel wollen wir einige grundlegende Eigenschaften des Integrals beweisen.

Satz 13.3. (Linearität des Integrals) Es seien $f, g\colon [a, b] \to \mathbb{R}$ integrierbare Funktionen und $\lambda \in \mathbb{R}$. Dann sind auch die Funktionen $f + g$ und $\lambda \cdot f$ integrierbar, und es gilt

$$\int_a^b f(x) + g(x)\,dx \;\;=\;\; \int_a^b f(x)\,dx + \int_a^b g(x)\,dx$$

$$\int_a^b \lambda \cdot f(x)\,dx \;\;=\;\; \lambda \cdot \int_a^b f(x)\,dx.$$

Beweis. Es seien $f, g\colon [a, b] \to \mathbb{R}$ integrierbare Funktionen. Wir müssen zeigen, dass $f + g$ integrierbar ist mit

$$\int_a^b f(x) + g(x)\,dx = \int_a^b f(x)\,dx + \int_a^b g(x)\,dx.$$

Nach Satz 13.2 existieren Folgen von Zerlegungen $(X_n)_{n\in\mathbb{N}}$ und $(Y_n)_{n\in\mathbb{N}}$ von $[a, b]$, so dass

$$\lim_{n\to\infty} U(f, X_n) \;=\; \lim_{n\to\infty} O(f, X_n) \;=\; \int_a^b f(x)\,dx, \quad \text{und}$$
$$\lim_{n\to\infty} U(g, Y_n) \;=\; \lim_{n\to\infty} O(g, Y_n) \;=\; \int_a^b g(x)\,dx.$$

Nach Satz 13.2 genügt es nun zu zeigen, dass

$$\lim_{n\to\infty} U(f + g, X_n \cup Y_n) \;=\; \lim_{n\to\infty} O(f + g, X_n \cup Y_n) \;=\; \int_a^b f(x)\,dx + \int_a^b g(x)\,dx.$$

Für den Beweis dieser Aussage benötigen wir folgende Behauptung.

Behauptung. Für jede Zerlegung Z von $[a, b]$ gilt:

$$U(f, Z) + U(g, Z) \;\leq\; U(f + g, Z).$$

Außerdem gilt:

$$O(f + g, Z) \;\leq\; O(f, Z) + O(g, Z).$$

Beweis. Wir beweisen die Aussage für die Untersummen. Die Aussage für die Obersummen wird dann ganz analog bewiesen. Es folgt sofort aus den Definitionen, dass es genügt zu zeigen, dass für jedes Intervall $[c, d]$ folgende Ungleichung gilt:

$$\inf\big(f([c,d])\big) + \inf\big(g([c,d])\big) \leq \inf\big((f+g)([c,d])\big).$$

Aus der Definition von $\inf((f+g)([c,d]))$ folgt, dass es genügt zu zeigen, dass

$$\inf\big(f([c,d])\big) + \inf\big(g([c,d])\big) \leq (f+g)(x) \qquad \text{für alle } x \in [c,d].$$

Es gilt aber in der Tat für ein beliebiges $x \in [c,d]$, dass

$$\inf\big(f([c,d])\big) + \inf\big(g([c,d])\big) \underset{\uparrow}{\leq} f(x) + g(x) = (f+g)(x).$$

 aus der Definition des Infimums folgt $\inf(f([c,d])) \leq f(x)$ und $\inf(g([c,d])) \leq g(x)$ ⊞

Mithilfe der Behauptung können wir nun zeigen, dass folgende Ungleichungen gelten:

$$
\begin{aligned}
\int_a^b f(x)\,dx + \int_a^b g(x)\,dx &= \lim_{n\to\infty} U(f,X_n) + \lim_{n\to\infty} U(g,Y_n) \\
&\leq \lim_{n\to\infty} U(f,X_n\cup Y_n) + \lim_{n\to\infty} U(g,X_n\cup Y_n) && \text{nach Lemma 13.1 (1)} \\
&\leq \lim_{n\to\infty} U(f+g,X_n\cup Y_n) && \text{nach der Behauptung} \\
&\leq \lim_{n\to\infty} O(f+g,X_n\cup Y_n) && \text{nach Lemma 13.1 (2)} \\
&\leq \lim_{n\to\infty} O(f,X_n\cup Y_n) + \lim_{n\to\infty} O(g,X_n\cup Y_n) && \text{nach der Behauptung} \\
&\leq \lim_{n\to\infty} O(f,X_n) + \lim_{n\to\infty} O(g,Y_n) && \text{nach Lemma 13.1 (1)} \\
&= \int_a^b f(x)\,dx + \int_a^b g(x)\,dx.
\end{aligned}
$$

Dies ist jedoch nur möglich, wenn alle Ungleichheiten schon Gleichheiten sind. Wir haben damit also die gewünschte Aussage bezüglich $f+g$ bewiesen.

Die Aussage für $\lambda \cdot f$ wird mit ganz ähnlichen Methoden wie oben bewiesen. ∎

Korollar 13.4. Es sei $f\colon [a,b] \to \mathbb{R}$ eine integrierbare Funktion. Wenn $g\colon [a,b] \to \mathbb{R}$ eine Funktion ist, welche sich von f nur in endlich vielen Punkten unterscheidet, dann ist g ebenfalls integrierbar und es gilt

$$\int_a^b g(x)\,dx = \int_a^b f(x)\,dx.$$

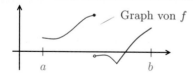 Graph von f
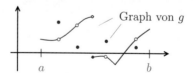 Graph von g

Beweis. Es seien $t_1, \ldots, t_n$ die Punkte im Intervall $[a,b]$, an denen sich f und g unterscheiden. Dann gilt:

$$g = f + (g-f) = f + \underbrace{\sum_{i=1}^n \text{Funktion, welche überall, außer bei } t_i, \text{ null ist.}}$$

 das Beispiel auf Seite 166 zeigt, dass eine
solche Funktion integrierbar ist mit Integral $= 0$

Das Korollar folgt nun aus dieser Beobachtung und Satz 13.3. ∎

Lemma 13.5. (Monotonieeigenschaft des Integrals) Es seien $f, g\colon [a,b] \to \mathbb{R}$ zwei integrierbare Funktionen, so dass $f(x) \le g(x)$ für alle $x \in [a,b]$. Dann ist

$$\int\limits_a^b f(x)\,dx \;\le\; \int\limits_a^b g(x)\,dx.$$

Beweis. Für jedes Intervall $[c,d]$ in $[a,b]$ gilt, dass

$$\inf\big(f([c,d])\big) \;\le\; \inf\big(g([c,d])\big).$$

Also gilt auch für alle Zerlegungen Z von $[a,b]$, dass

$$U(f,Z) \;\le\; U(g,Z).$$

Das Lemma folgt nun leicht aus dieser Beobachtung. ∎

Lemma 13.6. Es sei $f\colon [a,c] \to \mathbb{R}$ eine beschränkte Funktion, und es sei $a < b < c$. Dann gilt:

$$\int\limits_a^c f(x)\,dx \;=\; \int\limits_a^b f(x)\,dx \;+\; \int\limits_b^c f(x)\,dx,$$

wenn die beiden Integrale auf der rechten Seite existieren.

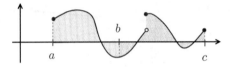

Beweis. Nach Satz 13.2 existieren Folgen von Zerlegungen $(X_n)_{n\in\mathbb{N}}$ von $[a,b]$ und $(Y_n)_{n\in\mathbb{N}}$ von $[b,c]$, so dass

$$\lim_{n\to\infty} U(f,X_n) \;=\; \lim_{n\to\infty} O(f,X_n) \;=\; \int\limits_a^b f(x)\,dx,$$

$$\lim_{n\to\infty} U(f,Y_n) \;=\; \lim_{n\to\infty} O(f,Y_n) \;=\; \int\limits_b^c f(x)\,dx.$$

Für eine beliebige Zerlegung X von $[a,b]$ und eine beliebige Zerlegung Y von $[b,c]$ ist $X \cup Y$ eine Zerlegung von $[a,c]$. Es folgt sofort aus den Definitionen, dass

$$(*) \quad U(f,X) + U(f,Y) = U(f, X \cup Y) \quad \text{und} \quad O(f,X) + O(f,Y) = O(f, X \cup Y).$$

Wir erhalten damit, dass

$$\int\limits_a^b f(x)\,dx + \int\limits_b^c f(x)\,dx \;=\; \lim_{n\to\infty} U(f,X_n) + \lim_{n\to\infty} U(f,Y_n) \;\overset{\downarrow}{=}\; \lim_{n\to\infty} U(f, X_n \cup Y_n)$$

$$\overset{\uparrow}{\le} \lim_{n\to\infty} O(f, X_n \cup Y_n) \;=\; \lim_{n\to\infty} O(f,X_n) + \lim_{n\to\infty} O(f,Y_n) \;=\; \int\limits_a^b f(x)\,dx + \int\limits_b^c f(x)\,dx.$$

folgt aus (*)

Verfeinerungs-
Lemma 13.1 (2)   folgt aus (*)

Alle Ungleichheiten müssen also Gleichheiten sein. Daraus folgt:

$$\int\limits_a^c f(x)\,dx \;\overset{\uparrow}{=}\; \lim_{n\to\infty} O(f, X_n \cup Y_n) \;\overset{\uparrow}{=}\; \int\limits_a^b f(x)\,dx + \int\limits_b^c f(x)\,dx.$$

folgt aus Satz 13.2; diesen können wir anwenden,   weil überall Gleichheiten vorliegen
weil oben überall Gleichheiten vorliegen

∎

13.3. Beispiele von integrierbaren Funktionen. In diesem Kapitel wollen wir von verschiedenen Typen von Funktionen zeigen, dass diese integrierbar sind. Beispielsweise wollen wir zeigen, dass stetige Funktionen immer integrierbar sind. Wir werden dazu folgendes Integrabilitätskriterium verwenden:

Satz 13.7. (Riemannsches Integrabilitätskriterium) Es sei $f\colon [a,b] \to \mathbb{R}$ eine beschränkte Funktion. Es gilt:

$$f \text{ ist integrierbar} \quad \Longleftrightarrow \quad \begin{array}{l} \text{zu jedem } \epsilon > 0 \text{ gibt es eine Zerlegung } Z \\ \text{von } [a,b] \text{ mit } O(f,Z) - U(f,Z) < \epsilon. \end{array}$$

Beweis. Wir beweisen zuerst die „$\Rightarrow$"-Richtung. Wir nehmen also an, dass die Funktion $f\colon [a,b] \to \mathbb{R}$ integrierbar ist. Wir setzen $I = \int_a^b f(x)\,dx$. Dann gibt es nach dem Integrabilitätskriterium 13.2 eine Zerlegung Z mit $I - U(f,Z) < \frac{\epsilon}{2}$ und mit $O(f,Z) - I < \frac{\epsilon}{2}$. Daraus folgt die Ungleichung $O(f,Z) - U(f,Z) < \epsilon$.

Wir beweisen nun die „$\Leftarrow$"-Richtung. Wir nehmen also an, dass es zu jedem $\epsilon > 0$ eine Zerlegung Z des Intervalls $[a,b]$ gibt, so dass $O(f,Z) - U(f,Z) < \epsilon$. Insbesondere gibt es zu jedem $n \in \mathbb{N}$ eine Zerlegung Z_n von $[a,b]$, so dass $O(f,Z_n) - U(f,Z_n) < \frac{1}{n}$. Es folgt aus der Definition der Konvergenz von Folgen und dem Konvergenzsatz 4.1, dass

$$\lim_{n \to \infty} U(f, Z_n) \;=\; \lim_{n \to \infty} O(f, Z_n).$$

Also ist f nach dem Integrabilitätskriterium 13.2 integrierbar. ∎

Wir wollen im Folgenden unter anderem beweisen, dass stetige Funktionen immer integrierbar sind. Im Hinblick darauf wollen wir nun die Differenz $O(f,Z) - U(f,Z)$ zwischen Ober- und Untersummen besser verstehen.

Notation. Es sei $f\colon [a,b] \to \mathbb{R}$ eine beschränkte Funktion. Für eine nichtleere Teilmenge $M \subset [a,b]$ definieren wir:

$$d(f,M) := \sup\big\{ f(x) - f(x') \,\big|\, x, x' \in M \big\}.$$

Bemerkung. In Anwendungen ist es gut zu wissen, dass aus $|r - s| = \max\{r - s, s - r\}$ folgt, dass:

$$d(f,M) = \sup\big\{ \,|f(x) - f(x')| \,\big|\, x, x' \in M \big\}.$$

Wir erhalten jetzt folgende Abschätzung für die Differenz zwischen Ober- und Untersummen.

Lemma 13.8. Es sei $\varphi\colon [a,b] \to \mathbb{R}$ eine beschränkte Funktion. Für jede beliebige Zerlegung $Z = \{z_0, z_1, \ldots, z_n\}$ von $[a,b]$ gilt:

$$O(\varphi, Z) - U(\varphi, Z) = \sum_{i=0}^{n-1} (z_{i+1} - z_i) \cdot d(\varphi, [z_i, z_{i+1}]).$$

Beweis. Das Lemma erhalten wir durch folgende elementare Berechnung:

$$
\begin{aligned}
O(\varphi, Z) - U(\varphi, Z) &= \sum_{i=0}^{n-1}(z_{i+1} - z_i) \cdot \sup \varphi([z_i, z_{i+1}]) - \sum_{i=0}^{n-1}(z_{i+1} - z_i) \cdot \inf \varphi([z_i, z_{i+1}]) \\
&= \sum_{i=0}^{n-1}(z_{i+1} - z_i) \cdot \big(\sup \varphi([z_i, z_{i+1}]) - \inf \varphi([z_i, z_{i+1}]) \big) \\
&= \sum_{i=0}^{n-1}(z_{i+1} - z_i) \cdot \underbrace{\sup \{\varphi(x) - \varphi(x') \mid x, x' \in [z_i, z_{i+1}]\}}_{=d(\varphi, [z_i, z_{i+1}])} \\
&= \sum_{i=0}^{n-1}(z_{i+1} - z_i) \cdot d(\varphi, [z_i, z_{i+1}]). \quad\blacksquare
\end{aligned}
$$

Satz 13.9. (Dreiecksungleichung für Integrale) Wenn $f\colon [a, b] \to \mathbb{R}$ eine integrierbare Funktion ist, dann ist auch $|f|$ integrierbar und es gilt:

$$
\left| \int_a^b f(x)\, dx \right| \leq \int_a^b |f(x)|\, dx.
$$

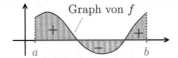

Graph von f

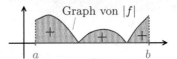

Graph von $|f|$

Beweis der Integrierbarkeit von $|f|$. Es sei also $f\colon [a, b] \to \mathbb{R}$ eine integrierbare Funktion. Wir müssen zeigen, dass $|f|\colon [a, b] \to \mathbb{R}$ ebenfalls integrierbar ist. Es folgt aus dem Riemannschen Integrabilitätskriterium 13.7, dass es genügt zu zeigen, dass für jede Zerlegung Z von $[a, b]$ gilt:

$$
O(|f|, Z) - U(|f|, Z) \leq O(f, Z) - U(f, Z).
$$

Diese Aussage wiederum folgt sofort aus Lemma 13.8 und folgender Behauptung.

Behauptung. Für jede nichtleere Teilmenge $M \subset [a, b]$ gilt: $\quad d(|f|, M) \leq d(f, M)$.

Beweis. Es gilt in der Tat:

$$
d(|f|, M) = \sup\{|f(x)| - |f(x')| \mid x, x' \in M\} \underset{\uparrow}{\leq} \sup\{|f(x) - f(x')| \mid x, x' \in M\} = d(f, M).
$$

<small>aus der Dreiecksungleichung folgt für alle $x, x' \in M$, dass $|f(x)| - |f(x')| \leq |f(x) - f(x')|$, die Aussage über die Suprema folgt sofort aus dieser Beobachtung</small> $\quad\blacksquare$

Beweis der Ungleichung. Aus der Tatsache, dass für alle $x \in [a, b]$ gilt

$$
-|f(x)| \leq f(x) \leq |f(x)|.
$$

Aus der Monotonieeigenschaft des Integrals 13.5 folgt daher:

$$
-\int_a^b |f(x)|\, dx \leq \int_a^b f(x)\, dx \leq \int_a^b |f(x)|\, dx.
$$

Es folgt[59] also wie gewünscht, dass $\left| \int_a^b f(x)\, dx \right| \leq \int_a^b |f(x)|\, dx$. $\quad\blacksquare$

Wir können jetzt endlich zeigen, dass jede stetige Funktion auf einem kompakten Intervall integrierbar ist:

---

[59]Hier verwenden wir, dass gilt: $-y \leq z \leq y \iff |z| \leq y$.

Satz 13.10. Jede *stetige* Funktion $f\colon [a,b] \to \mathbb{R}$ ist integrierbar.

Beweis. Es sei $f\colon [a,b] \to \mathbb{R}$ eine stetige Funktion. Wir wollen mithilfe des Riemannschen Integrabilitätskriteriums 13.7 zeigen, dass f integrierbar ist. Es sei also $\epsilon > 0$. Wir müssen also eine Zerlegung $Z = \{z_0, \dots, z_n\}$ finden, so dass $O(f,Z) - U(f,Z) < \epsilon$. Wir führen dazu folgende Abschätzung durch:

$$
\begin{aligned}
O(f,Z) - U(f,Z) \;&=\; \overset{\overset{\text{Lemma 13.8}}{\downarrow}}{\sum_{i=0}^{n-1}} (z_{i+1} - z_i) \cdot d(f,[z_i, z_{i+1}]) \\
&\underset{\underset{\text{folgt leicht aus }\sum_{i=0}^{n-1}(z_{i+1}-z_i)=b-a}{\uparrow}}{\leq}\; (b-a) \cdot \text{Maximum der } d(f,[z_i, z_{i+1}]).
\end{aligned}
$$

Es genügt also, folgende Behauptung zu beweisen:

Behauptung. Es gibt eine Zerlegung $Z = \{z_0, \dots, z_n\}$, so dass für alle i gilt:
$$
d(f, [z_i, z_{i+1}]) < \frac{\epsilon}{b-a}.
$$

Beweis.

Wir müssen also eine Zerlegung des Intervalls $[a,b]$ finden, welche so „fein" ist, dass die maximale Differenz auf jedem Teilintervall $[z_i, z_{i+1}]$ höchstens $\frac{\epsilon}{b-a}$ beträgt. Mit anderen Worten: Die z_i müssen so eng beieinander liegen, dass die Funktionswerte dazwischen sich nur noch um höchstens $\frac{\epsilon}{b-a}$ unterscheiden. Eine solche Zerlegung finden wir, wenn wir uns der gleichmäßigen Stetigkeit entsinnen.

Nachdem f stetig ist und auf dem kompakten Intervall $[a,b]$ definiert ist, folgt aus Satz 6.14, dass f gleichmäßig stetig ist. Zur Erinnerung: Das heißt

$$
\underset{\eta > 0}{\forall} \; \underset{\delta > 0}{\exists} \; \underset{\substack{x, x' \in [a,b] \\ \text{mit } |x - x'| < \delta}}{\forall} \; |f(x) - f(x')| < \eta.
$$

Mit anderen Worten:

$$
\underset{\eta > 0}{\forall} \; \underset{\delta > 0}{\exists} \; \underset{\substack{\text{Intervalle} \\ [c,d] \subset [a,b] \\ \text{mit Länge} \leq \delta}}{\forall} \; d(f, [c,d]) < \eta.
$$

Wir setzen nun $\eta = \frac{\epsilon}{b-a}$ und wählen ein $\delta > 0$ mit der obigen Eigenschaft.

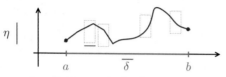

für alle Intervalle $[c,d]$ der Länge $\leq \delta$ gilt $d(f, [c,d]) < \eta$

Höhe entspricht d auf den Teilintervallen

wir wählen $n \in \mathbb{N}$ mit $\frac{b-a}{n} < \delta$ und zerlegen $[a,b]$ in n gleich lange Intervalle

Die Idee ist, nun eine Zerlegung zu wählen, so dass die Länge von jedem Teilintervall $[z_k, z_{k+1}]$ höchstens δ beträgt.

Wir wählen ein $n \in \mathbb{N}$, so dass $\frac{b-a}{n} < \delta$. Wir betrachten dann die Zerlegung $z_i = a + i \cdot \frac{b-a}{n}$, wobei $i = 0, \dots, n$. Dann gilt, wie gewünscht, für alle i, dass $d(f, [z_i, z_{i+1}]) < \frac{\epsilon}{b-a}$. ∎

13.4. Mittelwertsatz der Integralrechnung. Der Mittelwertsatz der Differentialrechnung 11.2 besagt, dass unter gewissen Voraussetzungen, die „mittlere Steigung" einer stetigen Funktion $f\colon [a,b] \to \mathbb{R}$ als Wert $f'(\xi)$ der Ableitung an einem Punkt angenommen wird. Der folgende Mittelwertsatz der Integralrechnung macht nun eine ähnliche Aussage über „mittlere Funktionswerte":

Satz 13.11. (Mittelwertsatz der Integralrechnung) Wenn $f\colon [a,b] \to \mathbb{R}$ eine *stetige* Funktion ist, dann gibt es ein $\xi \in [a,b]$, so dass

$$f(\xi) = \tfrac{1}{b-a} \cdot \int_a^b f(x)\,dx.$$

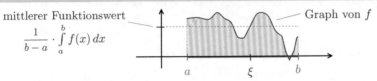

mittlerer Funktionswert
$$\frac{1}{b-a} \cdot \int_a^b f(x)\,dx$$
Graph von f

Beweis.

Die Aussage erinnert etwas an den Zwischenwertsatz 6.17 für stetige Funktionen. Dieser lautet in unserem Kontext wie folgt: Für jede Zahl r zwischen zwei Funktionswerten $f(x_0)$ und $f(x_1)$ existiert ein ξ zwischen x_0 und x_1, so dass $f(\xi) = r$. Wir müssen nun x_0 und x_1 in $[a,b]$ geeignet wählen. Der Gedanke ist, diese so zu wählen, dass das Intervall $[f(x_0), f(x_1)]$ so groß wie möglich ist.

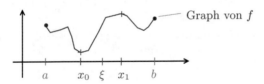

Graph von f

Nachdem f stetig ist, folgt aus Satz 6.16, dass es $x_0, x_1 \in [a,b]$ gibt, so dass für alle $x \in [a,b]$ gilt:
$$f(x_0) \;\leq\; f(x) \;\leq\; f(x_1).$$
Es folgt aus der Monotonieeigenschaft des Integrals 13.5, dass

$$f(x_0) \;=\; \underbrace{\frac{1}{b-a} \cdot \int_a^b f(x_0)\,dx}_{\substack{= f(x_0) \cdot (b-a) \text{ da} \\ \text{Integrand konstant}}} \;\leq\; \underbrace{\frac{1}{b-a} \cdot \int_a^b f(x)\,dx}_{\substack{\text{liegt also zwischen} \\ f(x_0) \text{ und } f(x_1)}} \;\leq\; \underbrace{\frac{1}{b-a} \cdot \int_a^b f(x_1)\,dx}_{\substack{= f(x_1) \cdot (b-a) \text{ da} \\ \text{Integrand konstant}}} \;=\; f(x_1).$$

Wir sehen also, dass $\frac{1}{b-a} \int_a^b f(x)\,dx$ zwischen den Funktionswerten $f(x_0)$ und $f(x_1)$ liegt. Es folgt nun somit aus dem Zwischenwertsatz 6.17, dass es ein ξ zwischen x_0 und x_1 mit $f(\xi) = \frac{1}{b-a} \int_a^b f(x)\,dx$ gibt. ∎

Übungsaufgaben zu Kapitel 13.

Aufgabe 13.1. Es seien $a, b \in \mathbb{R}$ mit $a < b$, und es sei $f\colon [a,b] \to \mathbb{R}$ eine *monoton steigende* Funktion.

(a) Es sei $n \in \mathbb{N}$. Wir setzen $z_k = a + k \cdot \frac{b-a}{n}$, $k = 0, \dots, n$. Dann ist $Z = \{z_0, \dots, z_n\}$ eine Zerlegung von $[a,b]$. Berechnen Sie $O(f, Z) - U(f, Z)$ und vereinfachen Sie das Ergebnis so weit wie möglich.

Hinweis. Was ist $\inf(f([z_k, z_{k+1}]))$, und was ist $\sup(f([z_k, z_{k+1}]))$, wenn f monoton steigend ist?

(b) Zeigen Sie mithilfe von (a), dass f integrierbar ist.

(c) Gibt es eine monoton steigende Funktion $f\colon [0,1] \to \mathbb{R}$, welche an unendlich vielen Stellen unstetig ist?

Aufgabe 13.2. Es sei $f\colon [r,s] \to \mathbb{R}$ eine integrierbare Funktion und $C \in \mathbb{R}$, so dass $|f(x)| \leq C$ für alle $x \in [r,s]$. Zeigen Sie:

$$\left| \int_r^s f(x)\, dx \right| \leq C \cdot (s-r).$$

Aufgabe 13.3. Es sei $f\colon [a,b] \to \mathbb{R}$ eine stetige Funktion. Zeigen Sie, dass die Funktion

$$F\colon [a,b] \to \mathbb{R}$$
$$t \mapsto \int_{x=a}^{x=t} f(x)\, dx$$

stetig ist.

Aufgabe 13.4. Ist die Funktion

$$[0,1] \to \mathbb{R}$$
$$x \mapsto \begin{cases} 1, & \text{wenn es ein } n \in \mathbb{N} \text{ mit } x = \frac{1}{n} \text{ gibt,} \\ 0, & \text{sonst} \end{cases}$$

integrierbar?

Aufgabe 13.5. Es sei $f\colon [a,b] \to \mathbb{R}$ eine integrierbare Funktion, so dass die Ungleichung $\int_a^b f(x)\, dx > 0$ gilt. Zeigen Sie: Es gibt ein Intervall $[c,d] \subset [a,b]$ und ein $\delta > 0$, so dass für alle $x \in [c,d]$ gilt: $f(x) \geq \delta$.

Aufgabe 13.6. Es seien $f,g\colon [a,b] \to \mathbb{R}$ zwei stetige Funktionen, wobei gilt:

- Für alle $x \in [a,b]$ gilt die Ungleichung $f(x) \geq g(x)$ gilt.
- Es gibt ein $x_0 \in [a,b]$ mit $f(x_0) > g(x_0)$.

Zeigen Sie:

$$\int_a^b f(x)\, dx > \int_a^b g(x)\, dx.$$

14. Der Hauptsatz der Differential- und Integralrechnung

In diesem Kapitel formulieren und beweisen wir den Hauptsatz der Differential- und Integralrechnung, genannt HDI. Wie der Name schon sagt, ist dieser der wohl wichtigste Satz der Analysis I und verbindet auf wunderbare Weise den Begriff der Ableitung mit dem Begriff des Integrals.

14.1. Stammfunktionen. Wir führen erst einmal folgende, anfangs etwas unintuitive Definition ein.

Definition. Es sei $f\colon I \to \mathbb{R}$ eine Funktion auf einem Intervall und es sei $F\colon I \to \mathbb{R}$ eine stetige Funktion, welche im Inneren von I differenzierbar ist. Wir definieren:

F ist Stammfunktion von f $\quad:\Longleftrightarrow\quad$ $F'(x) = f(x)$ für alle inneren Punkte x von I.

Eine Stammfunktion wird manchmal auch Aufleitung genannt.

Beispiel. Wir betrachten die Funktion

$$\begin{array}{ccc} [0,\infty) & \to & \mathbb{R} \\ x & \mapsto & \sqrt{x} = x^{\frac{1}{2}}, \end{array}$$
aus Korollar 10.11 folgt, dass eine Stammfunktion gegeben ist durch
$$\begin{array}{ccc} [0,\infty) & \to & \mathbb{R} \\ x & \mapsto & \frac{2}{3}\cdot x^{\frac{3}{2}}. \end{array}$$

Bemerkung. Aus den schon bestimmten Ableitungen erhalten wir eine lange Tabelle an Stammfunktionen:

Funktion $f(x)$	Ableitung $f'(x)$	Funktion $g(x)$	Stammfunktion $G(x)$
$\arctan(x)$	$\dfrac{1}{1+x^2}$	$\dfrac{1}{1+x^2}$	$\arctan(x)$
$\arcsin(x)$	$\dfrac{1}{\sqrt{1-x^2}}$	$\dfrac{1}{\sqrt{1-x^2}}$	$\arcsin(x)$
e^x	e^x	e^x	e^x
$\sin(x)$	$\cos(x)$	$\cos(x)$	$\sin(x)$
$\cos(x)$	$-\sin(x)$	$\sin(x)$	$-\cos(x)$
$\tan(x)$	$\dfrac{1}{\cos^2(x)}$	$\dfrac{1}{\cos^2(x)}$	$\tan(x)$
x^α	$\alpha\cdot x^{\alpha-1}$	x^β für $\beta \neq -1$	$\dfrac{x^{\beta+1}}{\beta+1}$
$\ln(x)$ für $x>0$	$\frac{1}{x}$	$\dfrac{1}{x}$	$\ln(|x|)$
$\ln(-x)$ für $x<0$	$\frac{1}{x}$		

Wenn F eine Stammfunktion einer Funktion f ist, dann erhalten wir weitere Stammfunktionen von f, indem wir zu F eine beliebige konstante Funktion dazuaddieren. Das folgende Lemma besagt nun, dass dies die einzige Möglichkeit ist, weitere Stammfunktionen von f auf einem Intervall zu finden.

Lemma 14.1. Es sei $f\colon I \to \mathbb{R}$ eine Funktion auf einem Intervall. Wenn F und G Stammfunktionen von $f\colon I \to \mathbb{R}$ sind, dann ist die Funktion $F - G$ eine konstante Funktion.

Beweis. Für alle x im Inneren von I gilt:

$$(F-G)'(x) \;=\; F'(x) - G'(x) \;\underset{\uparrow}{=}\; f(x) - f(x) \;=\; 0.$$

da F und G Stammfunktionen von f

Da F und G zudem per Definition einer Stammfunktion stetig sind, folgt nun aus Korollar 11.5, dass $F - G$ eine konstante Funktion ist. $\blacksquare$

Lemma 14.1 motiviert nun folgende Notation:

© Der/die Autor(en), exklusiv lizenziert an
Springer-Verlag GmbH, DE, ein Teil von Springer Nature 2023
S. Friedl, Analysis I, https://doi.org/10.1007/978-3-662-67359-1_15

Notation. Für zwei Funktionen $F, G \colon I \to \mathbb{R}$ schreiben wir:

$$F \doteq G \qquad \Longleftrightarrow \qquad F - G \text{ ist eine konstante Funktion.}$$

Beispiel. Es ist

$$x^2 + 2 \doteq x^2 - 3 \qquad \text{und} \qquad \sin^2(x) \doteq -\cos^2(x).$$

Es stellt sich nun folgende Frage:

Frage 14.2. Besitzt jede stetige Funktion $f \colon I \to \mathbb{R}$ eine Stammfunktion?

Es ist normalerweise schwierig, für eine gegebene Funktion eine Stammfunktion explizit hinzuschreiben. Beispielsweise: Was ist eine Stammfunktion der Funktion $x \mapsto \ln(x)$, oder was ist eine Stammfunktion der Funktion $x \mapsto \exp(-x^2)$?

14.2. Der Hauptsatz der Differential- und Integralrechnung. In diesem Abschnitt wollen wir unter anderem Frage 14.2 beantworten. Dazu führen wir folgende Notationen ein:

Notation. Es sei I ein Intervall.

(1) Es sei $f \colon I \to \mathbb{R}$ eine stetige Funktion. Für $b < a$ in I definieren wir

$$\int\limits_a^b f(x)\, dx \;:=\; -\int\limits_b^a f(x)\, dx.$$

(2) Für eine beliebige Funktion $F \colon I \to \mathbb{R}$ und $a, b \in I$ schreiben wir

$$\big[F(x)\big]_{x=a}^{x=b} \;:=\; F(b) - F(a).$$

Wir können nun den schon angekündigten, wichtigsten Satz der Analysis I formulieren, welcher ganz nebenbei auch Frage 14.2 mit „Ja" beantwortet.

Satz 14.3. (Hauptsatz der Differential- und Integralrechnung - HDI) Es sei im Folgenden $f \colon I \to \mathbb{R}$ eine stetige Funktion auf einem Intervall I.

(1) Es sei $x_0 \in I$. Die Funktion

$$
\begin{aligned}
F \colon I &\to \mathbb{R} \\
x &\mapsto F(x) := \underbrace{\int\limits_{x_0}^x f(t)\, dt,}_{\substack{\text{das Integral ist} \\ \text{definiert, da } f \text{ stetig}}}
\end{aligned}
$$

ist eine Stammfunktion von f, d.h. im Inneren von I gilt $F' = f$.

(2) Es sei $G \colon I \to \mathbb{R}$ eine beliebige Stammfunktion von f. Für alle $a, b \in I$ gilt, dass

$$\int\limits_a^b f(x)\, dx \;=\; \underbrace{\big[G(x)\big]_{x=a}^{x=b}}_{=G(b)-G(a)}.$$

Beweis. Es sei $f \colon I \to \mathbb{R}$ eine stetige Funktion auf einem Intervall I.

(1) Es sei $x_0 \in I$. Wir betrachten die Funktion

$$
\begin{aligned}
F \colon I &\to \mathbb{R} \\
x &\mapsto F(x) := \int\limits_{x_0}^x f(t)\, dt,
\end{aligned}
$$

Wir zeigen zuerst, dass F im Inneren des Intervalls differenzierbar ist und dort $F' = f$ gilt. Es sei also $x \in I$ ein beliebiger innerer Punkt. Dann gilt:

$$
\lim_{h\to 0} \frac{F(x+h) - F(x)}{h} \overset{\substack{\text{Definition von } F \\ \downarrow}}{=} \lim_{h\to 0} \frac{1}{h} \cdot \left(\int_{x_0}^{x+h} f(t)\, dt - \int_{x_0}^{x} f(t)\, dt \right) \overset{\substack{\text{folgt aus Lemma 13.6} \\ \downarrow}}{=}
$$

$$
= \lim_{h\to 0} \frac{1}{h} \cdot \int_{x}^{x+h} f(t)\, dt = \lim_{h\to 0} f(\xi_h) \overset{\substack{\text{weil } f \text{ stetig} \\ \downarrow}}{=} f\left(\lim_{h\to 0} \xi_h \right) = f(x).
$$

$= f(\xi_h)$ für ein ξ_h zwischen x und $x + h$, dies folgt aus dem Mittelwertsatz 13.11 der Integralrechnung

da ξ_h zwischen x und $x+h$ liegt, folgt $\lim\limits_{h\to 0} \xi_h = x$

Es folgt nun insbesondere aus Lemma 10.3, dass F im Inneren des Intervalls I stetig ist. Es verbleibt die Stetigkeit von F an den Randpunkten von I zu beweisen. Dies erfolgt fast mit dem gleichen Argument, man muss nur die beidseitigen Grenzwerte durch links- bzw. rechtsseitige Grenzwerte ersetzen.

(2) Wir betrachten die Funktion

$$
F: I \to \mathbb{R}
$$
$$
x \mapsto \int_{a}^{x} f(t)\, dt.
$$

In (1) haben wir gerade gesehen, dass F eine Stammfunktion von f ist. Nachdem sowohl F als auch G Stammfunktionen von f sind, folgt aus Lemma 14.1, dass ein $C \in \mathbb{R}$ existiert, so dass $G(x) = F(x) + C$ für alle $x \in I$. Also gilt:

$$
\int_{a}^{b} f(x)\, dx - \underbrace{\int_{a}^{a} f(x)\, dx}_{=0} = F(b) - F(a) = (F(b) + C) - (F(a) + C) = G(b) - G(a). \quad \blacksquare
$$

Beispiel. Wir führen folgende zwei Berechnungen durch:

(1)
$$
\int_{0}^{1} x\, dx \underset{\uparrow}{=} \left[\frac{x^2}{2} \right]_{x=0}^{x=1} = \frac{1^2}{2} - \frac{0}{2} = \frac{1}{2}.
$$

folgt aus dem HDI 14.3 und der Tatsache, dass $x \mapsto \frac{1}{2}x^2$ Stammfunktion von $x \mapsto x$ ist

Wir haben also jetzt ganz einfach das Integral berechnet, welches wir auf Seite 166 noch mühevoll mithilfe der Definition bestimmt haben.

(2)
$$
\int_{-5}^{-1} \frac{1}{x}\, dx \underset{\uparrow}{=} \left[\ln(|x|) \right]_{x=-5}^{x=-1} = \ln(|-1|) - \ln(|-5|) = \underbrace{\ln(1)}_{=0} - \ln(5) = -\ln(5).
$$

folgt aus dem HDI 14.3 und der Tatsache, dass $x \mapsto \ln(|x|)$ nach der Tabelle auf Seite 174 eine Stammfunktion von $x \mapsto \frac{1}{x}$ ist

14.3. Bestimmung von Stammfunktionen. Der HDI 14.3 motiviert folgende, etwas gefährliche, Notation.

Notation. Wir schreiben[60]

$$
\int f(x)\, dx \doteq F(x) \quad :\Longleftrightarrow \quad F \text{ ist Stammfunktion von } f.
$$

---

[60]Zur Erinnerung: Wir schreiben $F \doteq G$, wenn die Funktionen F und G sich nur um eine konstante Funktion unterscheiden. Es folgt aus Lemma 14.1, dass für je zwei Stammfunktionen F und G einer Funktion auf einem Intervall $F \doteq G$ gilt. Deshalb ist es bei der Beschreibung von Stammfunktionen besser, mit „$\doteq$" als mit „$=$" zu arbeiten.

Beispiel.
$$\int \frac{1}{1+x^2}\, dx \doteq \arctan(x), \quad \text{aber auch} \quad \int \frac{1}{1+x^2}\, dx \doteq \arctan(x) + 3.$$

Der HDI 14.3 motiviert uns dazu Methoden zu finden, um Stammfunktionen für explizit gegebene Funktionen zu bestimmen. Wir beginnen mit folgendem elementaren Lemma.

Lemma 14.4. Es sei I ein Intervall und es seien $f, g\colon I \to \mathbb{R}$ stetige Funktionen. Dann gilt:
$$\int f(x)\, dx \doteq F(x) \quad \text{und} \quad \int g(x)\, dx \doteq G(x) \implies \int f(x) + g(x)\, dx \doteq F(x) + G(x).$$
Notationsmäßig verknappt gilt also
$$\int f(x) + g(x)\, dx \doteq \int f(x)\, dx + \int g(x)\, dx.$$
Eine ganz analoge Aussage gilt auch für die Multiplikation einer Funktion f mit einem Skalar λ.

Beweis. Dieses Lemma folgt aus den Ableitungsregeln 10.4 und der Definition von Stammfunktionen. ∎

Es stellt sich nun die Frage, welche weiteren Integrationsregeln es gibt. Beispielsweise würde man sich erhoffen, dass es Produktregeln und Quotientenregeln für Stammfunktionen gibt. Auf Seite 174 haben wir unter anderem gesehen, dass
$$\int \frac{1}{x}\, dx \doteq \ln(|x|) \quad \text{und} \quad \int \frac{1}{1+x^2}\, dx \doteq \arctan(x).$$
Es folgt aus diesen beiden Beispielen, dass es *keine* Quotientenregel für Stammfunktionen gibt, d.h. es gibt keine allgemein gültige Regel, wie man eine Stammfunktion eines Quotienten $\frac{f}{g}$ aus den Funktionen f und g und aus Stammfunktionen von f und g herleiten kann.

14.4. Stammfunktionen von elementaren Funktionen . Wir wollen die Diskussion am Ende des letzten Abschnitts noch etwas fortsetzen. Wir müssen dazu etwas weiter ausholen und führen erst einmal folgende Definition ein:

Definition. Die elementaren Funktionen sind die Funktionen, welche man aus den Polynomfunktionen, der Exponentialfunktion und der (Ko-)Sinusfunktion durch (mehrfaches) Anwenden folgender Operationen erhalten kann:
(1) Addition, Subtraktion, Multiplikation, Division,
(2) Einschränkung des Definitionsbereichs auf ein offenes Teilintervall,
(3) Verknüpfung,
(4) Bilden der Umkehrfunktion.

Beispiel. Die folgenden Funktionen sind beispielsweise elementar:
$$e^{-x^2}, \quad \frac{1}{\sqrt{1-x^4}}, \quad \cos(x) = \sin\left(x + \frac{\pi}{2}\right), \quad \tan(x) = \frac{\sin(x)}{\cos(x)} \quad \text{und} \quad \sin(\sqrt{x}) + \frac{\arctan(x)}{\ln(x) + 3}.$$

Es folgt aus der Produktregel 10.4, der Quotientenregel 10.4, der Kettenregel 10.7 und der Umkehrregel 10.9, dass die *Ableitung* einer elementaren Funktion wiederum eine elementare Funktion ist. Der folgende Satz besagt, dass die analoge Aussage für Stammfunktionen *nicht* gilt:

Satz 14.5. Die elementaren Funktionen $x \mapsto e^{-x^2}$ und $x \mapsto \dfrac{1}{\sqrt{1-x^4}}$ besitzen keine Stammfunktionen, welche elementar sind.

Beweis. Der Satz wird in [**C**, Theorem 4.1] und [**AE**, Seite 44] bewiesen. ■

Wir sehen also, dass wir beim Betrachten von Stammfunktionen neue, uns bisher unbekannte Funktionen entdecken.

14.5. Stammfunktionen mithilfe von partieller Integration. In diesem und dem nächsten Abschnitt wollen wir zwei Methoden kennenlernen, mit denen man zumindest in manchen Fällen Stammfunktionen explizit bestimmen kann.

Nachdem Stammfunktionen über Ableitungen definiert sind, können wir aus unseren Ergebnissen über Ableitungen neue Aussagen über Stammfunktionen gewinnen. In diesem und dem folgenden Abschnitt werden wir sehen, wie die Produktregel und die Kettenregel für Ableitungen uns bei der Bestimmung von Stammfunktionen helfen können.

Satz 14.6. (Partielle Integration) Es seien $u, v \colon I \to \mathbb{R}$ zwei Funktionen auf einem offenen Intervall I, wobei u stetig differenzierbar[61] und v stetig ist.

(1) Wenn V eine Stammfunktion von v ist, dann gilt

$$\int u(x) \cdot v(x)\, dx \ \dot{=} \ u(x) \cdot V(x) \ - \ \int u'(x) \cdot V(x)\, dx.$$

Die Pfeile ↓ und ↑ sind eine Merkregel und zeigen an, ob der Term abgeleitet oder aufgeleitet wurde. Das Symbol • zeigt an, dass dieser Faktor sich nicht ändert.

(2) Für $a, b \in I$ gilt

$$\int_a^b u(x) \cdot v(x)\, dx \ = \ \big[u(x) \cdot V(x)\big]_a^b - \int_a^b u'(x) \cdot V(x)\, dx.$$

Beweis.

(1) Es gilt:

$$(u(x) \cdot V(x))' \ = \ u'(x) \cdot V(x) + u(x) \cdot \underbrace{v(x)}_{= V'(x)},$$

Produktregel 10.4 der Ableitung
und Definition von Stammfunktionen

also ist

$$u(x) \cdot v(x) \ = \ (u(x) \cdot V(x))' - u'(x) \cdot V(x).$$

Aus Lemma 14.4 und der Definition einer Stammfunktion folgt nun wie erhofft, dass

$$\int u(x) \cdot v(x)\, dx \ \dot{=} \ u(x) \cdot V(x) - \int u'(x) \cdot V(x)\, dx.$$

(2) Die zweite Aussage folgt aus Aussage (1) und der zweiten Aussage des HDI 14.3. ■

Beispiel.

(1) Wir wollen eine Stammfunktion der Funktion $x \mapsto x \cdot \cos(x)$ bestimmen. Mithilfe von partieller Integration bestimmen wir:

$$\int \underbrace{x}_{u} \cdot \underbrace{\cos(x)}_{v}\, dx \ \overset{\text{p. I.}}{\dot{=}} \ \underbrace{x}_{u} \cdot \underbrace{\sin(x)}_{V} - \int \underbrace{1}_{u'} \cdot \underbrace{\sin(x)}_{V}\, dx \ \dot{=} \ x \cdot \sin(x) + \cos(x).$$

wir setzen $\quad u(x) = x, \qquad v(x) = \cos(x)$
dann ist $\quad u'(x) = 1, \qquad V(x) = \sin(x)$

---

[61]Zur Erinnerung: Eine Funktion $f \colon (a, b) \to \mathbb{R}$ heißt stetig differenzierbar, wenn f differenzierbar und f' stetig ist. Wir benötigen diese Voraussetzung, um sicherzustellen, dass $u(x) \cdot v(x)$ und $u'(x) \cdot V(x)$ stetig sind.

(2) Manchmal muss man einen Integranden erst geschickt als Produkt umschreiben, um partielle Integration erfolgreich anwenden zu können. Beispielsweise ist

$$\int \ln(x)\,dx \ \overset{\text{p. I.}}{\doteq}\ \int \ln(x) \cdot 1\,dx \ \overset{\text{p. I.}}{\doteq}\ \ln(x) \cdot x \ - \ \int \frac{1}{x} \cdot x\,dx \ \doteq\ \ln(x) \cdot x - x.$$

(3) Es kann notwendig sein, partielle Integration mehrmals anzuwenden. Beispielsweise gilt:

$$\int x^2 \cdot \cos(x)\,dx \ \overset{\text{p. I.}}{\doteq}\ x^2 \cdot \sin(x) - \int 2x \cdot \sin(x)\,dx$$
$$\overset{\text{p. I.}}{\doteq}\ x^2 \cdot \sin(x) - \big(2x \cdot (-\cos(x)) - \int 2 \cdot (-\cos(x))\,dx\big)$$
$$\doteq\ x^2 \cdot \sin(x) + 2x \cdot \cos(x) - 2 \cdot \sin(x).$$

Bemerkung. Mithilfe der partiellen Integration kann man also ein Integrationsproblem durch ein anderes, hoffentlich deutlich leichteres, Integrationsproblem ersetzen. Die partielle Integration bietet sich an, wenn $u(x)$ eine „einfachere Ableitung" besitzt, z. B. $u(x) = x^n$ oder $u(x) = \ln(x)$. Durch den Übergang von $u(x) \cdot v(x)$ zu $u'(x) \cdot V(x)$ erhalten wir mit etwas Glück einen einfacheren Integranden.

Beispiel. Manchmal muss man auf der Suche nach Stammfunktionen auch Ausdauer und Kreativität zeigen und darf dabei den Überblick nicht verlieren. Beispielsweise gilt:

$$\int \cos^2(x)\,dx \ \doteq\ \int \cos(x) \cdot \cos(x)\,dx \ \overset{\text{p. I.}}{\doteq}\ \cos(x) \cdot \sin(x) - \int (-\sin(x)) \cdot \sin(x)\,dx$$
$$\doteq\ \cos(x) \cdot \sin(x) + \int (1 - \cos^2(x))\,dx$$
$$\doteq\ \cos(x) \cdot \sin(x) + x - \int \cos^2(x)\,dx.$$

Wir lösen jetzt nach $\int \cos^2(x)\,dx$ auf und erhalten, dass

$$\int \cos^2(x)\,dx \ \doteq\ \frac{1}{2} \cdot (\cos(x) \cdot \sin(x) + x).$$

14.6. Stammfunktionen mithilfe von Substitution. In diesem Abschnitt lernen wir eine weitere Integrationsmethode kennen. Die einfachste Variante davon ist in folgendem Lemma fest gehalten:

Lemma 14.7. Es sei I ein Intervall, es sei $f \colon I \to \mathbb{R}$ eine stetige Funktion, und es sei F eine Stammfunktion von f. Für alle $c, d \in \mathbb{R}$ gilt

$$\int f(cx + d)\,dx \ \doteq\ \tfrac{1}{c} \cdot F(cx + d).$$

Beweis. Es gilt:

$$\left(\frac{1}{c} \cdot F(cx + d)\right)' \ = \ \frac{1}{c} \cdot F'(cx + d) \cdot (cx + d)' \ = \ f(cx + d).$$

Kettenregel 10.4 für Ableitungen   da F Stammfunktion von f

Per Definition einer Stammfunktion ist das genau die Aussage, welche wir beweisen mussten. ∎

Beispiel.

(1) Es gilt:

$$\int \cos(2x + 3)\,dx \ \doteq\ \frac{1}{2} \cdot \sin(2x + 3).$$

folgt aus Lemma 14.7 und der Tatsache, dass $F(x) = \sin(x)$
eine Stammfunktion von $f(x) = \cos(x)$ ist

(2) Wir wollen jetzt noch einen anderen Ansatz wählen, um eine Stammfunktion für $\cos^2(x)$ zu finden. Die Idee ist dieses Mal, dass wir $\cos^2(x)$ geschickt umschreiben. Wir wissen, dass

$$\underset{\substack{\uparrow \\ \text{Lemma 9.3}}}{\sin^2(x) + \cos^2(x) \;=\; 1} \qquad \text{und} \qquad \underset{\substack{\uparrow \\ \text{folgt aus dem Additionstheorem 9.4}}}{\cos(2x) \;=\; \cos^2(x) - \sin^2(x).}$$

Durch Auflösen nach $\cos^2(x)$ erhalten wir:
$$\cos^2(x) \;=\; \frac{1}{2}(\cos(2x) + 1).$$

Es folgt:

$$\underset{\substack{\\ \text{folgt aus Lemma 14.7 und der Tatsache, dass sin Stammfunktion von cos ist}}}{\int \cos^2(x)\,dx \;\doteq\; \frac{1}{2}\int \cos(2x) + 1\,dx \;\doteq\; \frac{1}{2}\int \cos(2x)\,dx + \frac{1}{2}\int 1\,dx \;\underset{\uparrow}{\doteq}\; \frac{1}{4}\sin(2x) + \frac{1}{2}x.}$$

Wir wollen jetzt die Substitutionsregel für Stammfunktionen formulieren. Die Substitutionsregel ist eigentlich nichts anderes als eine Umformulierung der Kettenregel 10.7 für Ableitungen. Beim Bestimmen von Stammfunktionen kann uns die Substitutionsregel jedoch gute Dienste leisten.

Satz 14.8. (Substitutionsregel für Stammfunktionen) Es seien I und J zwei offene Intervalle, es sei $u\colon I \to \mathbb{R}$ eine stetig differenzierbare Funktion mit $u(I) \subset J$, und zudem sei $\varphi\colon J \to \mathbb{R}$ eine stetige Funktion. Wenn $\Phi\colon J \to \mathbb{R}$ eine Stammfunktion für φ ist, dann gilt

$$\int \varphi(u(x)) \cdot u'(x)\,dx \;\underset{(1)}{\doteq}\; \Phi(u(x)) \;\underset{(2)}{\doteq}\; \text{Funktion, welche wir erhalten, indem wir}$$
$$u = u(x) \text{ in } \Phi(u) := \int \varphi(u)\,du \text{ einsetzen.}$$

Beweis.

(1) Es gilt:
$$\underset{\substack{\uparrow \\ \text{Kettenregel 10.7 für Ableitungen}}}{\frac{d}{dx}\Phi(u(x)) \;=\; \Phi'(u(x)) \cdot u'(x)} \;=\; \underset{\substack{\uparrow \\ \text{da } \Phi \text{ Stammfunktion von } \varphi}}{\varphi(u(x)) \cdot u'(x).}$$

Also ist $\Phi(u(x))$ in der Tat eine Stammfunktion von $\varphi(u(x)) \cdot u'(x)$.

(2) Die zweite Gleichheit des Satzes folgt aus der Beobachtung, dass der Term ganz rechts nur eine andere Schreibweise des mittleren Terms ist, denn $\int \varphi(u)\,du$ ist ja gerade die Notation für eine Stammfunktion von φ. $\blacksquare$

Beispiel. Wir führen folgende Berechnung durch:

$$\int \sin(\underset{=:u(x)}{\underbrace{x^2 + 3}}) \cdot \underset{=u'(x)}{\underbrace{2x}}\,dx \;\doteq\; \underset{\substack{\uparrow \\ \text{Substitutionsregel mit} \\ \varphi(u)=\sin(u) \text{ und } u(x)=x^2+3}}{\int \sin(u)\,du} \;\doteq\; -\cos(u) \;\doteq\; \underset{\substack{\uparrow \\ \text{Rücksubstitution, d.h. wir setzen } u = x^2+3 \\ \text{in die Stammfunktion } \int \sin(u)\,du \doteq -\cos(u) \text{ ein}}}{-\cos(x^2 + 3).}$$

Ansatz 14.9. In der Praxis führt man Integration durch Substitution wie folgt durch:
(1) Man versucht den Integranden in die Form $f(x) = \varphi(u(x)) \cdot u'(x)$ für geeignete Funktionen φ und u zu bringen.
(2) Man bestimmt $\int \varphi(u)\,du$.
(3) Man setzt $u = u(x)$ in $\int \varphi(u)\,du$ ein, um eine Stammfunktion für die ursprüngliche Funktion $f(x) = \varphi(u(x)) \cdot u'(x)$ zu erhalten.

Beispiel. In vielen Beispielen braucht man etwas Geschick, um eine zielführende Substitution zu finden:

$$\text{Substitution } u = x^2+3 \text{ mit } u' = 2x$$

$$(1)\quad \int x \cdot \ln(x^2 + 3)\, dx \;\dot{=}\; \tfrac{1}{2} \int \ln(\underbrace{x^2 + 3}_{=:u(x)}) \cdot \underbrace{2x}_{=u'(x)}\, dx \;\dot{=}\; \tfrac{1}{2} \int \ln(u)\, du$$

$$\dot{=}\; \tfrac{1}{2} \cdot u \cdot (\ln(u) - 1) \;\dot{=}\; \tfrac{1}{2} \cdot (x^2 + 3) \cdot (\ln(x^2 + 3) - 1).$$

siehe Seite 179   Rücksubstitution $u = x^2 + 3$

$$(2)\quad \int \frac{x^2}{1+x^6}\, dx \;\dot{=}\; \frac{1}{3} \int \frac{1}{1 + (x^3)^2} \cdot 3x^2\, dx \;\dot{=}\; \frac{1}{3} \int \frac{1}{1+u^2}\, du \;\dot{=}\; \frac{1}{3} \arctan(u) \;\dot{=}\; \frac{1}{3} \arctan(x^3).$$

Substitution $u = x^3$ mit $u' = 3x^2$ Rücksubstitution $u = x^3$

$$(3)\quad \int \cos(\sqrt{x})\, dx \;\dot{=}\; 2 \cdot \int \cos(\underbrace{\sqrt{x}}_{=:u(x)}) \cdot \underbrace{\sqrt{x}}_{=:u(x)} \cdot \underbrace{\frac{1}{2\sqrt{x}}}_{=u'(x)}\, dx \;=\; 2 \cdot \int \cos(u) \cdot u\, du$$

wir wollen die Substitution $u = \sqrt{x}$ durchführen; dazu müssen wir den Term $u' = \frac{1}{2\sqrt{x}}$ einführen   Substitution $u = \sqrt{x}$

$$\dot{=}\; 2(u \cdot \sin(u) + \cos(u)) \;\dot{=}\; 2(\sqrt{x} \cdot \sin(\sqrt{x}) + \cos(\sqrt{x})).$$

auf Seite 178 haben wir mithilfe von partieller Integration eine Stamm-Funktion von $u \mapsto \cos(u) \cdot u$ bestimmt   Rücksubstitution $u = \sqrt{x}$

Das nächste Beispiel ist so interessant, dass wir es als Lemma formulieren.

Lemma 14.10. Es ist

$$\int_{-1}^{1} \sqrt{1 - x^2}\, dx \;=\; \frac{1}{2}\pi.$$

Bemerkung. Nachdem der Graph von $\sqrt{1 - x^2}$ gerade einen Halbkreis von Radius 1 beschreibt, besagt dieses Lemma, dass „unsere" Definition von π aus Kapitel 9.2 in der Tat mit der „üblichen" Definition von π über den Flächeninhalt übereinstimmt.

Graph der Funktion $x \mapsto \sqrt{1 - x^2}$ ist ein Halbkreis

Flächeninhalt $= \int_{-1}^{1} \sqrt{1 - x^2}\, dx$

Beweis von Lemma 14.10. Wir ignorieren erst einmal die Grenzen des Integrals und führen folgende Berechnung durch:

$$\int \sqrt{1 - x^2}\, dx \;\dot{=}\; \int (1 - x^2) \cdot \frac{1}{\sqrt{1 - x^2}}\, dx$$

$$\dot{=}\; \int (1 - \sin(\underbrace{\arcsin(x)}_{=:u(x)})^2) \cdot \underbrace{\frac{1}{\sqrt{1 - x^2}}}_{=u'(x)}\, dx \;\dot{=}\; \int 1 - \sin(u)^2\, du$$

Substitution $u = \arcsin(x)$

$$\dot{=}\; \int \cos^2(u)\, du \;\dot{=}\; \tfrac{1}{2}u + \tfrac{1}{4}\sin(2u) \;\dot{=}\; \tfrac{1}{2}\arcsin(x) + \tfrac{1}{4}\sin(2\arcsin(x)).$$

siehe Seite 180   Rücksubstitution $u = \arcsin(x)$

Jetzt erinnern wir uns an die Grenzen des Integrals und erhalten:

$$\int_{-1}^{1} \sqrt{1-x^2}\, dx \;\underset{\uparrow}{=}\; \left[\tfrac{1}{2}\arcsin(x) + \tfrac{1}{4}\sin(2\arcsin(x))\right]_{-1}^{1}$$

folgt aus dem HDI 14.3 und der gerade bestimmten Stammfunktion von $\sqrt{1-x^2}$

$$\underset{\uparrow}{=}\; \tfrac{\pi}{4} + \tfrac{1}{4}\sin(\pi) - \tfrac{-\pi}{4} - \tfrac{1}{4}\sin(-\pi) \;=\; \tfrac{\pi}{2}.$$

denn $\arcsin(1) = \tfrac{\pi}{2}$ und $\arcsin(-1) = -\tfrac{\pi}{2}$ ∎

Der folgende Satz ist eine Variante der obigen Substitutionsregel 14.8 für Stammfunktionen:

Satz 14.11. (Substitutionsregel für Integrale) Es seien I und J zwei offene Intervalle, es sei $u\colon I \to \mathbb{R}$ eine stetig differenzierbare Funktion mit $u(I) \subset J$, und zudem sei $\varphi\colon J \to \mathbb{R}$ eine stetige Funktion. Für alle $a, b \in I$ gilt:

$$\int_{a}^{b} \varphi(u(x)) \cdot u'(x)\, dx \;=\; \int_{u(a)}^{u(b)} \varphi(u)\, du.$$

Beweis. Es sei $\Phi\colon J \to \mathbb{R}$ eine Stammfunktion von φ. Wir führen folgende Berechnung durch:

$$\int_{a}^{b} \varphi(u(x)) \cdot u'(x)\, dx \;\underset{\uparrow}{=}\; \left[\Phi(u(x))\right]_{x=a}^{x=b} \;=\; \Phi(u(b)) - \Phi(u(a)) \;=\; \left[\Phi(u)\right]_{u=u(a)}^{u=u(b)} \;\underset{\uparrow\, u(a)}{=}\; \int_{u(a)}^{u(b)} \varphi(u)\, du.$$

nach Satz 14.8 ist $\Phi(u(x))$ eine Stammfunktion,   HDI 14.3
also folgt die Gleichheit aus dem HDI 14.3 ∎

Beispiel.

$$\int_{x=2}^{x=5} \frac{1}{1+3\cdot x^2}\, dx \;\underset{\uparrow}{=}\; \int_{x=2}^{x=5} \frac{1}{\sqrt{3}} \cdot \frac{1}{1+(\sqrt{3}x)^2} \cdot \sqrt{3}\, dx \;\underset{\uparrow}{=}\; \int_{u=u(2)=2\sqrt{3}}^{u=u(5)=5\sqrt{3}} \frac{1}{\sqrt{3}} \frac{1}{1+u^2}\, du$$

wir treffen Vorbereitungen für eine   Substitution $u = x \cdot \sqrt{3}$
Substitution $u = \sqrt{3}x$

$$\underset{\uparrow}{=}\; \frac{1}{\sqrt{3}}\left[\arctan(u)\right]_{u=2\sqrt{3}}^{u=5\sqrt{3}} \;=\; \frac{1}{\sqrt{3}}\left(\arctan\left(5\sqrt{3}\right) - \arctan\left(2\sqrt{3}\right)\right).$$

folgt aus der Tabelle von Stammfunktionen auf Seite 174

Bemerkung. Zusammengefasst sehen wir also, dass wir nur über wenige Ansätze verfügen, Stammfunktionen einer gegebenen Funktion explizit zu bestimmen:

(1) Wir haben die Tabelle von Stammfunktionen auf Seite 174.
(2) Anwendung von partieller Integration 14.6.
(3) Verwenden der Substitutionsregel 14.11.
(4) Geschicktes Umschreiben von Funktionen und Termen, so dass wir mit (1)–(3) vorwärts kommen.

Satz 14.5 jedoch sagt uns, dass diese Ansätze bei vielen (ja eigentlich sogar bei den allermeisten) Funktionen zum Scheitern verurteilt sind. Es ist leider im Allgemeinen nicht möglich, eine Stammfunktion einer gegebenen Funktion explizit anzugeben.

14.7. Uneigentliche Integrale. Wir haben bis jetzt das Integral von (stetigen) Funktionen auf kompakten Intervallen $[a, b]$ betrachtet. Wir wollen nun den Integralbegriff auf nicht-kompakte Intervalle verallgemeinern.

Definition. Es sei $f\colon [a,b) \to \mathbb{R}$ eine stetige Funktion, wobei $a \in \mathbb{R}$ und $b \in \mathbb{R} \cup \{\infty\}$. Wir definieren

$$\int_a^b f(x)\,dx \;:=\; \lim_{d \nearrow b} \int_a^d f(x)\,dx \qquad \in \mathbb{R} \cup \{\pm\infty\},$$

wenn der Grenzwert auf der rechten Seite in $\mathbb{R} \cup \{\pm\infty\}$ existiert. Wenn dies der Fall ist, dann nennen wir den Grenzwert das uneigentliche Integral von f auf $[a,b)$. Ganz analog definiert man das uneigentliche Integral auf einem halb-offenen Intervall $(a,b]$.

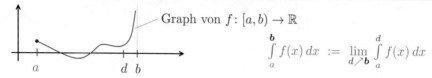

Graph von $f\colon [a,b) \to \mathbb{R}$

$$\int_a^b f(x)\,dx \;:=\; \lim_{d \nearrow b} \int_a^d f(x)\,dx$$

Beispiel. Es sei $\mu \in (-\infty, 0)$. Dann gilt:

$$\int_{x=0}^{x=\infty} e^{\mu \cdot x}\,dx \;=\; \lim_{d \to \infty} \int_{x=0}^{x=d} e^{\mu \cdot x}\,dx \;\underset{\substack{\uparrow \\ \text{folgt aus Lemma 14.7}}}{=}\; \lim_{d \to \infty} \left[\tfrac{1}{\mu} \cdot e^{\mu \cdot x} \right]_{x=0}^{x=d} \;=\; \lim_{d \to \infty} \left(\tfrac{1}{\mu} \cdot e^{\mu \cdot d} - \tfrac{1}{\mu} \right) \;\underset{\substack{\uparrow \\ \text{folgt aus } \mu < 0}}{=}\; -\tfrac{1}{\mu}.$$

Wir formulieren das nächste Beispiel als Lemma.

Lemma 14.12. Für $s \in (0, \infty)$ gilt

$$\int_1^\infty \frac{1}{x^s}\,dx \;=\; \begin{cases} \dfrac{1}{s-1}, & \text{falls } s > 1, \\[2mm] +\infty, & \text{falls } s \le 1. \end{cases}$$

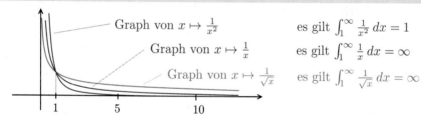

Graph von $x \mapsto \frac{1}{x^2}$ es gilt $\int_1^\infty \frac{1}{x^2}\,dx = 1$

Graph von $x \mapsto \frac{1}{x}$ es gilt $\int_1^\infty \frac{1}{x}\,dx = \infty$

Graph von $x \mapsto \frac{1}{\sqrt{x}}$ es gilt $\int_1^\infty \frac{1}{\sqrt{x}}\,dx = \infty$

Beweis. Wir betrachten zuerst den Fall $s \neq 1$. In diesem Fall gilt:

$$\int_1^\infty \frac{1}{x^s}\,dx = \lim_{d \to \infty} \int_1^d x^{-s}\,dx = \lim_{d \to \infty} \left[\frac{x^{-s+1}}{-s+1} \right]_1^d = \lim_{d \to \infty} \left(\frac{d^{-s+1}}{-s+1} + \frac{1}{s-1} \right) = \begin{cases} \dfrac{1}{s-1}, & \text{falls } s > 1, \\[2mm] +\infty, & \text{falls } s < 1. \end{cases}$$

Nun betrachten wir noch den Fall $s = 1$. In diesem Fall gilt:

$$\int_1^\infty \frac{1}{x}\,dx \;=\; \lim_{d \to \infty} \int_1^d \frac{1}{x}\,dx \;=\; \lim_{d \to \infty} \left[\ln(x) \right]_1^d \;=\; \lim_{d \to \infty} (\ln(d) - \ln(1)) \;=\; +\infty. \qquad \blacksquare$$

Definition. Es sei $f\colon (a,b) \to \mathbb{R}$ eine stetige Funktion, wobei $a \in \mathbb{R} \cup \{-\infty\}$ und wobei $b \in \mathbb{R} \cup \{\infty\}$. Wir wählen ein $c \in (a,b)$. Wir definieren das uneigentliche Integral von f auf (a,b) wie folgt:

$$\int_a^b f(x)\,dx \;:=\; \int_a^c f(x)\,dx + \int_c^b f(x)\,dx,$$

wenn die beiden uneigentlichen Integrale rechts in $\mathbb{R} \cup \{\pm\infty\}$ definiert sind und wenn dann auch die Summe im Sinne der Tabelle auf Seite 36 definiert ist. (Man kann leicht mithilfe von Lemma 13.6 zeigen, dass die Definition nicht von der Wahl von $c \in (a,b)$ abhängt.)

Satz 14.13. (HDI für uneigentliche Integrale) Es sei $f\colon (a,b) \to \mathbb{R}$ eine stetige Funktion, und es sei F eine Stammfunktion von f. Dann gilt:

$$\int_a^b f(x)\,dx \;=\; \lim_{x\nearrow b} F(x) - \lim_{x\searrow a} F(x),$$

wenn die rechte Seite definiert ist.

Beweis. Der Satz folgt eigentlich sofort aus dem HDI 14.3 und aus den Definitionen. Es sei also $f\colon (a,b) \to \mathbb{R}$ eine stetige Funktion, und es sei F eine Stammfunktion von f. Es sei $c \in (a,b)$ beliebig. Dann gilt:

$$\int_a^b f(x)\,dx \;=\; \int_c^b f(x)\,dx + \int_a^c f(x)\,dx \;=\; \lim_{x\nearrow b} \int_c^x f(t)\,dt + \lim_{x\searrow a} \int_x^c f(t)\,dt$$

$$=\; \underset{\underset{\text{HDI } 14.3}{\uparrow}}{\lim_{x\nearrow b}} \big(F(x) - F(c)\big) + \lim_{x\searrow a} \big(F(c) - F(x)\big) \;=\; \underset{\underset{F(c)\text{ hebt sich weg}}{\uparrow}}{\lim_{x\nearrow b} F(x)} - \lim_{x\searrow a} F(x). \qquad\blacksquare$$

Beispiel.

$$\int_{-\infty}^{\infty} \frac{1}{1+x^2}\,dx \;=\; \underset{\uparrow}{\lim_{x\to\infty}} \arctan(x) - \lim_{x\to-\infty} \arctan(x) \;=\; \tfrac{\pi}{2} - (-\tfrac{\pi}{2}) \;=\; \pi.$$

nach der Tabelle auf Seite 174 ist $\arctan(x)$ Stammfunktion von $\frac{1}{1+x^2}$

Graph der Funktion $x \mapsto \frac{1}{1+x^2}$ 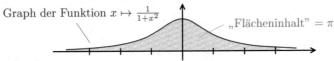 „Flächeninhalt" $= \pi$

Im folgenden Satz werden wir die Konvergenz von Reihen und von uneigentlichen Integralen in Verbindung bringen:

Satz 14.14. (Integral-Vergleichskriterium) Es sei $f\colon [1,\infty) \to [0,\infty)$ eine stetige Funktion, welche *monoton fallend* ist. Dann gilt:

$$\sum_{n\geq 1} f(n) \quad \text{konvergiert} \quad \Longleftrightarrow \quad \text{das uneigentliche Integral } \int_1^{\infty} f(x)\,dx \text{ ist endlich.}$$

Beweis. Es sei $f\colon [1,\infty) \to \mathbb{R}$ eine stetige, monoton fallende Funktion. Wir betrachten die Funktionen

$$\varphi\colon [1,\infty) \to \mathbb{R}$$
$$x \mapsto f(\underbrace{\lfloor x \rfloor}_{x \text{ abgerundet}}) \qquad \text{und} \qquad \begin{aligned}\psi\colon [1,\infty) &\to \mathbb{R}\\ x &\mapsto f(\lfloor x \rfloor + 1) = \varphi(x+1).\end{aligned}$$

Da f monoton fallend ist und da $\lfloor x \rfloor \leq x \leq \lfloor x \rfloor + 1$, gilt $\varphi(x) \geq f(x) \geq \psi(x)$ für alle $x \in [1,\infty)$.

Also gilt

$$\sum_{n=1}^{\infty} f(n) \;=\; \int_1^{\infty} \varphi(x)\,dx \;\underset{\uparrow}{\geq}\; \int_1^{\infty} f(x)\,dx \;\underset{\uparrow}{\geq}\; \int_1^{\infty} \psi(x)\,dx \;=\; \sum_{n=2}^{\infty} f(n).$$

folgt aus $\varphi \geq f \geq \psi$ und der Monotonieeigenschaft des Integrals 13.5

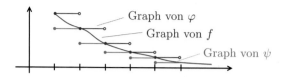

Graph von φ

Graph von f

Graph von ψ

Wir beweisen zuerst die „$\Leftarrow$"-Richtung. Wenn $\int_1^\infty f(x)\,dx$ endlich ist, dann folgt aus den Ungleichungen, der Monotonie von f und Satz 4.1, dass die Reihe $\sum_{n\geq 2} f(n)$ konvergiert. Damit konvergiert nachdem Reihenanfangspunkt-Lemma 5.1 aber auch die Reihe $\sum_{n\geq 1} f(n)$.

Wir beweisen nun die „$\Rightarrow$"-Richtung. Wenn $\sum_{n\geq 1} f(n)$ konvergiert, dann folgt aus den Ungleichungen und dem Analogon von Satz 4.1 für Grenzwerte von monoton steigenden Funktionen, dass der Grenzwert $\lim_{d\to\infty} \int_1^d f(x)\,dx = \int_1^\infty f(x)\,dx$ endlich ist. ∎

Beispiel. Es sei $s \in (0, \infty)$. Wir sehen:

$$\sum_{n\geq 1} \frac{1}{n^s} \quad \text{konvergiert} \quad \underset{\underset{\text{Satz 14.14}}{\uparrow}}{\Longleftrightarrow} \quad \int\limits_{x=1}^{\infty} \frac{1}{x^s} \quad \text{ist endlich} \quad \underset{\underset{\text{Lemma 14.12}}{\uparrow}}{\Longleftrightarrow} \quad s > 1.$$

Wir können daraus folgende Schlüsse ziehen:

(1) Wir erhalten einen neuen Beweis der Aussage, dass die Reihe $\sum_{n\geq 1} \frac{1}{n^2}$ konvergiert und dass die harmonische Reihe $\sum_{n\geq 1} \frac{1}{n}$ divergiert.

(2) Wir sehen jetzt auch, dass für jedes $s \in (1, \infty)$ die Reihe $\sum_{n\geq 1} \frac{1}{n^s}$ konvergiert. Diese Aussage hat nichts mit Integralen zu tun, aber zumindest für $s \in (1, 2)$ ist es sehr schwierig, die Aussage ohne Zuhilfenahme von Integralen zu beweisen.

(3) Wir sehen also insbesondere, dass für jedes $\epsilon > 0$ die Reihe $\sum_{n\geq 1} \frac{1}{n^{1+\epsilon}}$ konvergiert. Mit anderen Worten: Die harmonische Reihe „divergiert gerade so eben".

14.8. Die Gamma-Funktion. In diesem Abschnitt wollen wir die Gamma-Funktion einführen und einige der faszinierenden Eigenschaften der Gamma-Funktion beweisen. Dieser Abschnitt ist nicht essentiell, und wir werden die Ergebnisse des Abschnitts im weiteren Verlauf nicht verwenden. Es kann aber nichtsdestotrotz interessant sein, diesen Abschnitt zu lesen, weil dieser eine gute Gelegenheit bietet, das Gelernte zu trainieren und anzuwenden.

In diesem Abschnitt werden wir unter anderem folgendes Lemma über ein interessantes uneigentliches Integral beweisen.

Lemma 14.15. Für jedes $s > 0$ konvergiert das uneigentliche Integral

$$\int\limits_0^\infty t^{s-1} \cdot e^{-t}\,dt.$$

Wir verschieben den Beweis des Lemmas auf Seite 187. Mithilfe des Lemmas können wir nun schon einmal den Hauptdarsteller des Kapitels, nämlich die Gamma-Funktion $\Gamma : (0, \infty) \to \mathbb{R}$ einführen.

Definition. Wir bezeichnen
$$\Gamma \colon (0, \infty) \;\to\; \mathbb{R}$$
$$x \;\mapsto\; \Gamma(x) := \int_0^\infty t^{x-1} \cdot e^{-t}\, dt$$
als die Gamma-Funktion.

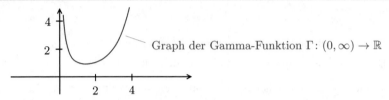

Graph der Gamma-Funktion $\Gamma \colon (0, \infty) \to \mathbb{R}$

In diesem Kapitel werden wir zudem den folgenden Satz beweisen, welcher einige der wichtigsten Eigenschaften der Gamma-Funktion zusammenfasst:

Satz 14.16.
(1) $\Gamma(1) = 1$,
(2) für alle $x \in (0, \infty)$ gilt $\qquad \Gamma(x+1) \;=\; x \cdot \Gamma(x)$,
(3) für alle $n \in \mathbb{N}$ gilt: $\qquad\qquad \Gamma(n) \;=\; (n-1)!$.

Bemerkung. Satz 14.16 besagt also, dass man die Gamma-Funktion als Erweiterung der Fakultät $n!$ von natürlichen Zahlen auf beliebige positive reelle Zahlen auffassen kann.

Wir werden nun im Folgenden Lemma 14.15 und Satz 14.16 beweisen. Für den Beweis von Lemma 14.15 benötigen wir dabei den folgenden Satz, welcher mit dem Majoranten-Kriterium 5.8 verwandt ist:

Satz 14.17. (Majoranten-Kriterium für uneigentliche Integrale) Es sei $[a, b)$ ein halb-offenes Intervall, wobei $b \in \mathbb{R} \cup \{\infty\}$. Zudem seien $f, g \colon [a, b) \to \mathbb{R}$ zwei stetige Funktionen. Wir nehmen an, dass es ein $C \in \mathbb{R}$ gibt, so dass
$$g(x) \;\geq\; |f(x)| \qquad \text{für alle } x \in [C, b).$$
Dann gilt folgende Aussage für uneigentliche Integrale:
$$\int_a^b g(x)\, dx \text{ konvergiert} \quad \Longrightarrow \quad \int_a^b f(x)\, dx \text{ konvergiert.}$$
Eine analoge Aussage gilt auch für uneigentliche Integrale von Funktionen, welche auf einem halb-offenen Intervall der Form $(a, b]$ definiert sind.

Beispiel. Wir betrachten das uneigentliche Integral
$$\int_1^\infty \frac{x + 10}{x^3 + x^2 + 2 + \arctan(x)}\, dx.$$

Man kann leicht zeigen, dass $\frac{x+10}{x^3+x^2+2+\arctan(x)} \leq \frac{2}{x^2}$ für alle $x \in [5, \infty)$. Es folgt also aus Lemma 14.12 und aus Satz 14.17, dass das obige uneigentliche Integral konvergiert.

Beweis von Satz 14.17. Der Satz kann leicht mithilfe von Lemma 13.5 bewiesen werden. Um Platz zu sparen, wollen wir die Details hier nicht ausarbeiten. ∎

Mithilfe von Satz 14.17 können wir nun Lemma 14.15 beweisen.

Beweis von Lemma 14.15. Es sei also $s > 0$ gegeben. Die Funktion $t \mapsto t^{s-1} \cdot e^{-t}$ ist nur auf dem Intervall $(0, \infty)$ definiert. Per Definition des uneigentlichen Integrals gilt

$$\int_0^\infty t^{s-1} \cdot e^{-t}\, dt \;=\; \underbrace{\int_0^1 t^{s-1} \cdot e^{-t}\, dt}_{\text{uneigentliches Integral (1)}} \;+\; \underbrace{\int_1^\infty t^{s-1} \cdot e^{-t}\, dt}_{\text{uneigentliches Integral (2)}},$$

wenn beide uneigentlichen Integrale rechts existieren. Wir müssen nun also zeigen, dass beide uneigentliche Integrale in der Tat existieren.

(1) Wir starten mit dem ersten uneigentlichen Integral. Für alle $t \in (0, 1]$ gilt $e^{-t} \in (0, 1]$, also gilt $t^{s-1} \cdot e^{-t} \leq t^{s-1}$. Nach Satz 14.17 genügt es zu zeigen, dass das uneigentliche Integral $\int_0^1 t^{s-1}\, dt$ konvergiert. Dieses wiederum bestimmen wir wie folgt:

$$\int_{t=0}^{t=1} t^{s-1}\, dt \;\underset{\uparrow}{=}\; \lim_{d \searrow 0} \left[\frac{t^s}{s}\right]_{t=d}^{t=1} \;=\; \lim_{d \searrow 0} \left(\frac{1}{s} - \frac{d^s}{s}\right) \;=\; \frac{1}{s}.$$

folgt aus dem HDI 14.3 und der Tabelle auf Seite 174

Wir zeigen nun, dass auch das zweite uneigentliche Integral $\int_1^\infty t^{s-1} \cdot e^{-t}\, dt$ existiert. Wir beweisen zuerst folgende Behauptung:

Behauptung. Es gibt ein $C \in \mathbb{R}$, so dass für alle $t \geq C$ gilt:

$$t^{s-1} \cdot e^{-t} \leq \frac{1}{t^2}.$$

Beweis. Auf Seite 158 haben wir mithilfe der Regel 12.7 von L'Hôpital gesehen, dass

$$\lim_{t \to \infty} \frac{t^{s-1} \cdot e^{-t}}{\frac{1}{t^2}} \;=\; \lim_{t \to \infty} \frac{t^{s+1}}{e^t} \;=\; 0.$$

Wenden wir die Definition von $\lim_{t \to \infty} \frac{t^{x+1}}{e^t} = 0$ auf $\epsilon = 1$ an, so sehen wir, dass es ein $C \in \mathbb{R}$ gibt, so dass für alle $t \geq C$ gilt: $t^{s-1} \cdot e^{-t} \leq \frac{1}{t^2}$. ⊞

Wir haben in Lemma 14.12 gezeigt, dass das uneigentliche Integral $\int_1^\infty \frac{1}{t^2}\, dt$ konvergiert. Es folgt dann wieder aus Satz 14.17, dass auch $\int_1^\infty t^{s-1} e^{-t}\, dt$ konvergiert. ∎

Wir wenden uns nun dem Beweis von Satz 14.16 zu.

Beweis von Satz 14.16. Wir haben schon auf Seite 183 gesehen, dass gilt:

$$\Gamma(1) \;=\; \int_0^\infty e^{-x}\, dx \;=\; \lim_{d \to \infty} \int_0^d e^{-x}\, dx \;=\; \lim_{d \to \infty} \left[-e^{-x}\right]_0^d \;=\; \lim_{d \to \infty} \left(-e^{-d} + 1\right) \;=\; 1.$$

Wir wenden uns nun dem Beweis der zweiten Aussage des Satzes zu. Wir müssen zeigen, dass für $x \in (0, \infty)$ die Gleichheit: $\Gamma(x + 1) = x \cdot \Gamma(x)$ gilt. Wir beginnen mit folgender Nebenrechnung: Für $a, b \in (0, \infty)$ gilt

$$\int_a^b t^x \cdot e^{-t}\, dt \;\overset{\text{p. I.}}{=}\; \left[t^x \cdot (-e^{-t})\right]_{t=a}^{t=b} - \int_a^b x \cdot t^{x-1} \cdot (-e^{-t})\, dt.$$

Es folgt, dass

$$\Gamma(x+1) \;\;=\;\; \underset{0}{\overset{\infty}{\int}} t^x\cdot e^{-t}\,dt \;\;\underset{\underset{\text{Definition des uneigentlichen Integrals}}{\uparrow}}{=}\;\; \lim_{a\searrow 0}\underset{a}{\overset{1}{\int}} t^x\cdot e^{-t}\,dt \;+\; \lim_{b\to\infty}\underset{1}{\overset{b}{\int}} t^x\cdot e^{-t}\,dt \;\;\underset{\underset{\text{obige Nebenrechnung}}{\uparrow}}{=}$$

$$=\;\lim_{a\searrow 0}\left(\big[-t^x\cdot e^{-t}\big]_{t=a}^{t=1} + x\cdot\underset{a}{\overset{1}{\int}} t^{x-1}\cdot e^{-t}\,dt\right) + \lim_{b\to\infty}\left(\big[-t^x\cdot e^{-t}\big]_{t=1}^{t=b} + x\cdot\underset{1}{\overset{b}{\int}} t^{x-1}\cdot e^{-t}\,dt\right)$$

$$=\; \underbrace{-\lim_{a\searrow 0}\left(-a^x\cdot e^{-a}\right)}_{=0} + \underbrace{\lim_{b\to\infty} -b^x\cdot e^{-b}}_{\substack{=\,0,\ \text{nach L'Hôpital,}\\ \text{siehe Seite 158}}} + x\cdot\underset{0}{\overset{\infty}{\int}} t^{x-1}\cdot e^{-t}\,dt$$

$$=\; x\cdot\underset{0}{\overset{\infty}{\int}} t^{x-1}\cdot e^{-t}\,dt \;\;=\;\; x\cdot\Gamma(x).$$

Wir haben damit die zweite Aussage bewiesen.

Die letzte Aussage des Satzes, nämlich, dass für $n\in\mathbb{N}$ die Gleichheit $\Gamma(n-1)=n!$ gilt, folgt nun aus (1) und (2) durch einen einfachen Induktionsbeweis. ∎

Übungsaufgaben zu Kapitel 14.

Aufgabe 14.1. Wir betrachten die Funktion

$$\varphi\colon \mathbb{R} \;\to\; \mathbb{R}$$
$$x \;\mapsto\; \underset{t=0}{\overset{t=\cos(x)}{\int}} e^{t^2+1}\,dt.$$

Bestimmen Sie $\varphi'\left(\frac{\pi}{2}\right)$.

Aufgabe 14.2. Es sei I ein Intervall, und es sei $f\colon I\to\mathbb{R}$ eine stetige Funktion. Für $a\in I$ setzen wir

$$I \;\to\; \mathbb{R}$$
$$x \;\mapsto\; \underset{a}{\overset{x}{\int}} f(t)\,dt.$$

Wir bezeichnen eine solche Funktion als *Integralfunktion*. Der HDI 14.3 besagt, dass jede Integralfunktion eine Stammfunktion ist. Gilt auch die Umkehrung, d.h. ist jede Stammfunktion auch eine Integralfunktion für ein geeignet gewähltes a?

Aufgabe 14.3. Bestimmen Sie explizite Stammfunktionen der folgenden Funktionen:

(a) $x^2\cdot\cos(x^3)$ (b) $x^5\cdot\cos(x^3)$ (c) $x\cdot\sin(x+3)$ (d) $e^x\cdot\sin(x)$

(e) $\sqrt{x+3}\cdot x$ (f) $\sqrt{x}\cdot\sin(\sqrt{x})$ (g) 2^x (h) $\arctan(x)$

(i) $\dfrac{x^2}{1+2x^2}$ (j) $\dfrac{\cos(\frac{1}{x})+2}{x^2}$ (k) $\dfrac{\ln(x^2)}{x}$ (l) $\dfrac{1}{1-\sin(x)}$.

Aufgabe 14.4. Bestimmen Sie eine Stammfunktion von $\sqrt{1-x^2}$ mithilfe von partieller Integration.

Hinweis. In Lemma 14.10 haben wir eine Stammfunktion mithilfe einer geschickten Substitution gefunden. Anwendung von partieller Integration bereitet genauso viel Freude.

Aufgabe 14.5. Zeigen Sie, dass

$$\int e^{\sqrt{x}} \cdot \left(\frac{1}{x} + \frac{\ln(x)}{2\sqrt{x}} \right) dx \doteq \ln(x) \cdot e^{\sqrt{x}}.$$

Aufgabe 14.6. Wir betrachten die Funktion

$$f \colon \mathbb{R} \to \mathbb{R}$$
$$x \mapsto \int_2^x e^{\cos(t)} \, dt.$$

(a) Zeigen Sie, dass f streng monoton steigend ist.

(b) Da f streng monoton steigend ist, besitzt f eine Umkehrfunktion g. Bestimmen Sie $g'(0)$.

Aufgabe 14.7. Bestimmen Sie $\displaystyle\int_{x=-5}^{x=5} e^{-x^2} \cdot \sin(x) \, dx$.

Aufgabe 14.8. Bestimmen Sie die lokalen Extrema der Funktion

$$(0, \infty) \to \mathbb{R}$$
$$x \mapsto \int_{t=1}^{t=x} e^{t^2} \cdot \ln(t) \, dt.$$

Aufgabe 14.9. Bestimmen Sie die folgenden uneigentlichen Integrale:

(a) $\displaystyle 3 \cdot \int_0^1 \ln(x^\pi) \cdot x^2 \, dx$

(b) $\displaystyle \int_0^\infty \frac{1}{3 + x^2} \, dx$

(c) $\displaystyle \int_1^\infty \frac{2x - x^2}{e^x} \, dx$

(d) $\displaystyle \int_0^\infty \arctan(x) - \frac{\pi}{2} + \frac{x}{1 + x^2} \, dx.$

Aufgabe 14.10. Konvergiert das uneigentliche Integral

$$\int_0^\infty \frac{x^2}{x^4 + 7x^2 + 3} \, dx \text{ ?}$$

Aufgabe 14.11.

(a) Zeigen Sie, dass für alle $b \in (0, \frac{\pi}{2})$ gilt: $\displaystyle\int_{x=-b}^{x=b} \tan(x) \, dx = 0.$

(b) Konvergiert das uneigentliche Integral $\displaystyle\int_{x=-\frac{\pi}{2}}^{x=\frac{\pi}{2}} \tan(x) \, dx$?

15. Funktionenfolgen

15.1. Punktweise und gleichmäßige Konvergenz von Funktionenfolgen.

Beispiel. Für $n \in \mathbb{N}$ betrachten wir die Funktion
$$f_n : [0,1] \rightarrow \mathbb{R}$$
$$x \mapsto x^n.$$

Für jedes einzelne $x \in [0,1]$ erhalten wir also die Folge $f_n(x) = x^n$ von reellen Zahlen. Dabei gilt
$$\Theta(x) := \lim_{n \to \infty} f_n(x) = \lim_{n \to \infty} x^n \underset{\substack{\uparrow \\ \text{Potenzwachstumssatz 2.7}}}{=} \begin{cases} 0, & \text{wenn } x \in [0,1), \\ 1, & \text{wenn } x = 1. \end{cases}$$

Dieses Beispiel führt uns zu folgender Definition:

Definition. Es sei $D \subset \mathbb{R}$ eine Teilmenge, und es sei $(f_n : D \to \mathbb{R})_{n \in \mathbb{N}}$ eine Funktionenfolge. Wir sagen, die Funktionenfolge $(f_n)_{n \in \mathbb{N}}$ **konvergiert punktweise**, wenn für jedes $x \in D$ die Zahlenfolge $(f_n(x))_{n \in \mathbb{N}}$ konvergiert. In diesem Fall nennen wir
$$D \rightarrow \mathbb{R}$$
$$x \mapsto \lim_{n \to \infty} f_n(x)$$
die **Grenzfunktion** der Funktionenfolge $(f_n)_{n \in \mathbb{N}}$.

Beispiel.

(1) Wir haben gerade gesehen, dass die obige Funktionenfolge $f_n(x) = x^n$ auf dem Intervall $[0,1]$ punktweise konvergiert. Die Grenzfunktion ist die Funktion Θ, welche durch $\Theta(x) = 0$ für $x \in [0,1)$ und $\Theta(1) = 1$ gegeben ist.

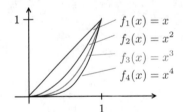

$f_1(x) = x$
$f_2(x) = x^2$
$f_3(x) = x^3$
$f_4(x) = x^4$

die Funktionenfolge
$f_n(x) = x^n$ mit $n \in \mathbb{N}$
konvergiert punktweise
gegen die Funktion Θ

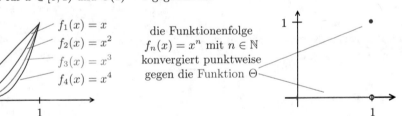

(2) Für jedes $n \in \mathbb{N}$ betrachten wir die Funktion
$$f_n : \mathbb{R} \rightarrow \mathbb{R}$$
$$x \mapsto \sum_{k=0}^{n} \frac{x^k}{k!}.$$

Die Funktionenfolge $(f_n)_{n \in \mathbb{N}}$ konvergiert punktweise gegen die Funktion
$$\mathbb{R} \rightarrow \mathbb{R}$$
$$x \mapsto \lim_{n \to \infty} \sum_{k=0}^{n} \frac{x^k}{k!} = \sum_{k=0}^{\infty} \frac{x^k}{k!} \underset{\substack{\uparrow \\ \text{Definition von } \exp(x)}}{=} \exp(x).$$

Wir sehen also, dass die Funktionenfolge $(f_n)_{n \in \mathbb{N}}$ punktweise gegen die Exponentialfunktion konvergiert.

Es sei $(f_n : D \to \mathbb{R})_{n \in \mathbb{N}}$ eine Funktionenfolge, welche punktweise konvergiert. Das erste Beispiel zeigt, dass aus der Stetigkeit der Funktionen f_n nicht notwendigerweise folgt, dass auch die Grenzfunktion stetig ist. Unser Ziel ist es nun, ein Kriterium für Funktionenfolgen zu finden, welches garantiert, dass die Grenzfunktion einer Folge von stetigen Funktionen wiederum stetig ist. Wir führen dazu folgende Definition ein:

S. Friedl. *Analysis 1*. https://doi.org/10.1007/978-3-662-67359-1_16

Definition. Es sei $\varnothing \neq D \subset \mathbb{R}$, und es sei $f\colon D \to \mathbb{R}$ eine Funktion. Wir bezeichnen[62]

$$\|f\| := \sup\left\{|f(x)| \,\middle|\, x \in D\right\} \quad \in \mathbb{R}_{\geq 0} \cup \{\infty\}$$

als die Supremumsnorm von f.

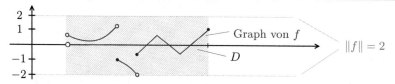

Lemma 15.1. Es sei $\varnothing \neq D \subset \mathbb{R}$, und es seien $\varphi, \psi\colon D \to \mathbb{R}$ Funktionen und $\lambda \in \mathbb{R}$. Dann gilt:

(1) $\quad\quad\quad\quad\quad \|\varphi + \psi\| \;\leq\; \|\varphi\| + \|\psi\| \quad\quad$ (Dreiecksungleichung)
(2) $\quad\quad\quad\quad\quad \|\lambda \cdot \varphi\| \;=\; |\lambda| \cdot \|\varphi\|.$

Zudem gilt für jedes $x \in D$, dass

(3) $\quad\quad\quad\quad\quad |\varphi(x)| \;\leq\; \|\varphi\|.$

Beweis. Das Lemma folgt ziemlich leicht aus den Definitionen, und wir überlassen den Beweis als freiwillige Übungsaufgabe. ∎

Beispiel. Es seien $g, h\colon D \to \mathbb{R}$ zwei Funktionen und $d \geq 0$. Wenn $\|g - h\| \leq d$, dann „bewegt" sich der Graph von h in dem „$\pm d$-Band" um den Graphen der Funktion g.

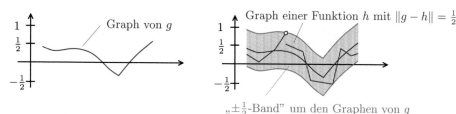

„$\pm\frac{1}{2}$-Band" um den Graphen von g

Zur Erinnerung: Auf Seite 28 haben wir für eine Folge $(a_n)_{n\in\mathbb{N}}$ von reellen Zahlen folgende Definition eingeführt:

$$(a_n)_{n\in\mathbb{N}} \text{ konvergiert gegen } a \in \mathbb{R} \quad :\Longleftrightarrow\quad \underset{\epsilon > 0}{\forall}\ \underset{N \in \mathbb{N}}{\exists}\ \underset{n \geq N}{\forall}\ |a_n - a| < \epsilon.$$

Mit fast der gleichen Definition führen wir nun ganz analog den Begriff der gleichmäßigen Konvergenz einer Funktionenfolge ein.

Definition. Es sei $\varnothing \neq D \subset \mathbb{R}$ und es sei $(f_n)_{n\in\mathbb{N}}$ eine Funktionenfolge $f_n\colon D \to \mathbb{R}$. Wir definieren:

$(f_n)_{n\in\mathbb{N}}$ konvergiert gleichmäßig gegen $f\colon D \to \mathbb{R}$ $\quad :\Longleftrightarrow\quad \underset{\epsilon > 0}{\forall}\ \underset{N \in \mathbb{N}}{\exists}\ \underset{n \geq N}{\forall}\ \|f_n - f\| < \epsilon.$

Beispiel.

(1) Für $n \in \mathbb{N}$ betrachten wir die Funktion $f_n(x) = \frac{1}{n} \cdot \sin(x)$ auf $\mathbb{R}$. Es gilt $\|f_n\| = \frac{1}{n}$, und wir sehen, dass die Funktionenfolge $(f_n)_{n\in\mathbb{N}}$ gleichmäßig gegen die Nullfunktion konvergiert.

---

[62]Für eine nach oben unbeschränkte Menge M schreiben wir hier $\sup(M) = \infty$.

(2) Wir betrachten noch einmal die Funktionen $f_n(x) = x^n$ auf $[0, 1]$. Diese Funktionenfolge konvergiert punktweise gegen die Funktion Θ. Für jedes $n \in \mathbb{N}$ gilt jedoch $\|f_n - \Theta\| = 1$, also konvergiert die Funktionenfolge *nicht* gleichmäßig gegen Θ.

Lemma 15.2. Jede gleichmäßig konvergente Funktionenfolge konvergiert auch punktweise.

Beweis. Es sei $\varnothing \neq D \subset \mathbb{R}$ und es sei $(f_n)_{n \in \mathbb{N}}$ eine Funktionenfolge $f_n \colon D \to \mathbb{R}$, welche gleichmäßig gegen f konvergiert. Wir müssen zeigen, dass $(f_n)_{n \in \mathbb{N}}$ punktweise gegen f konvergiert. Es sei also $x \in D$. Wir müssen also zeigen:

$$\underset{\epsilon > 0}{\forall} \, \underset{N \in \mathbb{N}}{\exists} \, \underset{n \geq N}{\forall} \, \|f_n - f\| < \epsilon \quad \Longrightarrow \quad \underset{\epsilon > 0}{\forall} \, \underset{N \in \mathbb{N}}{\exists} \, \underset{n \geq N}{\forall} \, |f_n(x) - f(x)| < \epsilon.$$

Diese Implikation folgt leicht aus folgender Beobachtung:

$$|f_n(x) - f(x)| = |(f_n - f)(x)| \underset{\underset{\text{folgt aus Lemma 15.1 (3), angewandt auf } \varphi = f_n - f}{\uparrow}}{\leq} \|f_n - f\|.$$

∎

Der folgende Satz zeigt nun, dass sich gleichmäßig konvergente Funktionenfolgen „im Grenzwert" deutlich „besser" verhalten als beliebige Funktionenfolgen:

Satz 15.3. Es sei $(f_n)_{n \in \mathbb{N}}$ eine Folge stetiger Funktionen auf $\varnothing \neq D \subset \mathbb{R}$. Wenn diese Funktionenfolge *gleichmäßig* gegen $f \colon D \to \mathbb{R}$ konvergiert, dann ist die Grenzfunktion f ebenfalls stetig

Beweis. Es sei also $(f_n)_{n \in \mathbb{N}}$ eine Folge stetiger Funktionen, welche gleichmäßig gegen $f \colon D \to \mathbb{R}$ konvergiert. Wir müssen zeigen, dass f stetig ist. Es sei also $x_0 \in D$, und es sei zudem $\epsilon > 0$ gegeben. Wir müssen zeigen: Es existiert ein $\delta > 0$, so dass

$$|f(x) - f(x_0)| < \epsilon \qquad \text{für alle } x \in (x_0 - \delta, x_0 + \delta) \cap D.$$

Die Voraussetzungen besagen, dass wir Kontrolle über $|f(x) - f_n(x)|$ für alle $x \in D$ zugleich haben (hier verwenden wir die gleichmäßige Konvergenz und Lemma 15.1 (3)), und dass wir für jedes $n \in \mathbb{N}$ Kontrolle über $|f_n(x) - f_n(x_0)|$ erhalten (wegen der Stetigkeit der Funktionen f_n). Mithilfe folgender Abschätzung können wir dann diese Informationen auf unsere Problemstellung anwenden:

$$|f(x) - f(x_0)| \leq |f(x) - f_n(x)| + |f_n(x) - f_n(x_0)| + |f_n(x_0) - f(x_0)|.$$

Die Idee ist nun, $n \in \mathbb{N}$ und $\delta > 0$ so geschickt zu wählen, dass alle drei Terme jeweils kleiner als $\frac{\epsilon}{3}$ sind.

Wegen der gleichmäßigen Konvergenz von $(f_n)_{n \in \mathbb{N}}$ existiert ein $n \in \mathbb{N}$, so dass

$$\text{(A)} \qquad |f(y) - f_n(y)| < \frac{\epsilon}{3} \qquad \text{für alle } y \in D.$$

Wegen der Stetigkeit von f_n existiert zudem ein $\delta > 0$, so dass

$$\text{(B)} \qquad |f_n(x) - f_n(x_0)| < \frac{\epsilon}{3} \qquad \text{für alle } x \in (x_0 - \delta, x_0 + \delta) \cap D$$

Dann gilt für alle $x \in (x_0 - \delta, x_0 + \delta) \cap D$, dass

$$|f(x) - f(x_0)| \leq \underbrace{|f(x) - f_n(x)|}_{< \frac{\epsilon}{3} \text{ wegen (A)}} + \underbrace{|f_n(x) - f_n(x_0)|}_{< \frac{\epsilon}{3} \text{ wegen (B)}} + \underbrace{|f_n(x_0) - f(x_0)|}_{< \frac{\epsilon}{3} \text{ wegen (A)}} < \epsilon.$$

∎

15.2. Kriterien für die gleichmäßige Konvergenz von Funktionenfolgen.

Wir haben also gesehen, dass es angenehm ist, mit gleichmäßig konvergenten Funktionenfolgen zu arbeiten. Allerdings wollen wir eher ungern für eine gegebene Funktionenfolge „per Hand" überprüfen, ob diese tatsächlich gleichmäßig konvergiert. Wir werden deshalb im Folgenden verschiedene Kriterien beweisen, welche garantieren, dass eine gegebene Funktionenfolge gleichmäßig konvergiert.

Folgende Definition ist ein Analogon der Definition einer Cauchy-Folge von reellen Zahlen auf Seite 56:

Definition. Es sei $\varnothing \neq D \subset \mathbb{R}$ und es sei $(f_n)_{n \in \mathbb{N}}$ eine Funktionenfolge auf $D \subset \mathbb{R}$. Wir definieren

$$(f_n)_{n \in \mathbb{N}} \text{ heißt Cauchy-Folge} \quad :\Longleftrightarrow \quad \underset{\epsilon > 0}{\forall} \; \underset{N \in \mathbb{N}}{\exists} \; \underset{n,m \geq N}{\forall} \; \|f_n - f_m\| < \epsilon.$$

Satz 15.4. (Cauchy-Kriterium für gleichmäßige Konvergenz) Es sei $\varnothing \neq D \subset \mathbb{R}$.
(1) Jede gleichmäßig konvergente Funktionenfolge auf D ist eine Cauchy-Folge.
(2) Jede Cauchy-Folge $(f_n)_{n \in \mathbb{N}}$ von Funktionen $D \to \mathbb{R}$ konvergiert gleichmäßig gegen eine Funktion $f \colon D \to \mathbb{R}$.

Beweis.

(1) Es sei $(f_n)_{n \in \mathbb{N}}$ eine Funktionenfolge, welche gleichmäßig gegen eine Funktion f konvergiert. Mithilfe von Lemma 15.1 (1) und (2) können wir wortwörtlich den Beweis von Satz 4.6 übernehmen, um zu zeigen, dass $(f_n)_{n \in \mathbb{N}}$ eine Cauchy-Folge ist. Der Vollständigkeit halber führen wir das Argument aus. Wir müssen also zeigen:

$$\underset{\mu > 0}{\forall} \; \underset{N \in \mathbb{N}}{\exists} \; \underset{n \geq N}{\forall} \; \|f_n - f\| < \mu \qquad \Longrightarrow \qquad \underset{\epsilon > 0}{\forall} \; \underset{N \in \mathbb{N}}{\exists} \; \underset{n,m \geq N}{\forall} \; \|f_n - f_m\| < \epsilon.$$

Es sei also $\epsilon > 0$. Wir wählen ein $N \in \mathbb{N}$, welches für $\mu = \frac{\epsilon}{2}$ die linke Eigenschaft besitzt. Dann gilt für alle $m, n \geq N$:

$$\|f_n - f_m\| = \|f_n - f + f - f_m\| \underset{\substack{\uparrow \\ \text{folgt aus Lemma 15.1 (1) und (2)}}}{\leq} \|f_n - f\| + \|f_m - f\| \underset{\substack{\\ \text{denn } m,n \geq N}}{<} \frac{\epsilon}{2} + \frac{\epsilon}{2} = \epsilon.$$

(2) Es sei nun $(f_n)_{n \in \mathbb{N}}$ eine Cauchy-Funktionenfolge auf $D \subset \mathbb{R}$. Ganz analog zum Beweis von Lemma 15.2 sieht man, dass für jedes $x \in D$ die Folge $(f_n(x))_{n \in \mathbb{N}}$ eine Cauchy-Folge von reellen Zahlen ist. Insbesondere existiert nach dem Cauchy-Folgen–Konvergenzsatz 4.7 für jedes x der Grenzwert $f(x) := \lim_{n \to \infty} f_n(x)$. Es verbleibt zu zeigen, dass $(f_n)_{n \in \mathbb{N}}$ gleichmäßig gegen diese Grenzfunktion f konvergiert.

Es sei also $\epsilon > 0$. Nach Voraussetzung existiert ein $N \in \mathbb{N}$, so dass für alle $n, m \geq N$ die Ungleichung $\|f_n - f_m\| < \frac{\epsilon}{2}$ gilt. Insbesondere gilt für alle $n \geq N$, dass

$$\|f - f_n\| = \sup\left\{ |f(x) - f_n(x)| \,\big|\, x \in D \right\} = \sup\left\{ \Big| \lim_{m \to \infty} f_m(x) - f_n(x) \Big| \,\big|\, x \in D \right\}$$

$$= \sup\left\{ \Big| \lim_{m \to \infty} \underbrace{(f_m(x) - f_n(x))}_{\substack{\text{für } m \geq N \text{ gilt nach Lemma 15.1 (3)} \\ |f_m(x) - f_n(x)| \leq \|f_m - f_n\| < \frac{\epsilon}{2}}} \Big| \,\big|\, x \in D \right\} \leq \frac{\epsilon}{2} < \epsilon.$$

$$\leq \tfrac{\epsilon}{2} \text{ nach dem Grenzwertvergleichssatz 2.5} \qquad \blacksquare$$

Ganz analog zum Begriff der Reihe von reellen Zahlen, welchen wir auf Seite 40 eingeführt haben, definieren wir nun den Begriff der Reihe von Funktionen.

Definition. Es sei $(g_k \colon D \to \mathbb{R})_{k \geq w}$ eine Funktionenfolge auf $\varnothing \neq D \subset \mathbb{R}$. Wir bezeichnen mit

$$\sum_{k \geq w} g_k \quad := \quad \text{die Folge der Partialsummen} \quad \underbrace{\sum_{k=w}^{n} g_k}_{\text{Funktion } D \to \mathbb{R}} \quad \text{mit } n = w, w+1, \dots$$

die zugehörige Funktionenreihe.

Wir erhalten nun folgendes Kriterium für die gleichmäßige Konvergenz von Funktionenreihen, welches als Analogon des Majoranten-Kriteriums 5.8 für Reihen von reellen Zahlen aufgefasst werden kann:

Satz 15.5. (Majoranten-Kriterium für Funktionenreihen) Es sei $\varnothing \neq D \subset \mathbb{R}$ und es sei $(g_k \colon D \to \mathbb{R})_{k \geq w}$ eine Funktionenfolge. Wenn es eine konvergente Reihe $\sum_{k \geq w} b_k$ von reellen Zahlen gibt, so dass $\qquad \|g_k\| \leq b_k \quad$ für alle $k \geq w$, dann konvergiert die Funktionenreihe $\sum_{k \geq w} g_k$ gleichmäßig.

Beweis. Für $n \in \mathbb{N}_{\geq w}$ betrachten wir die Partialsummen

$$s_n := \sum_{k=w}^{n} g_k \qquad \text{und} \qquad t_n := \sum_{k=w}^{n} b_k.$$

Nachdem eine (Funktionen-) Reihe genau dann (gleichmäßig) konvergiert, wenn die Partialsummen eine Cauchy-Folge bilden, müssen wir also folgende Aussage beweisen:

$$\|g_k\| \leq b_k \text{ für alle } k \in \mathbb{N}_{\geq w} \text{ und } \underset{\epsilon > 0}{\forall} \; \underset{N \geq w}{\exists} \; \underset{n,m \geq N}{\forall} |t_n - t_m| < \epsilon$$
$$\Longrightarrow \underset{\epsilon > 0}{\forall} \; \underset{N \geq w}{\exists} \; \underset{n,m \geq N}{\forall} \|s_n - s_m\| < \epsilon.$$

Es sei also $\epsilon > 0$ gegeben. Nach Voraussetzung existiert ein $N \in \mathbb{N}_{\geq w}$, so dass für alle $n \geq m \geq N$ gilt: $|t_n - t_m| < \epsilon$. Dann gilt aber auch für alle $n \geq m \geq N$, dass

$$\|s_n - s_m\| \;\; = \;\; \left\| \sum_{k=m+1}^{n} g_k \right\| \;\; \leq \;\; \sum_{k=m+1}^{n} \|g_k\| \;\; \leq \;\; \sum_{k=m+1}^{n} b_k \;\; = \;\; |t_n - t_m| \;\; < \;\; \epsilon.$$

| alle anderen Terme | Dreiecksungleichung | nach Voraussetzung | Wahl von N |
| heben sich weg | siehe Lemma 15.1 (1) | | ∎ |

Wir können jetzt einen neuen Beweis von Satz 6.8 geben.

Satz 6.8. Die Exponentialfunktion $\quad \exp \colon \mathbb{R} \;\; \to \;\; \mathbb{R}$
$$x \;\; \mapsto \;\; \sum_{k=0}^{\infty} \frac{x^k}{k!} \qquad \text{ist stetig.}$$

Beweis. Wir müssen also zeigen, dass die Exponentialfunktion in jedem beliebigen Punkt $x_0 \in \mathbb{R}$ stetig ist. Wir wählen ein $a > 0$, so dass $x_0 \in (-a, a)$. Es genügt zu zeigen, dass die Einschränkung von $\exp$ auf das Intervall $(-a, a)$ stetig ist. Nachdem alle Partialsummen $\sum_{k=0}^{n} \frac{x^k}{k!}$ stetig sind, folgt nun aus Satz 15.3, dass es genügt, folgende Behauptung zu beweisen:

Behauptung. Die Funktionenreihe $\sum_{k \geq 0} \frac{x^k}{k!}$ konvergiert gleichmäßig auf $(-a, a)$.

Beweis. Wir setzen $g_k(x) = \frac{x^k}{k!}$. Wir wollen nun mithilfe des Majoranten-Kriteriums 15.5 zeigen, dass die Funktionenreihe $\sum_{k \geq 0} g_k$ auf dem Intervall $(-a, a)$ gleichmäßig konvergiert.

Wir wählen ein $K \in \mathbb{N}$, so dass $K \geq 2 \cdot a$. Dann gilt für alle $k \geq K$ und $x \in (-a, a)$:

$$|g_k(x)| \;=\; \left| \frac{x^k}{k!} \right| \;=\; \left| \frac{x^K \cdot x^{K-k}}{K! \cdot (K+1) \cdot \ldots \cdot k} \right| \;<\; \frac{a^K}{K!} \cdot \underbrace{\frac{|x|}{K+1}}_{\substack{\uparrow \\ < \frac{a}{K} \leq \frac{1}{2}}} \cdot \ldots \cdot \underbrace{\frac{|x|}{k}}_{< \frac{a}{K} \leq \frac{1}{2}} \;<\; \frac{a^K}{K!} \cdot \left(\frac{1}{2} \right)^{k-K}.$$

$$\underset{\text{da } |x| < a}{}$$

Daraus folgt insbesondere, dass $\|g_k\| \leq \frac{a^K}{K!} \cdot \left(\frac{1}{2} \right)^{k-K}$. Da die geometrische Reihe $\sum_{k \geq K} \left(\frac{1}{2} \right)^{k-K}$ konvergiert, folgt nun aus dem Majoranten-Kriterium 15.5, dass die Funktionenreihe $\sum_{k \geq K} g_k$ gleichmäßig konvergiert. Also konvergiert auch die Funktionenreihe $\sum_{k \geq 0} g_k$ gleichmäßig. ∎

15.3. Integrale und Funktionenfolgen. Es sei $f_n \colon [a, b] \to \mathbb{R}$ eine Folge von integrierbaren Funktionen, welche punktweise gegen eine integrierbare Funktion $f \colon [a, b] \to \mathbb{R}$ konvergiert. Es stellt sich die Frage, ob dann ganz allgemein gilt, dass

$$\int_a^b \underbrace{\lim_{n \to \infty} f_n(x)}_{=f(x)} \, dx \;\overset{???}{=}\; \lim_{n \to \infty} \int_a^b f_n(x) \, dx.$$

Mit anderen Worten: Kann man Grenzwertbildung und Integral vertauschen? Das folgende Beispiel zeigt, dass das im Allgemeinen *nicht* der Fall ist:

Beispiel. Wir betrachten die Funktionenfolge $(f_n)_{n \in \mathbb{N}}$, welche in der Abbildung unten skizziert wird.[63] Jede dieser Funktionen ist stetig mit Integral $\int_0^2 f_n(x) \, dx = 1$. Andererseits konvergiert diese Funktionenfolge $(f_n)_{n \in \mathbb{N}}$ punktweise gegen die Funktion $f(x) = 0$. In diesem Fall gilt also, dass

$$\int_0^2 f(x) \, dx \;=\; 0 \;\neq\; 1 \;=\; \lim_{n \to \infty} \int_0^2 f_n(x) \, dx.$$

Folge von Funktionen f_n, wobei $\int_0^2 f_n(x) \, dx = 1$ für alle n

die Funktionenfolge konvergiert punktweise gegen die Nullfunktion

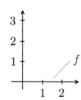

Der folgende Satz besagt nun, dass dieses Problem wiederum dadurch umgangen werden kann, dass man sich auf *gleichmäßig* konvergente Funktionenfolgen einschränkt:

Satz 15.6. (Konvergenz-Satz für Integrale) Es sei $f_n \colon [a, b] \to \mathbb{R}$ eine Funktionenfolge, welche *gleichmäßig* gegen $f \colon [a, b] \to \mathbb{R}$ konvergiert. Wenn alle Funktionen f_n integrierbar sind, dann ist auch f integrierbar, und es gilt

$$\int_a^b f(x) \, dx \;=\; \lim_{n \to \infty} \int_a^b f_n(x) \, dx.$$

---

[63]Die Abbildungsvorschrift ist hierbei, etwas unleserlich, wie folgt: Es ist $f_n(x) = n \cdot x$ für $x \in [0, \frac{1}{n}]$, $f_n(x) = 2n - n \cdot x$ für $x \in [\frac{1}{n}, \frac{2}{n}]$ und $f_n(x) = 0$ für $x \in [\frac{2}{n}, 1]$.

Beweis.

Nach dem Integrabilitätskriterium 13.2 genügt es, eine Folge von Zerlegungen $(Z_k)_{k\in\mathbb{N}}$ von $[a,b]$ zu finden, so dass die dazugehörigen Unter- und Obersummen von f gegen $\lim_{n\to\infty} \int_a^b f_n(x)\,dx$ konvergieren. Die Idee ist nun, für jedes $k \in \mathbb{N}$ eine Zerlegung „für f_k" zu wählen, so dass für große k die Zerlegungen „immer bessere Approximationen des Integrals ergeben".

Wir konstruieren nun eine Folge von Zerlegungen $(Z_k)_{k\in\mathbb{N}}$ wie folgt. Es sei $k \in \mathbb{N}$. Nachdem f_k integrierbar ist, folgt aus dem Integrabilitätskriterium 13.2, dass es eine Zerlegung Z_k von $[a,b]$ gibt, so dass

$$\left| O(f_k, Z_k) - \int_a^b f_k(x)\,dx \right| < \frac{1}{k} \qquad \text{und} \qquad \left| U(f_k, Z_k) - \int_a^b f_k(x)\,dx \right| < \frac{1}{k}.$$

Nach dem Integrabilitätskriterium 13.2 genügt es nun, folgende Behauptung zu beweisen:

Behauptung. Es ist
$$\lim_{k\to\infty} U(f, Z_k) = \lim_{k\to\infty} O(f, Z_k) = \lim_{n\to\infty} \int_a^b f_n(x)\,dx.$$

Beweis. Wir werden jetzt zeigen, dass $\lim_{k\to\infty} O(f, Z_k) = \lim_{n\to\infty} \int_a^b f_n(x)\,dx$. Die Aussage über den Grenzwert der Untersummen wird dann ganz analog bewiesen.

Wir beginnen mit einer Abschätzung. Für beliebiges $k \in \mathbb{N}_0$ gilt

$$\left| O(f, Z_k) - \lim_{n\to\infty} \int_a^b f_n(x)\,dx \right|$$
$$\leq \underbrace{\left| O(f, Z_k) - O(f_k, Z_k) \right|}_{\substack{\leq \|f - f_k\| \cdot |b-a|; \\ \text{dies folgt leicht aus der} \\ \text{Definition der Obersummen}}} + \underbrace{\left| O(f_k, Z_k) - \int_a^b f_k(x)\,dx \right|}_{< \frac{1}{k}} + \lim_{n\to\infty} \underbrace{\left| \int_a^b f_k(x) - f_n(x)\,dx \right|}_{\substack{\leq \|f_n - f_k\| \cdot |b-a|; \text{ dies} \\ \text{folgt leicht aus der} \\ \text{Monotonieeigenschaft} \\ \text{des Integrals}}}.$$

Es sei nun $\epsilon > 0$. Wir wollen jetzt zeigen, dass für genügend große $k \in \mathbb{N}$ alle drei Summanden $< \frac{\epsilon}{3}$ sind.

Nachdem die Funktionenfolge $f_n \colon [a,b] \to \mathbb{R}$ gleichmäßig gegen $f \colon [a,b] \to \mathbb{R}$ konvergiert, gibt es ein K_1, so dass $\|f - f_k\| < \frac{\epsilon}{6\cdot|b-a|}$ für alle $k \geq K_1$. Nach Satz 15.4 gibt es zudem ein $K_2 \in \mathbb{N}$, so dass $\|f_n - f_k\| < \frac{\epsilon}{6\cdot|b-a|}$ für alle $n, k \geq K_2$. Für alle $k \geq \max\{K_1, \frac{3}{\epsilon}, K_2\}$ gilt dann, dass

$$\left| O(f, Z_k) - \lim_{n\to\infty} \int_a^b f_n(x)\,dx \right|$$
$$\leq \underbrace{\|f - f_k\| \cdot |b-a|}_{\leq \frac{\epsilon}{6}, \text{ da } k \geq K_1} + \underbrace{\frac{1}{k}}_{< \frac{\epsilon}{3}, \text{ da } k \geq \frac{3}{\epsilon}} + \lim_{n\to\infty} \underbrace{\|f_n - f_k\| \cdot |b-a|}_{\leq \frac{\epsilon}{6}, \text{ da } k \geq K_2} \leq \frac{\epsilon}{6} + \frac{\epsilon}{3} + \frac{\epsilon}{6} < \epsilon$$

Wir haben also gezeigt, dass $\lim_{k\to\infty} O(f, Z_k) = \lim_{n\to\infty} \int_a^b f_n(x)\,dx$. ∎

Übungsaufgaben zu Kapitel 15.

Aufgabe 15.1.

(a) Für $n \geq 1$ betrachten wir die Funktion

$$
f_n : \mathbb{R} \rightarrow \mathbb{R}
$$
$$
x \mapsto \begin{cases} 1 - n \cdot |x|, & \text{falls } |x| \leq \frac{1}{n}, \\ 0, & \text{andernfalls.} \end{cases}
$$

Zeigen Sie, dass diese Funktionenfolge punktweise gegen die Funktion

$$
f : \mathbb{R} \rightarrow \mathbb{R}
$$
$$
x \mapsto \begin{cases} 1, & \text{falls } x = 0, \\ 0, & \text{andernfalls} \end{cases}
$$

konvergiert.

(b) Zeigen Sie, nur mithilfe der Definitionen, dass die Funktionenfolge (f_n) aus (a) *nicht* gleichmäßig gegen f konvergiert.

Aufgabe 15.2. Für jedes $n \in \mathbb{N}$ definieren wir

$$
f_n : \mathbb{R} \rightarrow \mathbb{R}
$$
$$
x \mapsto \sum_{k=0}^{n} \frac{x^k}{k!}.
$$

Diese Funktionenfolge konvergiert punktweise gegen $\exp \colon \mathbb{R} \to \mathbb{R}$. Zeigen Sie, dass die Funktionenfolge nicht gleichmäßig gegen $\exp \colon \mathbb{R} \to \mathbb{R}$ konvergiert.

Aufgabe 15.3. Es sei $f_n \colon (-1, 1) \to \mathbb{R}$ eine gleichmäßig konvergente Folge von differenzierbaren Funktionen. Ist dann die Grenzfunktion auch notwendigerweise differenzierbar?

Aufgabe 15.4. Zeigen Sie, dass der Konvergenzsatz 15.6 nicht für das uneigentliche Integral gilt. Finden Sie z. B. eine Funktionenfolge $f_n \colon \mathbb{R} \to \mathbb{R}$, die gleichmäßig gegen die konstante Funktion $f(x) = 0$ konvergiert, aber so, dass für alle n gilt:

$$
\int_{-\infty}^{\infty} f_n(x)\,dx = 1 \neq 0 = \int_{-\infty}^{\infty} f(x)\,dx.
$$

16. Potenzreihen

In diesem Kapitel studieren wir Potenzreihen, welche als Verallgemeinerungen von Polynomen aufgefasst werden können. Wir werden sehen, dass Potenzreihen „ganz naiv" abgeleitet und aufgeleitet werden können. Es stellt sich heraus, dass es eleganter ist, Potenzreihen zuerst etwas allgemeiner für komplexe Zahlen zu betrachten.

16.1. Definition von Potenzreihen.

Definition. Es sei $w \in \mathbb{N}_0$, und es sei $(c_n)_{n \geq w}$ eine Folge von komplexen Zahlen, und es sei $a \in \mathbb{C}$. Eine Potenzreihe ist ein formaler Ausdruck der Form

$$\sum_{n \geq w} c_n \cdot (z-a)^n,$$

wobei z eine Variable ist.

Wir interessieren uns im Folgenden für die Menge der komplexen Zahlen $z \in \mathbb{C}$, für welche eine gegebene Potenzreihe konvergiert.

Beispiel.

(1) Jedes Polynom $c_0 + c_1 \cdot z + \cdots + c_n \cdot z^n$ ist eine Potenzreihe mit $a = 0$, bei der die höheren Koeffizienten alle $= 0$ sind.

(2) Wir betrachten die Potenzreihe $\sum_{n \geq 0} z^n$. Für $z \in \mathbb{C}$ gilt:

- Wenn $|z| < 1$, dann konvergiert die Reihe $\sum_{n \geq 0} z^n$ nach dem Quotienten-Kriterium 5.11.
- Wenn $|z| \geq 1$, dann ist $(z^n)_{n \in \mathbb{N}_0}$, keine Nullfolge, also divergiert die Reihe.

(3) Betrachten wir die Reihe $\sum_{n \geq 1} \frac{z^n}{n}$. Es sei $z \in \mathbb{C}$.

- Wenn $|z| < 1$, dann konvergiert die Potenzreihe nach dem Quotienten-Kriterium 5.11.
- Wenn $|z| > 1$, dann divergiert die Reihe, nachdem $\frac{z^n}{n}$ keine Nullfolge ist.
- Für $z = 1$ erhalten wir die harmonische Reihe, welche nach Satz 5.4 divergiert.
- Für $z = -1$ konvergiert die Potenzreihe nach dem Leibniz-Kriterium 5.6.
- Für $z = i$ wird in Übungsaufgabe 16.1 gezeigt, dass die Reihe konvergiert.
- Die Reihe konvergiert sogar für jedes $z \in \mathbb{C}$ mit $|z| = 1$ und $z \neq 1$. Der Beweis dieser allgemeineren Aussage ist allerdings etwas kniffelig.

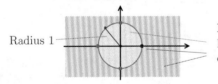

Radius 1

Punkte, bei denen die Potenzreihe $\sum_{n \geq 1} \frac{z^n}{n}$ konvergiert beziehungsweise divergiert

Notation. Es sei $a \in \mathbb{C}$ und $r \in \mathbb{R}$. Wir bezeichnen

$$\overline{D(a,r)} := \{z \in \mathbb{C} \,|\, |z-a| \leq r\} \quad \text{als die abgeschlossene Scheibe von Radius } r \text{ um } a$$
$$D(a,r) := \{z \in \mathbb{C} \,|\, |z-a| < r\} \quad \text{als die offene Scheibe von Radius } r \text{ um } a.$$

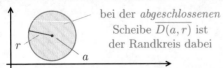

bei der *abgeschlossenen* Scheibe $\overline{D(a,r)}$ ist der Randkreis dabei

bei der *offenen* Scheibe $D(a,r)$ ist der Randkreis nicht dabei

S. Friedl, *Analysis 1*, https://doi.org/10.1007/978-3-662-67359-1_17

Auf Seite 191 haben wir die Supremumsnorm einer Funktion $f\colon D \to \mathbb{R}$ definiert. Die Definition überträgt sich problemlos auf komplexe Funktionen:

Definition. Für $\varnothing \neq D \subset \mathbb{C}$ und eine Funktion $f\colon D \to \mathbb{C}$ definieren wir die Supremums-norm

$$\|f\| := \sup\{|f(z)| \,|\, z \in D\} \in \mathbb{R}_{\geq 0} \cup \{\infty\}.$$

Der Begriff der gleichmäßigen Konvergenz von Funktionenfolgen, welchen wir auf Seite 191 eingeführt haben, überträgt sich wortwörtlich auf komplexe Funktionenfolgen.

Satz 16.1. Es sei

$$f(z) = \sum_{n \geq w} c_n \cdot (z - a)^n$$

eine Potenzreihe, welche für ein $z_0 \in \mathbb{C}$ konvergiert. Für jedes $0 \leq r < |z_0 - a|$ konvergiert die Potenzreihe auf der abgeschlossenen Scheibe

$$\overline{D(a,r)} = \{z \in \mathbb{C}\,\big|\,|z - a| \leq r\}$$

gleichmäßig.

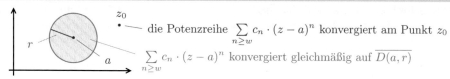

die Potenzreihe $\sum_{n \geq w} c_n \cdot (z - a)^n$ konvergiert am Punkt z_0

$\sum_{n \geq w} c_n \cdot (z - a)^n$ konvergiert gleichmäßig auf $\overline{D(a,r)}$

Beweis. Um die Notation etwas zu vereinfachen, betrachten wir nur den Fall $a = 0$ und $w = 0$. Es sei also $f(z) = \sum_{n \geq 0} c_n \cdot z^n$ eine Potenzreihe, welche für ein $z_0 \neq 0 \in \mathbb{C}$ konvergiert.

Es sei $0 \leq r < |z_0|$. Wir müssen zeigen, dass die Reihe auf $\overline{D(0,r)} = \{z \in \mathbb{C}\,|\,|z| \leq r\}$ gleichmäßig konvergiert.

Es folgt aus der Berechnung der geometrischen Reihe in Satz 2.14 und der offensichtlichen Verallgemeinerung des Majoranten-Kriteriums 15.5 auf komplexe Funktionenfolgen, dass es genügt, folgende Behauptung zu beweisen:

Behauptung. Es gibt ein $C \in \mathbb{R}$ und ein $\theta \in [0,1)$, so dass für alle $n \in \mathbb{N}_0$ gilt:

$$\|\underbrace{c_n \cdot z^n}_{\substack{\text{als Funktion} \\ \text{auf } \overline{D(0,r)}}}\| \leq C \cdot \theta^n, \qquad \text{mit anderen Worten:} \qquad |c_n \cdot z^n| \leq C \cdot \theta^n \quad \text{für alle } z \in \overline{D(0,r)}.$$

Beweis.

Für $z \in \overline{D(0,r)}$ und $n \in \mathbb{N}_0$ ist $|c_n \cdot z^n| = |c_n \cdot z_0^n| \cdot |\tfrac{z}{z_0}|^n$. Wir wollen den ersten Faktor durch eine feste Zahl C abschätzen und den zweiten Term durch einen Term θ^n, wobei $\theta \in [0,1)$.

Nachdem die Reihe $\sum_{n \geq w} c_n \cdot z_0^n$ konvergiert, folgt aus Satz 5.2 zusammen mit dem Beschränktheitssatz 2.2, dass die Folge $(c_n \cdot z_0^n)_{n \in \mathbb{N}_0}$ beschränkt ist. Es existiert also ein $C \in \mathbb{R}$, so dass

$$|c_n \cdot z_0^n| \leq C$$

für alle $n \in \mathbb{N}_0$. Setzen wir zudem $\theta := |\tfrac{r}{z_0}|$, dann gilt für alle $z \in \overline{D(0,r)}$ und alle $n \in \mathbb{N}_0$, dass

$$|c_n \cdot z^n| = |c_n \cdot z_0^n| \cdot \underset{\underset{\text{denn } z \in \overline{D(0,r)}}{\uparrow}}{\left(\frac{|z|}{|z_0|}\right)^n} \leq |c_n \cdot z_0^n| \cdot \underbrace{\left|\frac{r}{z_0}\right|^n}_{=\theta} \leq C \cdot \theta^n.$$

∎

16.2. Der Konvergenzradius einer Potenzreihe.

Definition. Es sei $f(z) = \sum\limits_{n \geq w} c_n \cdot (z - a)^n$ eine Potenzreihe. Wir bezeichnen

$$R := \sup \left\{ |z - a| \; \middle| \; \sum_{n \geq w} c_n \cdot (z - a)^n \text{ konvergiert} \right\} \in \mathbb{R}_{\geq 0} \cup \{\infty\}$$

als den Konvergenzradius der Potenzreihe $f(z)$.

In folgendem Lemma bestimmen wir einige interessante Konvergenzradien:

Lemma 16.2.

(1) Der Konvergenzradius der Reihen $\sum\limits_{n \geq 0} z^n$ und $\sum\limits_{n \geq 1} \frac{z^n}{n}$ ist $= 1$.

(2) Der Konvergenzradius der Exponentialreihe $\sum\limits_{n \geq 0} \frac{z^n}{n!}$ ist ∞.

Beweis.

(1) Auf Seite 198 haben wir gesehen, dass beide Reihen für alle $z \in \mathbb{C}$ mit $|z| < 1$ konvergieren. Also ist der Konvergenzradius mindestens 1. Andererseits haben wir auch gesehen, dass beide Reihen für alle $z \in \mathbb{C}$ mit $|z| > 1$ divergieren, also ist der Konvergenzradius höchstens 1.

(2) Der Beweis von Satz 5.17 zeigt, dass die Exponentialreihe $\sum\limits_{n \geq 0} \frac{z^n}{n!}$ für jedes $z \in \mathbb{C}$ konvergiert, also ist der Konvergenzradius ∞. ∎

Satz 16.3. (Konvergenzradiussatz) Es sei $f(z) = \sum\limits_{n \geq w} c_n \cdot (z - a)^n$ eine Potenzreihe mit Konvergenzradius R. Für jedes $z \in \mathbb{C}$ gilt

$$|z - a| < R \implies f(z) \text{ konvergiert,}$$
$$|z - a| > R \implies f(z) \text{ divergiert.}$$

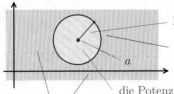

Konvergenzradius der Potenzreihe $\sum\limits_{n \geq w} c_n \cdot (z - a)^n$

es gibt keine allgemeine Aussage für die Konvergenz auf dem Kreis $|z - a| = R$

die Potenzreihe konvergiert auf der offenen Scheibe $D(a, R)$

die Potenzreihe divergiert außerhalb der abgeschlossenen Scheibe $\overline{D(a, R)}$

Bemerkung. Am Beispiel der Reihe $\sum\limits_{n \geq 1} \frac{z^n}{n}$ auf der Seite 198 haben wir schon gesehen, dass wir keine allgemeine Aussage über die Konvergenz einer Reihe für komplexe Zahlen z mit $|z - a| = R$ treffen können.

Beweis des Konvergenzradiussatzes 16.3.

(1) Es sei also $z \in \mathbb{C}$ mit $|z - a| < R$. Dann existiert per Definition des Konvergenzradius ein $z_0 \in \mathbb{C}$ mit $|z - a| < |z_0 - a|$, und so dass die Potenzreihe $f(z_0)$ konvergiert. Es folgt dann aus Satz 16.1, angewandt auf $r := |z - a|$, dass die Potenzreihe $f(z)$ ebenfalls konvergiert.

(2) Die zweite Aussage folgt aus der Definition des Konvergenzradius R. ∎

Konvergenzradius der Potenzreihe $\sum\limits_{n \geq w} c_n \cdot (z - a)^n$

Den Begriff von Stetigkeit kann man wortwörtlich auch für komplexe Funktionen übernehmen. Genauer gesagt, wir haben folgende Definition.

Definition. Es sei $D \subset \mathbb{C}$ eine Teilmenge, es sei $f \colon D \to \mathbb{C}$ eine Funktion, und es sei $z \in D$. Wir definieren

$$f \text{ ist im Punkt } z \text{ stetig} \quad :\Longleftrightarrow \quad \underset{\epsilon > 0}{\forall} \ \underset{\delta > 0}{\exists} \ \underset{\substack{z \in D \text{ mit} \\ |w - z| < \delta}}{\forall} \ |f(w) - f(z)| < \epsilon.$$

Wir sagen, $f \colon D \to \mathbb{C}$ ist stetig, wenn f in jedem Punkt des Definitionsbereichs stetig ist. Wir können nun folgendes Lemma formulieren und beweisen.

Satz 16.4. (Potenzreihen-Stetigkeitssatz) Es sei $\sum\limits_{n \geq 0} c_n \cdot (z - a)^n$ eine Potenzreihe mit Konvergenzradius R. Die Funktion

$$D(a, R) \quad \to \quad \mathbb{C}$$
$$z \quad \mapsto \quad f(z) := \sum_{n=0}^{\infty} c_n \cdot (z - a)^n$$

ist stetig.

Beispiel. Der Potenzreihen-Stetigkeitssatz 16.4, zusammen mit der Bestimmung des Konvergenzradius der Exponentialreihe in Lemma 16.2, gibt uns einen weiteren Beweis der Stetigkeit der Exponentialfunktion. Zudem kann man mit dem Potenzreihen-Stetigkeitssatz 16.4 und der Potenzreihenschreibweise für sin und cos auch problemlos beweisen, dass die Sinusund die Kosinusfunktion stetig sind.

Beweis des Potenzreihen-Stetigkeitssatz 16.4. Es sei also $z \in \mathbb{C}$ mit $|z - a| < R$. Wir wollen zeigen, dass f im Punkt z stetig ist. Per Definition des Konvergenzradius existiert ein $z_0 \in \mathbb{C}$ mit $|z - a| < |z_0 - a|$ und so dass die Potenzreihe $f(z_0)$ konvergiert. Wir wählen ein r mit $|z - a| < r < |z_0 - a|$.

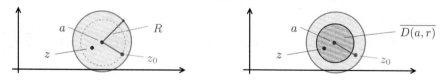

Es folgt aus Satz 16.1, angewandt auf r, dass die Potenzreihe $f(z)$ auf der abgeschlossenen Scheibe $\overline{D(a,r)}$ gleichmäßig konvergiert. Es folgt dann aus der offensichtlichen Verallgemeinerung von Satz 15.3 auf komplexe Funktionen, dass f stetig auf der abgeschlossenen Scheibe $\overline{D(a,r)}$ ist. Nachdem $z \in D(a, r)$, folgt, dass die Funktion f im Punkt z stetig ist. ∎

Im nächsten Kapitel wird folgendes, ansonsten etwas technisch geratene, Lemma eine wichtige Rolle spielen:

Lemma 16.5. Es sei $\sum\limits_{n \geq w} c_n \cdot (z-a)^n$ eine Potenzreihe, und es sei $k \in \mathbb{Z}$. Es gilt:

Konvergenzradius von $\sum\limits_{n \geq w} n^k \cdot c_n \cdot (z-a)^n$ = Konvergenzradius von $\sum\limits_{n \geq w} c_n \cdot (z-a)^n$.

Beispiel. Wir haben schon auf Seite 198 gesehen, dass die beiden Reihen $\sum\limits_{n \geq 1} \frac{1}{n} \cdot z^n$ und $\sum\limits_{n \geq 1} z^n$ den gleichen Konvergenzradius 1 besitzen. An diesem Beispiel sieht man auch, dass sich die Konvergenz auf dem Kreis $|z-a| = r$ durchaus ändern kann.

Beweis von Lemma 16.5. Um die Notation etwas zu vereinfachen, betrachten wir wieder den Spezialfall $a = 0$ und $w = 0$. Der allgemeine Fall wird ganz analog bewiesen. Es sei also $\sum\limits_{n \geq 0} c_n \cdot z^n$ eine Potenzreihe, und es sei $k \in \mathbb{Z}$.

Behauptung 1. Es sei $(d_n)_{n \in \mathbb{N}_0}$ eine Folge von reellen Zahlen, so dass für alle $\theta \in [0,1)$ gilt, dass $\lim\limits_{n \to \infty} d_n \cdot \theta^n = 0$. Dann gilt für jede Folge $(s_n)_{n \in \mathbb{N}_0}$ von komplexen Zahlen, dass

Konvergenzradius von $\sum\limits_{n \geq 0} d_n \cdot s_n \cdot z^n$ $\geq$ Konvergenzradius von $\sum\limits_{n \geq 0} s_n \cdot z^n$.

Beweis. Es folgt aus der Definition des Konvergenzradius, dass es genügt folgende Aussage zu beweisen: Wenn die Potenzreihe $\sum\limits_{n \geq 0} s_n \cdot z^n$ für ein $z_0 \in \mathbb{C}$ konvergiert, dann konvergiert die Potenzreihe $\sum\limits_{n \geq 0} d_n \cdot s_n \cdot z^n$ für jedes $z \in \mathbb{C}$ mit $|z| < |z_0|$. Es sei also solch ein $z_0 \in \mathbb{C}$ gegeben, und es sei zudem $z \in \mathbb{C}$ mit $|z| < |z_0|$. Wir wählen $v, w \in \mathbb{C}$ mit $|z| < |v| < |w| < |z_0|$. Dann gilt:

$$\sum_{n \geq 0} d_n \cdot s_n \cdot z^n = \sum_{n \geq 0} d_n \cdot \left(\frac{z}{v}\right)^n \cdot s_n \cdot w^n \cdot \left(\frac{v}{w}\right)^n.$$

Da $\theta := \left|\frac{z}{v}\right| < 1$, folgt aus der Voraussetzung an die Folge $(d_n)_{n \in \mathbb{N}}$, dass $\lim\limits_{n \to \infty} d_n \cdot \left|\frac{z}{v}\right|^n = 0$. Zudem konvergiert nach Voraussetzung die Reihe $\sum\limits_{n=0}^{\infty} s_n \cdot w^n$, also ist auch $|s_n \cdot w^n|$ eine Nullfolge. Da $\left|\frac{v}{w}\right| < 1$, sehen wir nun, wie im Beweis von Satz 16.1, dass die Reihe $\sum\limits_{n \geq 0} d_n \cdot s_n \cdot z^n$ konvergiert. $\boxplus$

Behauptung 2. Die Voraussetzung von Behauptung 1 ist für die Folge $d_n = n^k$ erfüllt.

Beweis. Es sei $s \in [0,1)$.

(1) Wenn $k \leq 0$, dann folgt aus Satz 2.7 und Lemma 2.10, dass $\lim\limits_{n \to \infty} n^k \cdot s^n = 0$.

(2) Wenn $k \geq 0$, dann folgt aus Regel 12.7 von L'Hôpital, angewandt wie auf Seite 158, zusammen mit Lemma 12.9, dass $\lim\limits_{n \to \infty} n^k \cdot s^n = 0$. $\boxplus$

Wir erhalten nun folgende Gleichheit:

Konvergenzradius von $\sum\limits_{n \geq 0} n^k \cdot c_n \cdot z^n$ = Konvergenzradius von $\sum\limits_{n \geq 0} c_n \cdot z^n$.
$\uparrow$

$\geq$ folgt aus Behauptung 1, angewandt auf $d_n = n^k$ und $s_n = c_n$
$\leq$ folgt aus Behauptung 1, angewandt auf $d_n = n^{-k}$ und $s_n = n^k \cdot c_n$ ■

16.3. Ableitungen und Stammfunktionen von Potenzreihen. Im Folgenden betrachten wir Ableitungen und Stammfunktionen von Funktionen, welche durch Potenzreihen definiert werden. Nachdem wir den Begriff der Ableitung und der Stammfunktion von komplexen Funktionen noch nicht definiert haben, werden wir von jetzt an nur noch reelle Reihen betrachten.

Der folgende Satz besagt, dass man durch Potenzreihen definierte Funktionen „naiv" ableiten und aufleiten kann:

Satz 16.6. (Potenzreihen-Ableitungssatz) Es sei $(c_n)_{n\in\mathbb{N}}$ eine Folge von reellen Zahlen, und es sei $a \in \mathbb{R}$. Wir nehmen an, dass es ein $R > 0$ gibt, so dass die Reihe $\sum_{n\geq 0} c_n \cdot (x-a)^n$ für alle $x \in (a-R, a+R)$ konvergiert. Dann gilt auf dem Intervall $(a-R, a+R)$:

(1) $\quad \dfrac{d}{dx} \displaystyle\sum_{n=0}^{\infty} c_n \cdot (x-a)^n \quad = \quad \sum_{n=1}^{\infty} n \cdot c_n \cdot (x-a)^{n-1} \qquad$ „gliedweise Ableitung"

(2) $\quad \displaystyle\int \sum_{n=0}^{\infty} c_n \cdot (x-a)^n \, dx \;\doteq\; \sum_{n=0}^{\infty} \dfrac{c_n}{n+1} \cdot (x-a)^{n+1} \qquad$ „gliedweise Aufleitung".

Insbesondere konvergieren die Reihen auf der rechten Seite für alle $x \in (a-R, a+R)$.

Beispiel.

(1) Wir betrachten die Exponentialfunktion. Es gilt:

$$\frac{d}{dx}\exp(x) \;=\; \frac{d}{dx}\sum_{n=0}^{\infty}\frac{x^n}{n!} \;=\; \sum_{n=1}^{\infty} n\cdot\frac{x^{n-1}}{n!} \;=\; \sum_{n=1}^{\infty}\frac{x^{n-1}}{(n-1)!} \;=\; \sum_{k=0}^{\infty}\frac{x^k}{k!} \;=\; \exp(x).$$

folgt aus dem Potenzreihen-Ableitungssatz 16.6   denn $\frac{n}{n!} = \frac{1}{(n-1)!}$ Substitution $k = n-1$

Wir haben also noch einmal gezeigt, dass die Ableitung der Exponentialfunktion wiederum die Exponentialfunktion ist.

(2) Wir erinnern daran, dass der Potenzreihen-Ableitungssatz 16.6 besagt, dass

$$\sin(x) \;=\; \sum_{n=0}^{\infty}(-1)^n\cdot\frac{x^{2n+1}}{(2n+1)!} \;=\; \lim_{k\to\infty}\left(x - \frac{x^3}{3!} + \frac{x^5}{5!} - \ldots(-1)^k\cdot\frac{x^{2k+1}}{(2k+1)!}\right)$$

$$\cos(x) \;=\; \sum_{n=0}^{\infty}(-1)^n\cdot\frac{x^{2n}}{(2n)!} \;=\; \lim_{k\to\infty}\left(1 - \frac{x^2}{2!} + \frac{x^4}{4!} - \ldots(-1)^k\cdot\frac{x^{2k}}{(2k)!}\right)$$

Es ist nun sehr amüsant, mithilfe dieser Potenzreihendarstellungen und dem Reihendarstellungssatz 9.5 zu zeigen, dass $\frac{d}{dx}\sin(x) = \cos(x)$ und $\frac{d}{dx}\cos(x) = -\sin(x)$.

Beweis von Satz 16.6. Es sei $(c_n)_{n\in\mathbb{N}}$ eine Folge von reellen Zahlen und $R > 0$, so dass die Reihe $\sum_{n\geq 0} c_n \cdot (x-a)^n$ für alle $x \in (a-R, a+R)$ konvergiert. Es folgt aus dem Konvergenzradiussatz 16.3 und Lemma 16.5, dass die beiden Potenzreihen

$$\sum_{n\geq 1} n \cdot c_n \cdot (x-a)^{n-1} \qquad \text{und} \qquad \sum_{n\geq 0}\frac{1}{n+1}\cdot c_n \cdot (x-a)^{n+1}$$

ebenfalls auf $(a-R, a+R)$ konvergieren.

Wir beweisen nun zuerst Aussage (2). Per Definition einer Stammfunktion müssen wir also zeigen, dass auf $(a-R, a+R)$ folgende Gleichheit gilt:

$$\frac{d}{dx}\left(x \mapsto \sum_{n=0}^{\infty}\frac{c_n}{n+1}\cdot(x-a)^{n+1}\right) \;=\; \left(x \mapsto f(x) := \sum_{n=0}^{\infty}c_n\cdot(x-a)^n\right).$$

In der Tat gilt für alle $x \in (a - R, a + R)$:

$$\sum_{n=0}^{\infty} c_n \cdot (x-a)^n \;\; \underset{\uparrow}{=} \;\; f(x) \;\; \underset{\uparrow}{=} \;\; \frac{d}{dx} \int_a^x f(t)\,dt \;\; = \;\; \frac{d}{dx} \int_a^x \lim_{k \to \infty} \sum_{n=0}^{k} c_n \cdot (t-a)^n \, dt$$

per Definition   die Funktion $f(x) = \sum_{n=0}^{\infty} c_n (x-a)^n$ ist nach dem
Potenzreihen-Stetigkeitssatz 16.4 stetig,
die Gleichheit folgt also aus dem HDI 14.3

$$\underset{\uparrow}{=} \;\; \frac{d}{dx} \lim_{k \to \infty} \int_a^x \sum_{n=0}^{k} c_n \cdot (t-a)^n \, dt \;\; \underset{\uparrow}{=} \;\; \frac{d}{dx} \lim_{k \to \infty} \left[\sum_{n=0}^{k} \frac{c_n}{n+1} \cdot (t-a)^{n+1} \right]_a^x$$

nach Satz 16.1 konvergiert die Funktionenfolge $\sum_{n=0}^{k} c_n \cdot (t-a)^n$ auf dem abgeschlossenen Intervall von a bis x gleichmäßig, es folgt also aus Satz 15.6, dass wir „den Grenzwert rausziehen können"   übliche Integration von Polynomen

$$= \;\; \frac{d}{dx} \lim_{k \to \infty} \sum_{n=0}^{k} \frac{c_n}{n+1} \cdot (x-a)^{n+1} \;\; = \;\; \frac{d}{dx} \sum_{n=0}^{\infty} \frac{c_n}{n+1} \cdot (x-a)^{n+1}.$$

Wir beweisen nun Aussage (1). Wir müssen also beweisen, dass ganz allgemein gilt:

(a) $$\frac{d}{dx} \sum_{n=0}^{\infty} d_n \cdot (x-a)^n \;\; = \;\; \sum_{n=1}^{\infty} n \cdot d_n \cdot (x-a)^{n-1}.$$

Mit anderen Worten: Wir müssen beweisen, dass

(b) $$\sum_{n=0}^{\infty} d_n \cdot (x-a)^n \;\; \dot{=} \;\; \int \sum_{n=1}^{\infty} n \cdot d_n \cdot (x-a)^{n-1} \, dx.$$

Die umformulierte Aussage folgt aber sofort aus (2), angewandt auf $c_n = n \cdot d_n$. ∎

Beispiel.

(1) Aus der Berechnung der geometrischen Reihe in Satz 2.14, angewandt auf $z = -x$, folgt, dass

$$\frac{1}{1+x} \;\; = \;\; \sum_{n=0}^{\infty} (-1)^n \cdot x^n \qquad \text{für alle } x \in (-1, 1).$$

Mithilfe von $\frac{d}{dx} \ln(x) = \frac{1}{x}$ und des Potenzreihen-Ableitungssatzes 16.6 erhalten wir Stammfunktionen der Terme links und rechts. Aus Lemma 14.1 folgt dann, dass es ein $C \in \mathbb{R}$ gibt, so dass

$$\ln(1+x) \;\; = \;\; \sum_{n=0}^{\infty} (-1)^n \cdot \frac{x^{n+1}}{n+1} + C \qquad \text{für alle } x \in (-1, 1).$$

Indem wir $x = 0$ einsetzen, sehen wir, dass $C = 0$. Also ist

$$\ln(1+x) \;\; = \;\; \sum_{n=0}^{\infty} (-1)^n \cdot \frac{x^{n+1}}{n+1} \qquad \text{für alle } x \in (-1, 1).$$

Es folgt aus dem Leibniz-Kriterium 5.6, dass die Reihe auf der rechten Seite für $x = 1$ konvergiert. Es stellt sich die Frage, ob die obige Gleichheit auch für $x = 1$ gilt. Wir werden die Frage im nächsten Abschnitt beantworten.

(2) Aus der Berechnung der geometrischen Reihe in Satz 2.14, angewandt auf $z = -x^2$, folgt, dass

$$\frac{1}{1+x^2} = \sum_{n=0}^{\infty} (-1)^n \cdot x^{2n} \qquad \text{für alle } x \in (-1,1).$$

Wir betrachten jetzt Stammfunktionenen dieser Funktion. Aus $\frac{d}{dx}\arctan(x) = \frac{1}{1+x^2}$, aus dem Potenzreihen-Ableitungssatz 16.6 und aus Lemma 14.1 folgt, dass es ein $C \in \mathbb{R}$ gibt, so dass

$$\arctan(x) = \sum_{n=0}^{\infty} (-1)^n \cdot \frac{x^{2n+1}}{2n+1} + C \qquad \text{für alle } x \in (-1,1).$$

Indem wir wiederum $x = 0$ einsetzen, sehen wir, dass $C = 0$. Also ist

$$(*) \qquad \arctan(x) = \sum_{n=0}^{\infty} (-1)^n \cdot \frac{x^{2n+1}}{2n+1} \qquad \text{für alle } x \in (-1,1).$$

Es folgt wiederum aus dem Leibniz-Kriterium 5.6, dass die Reihe auf der rechten Seite für $x = -1$ und $x = 1$ konvergiert. Auch hier stellt sich die Frage, ob die Gleichheit $(*)$ auch für $x = \pm 1$ gilt, und auch dieses Mal werden wir die Frage im nächsten Abschnitt beantworten.

16.4. Der Abelsche Grenzwertsatz und seine Anwendungen. Wir wollen als erstes den etwas technischen Abelschen Grenzwertsatz 16.7 formulieren und beweisen. Dieser wird es uns dann unter anderem ermöglichen, den Wert $\sum_{n=1}^{\infty} (-1)^n \cdot \frac{1}{n}$ zu bestimmen.

Satz 16.7. (Abelscher Grenzwertsatz) Es sei $(c_n)_{n\in\mathbb{N}}$ eine Folge von reellen Zahlen und $a \in \mathbb{R}$. Wenn die Potenzreihe $f(x) := \sum_{n\geq 0} c_n \cdot (x-a)^n$ für ein $x_0 > a$ konvergiert, dann gilt

$$\lim_{x\to x_0} \underbrace{\sum_{n=0}^{\infty} c_n \cdot (x-a)^n}_{=f(x)} = \underbrace{\sum_{n=0}^{\infty} c_n \cdot (x_0-a)^n}_{=f(x_0)}.$$

Beweis. Um die Notation zu vereinfachen, nehmen wir an, dass $a = 0$ und $x_0 = 1$. Der allgemeine Fall wird ganz analog bewiesen. Es sei also $f(x) = \sum_{n\geq 0} c_n \cdot x^n$ eine Potenzreihe, welche für $x = 1$ konvergiert. Wir müssen zeigen, dass

$$\lim_{x\to x_0} f(x) = f(1).$$

Es sei also $\epsilon > 0$. Wir müssen zeigen, dass es ein $\delta > 0$ gibt, so dass $|f(1) - f(x)| < \epsilon$ für alle $x \in (1-\delta, 1]$. Folgende Behauptung wird es uns erlauben, $f(1) - f(x)$ in den Griff zu bekommen:

Behauptung. Für jedes $x \in [0,1)$ gilt

$$f(1)-f(x) = (1-x)\cdot \sum_{n=0}^{\infty} (s-s_n)\cdot x^n, \qquad \text{wobei } s_k := \sum_{n=0}^{k} c_n \quad \text{und} \quad s := f(1) = \sum_{n=0}^{\infty} c_n.$$

Beweis. Wir setzen zudem $s_{-1} := 0$. Für $x \in [0,1)$ gilt dann:

$$f(x) = \sum_{n=0}^{\infty} c_n \cdot x^n = \lim_{k\to\infty} \sum_{n=0}^{k} c_n \cdot x^n = \lim_{k\to\infty} \sum_{n=0}^{k} \underbrace{(s_n - s_{n-1})}_{=c_n} \cdot x^n \overset{\text{elementare Umformung}}{=}$$

$$= \lim_{k\to\infty} \left(s_k \cdot x^k + (1-x)\cdot \sum_{n=0}^{k-1} s_n \cdot x^n \right) = (1-x)\cdot \sum_{n=0}^{\infty} s_n \cdot x^n.$$

wir haben vorausgesetzt, dass die Potenzreihe bei $x = 1$ konvergiert: die Folge der Partialsummen (s_k) ist daher konvergent, insbesondere beschränkt; da $x \in [0,1)$ ist (x^k) eine Nullfolge, also ist nach Satz 2.4 auch $s_k \cdot x^k$ eine Nullfolge

Es folgt nun, dass für jedes $x \in [0,1)$ gilt:

$$f(1)-f(x) \;=\; s \cdot \underbrace{(1-x)\cdot\sum_{n=0}^{\infty} x^n}_{\substack{=\,1,\ \text{nach der Berechnung}\\ \text{der geometrischen Reihe}\\ \text{in Satz 2.14}}} \;-\; \underbrace{(1-x)\cdot\sum_{n=0}^{\infty} s_n \cdot x^n}_{=\,f(x),\ \text{siehe oben}} \;=\; (1-x)\cdot\sum_{n=0}^{\infty}(s-s_n)\cdot x^n.$$

⊞

Nachdem $\lim_{n\to\infty}(s-s_n)=0$, gibt es ein $N\in\mathbb{N}$, so dass $|s-s_n|<\frac{\epsilon}{2}$ für alle $n\geq N$. Für alle $x\in[0,1)$ gilt dann:

$$\left|f(1)-f(x)\right| \;\overset{\underset{\text{obige Behauptung}}{\downarrow}}{=}\; \left|(1-x)\cdot\sum_{n=0}^{\infty}(s-s_n)\cdot x^n\right| \;\overset{\underset{\text{Reihenanfangspunkt-Lemma 5.1 (1)}}{\downarrow}}{=}\;$$

$$=\; \left|(1-x)\cdot\sum_{n=0}^{N-1}(s-s_n)\cdot x^n + (1-x)\cdot\sum_{n=N}^{\infty}(s-s_n)\cdot x^n\right|$$

$$\underset{\underset{\text{Reihenbetrag-Satz 5.7}}{\uparrow}}{\leq}\; (1-x)\cdot\underbrace{\sum_{n=0}^{N-1}|s-s_n|\cdot x^n}_{\leq\, C:=\sum_{n=0}^{N-1}|s-s_n|} + (1-x)\cdot\underbrace{\sum_{n=N}^{\infty}\frac{\epsilon}{2}\cdot x^n}_{\leq\,\frac{\epsilon}{2}\cdot\sum_{n=0}^{\infty}x^n=\frac{\epsilon}{2}\frac{1}{1-x}} \;\leq\; (1-x)\cdot C + \frac{\epsilon}{2}.$$

Für $x\in(1-\frac{\epsilon}{2C},1)$ gilt dann also wie erhofft, dass

$$|f(1)-f(x)| \;\leq\; (1-x)\cdot C+\frac{\epsilon}{2} \;\underset{\underset{\text{denn } x\in(1-\frac{\epsilon}{2C},1)}{\uparrow}}{<}\; \frac{\epsilon}{2}+\frac{\epsilon}{2} \;=\; \epsilon.$$

■

Beispiel.

(1) Auf Seite 204 haben wir gesehen, dass

$$\ln(1+x) \;=\; \sum_{n=0}^{\infty}(-1)^n\cdot\frac{x^{n+1}}{n+1} \qquad \text{für alle } x\in(-1,1).$$

Es folgt aus dem Leibniz-Kriterium 5.6, dass die Reihe $\sum_{n=0}^{\infty}(-1)^n\cdot\frac{x^{n+1}}{n+1}$ für $x=1$ konvergiert. Es folgt:

$$\ln(2) \;\underset{\underset{\text{da ln stetig}}{\uparrow}}{=}\; \lim_{x\to1}\ln(1+x) \;\underset{\underset{\text{siehe oben}}{\uparrow}}{=}\; \lim_{x\to1}\sum_{n=0}^{\infty}(-1)^n\cdot\frac{x^{n+1}}{n+1} \;\underset{\underset{\text{Abelscher Grenzwertsatz 16.7}}{\uparrow}}{=}\; \sum_{n=0}^{\infty}(-1)^n\cdot\frac{1}{n+1}.$$

(2) Auf Seite 204 haben wir gesehen, dass

$$\arctan(x) \;=\; \sum_{n=0}^{\infty}(-1)^n\cdot\frac{x^{2n+1}}{2n+1} \qquad \text{für alle } x\in(-1,1).$$

Es folgt aus dem Leibniz-Kriterium 5.6, dass die Reihe $\sum_{n=0}^{\infty}(-1)^n\cdot\frac{x^{2n+1}}{2n+1}$ für $x=-1$ und $x=1$ konvergiert. Es folgt:

$$\frac{\pi}{4}=\arctan(1) \;\underset{\underset{\text{da arctan stetig}}{\uparrow}}{=}\; \lim_{x\to1}\arctan(x) \;\underset{\underset{\text{siehe oben}}{\uparrow}}{=}\; \lim_{x\to1}\sum_{n=0}^{\infty}(-1)^n\cdot\frac{x^{2n+1}}{2n+1} \;\underset{\underset{\text{Abelscher Grenzwertsatz 16.7}}{\uparrow}}{=}\; \sum_{n=0}^{\infty}(-1)^n\cdot\frac{x^{2n+1}}{2n+1}.$$

Zur annäherungsweisen Berechnung von π ist diese Darstellung allerdings ungeeignet, weil die Reihe nur „langsam" konvergiert. Beispielsweise gilt: Wenn Sie $\frac{\pi}{4}$ bis auf sechs

Stellen berechnen wollen, dann müssen Sie die Summe $\sum\limits_{k=0}^{n} \frac{(-1)^k}{2k+1}$ für $n = 500.000$ berechnen.

Übungsaufgaben zu Kapitel 16.

Aufgabe 16.1. Wir betrachten die Potenzreihe $\sum\limits_{n \geq 1} \frac{z^n}{n}$. Zeigen Sie, dass die Potenzreihe für $z = i$ konvergiert.

Aufgabe 16.2. Gibt es eine Potenzreihe mit Konvergenzradius $= 0$?

17. Das Taylorpolynom

Die einfachsten Typen von Funktionen sind Polynome. In diesem Kapitel werden wir sehen, dass wir Funktionen, welche genügend oft differenzierbar sind, in der Nähe von einem beliebigen Punkt durch die sogenannten Taylorpolynome approximieren können.

17.1. Höhere Ableitungen und C^∞-Funktionen.
Wir erinnern zuerst an folgende harmlose Definition, welche wir auf Seite 141 eingeführt hatten:

Definition. Es sei $f\colon I \to \mathbb{R}$ eine differenzierbare Funktion auf einem offenen Intervall.
(1) Wenn die Ableitung f' differenzierbar ist, dann schreiben wir
$$f^{(2)} \quad := \quad f'' \quad := \quad (f')', \qquad \text{genannt die zweite Ableitung von } f.$$
(2) Wenn die $(n-1)$-te Ableitung von f differenzierbar ist, dann definieren wir die n-te Ableitung von f als
$$f^{(n)} \quad := \quad (f^{(n-1)})',$$
und wir sagen, f ist n-fach differenzierbar.
(3) Wir erweitern die Notation $f^{(n)}$ und schreiben manchmal $f^{(0)} := f$ und $f^{(1)} := f'$.
(4) Wir sagen, f ist eine C^∞-Funktion, wenn f beliebig oft differenzierbar ist.[64]

Beispiel.
(1) Es sei $n \in \mathbb{N}$. Man kann problemlos zeigen, dass die Funktion
$$f\colon \mathbb{R} \to \mathbb{R}$$
$$x \mapsto \begin{cases} -x^{n+1}, & \text{wenn } x \le 0, \\ x^{n+1}, & \text{wenn } x > 0 \end{cases}$$
n-fach differenzierbar ist mit $f^{(n)}(x) = (n+1)! \cdot |x|$. Nachdem $f^{(n)}(x)$ nicht differenzierbar ist, sehen wir, dass f nicht $(n+1)$-fach differenzierbar ist.
(2) Es folgt aus Lemma 10.1 und den Ableitungsregeln 10.4, dass Polynomfunktionen C^∞-Funktionen sind.
(3) Es folgt aus Satz 10.6, dass die Exponentialfunktion, die Sinusfunktion sowie die Kosinusfunktion C^∞-Funktionen sind.
(4) Es folgt aus den Ableitungsregeln 10.4, der Kettenregel 10.7 und der Umkehrregel 10.9, dass beliebige Summen, Produkte, Quotienten, Verknüpfungen und Umkehrungen von C^∞-Funktionen wieder C^∞-Funktionen sind.

17.2. Approximationen von Funktionen.

Definition. Es sei $f\colon I \to \mathbb{R}$ eine Funktion auf einem offenen Intervall, und es sei $x_0 \in I$. Wir sagen, eine Funktion $a\colon I \to \mathbb{R}$ ist eine Approximation von f am Punkt x_0 von n-ter Ordnung, wenn
$$\lim_{x \to x_0} \frac{f(x) - a(x)}{(x - x_0)^n} = 0.$$

Bemerkung.
(1) Die Intuition bei der Definition von „Approximation" ist wie folgt: Für x „nahe" bei x_0 wird der Nenner $(x - x_0)^k$ „sehr klein". Damit der Grenzwert des Bruchs 0 ist, muss auch der Zähler „sehr klein" werden, d.h. die Funktionswerte von a müssen „nahe" an den Funktionswerten von f liegen.

---

[64]Für $n \in \mathbb{N}_0$ bezeichnet man in der Literatur eine Funktion f als C^n-Funktion, wenn f n-fach differenzierbar ist und wenn $f^{(n)}$ stetig ist. Wir werden diesen Begriff nicht verwenden.

© Der/die Autor(en), exklusiv lizenziert an
Springer-Verlag GmbH, DE, ein Teil von Springer Nature 2023
S. Friedl, Analysis 1, https://doi.org/10.1007/978-3-662-67359-1 18

(2) Wenn a eine Approximation von k-ter Ordnung ist, dann ist a auch für jedes $l \leq k$ eine Approximation von l-ter Ordnung.

Das Ziel ist, eine „komplizierte" Funktion f durch einfachere Funktionen zu approximieren. Das folgende Lemma gibt uns ein wichtiges Beispiel einer Approximation:

Lemma 17.1. Es sei $f \colon I \to \mathbb{R}$ eine differenzierbare Funktion auf einem offenen Intervall, und es sei $x_0 \in I$. Die Linearisierung

$$p(x) := f(x_0) + f'(x_0) \cdot (x - x_0)$$

ist eine Approximation von f am Punkt x_0 von erster Ordnung.

Graph von f — Linearisierung $p(x) := f(x_0) + f'(x_0) \cdot (x - x_0)$
x_0

Beweis. Das Lemma folgt aus folgender Berechnung:

$$\lim_{x \to x_0} \frac{f(x) - p(x)}{x - x_0} = \lim_{x \to x_0} \frac{f(x) - (f(x_0) + f'(x_0) \cdot (x - x_0))}{x - x_0}$$

$$= \underbrace{\lim_{x \to x_0} \frac{f(x) - f(x_0)}{x - x_0}}_{\substack{= f'(x_0) \text{ per Definition,} \\ \text{siehe auch Seite 133}}} - \underbrace{\lim_{x \to x_0} \frac{f'(x_0) \cdot (x - x_0)}{(x - x_0)}}_{= f'(x_0)} = f'(x_0) - f'(x_0) = 0.$$

∎

17.3. Taylorpolynome. Wir haben in Lemma 17.1 gesehen, dass wir für eine gegebene differenzierbare Funktion an jedem Punkt x_0 eine Approximation erster Ordnung durch eine lineare Funktion geben können. Das Ziel ist nun zu zeigen, dass wir Approximationen n-ter Ordnung durch Polynome von Grad $\leq n$ geben können. Um solche Polynome zu finden, beweisen wir erst einmal folgendes Lemma:

Lemma 17.2. Es sei $f \colon I \to \mathbb{R}$ eine C^∞-Funktion auf einem offenen Intervall, und es sei $x_0 \in I$. Für eine C^∞-Funktion $a \colon I \to \mathbb{R}$ gilt:

a ist eine Approximation von f für alle $k \in \{0, \dots, n\}$
am Punkt x_0 von n-ter Ordnung $\Longleftrightarrow$ gilt $a^{(k)}(x_0) = f^{(k)}(x_0)$.

Beweis. Wir zeigen zuerst die „$\Leftarrow$"-Aussage. Wir nehmen also an, dass für $k = 0, \dots, n$ gilt: $f^{(k)}(x_0) - a^{(k)}(x_0) = 0$. Dann gilt:

da $f^{(k)}(x_0) - a^{(k)}(x_0) = 0$ für $k = 0, \dots, n$, können wir die Regel von L'Hôpital 12.5 anwenden

$$\lim_{x \to x_0} \frac{f(x) - a(x)}{(x - x_0)^n} \overset{\text{L'H}}{=} \lim_{x \to x_0} \frac{f^{(1)}(x) - a^{(1)}(x)}{n \cdot (x - x_0)^{n-1}} \overset{\text{L'H}}{=} \cdots$$

$$\overset{\text{L'H}}{=} \lim_{x \to x_0} \frac{f^{(n-1)}(x) - a^{(n-1)}(x)}{n! \cdot (x - x_0)} \overset{\text{L'H}}{=} \lim_{x \to x_0} \frac{f^{(n)}(x) - a^{(n)}(x)}{n!} = \frac{f^{(n)}(x_0) - a^{(n)}(x_0)}{n!} = 0.$$

folgt aus Satz 12.1 und der Voraussetzung, dass $f^{(n)}$ und $a^{(n)}$ differenzierbar, also auch stetig sind

Wir wenden uns nun dem Beweis der „$\Rightarrow$"-Aussage zu. Wir setzen $r(x) = f(x) - a(x)$. Wir nehmen also an, dass

$$\lim_{x \to x_0} \frac{r(x)}{(x - x_0)^n} = 0,$$

und wir müssen folgende Behauptung beweisen:

210

Behauptung. Für $k = 0, \ldots, n$ gilt $r^{(k)}(x_0) = 0$

Beweis. Es genügt zu zeigen, dass, wenn wir ein $k \in \{0, \ldots, n\}$ haben, so dass $r^{(i)}(x_0) = 0$ für $i = 0, \ldots, k-1$, dann auch $r^{(k)}(x_0) = 0$ gilt. Dies folgt in der Tat aus folgender Rechnung:

$$0 \underset{\substack{\uparrow}}{=} \lim_{x \to x_0} \frac{r(x)}{(x-x_0)^k} \underset{\uparrow}{\overset{\text{L'H}}{=}} \lim_{x \to x_0} \frac{r^{(1)}(x)}{k \cdot (x-x_0)^{k-1}} \overset{\text{L'H}}{\underset{\uparrow}{=}} \cdots \overset{\text{L'H}}{\underset{\uparrow}{=}} \lim_{x \to x_0} \frac{r^{(k-1)}(x)}{k! \cdot (x-x_0)} \overset{\text{L'H}}{\underset{\uparrow}{=}} \lim_{x \to x_0} \frac{r^{(k)}(x)}{k!}$$

nach Voraussetzung und da $k \leq n$ $\qquad$ nach der Regel von L'Hôpital 12.5 , da $r(x_0) = r^{(1)}(x_0) = \cdots = r^{(k-1)}(x_0) = 0$

$$= \frac{1}{k!} \cdot \lim_{x \to x_0} r^{(k)}(x) = \frac{1}{k!} \cdot r^{(k)}(x_0).$$

weil $r^{(k)}$ stetig ist. $\qquad\blacksquare$

Es sei nun $f \colon I \to \mathbb{R}$ eine C^∞-Funktion, und es sei $x_0 \in I$. Zur Erinnerung: Wir suchen ein Polynom p von Grad n, welches am Punkt x_0 eine Approximation von f von n-ter Ordnung ist. Nach Lemma 17.2 genügt es ein Polynom zu finden, dessen Funktionswert und dessen erste n Ableitungen am Punkt x_0 mit denen von f übereinstimmen. Der Gedanke ist nun, Polynome der Form

$$p(x) = \sum_{i=0}^{n} b_i \cdot (x - x_0)^i$$

zu betrachten.[65][66] Bevor wir uns der Bestimmung der richtigen Koeffizienten b_i zuwenden, wollen wir erst einmal die Ableitungen von solch einem Polynom $p(x)$ am Punkt x_0 studieren. Wir beweisen dazu folgendes elementare Lemma:

Lemma 17.3. Es seien $b_0, \ldots, b_n \in \mathbb{R}$. Dann gilt für jedes $k \in \mathbb{N}_0$:

k-te Ableitung von $x \mapsto \sum_{i=0}^{n} b_i \cdot (x-x_0)^i$ am Punkt x_0 $= \begin{cases} k! \cdot b_k, & \text{wenn } k \leq n, \\ 0, & \text{sonst.} \end{cases}$

Beweis. Für ein beliebiges $i \in \{0, \ldots, n\}$ gilt:

k-te Ableitung von $b_i \cdot (x-x_0)^i = \begin{cases} i \cdot (i-1) \ldots (i-k+1) \cdot b_i \cdot (x-x_0)^{i-k}, & \text{wenn } k \leq i, \\ 0, & \text{wenn } k > i. \end{cases}$

Insbesondere verschwindet die k-te Ableitung am Punkt x_0, außer für $k = i$. Für $k = i$ ist die Ableitung am Punkt x_0 dann gerade $k! \cdot b_k$. Das Lemma folgt nun aus der Summenformel für Ableitungen. $\qquad\blacksquare$

Wenn am Punkt x_0 die k-te Ableitung eines Polynoms $p(x) = \sum_{i=0}^{n} b_i \cdot (x-x_0)^i$ mit der k-ten Ableitung einer gegebenen Funktion f übereinstimmen soll, dann muss nach Lemma 17.3 also insbesondere $b_k = \frac{1}{k!} \cdot f^{(k)}(x_0)$ gelten. Diese Diskussion führt uns zu folgender Definition:

Definition. Es sei $f \colon I \to \mathbb{R}$ eine C^∞-Funktion auf einem offenen Intervall, und es sei $x_0 \in I$. Wir bezeichnen

$$p_{n,x_0}(f)(x) := \sum_{k=0}^{n} \frac{f^{(k)}(x_0)}{k!} \cdot (x - x_0)^k$$

als das n-te Taylorpolynom von f bei x_0. Wenn f und x_0 aus dem Kontext klar ersichtlich sind, dann schreiben wir oft einfach auch $p_n(x)$.

---

[65]Durch Ausmultiplizieren sieht man leicht, dass $\sum_{i=0}^{n} b_i \cdot (x-x_0)^i$ in der Tat ein Polynom in x ist.

[66]Die Linearisierung $f(x_0) + f'(x_0) \cdot (x - x_0)$ ist genau von diesem Typ.

Bemerkung. Wir können das n-te Taylorpolynom $p_n(x) := p_{n,x_0}(f)(x)$ natürlich auch wie folgt ausschreiben:

$$\underbrace{f(x_0)}_{k=0} + \underbrace{f'(x_0) \cdot (x-x_0)}_{k=1} + \underbrace{\frac{f''(x_0)}{2} \cdot (x-x_0)^2}_{k=0} + \underbrace{\frac{f^{(3)}(x_0)}{3!} \cdot (x-x_0)^3}_{k=3} + \cdots + \underbrace{\frac{f^{(n)}(x_0)}{n!} \cdot (x-x_0)^n}_{k=n}.$$

Insbesondere sehen wir, dass das erste Taylorpolynom

$$p_1(x) = f(x_0) + f'(x_0) \cdot (x - x_0)$$

nichts anderes als die Linearisierung ist, welche wir schon auf Seite 133 eingeführt haben. Die Graphen der Taylorpolynome bis zur fünften Ordnung für eine beliebige Funktion und ein beliebiges x_0 können hier betrachtet werden:

https://www.desmos.com/calculator/qerqzsmoau

Bevor wir uns den Beispielen zuwenden, wollen wir noch folgenden Satz formulieren und beweisen.

Satz 17.4. Es sei $f: I \to \mathbb{R}$ eine C^∞-Funktion auf einem offenen Intervall, und es sei $x_0 \in I$. Das n-te Taylorpolynom $p_{n,x_0}(f)$ ist eine Approximation zu f am Punkt x_0 von n-ter Ordnung.

Beweis. Es folgt direkt aus Lemma 17.3 und der Definition des n-ten Taylorpolynoms, dass für $k = 0, 1, \ldots, n$ die Gleichheit $f^{(k)}(x_0) = p_{n,x_0}(f)^{(k)}(x_0)$ gilt. Es folgt also aus Lemma 17.2, dass $p_n(x)$ eine Approximation von f von n-ter Ordnung am Punkt x_0 liefert. ∎

Beispiel. Wir betrachten die Sinusfunktion $f(x) = \sin(x)$. Wir wollen die Taylorpolynome bei $x_0 = 0$ bestimmen. Wir berechnen dazu folgende Tabelle:

k	k-te Ableitung von $\sin(x)$			k-te Ableitung bei $x_0 = 0$			$\frac{f^{(k)}(0)}{k!}$
0	$f^{(0)}(x)$	$=$	$\sin(x)$	$f^{(0)}(0)$	$=$	0	0
1	$f^{(1)}(x)$	$=$	$\cos(x)$	$f^{(1)}(0)$	$=$	1	1
2	$f^{(2)}(x)$	$=$	$-\sin(x)$	$f^{(2)}(0)$	$=$	0	0
3	$f^{(3)}(x)$	$=$	$-\cos(x)$	$f^{(3)}(0)$	$=$	-1	$-1/3!$
4	$f^{(4)}(x)$	$=$	$\sin(x)$	$f^{(4)}(0)$	$=$	0	0
5	$f^{(5)}(x)$	$=$	$\cos(x)$	$f^{(5)}(0)$	$=$	1	$1/5!$
$\vdots$	$\vdots$		$\vdots$	$\vdots$		$\vdots$	$\vdots$

Das neunte Taylorpolynom der Sinusfunktion $\sin(x)$ bei $x_0 = 0$ ist also gegeben durch:

$$p_9(x) = x - \frac{1}{3!} \cdot x^3 + \frac{1}{5!} \cdot x^5 - \frac{1}{7!} \cdot x^7 + \frac{1}{9!} \cdot x^9.$$

Die Graphen von $\sin(x)$ und den ersten Taylorpolynomen bei $x_0 = 0$ kann man hier betrachten:

https://www.desmos.com/calculator/gftfx6hrys.

Wir sehen insbesondere, dass die Taylorpolynome von $\sin(x) = \sum\limits_{k=0}^{\infty} (-1)^k \cdot \frac{x^{2k+1}}{(2k+1)!}$ bei $x_0 = 0$ gerade den Partialsummen der Reihe entsprechen. Wir werden gleich sehen, dass das kein Zufall ist.

Beispiel. Wir betrachten die Logarithmusfunktion $f(x) = \ln(x)$. Wir wollen die Taylorpolynome bei $x_0 = 1$ bestimmen. Wir berechnen dazu folgende Tabelle:

k	k-te Ableitung von $\ln(x)$			k-te Ableitung bei $x_0 = 1$			$\frac{f^{(k)}(1)}{k!}$
0	$f^{(0)}(x)$	$=$	$\ln(x)$	$f^{(0)}(1)$	$=$	0	0
1	$f^{(1)}(x)$	$=$	x^{-1}	$f^{(1)}(1)$	$=$	1	1
2	$f^{(2)}(x)$	$=$	$-1 \cdot x^{-2}$	$f^{(2)}(1)$	$=$	-1	$-1/2$
3	$f^{(3)}(x)$	$=$	$2 \cdot x^{-3}$	$f^{(3)}(1)$	$=$	2	$1/3$
4	$f^{(4)}(x)$	$=$	$-3! \cdot x^{-4}$	$f^{(4)}(1)$	$=$	$-3!$	$-1/4$
5	$f^{(5)}(x)$	$=$	$4! \cdot x^{-5}$	$f^{(5)}(1)$	$=$	$4!$	$1/5$
$\vdots$	$\vdots$		$\vdots$	$\vdots$		$\vdots$	$\vdots$

Das vierte Taylorpolynom der Logarithmusfunktion $\ln(x)$ bei $x_0 = 1$ ist also gegeben durch:

$$p_4(x) = (x-1) - \frac{1}{2} \cdot (x-1)^2 + \frac{1}{3} \cdot (x-1)^3 - \frac{1}{4} \cdot (x-1)^4 = \sum_{k=1}^{4} (-1)^{k+1} \cdot \frac{1}{k} \cdot (x-1)^k.$$

Die Graphen der Logarithmusfunktion $\ln(x)$ und den ersten Taylorpolynomen bei $x_0 = 1$ kann man hier betrachten:

$$\texttt{https://www.desmos.com/calculator/vgf0kmkfy3}.$$

Der folgende Satz zeigt, dass es nichts Einfacheres gibt als Taylorpolynome von Funktionen zu bestimmen, welche schon als Reihen gegeben sind:

Satz 17.5. Für eine Funktion

$$f \colon (x_0 - \epsilon, x_0 + \epsilon) \;\to\; \mathbb{R}$$
$$x \;\mapsto\; \sum_{j=0}^{\infty} c_j \cdot (x - x_0)^j$$

ist das n-te Taylorpolynom von f bei x_0 gegeben durch:

$$p_{n,x_0}(f)(x) = \sum_{j=0}^{n} c_j \cdot (x - x_0)^j.$$

Beweis. Für jedes $k \in \mathbb{N}_0$ gilt: $\quad$ k-faches Anwenden des Potenzreihen-Ableitungssatzes 16.6

$$k\text{-te Ableitung von } f(x) = \sum_{j=0}^{\infty} c_j \cdot (x - x_0)^j \;\overset{\downarrow}{=}\; \sum_{j=k}^{\infty} j \cdot \ldots \cdot (j-k+1) \cdot c_j \cdot (x - x_0)^{j-k}.$$

Also folgt:

$$f^{(k)}(x_0) = k! \cdot c_k.$$

Für $n \in \mathbb{N}_0$ können wir nun das n-te Taylorpolynom berechnen:

$$p_{n,x_0}(f)(x) := \sum_{k=0}^{n} \frac{f^{(k)}(x_0)}{k!} \cdot (x - x_0)^k = \sum_{k=0}^{n} \frac{k! \cdot c_k}{k!} \cdot (x - x_0)^k = \sum_{k=0}^{n} c_k \cdot (x - x_0)^k. \quad \blacksquare$$

Beispiel. Es gilt: $\hfill$ folgt aus Satz 17.5

$$n\text{-tes Taylorpolynom der Funktion } \exp(x) := \sum_{k=0}^{\infty} \frac{x^k}{k!} \text{ am Punkt } x_0 = 0 \;\overset{\downarrow}{=}\; \sum_{k=0}^{n} \frac{x^k}{k!}.$$

Die Graphen der Exponentialfunktion $\exp(x)$ und der zugehörigen ersten Taylorpolynome bei $x_0 = 0$ kann man hier sehen:

$$\texttt{https://www.desmos.com/calculator/tllpm1c7ue}.$$

17.4. Die Restgliedformel von Taylor. Es sei $f\colon I \to \mathbb{R}$ eine C^∞-Funktion, und es sei $x_0 \in I$. Wir haben in Lemma 17.4 gesehen, dass das n-te Taylorpolynom

$$p_n(x) = p_{n,x_0}(f)(x) = \sum_{k=0}^{n} \frac{f^{(k)}(x_0)}{k!} \cdot (x - x_0)^k$$

die ursprüngliche Funktion f im Punkt x_0 approximiert, in dem Sinne, dass der Grenzwert $\lim\limits_{x\to x_0} \frac{f(x)-p_n(x)}{(x-x_0)^n}$ verschwindet. Wir wollen im Folgenden eine genauere Aussage treffen, wie weit denn nun die ursprüngliche Funktion $f(x)$ und das n-te Taylorpolynom $p_n(x)$ wirklich auseinander liegen.

Wir wollen also die Differenz $f(x) - p_n(x)$ besser verstehen. Wir beginnen mit einer elementaren Vorbemerkung: Für $n = 0$ können wir die Differenz wie folgt ausdrücken:

$$f(x) - p_0(x) = f(x) - f(x_0) = \underset{\uparrow}{\int_{t=x_0}^{t=x}} f^{(1)}(t)\, dt.$$

folgt aus dem HDI 14.3

Der folgende Satz ist nun die Verallgemeinerung dieser Aussage für beliebige $n \in \mathbb{N}_0$:

Satz 17.6. (Restgliedformel von Taylor) Es sei $f\colon I \to \mathbb{R}$ eine C^∞-Funktion auf einem offenen Intervall, und es sei $x_0 \in I$. Für $n \in \mathbb{N}_0$ bezeichnen wir mit $p_n(x) = p_{n,x_0}(f)(x)$ das n-te Taylorpolynom von f am Punkt x_0. Für jedes $x \in I$ gilt:

$$f(x) - p_n(x) = \int_{t=x_0}^{t=x} \frac{f^{(n+1)}(t)}{n!} \cdot (x-t)^n\, dt.$$

Bemerkung. Die Differenz $f(x) - p_n(x)$ wird manchmal das n-te *Restglied von f bei x_0* genannt.

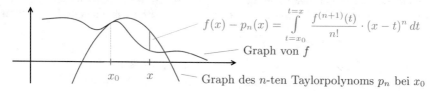

$$f(x) - p_n(x) = \int_{t=x_0}^{t=x} \frac{f^{(n+1)}(t)}{n!} \cdot (x-t)^n\, dt$$

Graph von f

Graph des n-ten Taylorpolynoms p_n bei x_0

Beweis der Restgliedformel 17.6 von Taylor. Wir beweisen den Satz mithilfe von Induktion nach $n \in \mathbb{N}_0$. Den Fall $n = 0$ haben wir oben schon behandelt. Nun nehmen wir an, die Aussage gilt für $n-1$. Wir müssen dann zeigen, dass sie auch für n gilt. Wir führen dazu folgende Berechnung durch:

$$f(x) - p_n(x) = f(x) - \left(p_{n-1}(x) + \frac{f^{(n)}(x_0)}{n!} \cdot (x-x_0)^n\right)$$

$$= \underbrace{f(x) - p_{n-1}(x)}_{\substack{\text{hierauf wenden wir die}\\\text{Induktionsvoraussetzung an}}} - \frac{f^{(n)}(x_0)}{n!} \cdot (x-x_0)^n$$

$$= \int_{x_0}^{x} \underbrace{f^{(n)}(t)}_{=u(t)} \cdot \underbrace{\frac{(x-t)^{n-1}}{(n-1)!}}_{=:v(t)}\, dt - \frac{f^{(n)}(x_0)}{n!} \cdot (x-x_0)^n = *$$

$$* \overset{\text{P. I.}}{=} \left[f^{(n)}(x) \cdot \underbrace{\frac{-(x-t)^n}{n!}}_{} \right]_{t=x_0}^{t=x} - \int_{x_0}^{x} \underbrace{f^{(n+1)}(t)}_{} \cdot \underbrace{\frac{-(x-t)^n}{n!}}_{} \, dt - \frac{f^{(n)}(x_0)}{n!} \cdot (x-x_0)^n$$

$$\underset{\substack{\uparrow \\ \text{partielle Integration}}}{=u(t)} \qquad =V(t) \qquad\qquad =u'(t) \qquad\quad V(t)$$

$$\underset{\substack{\uparrow \\ x_0}}{=} \int_{x_0}^{x} \frac{(x-t)^n}{n!} \cdot f^{(n+1)}(t) \, dt.$$

der erste und der letzte Term heben sich weg ∎

Korollar 17.7. Es sei $f\colon I \to \mathbb{R}$ eine C^∞-Funktion auf einem offenen Intervall, und es sei $x_0 \in I$. Wenn es ein $C \in \mathbb{R}$ gibt, so dass $|f^{(n+1)}(t)| \leq C$ für alle t zwischen x_0 und x, dann gilt für alle $x \in I$, dass

$$|f(x) - p_n(x)| \leq \frac{C}{(n+1)!} \cdot |x - x_0|^{n+1}.$$

Beweis. Wir betrachten zuerst den Fall $x > x_0$. Nach Voraussetzung gilt für alle $t \in [x_0, x]$

$$-C \;\leq\; f^{(n+1)}(t) \;\leq\; C.$$

Wir führen nun folgende Schritte durch:

(1) Wir multiplizieren alle drei Terme mit der auf dem Intervall $[x_0, x]$ nichtnegativen Funktion $t \mapsto \frac{(x-t)^n}{n!}$.

(2) Wir bestimmen das Integral von x_0 bis x.

Aus der Monotonieeigenschaft des Integrals 13.5 folgt

$$\underbrace{\int_{x_0}^{x} \frac{(x-t)^n}{n!} \cdot (-C) \, dt}_{=\left[\frac{-(x-t)^{n+1}}{(n+1)!}\cdot(-C)\right]_{t=x_0}^{t=x}} \;\leq\; \underbrace{\int_{x_0}^{x} \frac{(x-t)^n}{n!} \cdot f^{(n+1)}(t)\, dt}_{\substack{= f(x) - p_n(x) \text{ nach der} \\ \text{Restgliedformel 17.6 von Taylor}}} \;\leq\; \underbrace{\int_{x_0}^{x} \frac{(x-t)^n}{n!} \cdot C \, dt}_{=\left[\frac{-(x-t)^{n+1}}{(n+1)!}\cdot C\right]_{t=x_0}^{t=x}}.$$

Durch explizites Berechnen der Integrale links und rechts und durch Anwendung der Restgliedformel 17.6 von Taylor auf das mittlere Integral erhalten wir folgende Ungleichungen:

$$-C \cdot \frac{(x-x_0)^{n+1}}{(n+1)!} \;\leq\; f(x) - p_n(x) \;\leq\; C \cdot \frac{(x-x_0)^{n+1}}{(n+1)!}.$$

Das ist zum Glück genau die Aussage, welche wir beweisen sollten. Der Fall $x < x_0$ wird ganz ähnlich, mit nur kleinen Abwandlungen des Arguments, bewiesen. ∎

Beispiel. Wir wollen jetzt Taylorpolynome verwenden, um die Werte der Sinusfunktion näherungsweise zu bestimmen. Es folgt aus der Diskussion auf Seite 211, oder aus Satz 17.5, dass das sechste Taylorpolynom der Sinusfunktion am Punkt $x_0 = 0$ durch

$$p_6(x) \;=\; x - \frac{x^3}{3!} + \frac{x^5}{5!}$$

gegeben ist. Die siebte Ableitung der Sinusfunktion ist $-\cos(x)$. Der Betrag der Kosinusfunktion ist durch $C = 1$ beschränkt. Es folgt aus dem obigen Korollar 17.7, dass für alle $x \in \mathbb{R}$ gilt:

$$|\sin(x) - p_6(x)| \;\leq\; \frac{1}{7!} \cdot |x|^7.$$

Für kleine x gibt also $p_6(x)$ schon einen hervorragenden Näherungswert für $\sin(x)$. Beispielsweise folgt, dass

$$|\sin(0{,}1) - p_6(0{,}1)| \;<\; \frac{1}{5040 \cdot 10^7}.$$

In der Tat ist

$$\sin(0{,}1) \;=\; 0{,}099833416646828\ldots$$
$$p_6(0{,}1) \;=\; 0{,}099833416666666\ldots$$

17.5. Die Taylor-Reihe. Wir haben im vorherigen Abschnitt gesehen, dass Taylorpolynome eine Funktion sehr gut approximieren können, und wir haben gesehen: Je höher der Grad des Taylorpolynoms, desto besser ist die Approximation. Es stellt sich also die Frage, ob man dann nicht vielleicht den „Grenzwert $n \to \infty$" über die Taylor-Polynome p_n bilden kann. Dieser Gedanke führt uns zu folgender Definition:

Definition. Es sei $f\colon I \to \mathbb{R}$ eine C^∞-Funktion auf einem offenen Intervall, und es sei $x_0 \in I$. Wir nennen

$$\sum_{k \geq 0} \frac{f^{(k)}(x_0)}{k!} \cdot (x - x_0)^k$$

die Taylor-Reihe von f am Punkt x_0.

Beispiel. Wenn eine Funktion $f\colon I \to \mathbb{R}$ auf einem offenen Intervall I durch eine konvergente Reihe der Form

$$f(x) = \sum_{k=0}^{\infty} a_k \cdot (x - x_0)^k$$

gegeben ist, dann folgt aus Satz 17.5, dass die Taylor-Reihe von f im Punkt x_0 gerade durch diese Reihe gegeben ist. Insbesondere sind die Taylor-Reihen von $\exp(x), \sin(x)$ und $\cos(x)$ am Punkt $x_0 = 0$ gegeben durch

$$\exp(x) = \sum_{k=0}^{\infty} \frac{x^k}{k!}, \quad \sin(x) = \sum_{k=0}^{\infty} (-1)^k \cdot \frac{x^{2k+1}}{(2k+1)!} \quad \text{und} \quad \cos(x) = \sum_{k=0}^{\infty} (-1)^k \cdot \frac{x^{2k}}{(2k)!}.$$

Es stellen sich in diesem Zusammenhang folgende zwei Fragen:

Frage 17.8. Es sei $f\colon I \to \mathbb{R}$ eine C^∞-Funktion auf einem offenen Intervall I, und es sei $x_0 \in I$.

(1) Konvergiert die Taylor-Reihe $\sum_{k \geq 0} \frac{f^{(k)}(x_0)}{k!} \cdot (x - x_0)^k$ für alle $x \in I$?

(2) Wenn die Taylor-Reihe konvergiert, ist der Wert der Taylor-Reihe gerade der Funktionswert von f?

Das folgende Beispiel gibt eine negative Antwort auf Frage 17.8 (1). Im nächsten Abschnitt behandeln wir dann Frage 17.8 (2).

Beispiel. Wir betrachten die Funktion
$$\begin{aligned} f\colon \mathbb{R} &\to \mathbb{R} \\ x &\mapsto \frac{1}{1+x^2}. \end{aligned}$$

Für $|x| < 1$ gilt:
$$f(x) = \frac{1}{1+x^2} = \frac{1}{1-(-x^2)} \underset{\uparrow}{=} \sum_{n=0}^{\infty} (-x^2)^n = \sum_{n=0}^{\infty} (-1)^n \cdot x^{2n}.$$

folgt aus $|x| < 1$ und der Berechnung der geometrischen Reihe in Satz 2.14

Die Reihe rechts ist nach Satz 17.5 auch schon die Taylor-Reihe von f am Punkt $x_0 = 0$. Es folgt aus dem Quotienten-Kriterium 5.11 und dem Nullfolgen-Divergenz-Kriterium 5.2, dass diese Reihe genau dann konvergiert, wenn $x \in (-1, 1)$. Insbesondere konvergiert die Taylor-Reihe *nicht* im ganzen Definitionsbereich der ursprünglichen Funktion f. Der Graph von $f(x) = \frac{1}{1+x^2}$ und seinen ersten Taylorpolynomen kann hier betrachtet werden:

https://www.desmos.com/calculator/jkq7dfx9ct

17.6. Eine C^∞-Treppenfunktion. Im folgenden Satz konstruieren wir eine interessante Funktion, welche der Ursprung von vielen weiteren Funktionen mit ungewöhnlichen Eigenschaften ist.

Satz 17.9. Die Funktion

$$f \colon \mathbb{R} \;\to\; \mathbb{R}$$

$$x \;\mapsto\; \begin{cases} e^{-\frac{1}{x^2}}, & \text{wenn } x > 0, \\ 0, & \text{wenn } x \leq 0 \end{cases}$$

ist eine C^∞-Funktion, und es gilt $f^{(n)}(0) = 0$ für alle $n \in \mathbb{N}_0$.

Graph der Funktion

$$f(x) = \begin{cases} e^{-1/x^2}, & \text{wenn } x > 0, \\ 0, & \text{wenn } x \leq 0 \end{cases}$$

alle Ableitungen verschwinden bei $x_0 = 0$

Bemerkung. Die Ableitungen von f sind bei $x_0 = 0$ also alle 0. Insbesondere verschwinden alle Koeffizienten der Taylor-Reihe für f am Punkt 0. Mit anderen Worten: Die Taylor-Reihe definiert die Null-Funktion. Andererseits gilt für alle $x > 0$, dass $f(x) > 0$. Wir sehen also, dass die Taylor-Reihe für kein $x > 0$ mit der ursprünglichen Funktion übereinstimmt. Insbesondere erhalten wir also eine negative Antwort auf Frage 17.8 (2).

Beweis von Satz 17.9. Ein Induktionsargument zeigt, dass es genügt, folgende Behauptung zu beweisen:

Behauptung. Für jedes $k \in \mathbb{N}_0$ ist die Funktion

$$g \colon \mathbb{R} \;\to\; \mathbb{R}$$

$$x \;\mapsto\; \begin{cases} x^{-k} \cdot e^{-\frac{1}{x^2}}, & \text{wenn } x > 0, \\ 0, & \text{wenn } x \leq 0 \end{cases}$$

differenzierbar, und es gilt

$$g'(x) = \begin{cases} -k \cdot x^{-k-1} \cdot e^{-\frac{1}{x^2}} + 2 \cdot x^{-k-3} \cdot e^{-\frac{1}{x^2}}, & \text{wenn } x > 0, \\ 0, & \text{wenn } x \leq 0. \end{cases}$$

Beweis. Für $x \neq 0$ ist $g(x)$ differenzierbar und es folgt aus der Produktregel 10.4, dass die Ableitung $g'(x)$ für $x \neq 0$ von der angegebenen Form ist. Es verbleibt also zu zeigen, dass g im Punkt $x_0 = 0$ differenzierbar ist, und dass $g'(0) = 0$. Es gilt:

$$\lim_{x \searrow 0} \frac{g(x) - g(0)}{x} = \lim_{x \searrow 0} \frac{x^{-k} \cdot e^{-\frac{1}{x^2}} - 0}{x} = \lim_{x \searrow 0} x^{-k-1} \cdot e^{-\frac{1}{x^2}}$$

$$= \lim_{\underset{\uparrow}{t \to \infty}} \frac{t^{k+1}}{e^{t^2}} \overset{\text{L'H}}{=} \lim_{\underset{\uparrow}{t \to \infty}} \frac{(k+1) \cdot t^k}{2t \cdot e^{t^2}} \overset{\text{L'H}}{\underset{\uparrow}{=}} \cdots \overset{\text{L'H}}{=} \lim_{t \to \infty} \frac{(k+1)!}{\text{Polynom} \cdot e^{t^2}} = 0.$$

folgt aus Lemma 12.8 mit der Substitution $t = \frac{1}{x} = x^{-1}$ nach der Regel von L'Hôpital 12.5

Zudem gilt auch:

$$\lim_{x \nearrow 0} \frac{g(x) - g(0)}{x} \underset{\uparrow}{=} \lim_{x \nearrow 0} \frac{0 - 0}{x} = 0.$$

für $x < 0$ gilt $g(x) = 0$

Wir haben also gezeigt, dass g im Punkt x_0 differenzierbar ist, mit Ableitung $= 0$. ∎

Wir beschließen das Buch mit folgendem Satz:

Satz 17.10. Es gibt eine C^∞-Funktion $h \colon \mathbb{R} \to \mathbb{R}$ mit folgenden drei Eigenschaften:

(1) $h(x) = 0$ für $x \leq 0$,
(2) $h(x) = 1$ für $x \geq 1$,
(3) h ist monoton steigend.

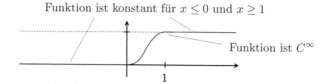

Funktion ist konstant für $x \leq 0$ und $x \geq 1$

Funktion ist C^∞

1

Mit anderen Worten: Die Funktion von Satz 17.10 ist also konstant $= 0$ für $x \leq 0$ und konstant $= 1$ für $x \geq 1$, aber die Funktion ist trotzdem beliebig oft differenzierbar. Eine solche Funktion wird manchmal als C^∞-*Treppenfunktion* bezeichnet.

Beweis von Satz 17.10. Wir betrachten wiederum die Funktion

$$f \colon \mathbb{R} \to \mathbb{R}$$
$$x \mapsto \begin{cases} e^{-\frac{1}{x^2}}, & \text{wenn } x > 0, \\ 0, & \text{wenn } x \leq 0. \end{cases}$$

Wir haben in Satz 17.9 gezeigt, dass dies eine C^∞-Funktion ist. Wir betrachten nun die durch $g(x) := f(x) \cdot f(1-x)$ definierte Funktion. Nachdem $f(x) = 0$ für $x \leq 0$, folgt sofort, dass $g(x) = 0$ für $x \leq 0$ und $g(x) = 0$ für $x \geq 1$, sowie $g(x) > 0$ für $x \in (0,1)$.

Funktion g ist konstant für $x \leq 0$ und $x \geq 1$

1

Funktion ist C^∞

Wir setzen $C := \int_0^1 g(t)\, dt$. Wir müssen nun noch folgende Behauptung beweisen:

Behauptung. Die Funktion

$$h \colon \mathbb{R} \to \mathbb{R}$$
$$x \mapsto \frac{1}{C} \cdot \int_0^x g(t)\, dt$$

hat die gewünschten Eigenschaften.

Beweis. Es folgt aus dem HDI 14.3, dass h differenzierbar ist, mit Ableitung $h'(x) = \frac{1}{C} \cdot g(x)$. Nachdem g eine C^∞-Funktion ist, ist also auch h eine C^∞-Funktion. Es folgt nun leicht aus der Definition von h und den Eigenschaften von f, dass $h(x) = 0$ für $x \leq 0$ und $h(x) = 1$ für $x \geq 1$. Zudem folgt aus dem Monotoniesatz 11.4, dass h monoton steigend ist. ∎

Übungsaufgaben zu Kapitel 17.

Aufgabe 17.1. Bestimmen Sie das vierte Taylorpolynom der Funktion $f(x) = \ln(|x|)$ am Punkt $x = -1$.

Aufgabe 17.2. Bestimmen Sie eine rationale Zahl, welche mit $\cos(0{,}1)$ auf 11 Stellen übereinstimmt.
Hinweis. Überlegen Sie sich mithilfe von Korollar 17.7, für welches $n \in \mathbb{N}_0$ Sie das Taylorpolynom bestimmen müssen.

Aufgabe 17.3.

(a) Zeigen Sie, dass es für beliebige reelle Zahlen $a < b < c < d$ eine C^∞-Funktion $f \colon \mathbb{R} \to [0,1]$ gibt, so dass $f(x) = 0$ für $x \leq a$ und $x \geq d$ und $f(x) = 1$ für $x \in [b,c]$.

(b) Es seien $t_0 < t_1 < \cdots < t_k$ reelle Zahlen. Zeigen Sie, dass es C^∞-Funktionen $f_1, \ldots, f_k$ mit folgenden Eigenschaften gibt:

- Für alle $x \in [t_0, t_k]$ gilt $f_1(x) + \cdots + f_k(x) = 1$.
- Für $i = 1, \ldots, k$ ist $f_i(x) = 0$ für $x \leq t_{i-2}$ sowie für $x \geq t_{i+1}$. (Hierbei ist $t_{-1} := t_0$ und $t_{k+1} := t_k$.)

(c) Es sei $f : [a, b] \to \mathbb{R}$ eine stetige Funktion. Zeigen Sie, dass es für jedes $\epsilon > 0$ eine C^∞-Funktion $g : [a, b] \to \mathbb{R}$ gibt, so dass $|f(x) - g(x)| < \epsilon$ für alle $x \in [a, b]$.

Hinweis. Verwenden Sie, dass f gleichmäßig stetig ist.

Bemerkung. Selbst wenn es nicht so wirkt, gehören die drei Aufgabenteile zusammen.

Literaturverzeichnis

[AE] H. Amann und J. Escher. *Analysis 2*, 2. Auflage, Grundstudium Mathematik, Birkhäuser Basel (2006).

[C] B. Conrad. *Impossibility theorems for elementary integration*
http://math.stanford.edu/~conrad/papers/elemint.pdf

[DF] D. Dummit and R. Foote. Abstract algebra, 3rd ed. Wiley International Edition (2004).

[E] H.-D. Ebbinghaus, H. Hermes, F. Hirzebruch, M. Koecher, K. Mainzer, J. Neukirch, A. Prestel, R. Remmert und K. Lamotke. *Zahlen*, 3. Aufl. Springer-Lehrbuch (1992).

[F] O. Forster. *Analysis 1. Differential- und Integralrechnung einer Veränderlichen*, Springer Spektrum (2015).

[He] H. Heuser. *Lehrbuch der Analysis*, Teubner Verlag (2001).

[Hi] S. Hildebrandt. *Analysis 1*, 2. Auflage. Springer-Lehrbuch (2006).

[K] K. Königsberger. *Analysis 1*, Springer-Lehrbuch, Springer-Verlag (2004).

[L] E. Landau. *Grundlagen der Analysis*, (Das Rechnen mit ganzen, rationalen, irrationalen, komplexen Zahlen), Ergänzung zu den Lehrbüchern der Differential- und Integralrechnung, Leipzig (1930).

© Der/die Herausgeber bzw. der/die Autor(en), exklusiv lizenziert an
Springer-Verlag GmbH, DE, ein Teil von Springer Nature 2023
S. Friedl, *Analysis 1*, https://doi.org/10.1007/978-3-662-67359-1

Symbolverzeichnis

(a,b)	offenes Intervall
$(a,b]$	halboffenes Intervall
$[a,b]$	abgeschlossenes Intervall
$\left[F(x)\right]_{x=a}^{x=b}$	$F(b) - F(a)$
$\exists$	Quantor „es existiert"
$\forall$	Quantor „für alle"
$\int f(x)\,dx$	Stammfunktion von f
$\int_{a}^{b} f(x)\,dx$	Riemann-Integral
$\varnothing$	leere Menge
$\lceil x \rceil$	x aufgerundet
$\lfloor x \rfloor$	x abgerundet
$\mathbb{N}$	Menge der natürlichen Zahlen $1, 2, \ldots$
$\mathbb{N}_0$	Menge der natürlichen Zahlen $0, 1, 2, \ldots$
$\mathbb{N}_{\geq m}$	Menge der natürlichen Zahlen $\geq m$
$\mathbb{Q}$	Menge der rationalen Zahlen
$\mathbb{R}$	Körper der reellen Zahlen
$\mathbb{Z}$	Menge der ganzen Zahlen
arccos	Arkuskosinusfunktion
arcsin	Arkussinusfunktion
arctan	Arkustangensfunktion
cos	Kosinusfunktion
$\mathrm{Im}(z)$	Imaginärteil von z
$\inf(M)$	Infimum der Menge M
$\max(M)$	Maximum der Menge M
$\min(M)$	Minimum der Menge M
$\mathrm{Re}(z)$	Realteil von z
sin	Sinusfunktion
$\sup(M)$	Supremum der Menge M
tan	Tangensfunktion
$\overline{D}(a,r)$	abgeschlossene Scheibe von Radius r um a
$\sqrt[q]{x}$	q-te Wurzel von x
$\prod_{i=1}^{s} a_i$	$a_1 \cdot \ldots \cdot a_s$
$\sum_{i=1}^{s} a_i$	$a_1 + \cdots + a_s$

S. Friedl, *Analysis 1*, https://doi.org/10.1007/978-3-662-67359-1

$\displaystyle\sum_{n=w}^{\infty} a_n$	Grenzwert der Reihe
$\displaystyle\sum_{n \geq w} a_n$	Folge der Partialsummen
$\dfrac{df}{dx}$	Ableitung von f
$\displaystyle\lim_{n \to \infty} a_n = a$	Grenzwert der Folge a_n ist a
$\displaystyle\lim_{x \nearrow x_0} f(x)$	linksseitiger Grenzwert der Funktion f am Punkt x_0
$\displaystyle\lim_{x \searrow x_0} f(x)$	rechtsseitiger Grenzwert der Funktion f am Punkt x_0
$\displaystyle\lim_{x \to x_0} f(x)$	Grenzwert der Funktion f am Punkt x_0
$A \setminus B$	Komplement von B in A
a^n mit $n \in \mathbb{Z}$	das n-fache Produkt von a
$D(a, r)$	offene Scheibe von Radius r um a
e	Eulersche Zahl
f'	erste Ableitung von f
$f'(x_0)$	erste Ableitung von f im Punkt x_0
$F \doteq G$	$F - G$ ist eine konstante Funktion
$f^{(n)}$	n-te Ableitung von f
$O(f, Z)$	Obersumme von f bezüglich Z
$p_{n,x_0}(f)(x)$	Taylorpolynom von f am Punkt x_0
$U(f, Z)$	Untersumme von f bezüglich Z

Notation

© Der/die Herausgeber bzw. der/die Autor(en), exklusiv lizenziert an
Springer-Verlag GmbH, DE, ein Teil von Springer Nature 2023
S. Friedl, *Analysis 1*, https://doi.org/10.1007/978-3-662-67359-1

Index

© Der/die Herausgeber bzw. der/die Autor(en), exklusiv lizenziert an
Springer-Verlag GmbH, DE, ein Teil von Springer Nature 2023
S. Friedl, *Analysis 1*, https://doi.org/10.1007/978-3-662-67359-1

Printed in the United States
by Baker & Taylor Publisher Services